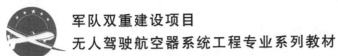

军队双重建设项目

无人驾驶航空器系统工程专业系列教材

U0168071

无人机飞行力学

主编　沈如松　耿宝亮　陈　洁　陈芊月

北京航空航天大学出版社

内 容 简 介

本书从飞行应用的角度,以空气动力学为基础,运用力学原理,对固定翼无人机和无人直升机涉及的飞行平衡、操稳性能、飞行性能、特殊飞行状态和飞行稳定与控制等飞行力学和控制特性进行详细分析,侧重于使无人机系统操控人员能够运用飞行力学基本理论和基本方法,理解无人机飞行特性,分析和解决无人机不同飞行阶段遇到的飞行原理问题,为未来操控无人机、充分发挥无人机性能打下良好的飞行操控和特情处置理论基础。

本书既可作为高等院校无人机操控与运用相关本科专业的教材,也可供从事无人机相关论证、使用、管理的人员参考。

图书在版编目(CIP)数据

无人机飞行力学 / 沈如松等主编. -- 北京 :北京航空航天大学出版社,2024.1

ISBN 978 - 7 - 5124 - 4283 - 2

Ⅰ. ①无… Ⅱ. ①沈… Ⅲ. ①无人驾驶飞机－飞行力学 Ⅳ. ①V279

中国国家版本馆 CIP 数据核字(2024)第 010730 号

无人机飞行力学

主编 沈如松 耿宝亮 陈 洁 陈芊月

策划编辑 董 瑞 责任编辑 龚 雪

*

北京航空航天大学出版社出版发行

北京市海淀区学院路 37 号(邮编 100191) http://www.buaapress.com.cn

发行部电话:(010)82317024 传真:(010)82328026

读者信箱:goodtextbook@126.com 邮购电话:(010)82316936

北京富资园科技发展有限公司印装 各地书店经销

*

开本:787×1 092 1/16 印张:22.5 字数:590 千字

2024 年 1 月第 1 版 2024 年 1 月第 1 次印刷 印数:1 000 册

ISBN 978 - 7 - 5124 - 4283 - 2 定价:79.00 元

总序言

随着无人机技术的快速发展及其地位的日益显赫,无人机装备渐次形成体系,使命任务领域逐步拓展。做好无人机人才培养顶层设计,为无人机装备尽快形成战斗力、加快无人机部队现代化建设提供有力支撑,成为当前的一项紧迫任务。新时代军事教育方针要求"坚持党对军队的绝对领导,为强国兴军服务,立德树人,为战育人,培养德才兼备的高素质、专业化新型军事人才"。这些要求是我们推动高素质专业化无人机运用和指挥人才培养改革遵循的基本原则。对标教育部"无人驾驶航空器系统工程"专业,规划无人机专业系列教材建设,是推动无人机专业建设和教学改革落地生根的重要抓手。

适应新体制、新变革、新时代要求,从军队院校教育、部队训练实践和军事职业教育"三位一体"的角度准确定位院校教育的使命任务,精准对接院校与部队,紧密衔接课堂与战场,突出问题导向,坚持面向战场、面向部队、面向未来,固化教学改革创新成果,在大学、学院领导和机关的支持下,在北京航空航天大学出版社的配合下,依据"无人系统工程(无人机运用与指挥)"专业人才培养方案,策划编写无人机专业系列教材。首批规划了《无人机空气动力学》《无人机飞行力学》《无人机构造与动力系统》《无人机导航与控制》《无人机任务载荷及运用》《无人机作战运筹分析》《无人机测控与通信》《无人机指挥控制系统》《无人机飞行保障》《无人机综合设计实践》系列教材。

本系列教材着眼无人机运用和指挥人才学习能力、创新能力、实践能力、作战运用能力的培养,针对学历教育与首次任职岗位四年一贯制培养要求,兼顾国家无人机本科专业教育质量标准,依据人才培养目标要求,打破学科专业框架的束缚,一体化设计首次任职课程、专业背景课程和通识教育课程,从通专整合的角度打造综合化主干课程,构建难度梯度合理、有效衔接贯通的内容体系。教材力求:体现应用性,本着源于实际运用的原则,突出专业理论的实践应用,从飞行操控视角和满足特情处置需要重构内容体系;体现共用性,本着高于实际运用的原则,突出共性基础理论,力求各类型无人机通用理论的求同存异;体现前瞻性,本着引领实际运用的原则,着眼无人机技术和运用的发展,适度拓展新技术、新战法。

感谢海军航空大学副校长兼教育长朱兴动教授、教务处处长徐伟勤教授在无人机专业人才培养方案制定和系列教材规划中提供的宝贵指导和支持,感谢编审委员会专家为教材内容优选提供的把关定向作用,感谢大学、学院业务机关和相关教研室提供的大力支持和配合,感谢北京航空航天大学出版社为本系列教材的策划、选题、编写、出版提供的建设性建议和支持。

本系列教材主要面向无人机应用的相关专业,希望能对无人机应用型人才培养提供一定的借鉴,也恳切地希望能得到同行的批评指正。

本书编委会
2020 年 5 月

前　言

本书延续空气动力学,就无人机能飞到什么程度、无人机怎么能飞得好、无人机如何能按要求飞等课题,分析介绍无人机操控中遇到的飞行力学和稳定控制问题。

本书共 6 章,着眼当前常用无人机的飞行包线,兼顾固定翼无人机(含螺旋桨)和旋翼无人机,重点从应用的角度和物理意义上介绍无人机飞行中的平衡、无人机稳定性和操纵性、无人机的基本飞行性能和机动性能、特殊飞行状态以及飞行稳定与控制等理论的分析方法。本书注重求同存异、统分结合、前后照应、对比分析,重点讲清思路方法,以培养学习者举一反三、归纳总结的能力。

第 1 章无人机的平衡飞行,介绍常用的坐标系和角度,给出常用坐标系间的转换方法,分析固定翼无人机和无人直升机的俯仰、航向和横向平衡关系。第 2 章无人机的稳定性和操纵性,介绍稳定性和操纵性涉及的基本概念,对比分析固定翼无人机和无人直升机的俯仰、横航向稳定性和操纵性,单独介绍无人直升机的操纵问题。第 3 章无人机的基本飞行性能,介绍等速直线飞行条件下的平飞、上升、下滑和续航性能以及无人直升机的垂直飞行性能及其性能指标分析方法。第 4 章无人机的机动飞行性能,包括稳定盘旋、起飞、着陆等机动飞行性能,分析固定翼无人机空滑迫降、风对机动飞行性能的影响及修正措施,介绍湿滑跑道、短跑道、中断起飞等特殊条件下的起飞着陆应对举措。第 5 章无人机的特殊飞行状态,针对影响无人机飞行安全的重要因素,分析固定翼无人机的失速与尾旋、积冰和尾流影响,并介绍应对和避免措施;分析无人直升机特有的旋翼失速、涡环状态、自转状态和尾桨失效形成机理及应对方法。第 6 章无人机的稳定与控制,介绍固定翼无人机飞行运动方程的构建和小扰动线性化方法,以某固定翼无人机为例,仿真分析无人机纵向与横航向稳定和控制特性。每章最后提供了拓展阅读材料以融入课程思政元素,书末还全文引用了清华大学陈海昕老师在本科生毕业典礼上的讲话,供读者阅读、分析和思考。

本书的符号和坐标系定义采用相关国家标准,多数符号及下标与专业名词的英文相关,因此书末给出了常用符号和专业术语的英文对照表供查阅。

本书由沈如松主编,耿宝亮参与了第 6 章的编写和仿真,陈洁参与了部分前期工作,陈芊月参与了部分章节资料整理和所有思维导图的绘制。本书作为教材在本科层次学生中试用过 7 个学期,期间征求过很多工作经验丰富的读者的意见并经过专家评审,中山大学刘昆教授和张艳教授、国防科技大学程谋森教授、清华大学王兆魁教授对教材进行了审阅并提出了宝贵意见,对以上所有人的中肯指导一并表示感谢。编写过程中参考了许多国内外文献资料和兄弟院校相关教材,在此对原作者表示衷心的感谢。不同类型无人机涉及的飞行原理虽有共同点,但区别也不小,本书虽力求全面,尽量照顾覆盖到常用无人机,但由于篇幅所限,加之编者经验不足,内容上难免挂一漏万,不当及谬误之处敬请读者批评指正。

编　者

2023 年 9 月

目　　录

第1章 无人机的平衡飞行

无人机在空中飞行时可以整机在移动,也可以机体绕着重心(质心)转动。无人机的稳定飞行有两种:一种是完全平衡状态的稳定飞行,即无人机飞行中所承受的所有合外力和合外力矩为零,无人机做等速直线飞行,如无人机等速等高巡航、匀速直线上升和下滑等;另一种则只是部分平衡的稳定飞行,如无人机做等高、等半径、等角速度稳定盘旋飞行,只是部分达到平衡。

无人机能够稳定飞行,稳定性是一个重要因素。没有稳定性或者稳定性不好,除非有自动增稳系统,否则根本就不能飞行,或操控十分困难。

无人机的平衡和稳定性是两个不可分割的特性,互相有关联。无人机在空中飞行时的平衡条件一共有六个:三个是沿纵轴、横轴和立轴三轴的力的平衡,还有三个是绕该三轴作用的力矩平衡。平衡飞行是分析无人机稳定性、操纵性和飞行性能的基础。本章首先介绍全书所要采用的常用坐标系和角度,之后主要讨论力矩平衡问题。关于力的平衡将在分析飞行性能时介绍。

1.1 常用坐标系和角度

1.1.1 无人机重心位置

无人机常用坐标系多以其重心为原点,探讨无人机所受力矩时也都是相对重心而言的,所以本节将首先介绍无人机的重心及其位置表示方法。

1. 固定翼无人机的重心位置

无人机的重量是由机翼、机身、尾翼、发动机、燃油和起落架、机内设备、任务载荷等各部件的重量组成的。各部件重力的合力作用点称为无人机的重心。无人机的重心位置应包括前后、左右和上下的位置。由于一般无人机左右对称,重心在对称面上,而且重心上下位置对稳定性的影响较小,所以平时说的重心位置都是指沿纵轴方向的前后位置。大型无人机设计时都会按常规方法根据各部件重量及位置计算出重心位置,而小/微型无人机则可直接测定,方法有以下几种。

(1)直接测量法

用两块楔形木块或左右手各一个手指对称地在左右机翼下表面支撑无人机,并沿机身纵轴方向前后移动,当无人机处于水平状态时,楔形木块或手指所支撑的位置就是重心位置。

(2)吊线法

通过两次起吊无人机,重锤线相交点就是重心位置,这种方法可以同时测得重心的前后和上下位置。

(3)称重法

对于大型的无人机,如果采用前三点式起落架,将无人机纵轴放成水平位置,起落架置于秤盘上,前轮指示重量为 R_1,每个主轮指示重量为 R_2,无人机的总重量 $G=R_1+2R_2$。设 l_{fw} 是前轮轴与主轮轴的距离。全机重心到主轮接地点的距离为 l_{mv}，重心纵向位置可用下式决定：

$$l_{mv}=R_1 l_{fw}/G \tag{1-1}$$

如果已知前轮和主轮站位分别为 l_1 和 l_2，则重心距机头位置为

$$l_{sw}=(R_1 l_1+2R_2 l_2)/G \tag{1-2}$$

机翼的空气动力可以认为是作用在压力中心上的。机翼压力中心和无人机重心的距离直接关系到无人机的俯仰平衡。在分析无人机平衡和操稳性能时，机翼压力中心的位置往往用离机翼前缘的距离来衡量，所以重心位置也应换算为以机翼前缘为起点，位置用机翼翼弦的百分数来表示。

无人机重心的前后位置常用重心在某一特定翼弦上的投影点距该翼弦前端的距离来表示，如图 1-1 所示。对矩形翼来说，各翼弦长度都相同，任一翼弦均可作为表示重心位置的基准。但对梯形翼、后掠翼和三角翼等机翼来说，由于沿翼展方向各翼弦前缘位置不同，翼弦长度也不同，故需要选择一特定翼弦作为基准，这一特定翼弦就是平均空气动力弦长 c_A。所谓平均空气动力弦，是指虚拟的与该机翼面积相等、并且在同一迎角下有相同空气动力合力和压力中心位置的矩形机翼的弦长，如图 1-2 所示。平均空气动力弦长和位置可从无人机技术说明书中查到。应注意的是，无人机更换任务载荷或经过大型维护之后，需要通过称重来测定重心位置。

将无人机重心投影到平均空气动力弦上，若投影点到平均空气动力弦前缘的距离为 x_{cg}，重心位置就以此距离占平均空气动力弦 c_A 的百分数 $\bar{x}_{cg}$ 来表示，即

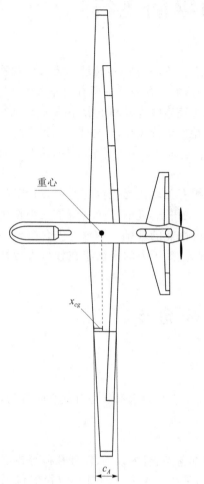

图 1-1　重心的前后位置表示方法

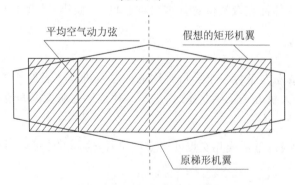

图 1-2　平均空气动力弦

$$\bar{x}_{cg} = \frac{x_{cg}}{c_A} \times 100\% \qquad (1-3)$$

无人机重心位置对无人机的稳定性和操纵性影响很大。装载不同任务载荷或不同燃油重量,或者飞行中随着起落架的收放、燃油的消耗、悬挂物的投放以及不同姿态下,无人机重心前后位置会有变化,通常都要规定无人机重心使用限制,即重心前限和重心后限。常用站位来描述重心前限和重心后限,即重心位置距机头的距离。如某高空高速无人机规定重心前限为 STA 7 750 mm,重心后限为 STA 7 950 mm,图 1-3 所示为该无人机不同俯仰角姿态下重心位置随燃油消耗变化的趋势。某中空长航时无人机规定重心前限为 STA 4 162 mm,重心后限为 STA 4 180 mm。

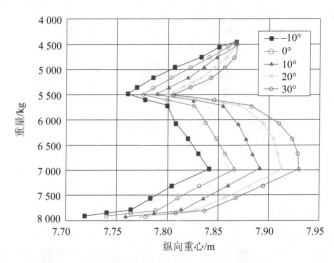

图 1-3　不同俯仰角下重心位置随燃油消耗变化

2. 直升机的重心位置

和固定翼无人机不同的是,在确定直升机重心位置时,需要把直升机的机体坐标系平移到桨毂中心上。重心的前后位置用重心在纵轴向到桨毂旋转轴的距离 l_x 来表示,重心在前表示正值,反之为负值。直升机重心的上下位置以重心到桨叶旋转面的距离 l_z 表示,重心在下表示负值,反之为正值。由于单旋翼带尾桨直升机左右不对称,必须要考虑直升机重心的左右位置,用重心在横轴向到桨毂旋转轴的距离 l_y 来表示,如图 1-4 所示。

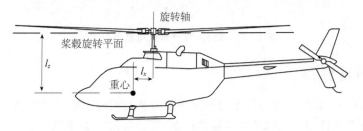

图 1-4　重心位置表示方法

为保证直升机在飞行中的平衡和操纵,重心移动不允许超过极限位置。图 1-5 和图 1-6 所示分别为某无人机的横向重心包线和纵向重心包线。其中,横向重心基准面为无人直升机的纵向对称面,纵向重心基准面为无人直升机的头部。由于旋翼拉力相对无人直升机的力臂很短,因此直升机的重心和重心移动范围都有严格的限制,否则会给操纵带来困难。

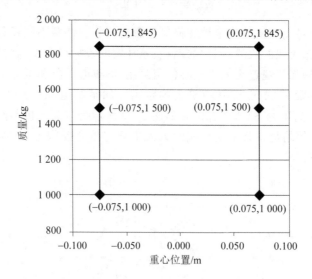

图 1-5　某无人直升机横向重心包线

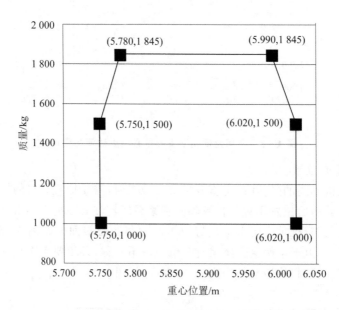

图 1-6　某无人直升机纵向重心包线

1.1.2　常用坐标系

作用在无人机上的重力、发动机推力和空气动力及其相应力矩的产生原因是各不相同的,选择合适的坐标系来描述无人机的空间运动状态,对于准确直观地建立无人机的飞行运动方程是非常重要的。通常,选择地面坐标系来描述重力比较方便,发动机的推力适合于在机体坐标系中描述,而空气动力在气流坐标系中描述就非常方便,航迹坐标系则适合描述无人机在空间的运动轨迹。描述无人机在空中运动常用的直角坐标系有地面坐标系、机体坐标系、气流坐标系(速度坐标系)、航迹坐标系等。这几个坐标系除地面坐标系可以认为是固定坐标系外,其他都是动坐标系,随无人机的运动而变化。

　　这里确定的坐标系均为笛卡儿直角坐标系,即采用右手定则。所谓右手定则是指将右手的大拇指、食指和中指放成两两互相垂直的正交状态,这时大拇指、食指和中指的指向分别为笛卡儿坐标系中的 x 轴、y 轴和 z 轴的指向,如图 1-7 所示。我国传统上对这些坐标系的定义与如今的国标规定略有不同,但二者的定义没有本质区别。二者 x 轴选择一致,传统上将 y 轴定义为指向朝

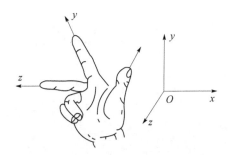

图 1-7　笛卡儿坐标系的右手定则

上,而国标将此轴定义为指向侧面,由此根据右手定则,传统坐标系中 z 轴指向侧面,而国标规定中 z 轴指向下。目前航空航天领域不同专业中对这两种坐标系的定义都有采用,需要读者加以鉴别。本书按国家标准定义坐标系。

1. 地面坐标系: $S_g - O_g x_g y_g z_g$

① 在地面上选一点,如无人机起飞点为坐标原点 O_g;

② x_g 轴在水平面内并指向某一方向,如跑道中心线、目标区域方向等;

③ z_g 轴垂直于地面并指向地心;

④ y_g 轴也在水平面内并垂直于 x_g 轴,其指向按照右手定则确定,如图 1-8(a)所示。

　　需要说明的是,按照国家标准,按此定义的坐标系称为铅垂地面固定坐标系,为便于确定与其他坐标系相互转换的角度,将坐标原点平移到无人机重心位置,从而得到飞机牵连铅垂地面坐标系,在不引起混淆的情况下,简称地面坐标系。

2. 机体坐标系: $S_b - Oxyz$

① 原点 O 取在无人机重心处,坐标系与无人机固连;

② x 轴在无人机对称平面内,并平行于无人机的设计轴线指向机头;

③ y 轴垂直于无人机对称平面指向机身右方;

④ z 轴在无人机对称平面内,与 x 轴垂直并指向机身下方,如图 1-8(b)所示。

3. 速度(气流)坐标系: $S_a - O_a x_a y_a z_a$

① 原点 O_a 取在无人机重心处,坐标系与无人机固连;

② x_a 轴与飞行速度矢量 $\mathbf{V}$(空速)重合一致;

③ z_a 轴在无人机对称平面内与 x_a 轴垂直并指向机腹下方;

④ y_a 轴垂直于 $O_a x_a z_a$ 平面并指向机身右方,如图 1-8(c)所示。

4. 航迹坐标系: $S_k - O_k x_k y_k z_k$

① 原点 O_k 取在无人机重心处,坐标系与无人机固连;

② x_k 轴与航迹速度矢量 $\mathbf{V}_k$(地速,当风速为零时,地速等于空速)重合一致;

③ z_k 轴位于包含航迹速度矢量 $\mathbf{V}_k$ 在内的铅垂平面,与 x_k 轴垂直并指向下方;

④ y_k 轴垂直于 $O_k x_k z_k$ 平面,其指向按照右手定则确定,如图 1-8(d)所示。

　　最后要说明的是,直升机常用的坐标系也包括如上所述坐标系,定义与固定翼飞机相同。只是其中机体坐标系是将旋翼轴系平行移动到直升机的重心上,在讨论直升机的运动时,必须将旋翼产生的力和力矩由旋翼轴系过渡到机体轴系。

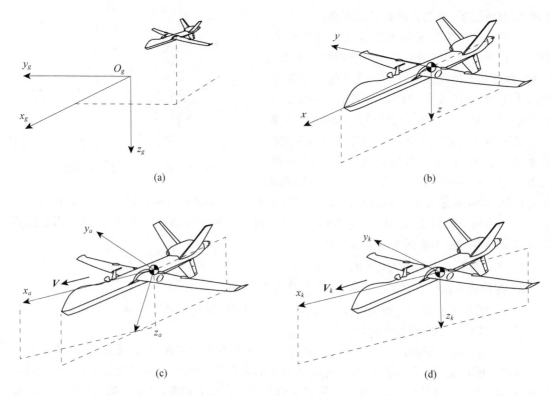

图 1-8　无人机常用坐标系

1.1.3　常用角度和速度

1. 姿态角

姿态角表示机体坐标系与地面坐标系之间的关系,即通常所指的欧拉角,如图 1-9 所示。

① 俯仰角 θ:机体轴 x 与水平面之间的夹角,抬头为正。

② 偏航角(航向角、方向角)ψ:机体轴 x 在水平面上的投影与地轴 x_g 间的夹角,机头右偏航为正。

③ 滚转角(倾斜角、坡度)ϕ:机体轴 z 与通过机体轴 x 的铅垂面间的夹角,无人机向右滚转时为正。

角度正负向的定义可用右手螺旋定则来确定,右手四指从基准坐标系(如此处的地面坐标系)轴向目标坐标系(如此处的机体坐标系)轴弯曲,若大拇指指向与目标坐标系相应轴正向相同,则为正,若与正向相反,则为负。如偏航角 ψ,当机头右偏时,四指从地轴 x_g 向机体轴 x 在水平面上的投影弯曲,此时大拇指指向下,与机体轴 z 的正向相同,故机头右偏时,偏航角 ψ 为正。

2. 速度角

速度角又称气动角,是由飞行速度矢量 $\boldsymbol{V}$(空速)与机体坐标轴系之间的关系确定的,如图 1-10 所示。

① 迎角 α:飞行速度矢量 $\boldsymbol{V}$ 在无人机对称平面上的投影与机体轴 x 轴间的夹角,$\boldsymbol{V}$ 的投影在机体轴 x 轴下面为正。要说明的是,迎角正向的定义与其他角度定义相反。

② 侧滑角 β:飞行速度矢量 $\boldsymbol{V}$ 与无人机对称平面间的夹角,即 $\boldsymbol{V}$ 与其在无人机对称面上

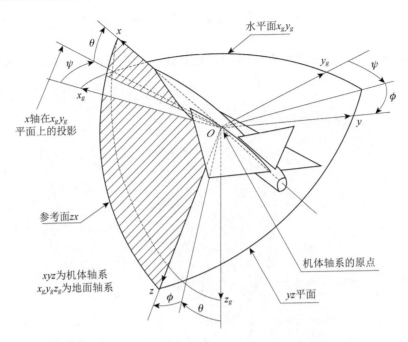

图 1 - 9　机体坐标系与地面坐标系之间的姿态角

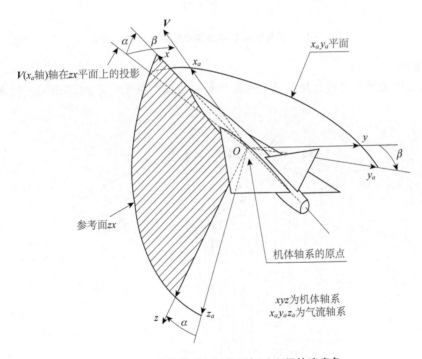

图 1 - 10　速度坐标系与机体坐标系之间的速度角

的投影之间的夹角，V 在无人机对称面右侧，即右侧滑为正。

3. 气流角

无人机的气流角是由速度坐标系与地面坐标系之间的关系确定的，如图 1 - 11 所示。

① 气流俯仰角 $\theta_a(\gamma_a)$：飞行速度矢量 V 与水平面间的夹角，无人机向上飞时为正。

② 气流偏航角 $\psi_a(\chi_a)$：飞行速度矢量 **V** 在水平面上的投影与地轴 x_g 间的夹角，投影在 x_g 轴右侧为正。

③ 气流倾侧角 $\phi_a(\mu_a)$：速度轴 z_a 与通过速度轴 x_a 的铅垂面间的夹角，无人机向右滚转为正。

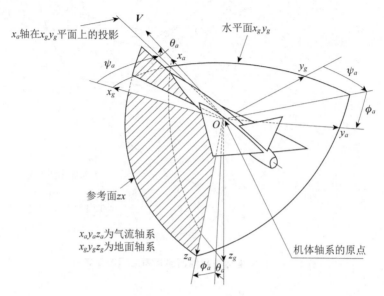

图 1－11　速度坐标系与地面坐标系之间的气流角

4. 航迹角

无人机的航迹角是由航迹坐标系与地面坐标系之间的关系确定的，如图 1－12 所示。

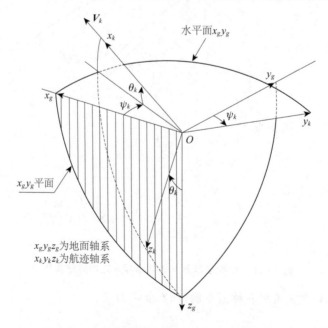

图 1－12　航迹坐标系与地面坐标系之间的航迹角

　　① 航迹俯仰角(爬升角)$\theta_k(\gamma)$：航迹速度矢量 $\boldsymbol{V}_k$(地速)与水平面间的夹角,无人机向上飞时为正。

　　② 航迹偏航角(方位角)$\psi_k(\chi)$：航迹速度矢量 $\boldsymbol{V}_k$ 在水平面上的投影与地轴 x_g 间的夹角,投影在 x_g 轴右侧为正。

5. 机体坐标系的角速度分量

　　无人机的角速度分量 p,q,r 是机体坐标系相对于地面坐标系的转动角速度在机体坐标系各轴上的分量,角速度的正向与相应机体轴的正向一致。

　　① 滚转角速度 p：与机体轴 x 重合一致。

　　② 俯仰角速度 q：与机体轴 y 重合一致。

　　③ 偏航角速度 r：与机体轴 z 重合一致。

　　注意：上述三个角速度虽然分别表述为滚转角速度、俯仰角速度和偏航角速度,但它们并不是相应的欧拉角的微分,两者之间的关系将在第 6 章进行详细探讨。

6. 机体坐标系的速度分量

　　机体坐标轴系的三个速度分量 u,v,w 是飞行速度 $\boldsymbol{V}$ 在机体坐标系各轴上的分量,其正向与相应机体轴的正向一致。

　　① 切向速度 u：与机体轴 x 重合一致。

　　② 侧向速度 v：与机体轴 y 重合一致。

　　③ 法向速度 w：与机体轴 z 重合一致。

1.1.4　常用坐标系之间的转换

　　运动方程中通常选定机体坐标轴系来描述无人机的空间转动状态。发动机的推力可以直接在机体坐标系中描述,而空气动力则需要由速度坐标系转换到机体坐标系,重力则需要由地面坐标系转换到机体坐标系。只有这样才能将作用在不同坐标系中的力统一到机体坐标系中。所以,坐标系之间的转换是建立无人机运动方程不可缺少的重要环节。

　　通常对于两个三维坐标系,最多通过三次转动即可使它们重合,每次仅需绕着一个轴进行转动。考察图 1-13 所示的两个三维坐标系,其中 z 轴垂直于 Oxy 平面并指向外。坐标系 2 是由坐标系 1 绕着 z 轴按照右手系的方向旋转角度 θ 得到的,即

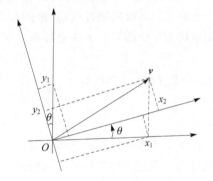

$$\begin{cases} x_2 = x_1\cos\theta + y_1\sin\theta \\ y_2 = -x_1\sin\theta + y_1\cos\theta \end{cases} \qquad (1-4)$$

假设 v 是坐标系 1 中的一个矢量,则其在坐标系 2 中的 3 个分量和其在坐标系 1 中的 3 个分量的关系为

图 1-13　坐标系变换示意图

$$\begin{bmatrix} x_2 \\ y_2 \\ z_2 \end{bmatrix} = \begin{bmatrix} \cos\theta & \sin\theta & 0 \\ -\sin\theta & \cos\theta & 0 \\ 0 & 0 & 1 \end{bmatrix} \begin{bmatrix} x_1 \\ y_1 \\ z_1 \end{bmatrix} = \boldsymbol{L}_{21}(\theta) \begin{bmatrix} x_1 \\ y_1 \\ z_1 \end{bmatrix} \qquad (1-5)$$

式中,系数矩阵 $\boldsymbol{L}_{21}(\theta)$ 表示了两个坐标系的转换关系,称为坐标转换矩阵。

　　$\boldsymbol{L}_{21}(\theta)$ 称为从坐标系 S_1 到 S_2 的坐标变换矩阵,它取决于坐标系 S_1 和 S_2 之间的相对角

位置。当旋转的角度 θ 趋近于零时,坐标转换矩阵 $\boldsymbol{L}_{21}(\theta)$ 应该趋近于单位矩阵,并且在旋转轴上的坐标保持不变。

显然,坐标转换矩阵 $\boldsymbol{L}_{21}(\theta)$ 的逆存在且为其转置,即 $\boldsymbol{L}_{12}=(\boldsymbol{L}_{21})^{-1}=(\boldsymbol{L}_{21})^{\mathrm{T}}$,因此将 $\boldsymbol{L}_{21}(\theta)$ 称为基元变换矩阵。

以地面坐标系到机体坐标系转换为例,根据上述坐标转换关系,如果机体坐标系是由地面坐标系通过分别绕 z 轴、y 轴、x 轴的顺序分别旋转角度 ψ、θ、ϕ 得到的,则地面坐标系中的矢量 v 在机体坐标系中的描述即可由下式的转换关系得到:

$$\begin{bmatrix} x_2 \\ y_2 \\ z_2 \end{bmatrix} = \boldsymbol{L}_x(\phi)\boldsymbol{L}_y(\theta)\boldsymbol{L}_z(\psi)\begin{bmatrix} x_1 \\ y_1 \\ z_1 \end{bmatrix} \tag{1-6}$$

式中,$\boldsymbol{L}_z(\psi)$、$\boldsymbol{L}_y(\theta)$、$\boldsymbol{L}_x(\phi)$ 分别表示三次坐标系旋转对应的基元变换矩阵。其中

$$\boldsymbol{L}_z(\psi) = \begin{bmatrix} \cos\psi & \sin\psi & 0 \\ -\sin\psi & \cos\psi & 0 \\ 0 & 0 & 1 \end{bmatrix}$$

$$\boldsymbol{L}_y(\theta) = \begin{bmatrix} \cos\theta & 0 & \sin\theta \\ 0 & 1 & 0 \\ -\sin\theta & 0 & \cos\theta \end{bmatrix}$$

$$\boldsymbol{L}_x(\phi) = \begin{bmatrix} 1 & 0 & 0 \\ 0 & \cos\phi & \sin\phi \\ 0 & -\sin\phi & \cos\phi \end{bmatrix}$$

从基元变换矩阵可以看到,对角线上的元素除了"1"就是余弦函数,"1"的位置表明了旋转运动是绕着哪个坐标轴的,其所在的行、列元素均为零。去掉"1"所在的行和列后得到的正交矩阵中,逆时针旋转时左下角为负正弦函数,顺时针旋转时右上角为负正弦函数。

考察坐标转换的逆过程,即坐标系 2 再经过反向的三次坐标系旋转也可以回复到坐标系 1,则坐标系 1 中的矢量 v 在坐标系 2 中的描述可以由下式得到:

$$\begin{bmatrix} x_1 \\ y_1 \\ z_1 \end{bmatrix} = \left[\boldsymbol{L}_x(\phi)\boldsymbol{L}_y(\theta)\boldsymbol{L}_z(\psi)\right]^{-1}\begin{bmatrix} x_2 \\ y_2 \\ z_2 \end{bmatrix} = \boldsymbol{L}_z^{-1}(\psi)\boldsymbol{L}_y^{-1}(\theta)\boldsymbol{L}_x^{-1}(\phi)\begin{bmatrix} x_2 \\ y_2 \\ z_2 \end{bmatrix} = \boldsymbol{L}_z^{\mathrm{T}}(\psi)\boldsymbol{L}_y^{\mathrm{T}}(\theta)\boldsymbol{L}_x^{\mathrm{T}}(\phi)\begin{bmatrix} x_2 \\ y_2 \\ z_2 \end{bmatrix} \tag{1-7}$$

以上即为坐标转换的基本原理。令 $\boldsymbol{S}_{\phi\theta\psi}=\boldsymbol{L}_x(\phi)\boldsymbol{L}_y(\theta)\boldsymbol{L}_z(\psi)$,根据这一转换原理,可以得到地面坐标系到机体坐标系的转换矩阵为

$$\boldsymbol{S}_{\phi\theta\psi} = \begin{bmatrix} \cos\theta\cos\psi & \cos\theta\sin\psi & -\sin\theta \\ \sin\theta\cos\psi\sin\phi - \sin\psi\cos\phi & \sin\theta\sin\psi\sin\phi + \cos\psi\cos\phi & \cos\theta\sin\phi \\ \sin\theta\cos\psi\cos\phi + \sin\psi\sin\phi & \sin\theta\sin\psi\cos\phi - \cos\psi\sin\phi & \cos\theta\cos\phi \end{bmatrix} \tag{1-8}$$

地面坐标系与机体坐标系之间的转换满足方程:

$$X = \boldsymbol{S}_{\phi\theta\psi}X_g, \quad X_g = \boldsymbol{S}_{\phi\theta\psi}^{\mathrm{T}}X \tag{1-9}$$

同理,机体坐标系到速度坐标系的转换,可由机体坐标系按照 β、α 的顺序转到速度坐标系,转换矩阵为

$$S_{\alpha\beta} = \begin{bmatrix} \cos\alpha\cos\beta & \sin\beta & \sin\alpha\cos\beta \\ -\cos\alpha\sin\beta & \cos\beta & -\sin\alpha\sin\beta \\ -\sin\alpha & 0 & \cos\alpha \end{bmatrix} \tag{1-10}$$

机体坐标系与速度坐标系之间的转换满足方程：

$$X_a = S_{\alpha\beta}X, \quad X = S_{\alpha\beta}^{\mathrm{T}}X_a \tag{1-11}$$

进而可以得到地面坐标系与速度坐标系之间的转换关系为

$$X_a = S_{\alpha\beta}X = S_{\alpha\beta}S_{\phi\theta\psi}X_g \tag{1-12}$$

1.2　固定翼无人机的平衡

无人机在空间的运动主要体现在姿态的变化和轨迹的变化。无人机能否自动保持平衡状态，是稳定性的问题；如何改变其原有的平衡状态，则是操纵性的问题。所以研究无人机的平衡，是分析无人机稳定性和操纵性的基础。

为研究问题方便，一般通过无人机机体坐标系的三个轴，即横轴、立轴和纵轴，来研究无人机力矩的平衡：相对机体横轴 Oy 的俯仰平衡；相对机体立轴 Oz 的航向平衡；相对机体纵轴 Ox 的横向平衡。

1.2.1　操纵面与偏转极性

控制无人机发生运动的改变，需要改变无人机所受到的气动力和气动力矩。而气动力和气动力矩的改变则要依赖于无人机相应的舵面或翼面的偏转，为此，把无人机上能够偏转的用于控制无人机姿态改变的舵面或翼面称为无人机的控制面或操纵面。对于常规布局的无人机来说，传统的控制面主要有 3 种，即升降舵、副翼和方向舵，如图 1-14 所示。

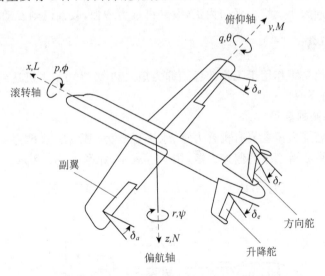

图 1-14　无人机的空间运动与操纵面示意图

升降舵是安装在水平尾翼后缘的可活动的舵面，左右水平尾翼各安装一个，以同步方式偏转。升降舵的同步偏转可以改变水平尾翼上所受气动合力的方向，进而产生使飞机低头或抬头的力矩，该力矩称为俯仰控制力矩（俯仰力矩），使飞机发生期望的俯仰运动。例如，若使升降舵上偏,则水平尾翼上会受到向下的气动合力,此力相对机体重心会产生一个使机头上仰的俯仰控制力矩,该力矩使飞机抬头,反之则会使飞机产生低头运动。

副翼位于左右机翼的后缘,以差动方式偏转。当无人机需要发生滚转运动时,左右副翼会同时以同样的角度分别向上和向下偏转,使左右机翼产生的升力发生变化,进而产生使飞机向左或向右偏转的力矩,该力矩称为滚转控制力矩(滚转力矩)。通过调整该力矩的大小,就可以控制无人机发生期望的滚转运动(或称倾斜运动)。例如,若使左机翼上的副翼向上偏转,右机翼上的副翼向下偏转,则左机翼升力会下降,右机翼升力将增加,左右机翼升力的变化就会产生向左的滚转控制力矩,使无人机发生向左的滚转运动,或使无人机向左倾斜。

方向舵设在垂直尾翼后缘,偏转方向舵可改变作用在垂直尾翼上的气动力的方向和大小,产生使飞机机头偏转的力矩,达到改变方向的目的。如方向舵右偏,则垂直尾翼右侧表面的气流流速减缓,使垂直尾翼右侧所受到的压力增大,同时垂直尾翼左侧所受到的压力会减小,在垂直尾翼上就会产生一个向左的气动合力,这个力将会产生一个相对于机体重心使机头右偏的力矩,该力矩称为航向控制力矩(航向力矩),从而使无人机机头向右偏转,反之则会使机头向左偏转。所以,通过控制方向舵的偏转角度,就可以达到控制无人机航向偏转的目的。需要说明的是,上述三种舵翼面只是常规的控制面,对于气动布局比较特殊的无人机来说,还会有其他形式的控制面,如飞翼布局的无人机就没有垂直尾翼,"捕食者"无人机采用 V 形尾翼布局而放弃了水平尾翼。

对于操纵面偏转角度的极性,通常是由机尾后视,按照操纵面的后缘偏转方向来定义操纵舵面的偏转极性。定义升降舵偏转角 δ_e 向下偏转为正,产生的气动俯仰力矩 M 为负,即产生低头力矩;方向舵偏转角 δ_r 向左偏转为正,产生的气动偏航力矩 N 为负;副翼差动偏转角 δ_a,"左上右下"偏转为正,产生负的气动滚转力矩 L。由上述定义可以看出,操纵面的正向偏转总是产生负的操纵力矩,操纵力矩的正负与相应坐标轴的正负相同。油门控制量用 δ_T 表示,用于控制发动机推力的大小。增大油门为正,发动机推力增加,收油门则发动机推力减小。

1.2.2 俯仰平衡

飞机的俯仰平衡是指作用于飞机的各俯仰力矩之和 M 为 0。飞机达到俯仰平衡后,不绕横轴转动,迎角保持不变。

1. 飞机俯仰平衡的获得

作用于飞机的俯仰力矩主要有机翼力矩、水平尾翼力矩及拉力(推力)力矩。机翼力矩就是机翼升力对飞机重心所产生的俯仰力矩,用 M_w 表示,如图 1-15 所示。由式

$$M_w = L_w \cdot x_w, \quad L_w = C_{Lw} \cdot \frac{1}{2}\rho V^2 \cdot S_w \tag{1-13}$$

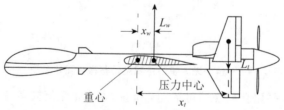

图 1-15 俯仰力矩

可得

$$M_w = C_{Lw} \cdot \frac{1}{2}\rho V^2 \cdot S_w \cdot x_w \tag{1-14}$$

对同一架飞机,当其在一定高度上以一定速度飞行时,即 S_w、ρ、V 不变时,机翼力矩的大小只取决于升力系数和压力中心至重心的距离。而升力系数的大小和压力中心的位置又都是随机翼迎角的改变而变化的,所以机翼力矩的大小最终只取决于飞机重心的前后位置和迎角的大小。一般情况下,机翼力矩是下俯力矩。当重心后移较多而迎角又很大时,压力中心可能移至重心前,机翼力矩则变成上仰力矩。

水平尾翼力矩是水平尾翼升力对飞机重心所产生的俯仰力矩,用 M_t 表示。和机翼类似,可得

$$M_t = C_{Lt} \cdot \frac{1}{2}\rho V_t^2 \cdot S_t \cdot x_t \tag{1-15}$$

水平尾翼升力系数 C_{Lt} 主要取决于水平尾翼迎角和升降舵偏转角,还取决于机翼迎角、气流流过机翼后的下洗角以及水平尾翼的安装角。升降舵上偏或下偏能改变水平尾翼的切面形状,从而引起水平尾翼升力系数的变化。

由于机身机翼的阻滞、螺旋桨滑流等影响,流向水平尾翼的气流速度 V_t 往往与飞机的飞行速度不相同,可能大也可能小,这与机型和飞行状态有关。

水平尾翼升力着力点到飞机重心的距离 x_t 取决于水平尾翼迎角。迎角改变,水平尾翼升力着力点位置就改变,但其改变量同距离 x_t 比较起来很微小,一般可以认为 x_t 不变。

由以上分析可知,对同一架飞机而言,在一定高度上飞行时,即 S_t、ρ、V_t 不变时,由于平尾安装角不变,而下洗角又取决于机翼迎角的大小,所以飞行中影响水平尾翼力矩变化的主要因素是机翼迎角、升降舵偏转角和流向水平尾翼的气流速度。在一般飞行情况下,水平尾翼产生负升力,故水平尾翼力矩是上仰力矩。机翼迎角很大时,水平尾翼可能产生正升力,从而会产生下俯力矩。

螺旋桨的拉力或喷气发动机的推力,其作用线若不通过飞机重心,就会产生围绕重心的俯仰力矩,该力矩称为拉力或推力力矩,用 M_T 表示。对同一架飞机来说,拉力或推力所产生的俯仰力矩,其大小主要受油门位置的影响。增大油门,拉力或推力增大,俯仰力矩增大。一般情况下拉力或推力力矩都不大。

飞机若要达到俯仰平衡,必须使作用于飞机的各俯仰力矩之和 M 为 0,即

$$M = M_w + M_t + M_T = 0 \tag{1-16}$$

随着无人机翼身融合体构型被采用得越来越多,有时需要考虑机身产生的俯仰力矩。要说明的是,由于压力中心随迎角变化会移动,在具体计算俯仰力矩时不方便,因此常用焦点来计算,焦点将在第 2 章中探讨。

2. 影响俯仰平衡的因素

影响俯仰平衡的因素很多,在操纵面不动的情况下,主要有加减油门、收放襟翼、收放起落架和重心位置变化。

（1）加减油门对俯仰平衡的影响

加减油门会改变拉力或推力的大小,从而改变拉力力矩或推力力矩的大小,影响飞机的俯仰平衡。更重要的是,加减油门后,无人机速度会改变,这会改变作用在机翼、尾翼上的空气动力,进而引起机翼、尾翼上的空气动力力矩变化,从而影响无人机俯仰平衡。飞机是上仰还是

下俯,不能单看拉力力矩或推力力矩对俯仰平衡的影响,需要综合考虑加减油门所引起的机翼、水平尾翼力矩等的变化。

（2）收放襟翼对俯仰平衡的影响

收放襟翼会引起无人机机翼升力和俯仰力矩的改变,从而影响俯仰平衡。比如,放下襟翼,一方面因机翼升力增大和压力中心后移,飞机的下俯力矩增大,使机头下俯。另一方面由于通过机翼的气流下洗角增大,水平尾翼的负迎角增大,负升力增大,飞机上仰力矩增大,使机头上仰。放下襟翼后,究竟是下俯力矩大还是上仰力矩大,这与襟翼的类型、放下的角度以及水平尾翼位置的高低、面积的大小等参数有关。放下襟翼后机头是上仰还是下俯,不仅看上仰力矩和下俯力矩谁大谁小,还要看升力最终是增还是减。放下襟翼后,如果上仰力矩增大,迎角因之增加,升力增大,此时飞机自然转入向上的曲线飞行而使机头上仰。但如果下俯力矩增大,迎角因之减小,这就可能出现两种可能的情况:一种是迎角减小得较多,升力反而降低,飞机就转入向下的曲线飞行而使机头下俯;一种是迎角减小得不多,升力因放襟翼仍然增大,飞机仍将转入向上的曲线飞行而使机头上仰。为减轻放襟翼对飞机的影响,各型飞机对放襟翼时的速度和放下角度都有一定的规定。收襟翼,升力减小,飞机会转入向下的曲线飞行而使机头下俯。

（3）收放起落架对俯仰平衡的影响

收放起落架会引起飞机重心位置的前后移动,飞机将产生附加的俯仰力矩。比如,前起落架向前放下,此时重心前移,飞机将产生附加的下俯力矩;如前起落架向后放下,则重心后移,产生附加的上仰力矩。此外,起落架放下后,机轮和减振支柱上还会产生阻力,这个阻力对重心产生下俯力矩。上述力矩都将影响飞机的俯仰平衡。收放起落架,飞机到底是上仰还下俯,须综合考虑上述力矩的影响。

（4）重心位置变化对俯仰平衡的影响

飞行时,任务载荷的更换、燃油的消耗等都可能引起飞机重心位置的前后变动。重心位置的改变势必引起各俯仰力矩的改变,主要是影响到机翼力矩的改变。所以,重心前移,下俯力矩增大;重心后移,上仰力矩增大。

1.2.3 航向平衡

飞机的航向平衡是指作用于飞机的各偏转力矩之和 N 为 0。飞机达到航向平衡后,不绕立轴转动。

1. 航向平衡的获得

作用于飞机的偏转力矩主要有两翼阻力对重心产生的力矩、垂直尾翼侧力对重心产生的力矩、双发或多发动机的拉力对重心产生的力矩。

飞机做无侧滑飞行时,一边机翼的阻力 D_l 或 D_r 对重心产生的力矩使机头偏转,如图 1-16 所示,这种力矩称为机翼阻力力矩,用 N_{Dw} 表示,可用下式计算:

$$N_{Dw} = D_r l_r + D_l l_l \qquad (1-17)$$

式中,l_r 和 l_l 分别表示右边和左边机翼阻力作用线至重心的垂直距离。

无人机通常设计为左右对称,正常情况下左右阻力应该相等。但当副翼偏转时,副翼下偏一侧相当于增大了机翼弯度,上偏一侧相当于减小了机翼的弯度,造成机翼两侧阻力不相等,

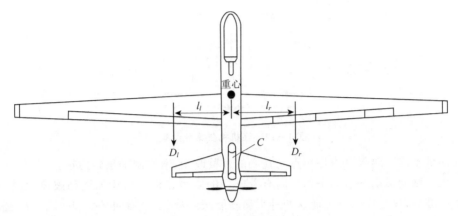

图 1 - 16　机翼的阻力力矩

从而影响航向平衡。设副翼偏转造成的偏航力矩为 N_{δ_a}。

垂直尾翼侧力可能因飞机的侧滑、螺旋桨滑流的扭转以及方向舵偏转等原因产生。侧滑引起的偏航力矩为 N_β，方向舵偏转引起的偏航力矩为 N_{δ_r}。对侧力的详细分析见第 2 章。

双发或多发动机的飞机，其一边发动机的推力绕重心所产生的力矩会使机头偏转。这种力矩为发动机推力力矩 N_T。

无人机若要达到航向平衡，必须是作用于无人机的所有偏转力矩之和 N 为 0，即

$$N = N_{Dw} + N_\beta + N_{\delta_a} + N_{\delta_r} + N_T = 0 \tag{1 - 18}$$

2. 影响航向平衡的因素

飞行中，各偏转力矩的大小有时会发生变化，使作用于飞机的各偏转力矩之和不再为 0，从而使飞机丧失航向平衡状态，机头偏转。下列因素将影响飞机的航向平衡：有侧风或无人机出现侧滑、方向舵偏转引起侧力变化；一边机翼变形（或两边机翼形状不一致）、副翼偏转等会使左右两翼阻力不等；多发动机飞机左右两边发动机工作状态不同，或者一边发动机停车，从而产生不对称拉力；螺旋桨发动机油门改变，螺旋桨滑流引起的垂直尾翼力矩随之改变。

1.2.4　横向平衡

飞机的横向平衡是指作用于飞机的各滚转力矩之和 T_{tr} 为 0。飞机达到横向平衡后，不绕纵轴滚转，坡度不变或没有坡度。

1. 横向平衡的获得

作用于飞机的滚转力矩主要有两翼形状不一致导致升力差对重心产生的滚转力矩 L_w、副翼偏转产生的滚转力矩 L_{δ_a}、侧滑角引起的滚转力矩 L_β、方向舵偏转产生的滚转力矩 L_{δ_r}、单螺旋桨无人机由于螺旋桨旋转时产生的反作用力矩 L_T，如图 1 - 17 所示。

要使飞机达到横向平衡，必须使作用于飞机的各滚转力矩之和 L 为 0，即

$$L = L_w + L_{\delta_a} + L_\beta + L_{\delta_r} + L_T = 0 \tag{1 - 19}$$

2. 影响横向平衡的因素

飞行中，由于作用于飞机的滚转力矩的大小不是一成不变的，因此飞机已达到的横向平衡状态还会因滚转力矩的变化而受到破坏。下列因素将影响飞机的横向平衡：一边机翼发生变化（或两边机翼形状不一致），如积冰，会导致两翼升力不等；飞机发生侧滑或方向舵偏转，会导致侧力发生变化；螺旋桨发动机油门改变，螺旋桨反作用力矩随之改变；重心左右移动（如两翼

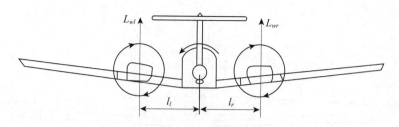

图 1 - 17　飞机机翼滚转力矩

的油箱耗油量不均),两翼升力作用点至重心的力臂改变,形成附加滚转力矩。

　　无人机的横向平衡和航向平衡之间有着密切的联系。横向平衡如受到破坏,必然会引起航向平衡的破坏,反之亦然。因此这两种平衡不能截然分开,把横向平衡和航向平衡综合起来时称为横侧平衡。

1.3　无人直升机的平衡

　　和固定翼无人机一样,无人直升机的平衡包括作用力平衡和力矩平衡两方面,如图 1 - 18 所示。这里只分析有关力矩平衡的问题,认为力的平衡总能够得到保证。至于力的平衡,将在无人直升机飞行性能中介绍。无人直升机平衡状态飞行分析方法和固定翼无人机分析方法相同,不同的只是导致力矩产生的因素不同。

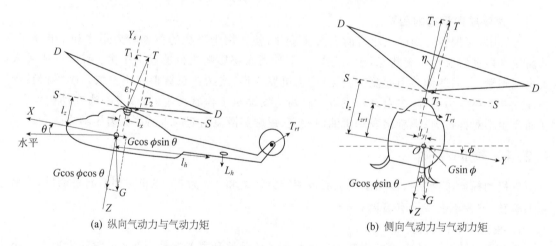

(a) 纵向气动力与气动力矩　　　　　　　　(b) 侧向气动力与气动力矩

图 1 - 18　无人直升机所受气动力与气动力矩

1.3.1　俯仰平衡

　　直升机的俯仰平衡是指直升机绕横轴转动的上仰力矩和下俯力矩相等,如图 1 - 19 所示。直升机保持俯仰平衡时,不绕横轴转动。

　　1. 直升机的俯仰力矩

　　作用于直升机的俯仰力矩包括旋翼力矩、水平安定面力矩、机身力矩和尾桨的反作用力矩等。尾桨力矩一般较小可以略去,下面着重分析旋翼力矩、水平安定面力矩、机身力矩的产生和变化,进而研究这些力矩对俯仰平衡的影响。

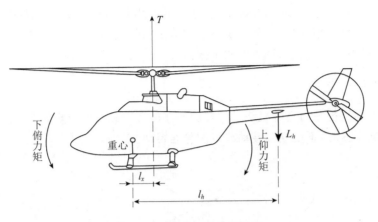

图 1-19　直升机的俯仰平衡

（1）旋翼俯仰力矩

在构造轴中，旋翼所产生的力 T 可分解为拉力（第一分力）T_1、后向力（第二分力）T_2、侧向力（第三分力）T_3，如图 1-18 所示。旋翼产生的俯仰力矩用 M_{rw} 表示，由图 1-18 可以看出，旋翼产生的俯仰力矩 M_{rw} 为

$$M_{rw} = -T_1 l_x + T_2 l_z \tag{1-20}$$

从图 1-18 中可以看出，第一分力 T_1 产生下俯力矩，第二分力 T_2 产生上仰力矩。下俯力矩为负，上仰力矩为正。

（2）水平安定面力矩

水平安定面力矩是由水平安定面升力 L_h 绕直升机重心所形成的俯仰力矩，用 M_h 表示。其值等于水平安定面升力 L_h 与水平安定面升力至重心的距离 l_h 的乘积，即

$$M_h = L_h \cdot l_h = C_{lh} \cdot \frac{1}{2} \rho V_h^2 \cdot S_h \cdot l_h \tag{1-21}$$

其中，C_{Lh} 为水平安定面升力系数；V_h 为流过水平安定面的气流速度；S_h 为水平安定面面积。

由于水平安定面的迎角通常是负的并产生向下的升力，该升力绕重心所形成的力矩为上仰力矩。水平安定面向下的升力越大，形成的上仰力矩越大。

（3）机身俯仰力矩

机身俯仰力矩的大小和方向与机身的形状和飞行状态有关，用 M_b 表示，即

$$M_b = C_{M_b} \frac{1}{2} \rho V^2 S_b l_b + \Delta M \tag{1-22}$$

其中，C_{M_b} 为机身气动力对重心的俯仰力矩系数；S_b 为机身最大迎风面积；l_b 为机身长度；ΔM 为绕机体轴的修正俯仰力矩。机身力矩通常在悬停和小速度飞行时为上仰力矩，大速度飞行时为下俯力矩。

2. 保持俯仰平衡的条件

从上述分析可知，直升机能否保持俯仰平衡，主要是由旋翼俯仰力矩 M_{rw}、水平安定面力矩 M_h 和机身力矩 M_b 的大小和方向所决定的。直升机保持俯仰平衡时，必须是作用于直升机的俯仰力矩之和 M 为 0。所以，直升机保持俯仰平衡的条件可用下式表示：

$$M = M_{rw} + M_h + M_b = 0 \tag{1-23}$$

飞机可根据飞行状态的变化,操纵旋翼,改变其拉力作用线至重心的距离,以调整旋翼拉力绕重心形成的俯仰力矩,保持上仰力矩与下俯力矩相等,以获得俯仰平衡。如果上仰力矩大于下俯力矩,直升机上仰;反之,则直升机下俯。

1.3.2 航向平衡

直升机的航向平衡是指直升机绕立轴转动的左偏力矩和右偏力矩相等,如图 1 - 20 所示。直升机保持航向平衡时,不绕立轴转动或只做等速转动。

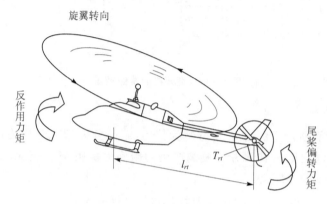

图 1 - 20 直升机的航向平衡

1. 直升机的偏转力矩

(1) 旋翼偏转力矩

发动机带动旋翼旋转,不断地拨动空气,空气也以大小相同、方向相反的力矩作用于旋翼上,这个力矩就是旋翼的反作用力矩,用 N_D 表示。旋翼的反作用力矩传送到机身上,就会使直升机向旋翼旋转的相反方向偏转。旋翼产生的侧向力也会产生偏转力矩 $N_{rw} = T_3 l_z$。

(2) 尾桨偏转力矩

尾桨所产生的拉力 T_{rt} 绕直升机的重心形成的偏转力矩,称为尾桨偏转力矩,用 N_{rt} 表示。与旋翼的不同之处是尾桨没有垂直铰和自动倾斜器,故可把它看作无周期变距的构造平面与机体对称平面平行的小旋翼。因此尾桨拉力 T_{rt} 可表示为

$$T_{rt} = C_{T_{rt}} \frac{1}{2} \rho (R_{rt} \Omega_{rt})^2 \pi R_{rt}^2 \qquad (1-24)$$

式中,R_{rt} 为尾桨桨叶半径;Ω_{rt} 为尾桨桨叶旋转角速度;$C_{T_{rt}}$ 为尾桨拉力系数,尾桨拉力系数与尾桨桨距近似成正比关系。

尾桨偏转力矩 N_{rt} 为

$$N_{rt} = T_{rt} l_{rt} = C_{T_{rt}} \frac{1}{2} \rho (R_{rt} \Omega_{rt})^2 \pi R_{rt}^2 \cdot l_{rt} \qquad (1-25)$$

式中,l_{rt} 为尾桨拉力至直升机重心的距离。

(3) 机身偏转力矩

机身偏转力矩的大小和方向与机身的形状和飞行状态有关,用 N_b 表示,即

$$N_b = C_{N_b} \frac{1}{2} \rho V^2 S_b l_b + \Delta N \qquad (1-26)$$

其中，C_{N_b} 为机身气动力对重心的偏航力矩系数；S_b 为机身最大迎风面积；l_b 为机身长度；ΔN 为绕机体轴的修正偏航力矩。

2. 保持航向平衡的条件

从上述分析可知，尾桨偏转力矩大于反作用力矩时，直升机就向尾桨偏转力矩方向偏转。反之，则向反作用力矩的方向偏转。直升机保持航向平衡的条件是

$$N = N_D + N_{rw} + N_{rt} + N_b = 0 \qquad (1-27)$$

1.3.3　横向平衡

直升机的横向平衡是指直升机绕纵轴转动的左滚力矩和右滚力矩相等，如图 1-21 所示。直升机保持横向平衡时，不绕纵轴滚转。

1. 直升机的滚转力矩

(1) 旋翼滚转力矩

由图 1-18 可以看出，旋翼产生的第一拉力 T_1 和第三拉力 T_3 会产生滚转力矩

$$L_{rw} = T_1 l_y + T_3 l_z \qquad (1-28)$$

(2) 尾桨滚转力矩

尾桨所产生的拉力 T_{rt} 绕直升机纵轴形成的滚转力矩称为尾桨滚转力矩，用 L_{rt} 表示。尾桨滚转力矩 L_{rt} 为

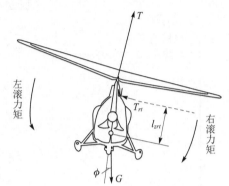

图 1-21　直升机的横向平衡

$$L_{rt} = T_{rt} l_{zrt} = C_{T_{rt}} \frac{1}{2} \rho (R_{rt} \Omega_{rt})^2 \pi R_{rt}^2 \cdot l_{zrt} \qquad (1-29)$$

式中，l_{zrt} 为尾桨拉力至直升机纵轴的垂直距离。

(3) 机身滚转力矩

机身滚转力矩的大小和方向与机身的形状和飞行状态有关，用 L_b 表示，即

$$L_b = C_{L_b} \frac{1}{2} \rho V^2 S_b l_b + \Delta L \qquad (1-30)$$

其中，C_{L_b} 为机身气动力对重心的滚转力矩系数；ΔL 为绕机体轴的修正滚转力矩。

2. 保持横向平衡的条件

从上述分析可知，直升机保持横向平衡的条件是

$$L = L_{rw} + L_{rt} + L_b = 0 \qquad (1-31)$$

本章小结

为分析无人机的飞行性能和操稳性能，进而建立无人机运动方程，首先给出了无人机重心位置的定义，继而介绍了常用坐标系和参量的定义，进而给出了坐标系之间转换的思路和方法。考虑到在分析无人机基本飞行性能和静态操稳性时，主要基于平衡飞行的概念，因此重点介绍了无人机的转动平衡。学习本章特别要注意建立坐标系及参量的空间概念，理解坐标转换的思路。能够基于空气动力学知识，分析作用在无人机的气动力和力矩，进而分析影响无人机平衡的因素。图 1-22 所示为本章的思维导图供学习参考。

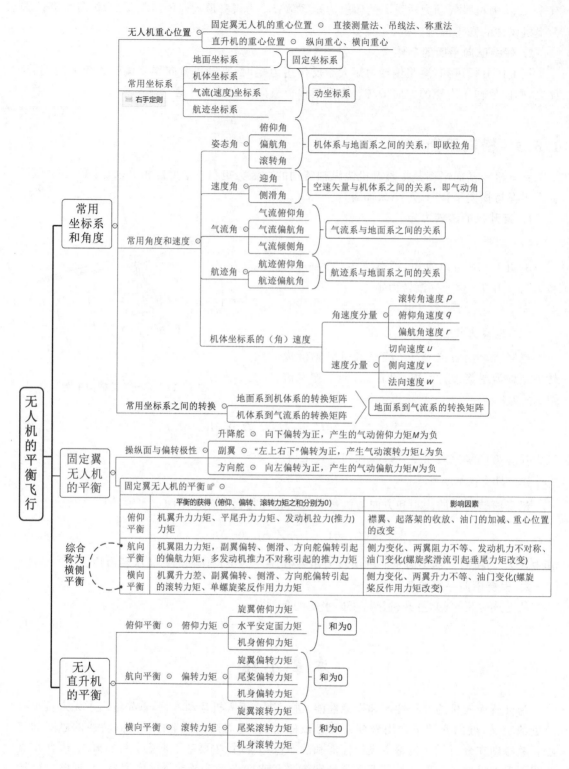

图 1-22　思维导图

思考题

1. 分析影响无人机重心位置的因素及机理。
2. 描述无人直升机常用坐标系和参量的定义。
3. 分析归纳常用坐标系的意义及转换思路。
4. 归纳常用角度和操纵面偏转角度正负定义的规律。
5. 分析起落架收起对固定翼无人机俯仰平衡的影响。
6. 对比固定翼无人机和无人直升机平衡分析的异同。
7. 保持直升机俯仰、航向、横向和横侧平衡的条件分别是什么?
8. 说明常规布局飞机达到俯仰平衡的基本原理。
9. 总结思维导图,分析本章内容的逻辑关系。
10. 研究拓展阅读材料,谈谈对突然打破飞行平衡影响飞行安全的理解。

拓展阅读——"隐形杀手"飞机尾流

1. 空中消失的发动机

1991 年海湾战争期间,美国空军一架 KC-135 加油机执行任务的过程中发现左侧的两台发动机竟在空中消失了。

执行任务的是一架编号为 58-0013 的 KC-135 加油机,呼号为"鲸鱼 05 号",凯文·斯维尼少校是本架飞机的指挥官,有着超过 20 年的军航飞行经历。据他描述,那个时期,中东战区上空有着高达 15% 概率会被击落。

下午 5 点 25 分,这架 KC-135 拖着 150 t 的自重向科威特方向飞去,这次任务计划的航路是先飞往东北的 Rita 航点,右转后向东飞行,在距离科威特边境 300 km 处与待受油的 E-3 "望楼"预警机会合完成加油任务。

漆黑的夜空中,机组需要尽可能保持无线电静默以减少被敌军发现的可能。一架友军的 KC-135 保持着相同的航向,高于"鲸鱼 5 号"500 ft(约 152.4 m)上方飞越,此时距离会合点还有 45 min 的航行时间。

突然! 飞机毫无征兆般地大幅度左倾,1 s 内滚转坡度高达 110°,他们还没回过神来,飞机又在大幅度右倾,周而复始。机组必须想办法控制住这架"不听话"的 KC-135。

要知道这架基于客机底子的 KC-135 可经不起这番折腾。这时指挥官凯文想到了自己受训时的科目,通过放出减速板增加阻力,去平衡失控的飞机。

抱着试一试的态度,机组放出了减速板。减速板的放出增强了飞机对于滚转的控制。屋漏偏逢连阴雨,这时,1 号和 2 号发动机的火警警报急促地响了起来! 指挥官此时正忙于操控飞机,无奈下派出油管操作员史蒂夫·斯塔基帮忙去后舱查看火情。

史蒂夫经过观察后神情凝重,回到驾驶舱报告:"没有火情,1 号和 2 号发动机不见了!"

此时左翼发动机吊挂位置空空如也,燃油从机翼和发动机的连接处喷了出来。在紧急放油 50 t 后,飞机终于在 16 000 ft(约 4 876.8 m)的高度保持稳定状态,机组抱着一丝希望尝试返航,避免在远离基地的战区跳伞。在距离吉达机场 130 nmile(约 240.76 km)的时候,他们联系上了塔台并告知了自己的紧急情况。拨云见日,安全返航的希望似乎也越来越大。

左侧发动机的缺失导致液压系统受到了影响,没有液压系统作为辅助的情况下,现状只允许他们手动放下起落架。

机组最后使用了刹车将飞机停住,KC-135如果使用反推会导致左右机翼升力不平衡,从而产生滚转效应。

不久后在沙漠中找到了脱落的发动机。事故调查结果表明,飞机是受到了同向而行另一架KC-135"鲸鱼20号"的尾流影响。事发时,"鲸鱼5号"低于前机500 ft(约152.4 m)飞行,虽然两机间隔符合标准,但高达85 kt(约157.42 km/h)的侧风还是把前机的翼尖涡流吹到了后机的航路上,如图1-23所示。

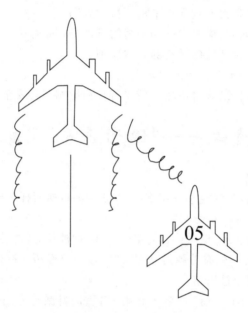

图1-23　斜吹翼尖涡的影响

"鲸鱼5号"机组没有考虑到强劲的侧风所带来的影响。飞机受到尾流的影响,左右大幅度滚转产生强大的过载,两具发动机是生生被扯下来的,而3号、4号发动机也仅仅各剩一颗螺栓在撑着,飞机险些成为一架百吨重的"巨型滑翔机"。

最后,"鲸鱼5号"机组凭借各成员的默契配合,将这架少了两台发动机的"百吨巨鲸"安全落了下来。

2. 莫名其妙的筋斗

2017年初,阿联酋航空的一架560 t的A380在35 000 ft(约10 668 m)的高度执飞迪拜至悉尼的航班时,自身强劲的尾流吹翻了1 000 ft(约300 m)下方相向而行的庞巴迪挑战者604公务机(见图1-24),导致后者在48 s内坠落了10 000 ft(约3 000 m),单发失效后紧急迫降阿曼马斯喀特国际机场,强烈的颠簸导致公务机上的乘客均有不同程度的受伤,飞机也随后被报废处理。

为了提升航路的流量,让更多的飞机在经济高度层上飞行,在RVSM空域,即FL290至FL410(包含这两个高度层)范围内的垂直间隔标准由低空的2 000 ft(约600 m)缩小到1 000 ft(300 m)。

随着飞机越造越大,质量也就越来越大,需要机翼产生的升力也就越大,从而造成飞机尾

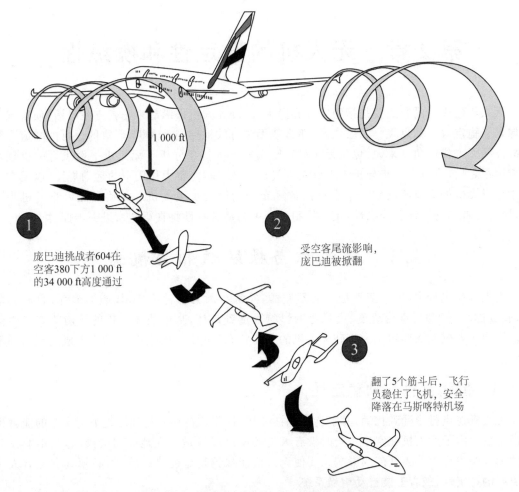

图 1 - 24　庞巴迪 604 公务机翻滚前和翻滚后

流越来越强,对飞行的影响也就越大。我们一般将尾流按区域划分为三部分:翼尖涡流、附面层紊流、发动机尾喷流。附面层紊流和发动机尾喷流的"寿命"很短,影响距离短;而翼尖涡流旋转稳定,存在时间长,所以尾流通常是指机翼涡流。

　　尾流对飞机的影响可归纳为:诱导横滚、损失高度、爬升率减小和过大的结构过载。飞机尾流虽然平日里肉眼很难观察到,但也确实在特定条件下会影响飞行安全。

　　由于体格差距相当悬殊,而且尾流是呈下沉运动的,如果当时的挑战者公务机被安排高于A380 的高度飞行,即便是相差 1 000 ft(约 300 m),也不会遭遇报废的命运。但这架 20 t 重的庞巴迪不幸在 A380 下方飞行,最终成了受害者,安全迫降后惨遭报废。

第2章 无人机的稳定性和操纵性

无人机的飞行品质主要是指稳定性和操纵性,即无人机操纵起来是否方便灵活、侦察载荷成像是否稳定等。如果飞行品质太差,那么就无法有效地控制无人机,严重的还可能酿成飞行事故。从无人机的角度来说,也就无法很好地完成任务。在分析了无人机平衡飞行的机理及影响因素之后,本章进一步分析无人机在空气动力及其本身重力作用下的运动规律,以及在飞行中操纵飞机的规律等问题。本章将以常规布局的固定翼无人机和单旋翼无人直升机为对象,研究二者的稳定性和操纵性,飞行控制过程中的动态特性将在第 6 章进一步探讨。

2.1 稳定性与操纵性相关概念

无人机在飞行中,其平衡不是一成不变的,经常会因为各种因素,如燃油消耗、收放起落架、收放襟翼、发动机推力改变、突风等的影响而遭到破坏,从而使无人机的平衡状态发生变化。操作无人机舵面偏转也会打破无人机的平衡状态,经过一段时间过渡,无人机达到新的平衡状态。

2.1.1 静稳定性与动稳定性

无人机在飞行中受到扰动,其平衡状态被破坏后,能够自动恢复到原先平衡状态的能力称为稳定性。由于无人机在空中飞行时没有人直接操纵或只是人在地面间接操纵,人不能及时发觉无人机飞行中外界气流的影响。要使无人机能保持稳定的飞行状态,必须具有比有人飞机更好的稳定性,或者安装自动增稳系统。

小型无人机的一个特点是飞行速度不大,速度在 $20\sim200$ m/s 左右;微型无人机只有$10\sim20$ m/s。因此在飞行中,突风和上升气流对无人机的影响要比有人机大得多。例如,一架速度为 $1\sim5$ m/s 的无人机和一架速度为 180 km/h(相当于 50 m/s)的滑翔机,在飞行中都遇到 0.5 m/s 的上升气流,这时无人机迎角将增大 $5°$左右,而滑翔机只增加 $0.5°$左右。另一方面,小型无人机的飞行雷诺数是几万至上百万,机翼失速迎角约 $10°\sim14°$。无人机迎角通常调整到 $7°\sim8°$,因此,无人机飞行迎角已接近失速迎角。如果遇到 0.5 m/s 的上升气流使迎角再增大 $5°$,往往会使无人机失速。

通常将稳定性分为静稳定性和动稳定性,无人机的静稳定性和动稳定性之间有着非常密切的关系。

1. 静稳定性

静稳定性是指无人机受扰(如突风)后出现稳定力矩,有自动回到原平衡状态的趋势。静稳定性是研究无人机受扰后的最初瞬间响应问题的,是研究无人机稳定性的最基本特性。

为了更好地说明静稳定性的概念和分析具备静稳定性的条件,首先来研究圆球的稳定问题。如图 2-1 所示的三种情况,设圆球原来处于平衡状态,现在给它一个瞬时小扰动,例如推它一下,使其偏离平衡状态,观察在扰动去除后,圆球能否自动回到原来的平衡状态。

图 2-1(a)所示的圆球,在扰动取消后,其在弧形槽中经过若干次来回摆动,最后自动地

恢复到原来的平衡位置,这种情况称为稳定;图 2-1(b)所示的圆球,在扰动取消后,就停在扰动消失时的位置,既不继续偏离原来的平衡位置,也不自动恢复到原来的平衡位置,这种情况称为中立稳定;图 2-1(c)所示的圆球,在扰动取消后,其沿弧形坡道滚下,离原来的平衡位置越来越远,不能自动地恢复到原来的平衡位置,这种情况称为不稳定。

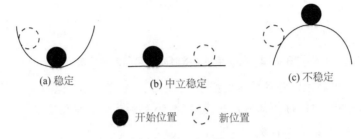

图 2-1　圆球的三种稳定状态

如果无人机受扰动偏离平衡状态后,在最初瞬间产生的是稳定力矩,有自动趋向回到原平衡状态的趋势,那么无人机具有正静稳定性;如果无人机产生的是不稳定力矩,趋向于偏离原来的平衡状态,称无人机具有负静稳定性;如果无人机趋向于维持偏离后的姿态,既不恢复原来的平衡也不进一步偏离平衡,称无人机具有中立静稳定性。一般说的"稳定性"通常是指静稳定性。

2. 动稳定性

(1) 动稳定性概念

静稳定性只表明无人机在外界扰动作用后的最初瞬间有无自动恢复到原来平衡状态的趋势,但只用静稳定性还不能完全说明问题。因为无人机在恢复它原来的平衡状态的过程中,并不一定能很快达到原先的飞行状态而可能摆动起来。摆动多少次才能平稳下来,这就是动稳定性问题。动稳定性是指无人机受小扰动后恢复平衡状态的过程特性,即经过扰动运动最终恢复基准运动的特性。能恢复到平衡状态是动稳定,否则是动不稳定。

动稳定性是无人机的一项十分重要的动态特性。分析无人机动稳定性时,一般将稳定直线飞行作为无人机的基准运动。稳定飞行中,由于某种扰动使无人机偏离了原来的状态,改变了无人机运动参数的数值,如由 V_0、α_0、θ_0 变为

$$\begin{cases} V = V_0 + \Delta V_0 \\ \alpha = \alpha_0 + \Delta \alpha_0 \\ \theta = \theta_0 + \Delta \theta_0 \end{cases} \quad (2-1)$$

式中,ΔV_0、$\Delta \alpha_0$、$\Delta \theta_0$ 为初始扰动值。图 2-2 所示为无人机迎角扰动值 $\Delta \alpha$ 随时间变化的四种情况,它代表在扰动停止后,无人机的扰动运动可能具有的基本模式,扰动运动的模式通常称为模态。扰动运动模态可能是非周期或周期的,可能是收敛或发散的。

前面所说的静稳定性是指无人机受扰动后是否具有恢复原平衡状态的趋势。显然,图 2-2 中的第 2 种情况($\Delta \alpha$ 单调发散)没有恢复趋势,是迎角静不稳定,它根本没有恢复到原平衡迎角的可能性。图 2-2 中的第 1、3、4 三种情况有恢复趋势,属于迎角静稳定,它们都有恢复到原来平衡迎角的可能性,但其中只有第 1 种和第 3 种情况能最终恢复到原平衡的迎角,也就是说第 1 种和第 3 种情况是动稳定的。

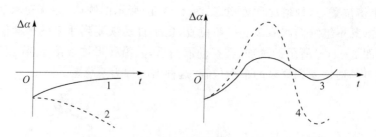

图 2-2 扰动值 $\Delta\alpha$ 随时间变化的四种情况

综上所述,无人机静稳定是动稳定的必要条件,无人机静稳定,但不一定是动稳定的。因此,要研究无人机的稳定性,除了研究静稳定性外,还必须要研究动稳定性。

(2) 动稳定性的主要衡量参数

通常用以下三种参数衡量无人机动稳定性的好坏。

1) 半衰期或倍幅时间

半衰期 $t_{1/2}$ 为阻尼振动振幅包络线或非周期衰减运动中偏离幅度减至初始扰动值一半所经过的时间。倍幅时间 t_2 为发散振动振幅包络线或非周期发散运动中偏离幅度增至初始扰动值一倍所经过的时间。半衰期或倍幅时间表征扰动偏离值衰减或发散的快慢,如图 2-3 所示。对于振荡模态,偏离值以包络线为准;对于收敛模态,$t_{1/2}$ 小,表明衰减快,动稳定性好;对于发散模态,则要求 t_2 大好,因为 t_2 大,飞控系统来得及修正,危害小。

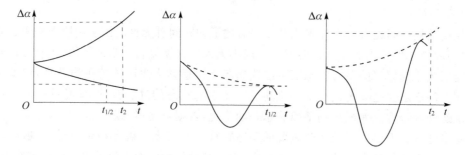

图 2-3 半衰期和倍幅时间

2) 摆动周期

摆动周期 T 是指无人机扰动运动振荡一次所需时间,即

$$T = 2\pi/\omega_d \qquad (2-2)$$

可见,摆动周期与振荡频率 ω_d 成反比。

3) 振荡次数

振荡次数 $N_{1/2}(N_2)$ 是在 $t_{1/2}(t_2)$ 的时间内,扰动运动的振荡次数。振荡次数少,说明无人机经过很少的振荡次数,初始扰动值就衰减到一半,动稳定性好。如模态发散,则振荡次数 N_2 不要过少为好。

为了保证飞行安全和操纵方便,无人机应当具有适度的稳定性。不稳定或中立稳定的无人机是不适合飞行的,它需要操控人员或飞控系统不断地注意并操纵无人机,以使它维持原有的飞行姿态,这会使操控人员十分紧张,增大飞控系统负担,飞行也极其危险。所以执行飞行任务的无人机必须具有一定的稳定性,这点对于飞行安全来说是至关重要的。

　　无人机的稳定性问题属于小扰动问题,可以将无人机的稳定性分为俯仰(纵向)稳定性、航向(方向)稳定性和横向(横侧)稳定性。

2.1.2　稳定力矩与阻尼力矩

　　以单摆系统说明物体具有稳定性的条件。如图 2-4 所示,摆锤原来处于稳定平衡状态,摆锤受扰动偏离平衡位置,扰动消失后摆锤将在平衡位置附近来回摆动,摆动幅度越来越小,最后停止在原平衡位置上,这说明单摆系统是稳定的。

　　单摆系统稳定的原因有两个:一是当摆锤偏离平衡位置时,垂直于摆杆的摆锤重力分力 G_2 对摆轴形成一个力矩,使摆锤具有向平衡位置回转的趋势,这个力矩称为稳定力矩;二是在摆锤摆动过程中空气阻力对摆轴构成一个始终阻碍摆锤摆动的力矩(不考虑摆轴转动部件摩擦),使摆动幅度越来越小,直到停止,这个力矩称为阻尼力矩。适当增加单摆的阻尼,摆动幅度的衰减将加快,当阻尼增大到一定程度,摆锤将不来回摆动,只是单调地恢复原平衡状态。如摆锤在来回摆动过程中没有阻尼,它将会一直来回摆动,不会停止。可见只有稳定力矩,没有阻尼力矩,摆锤不能恢复原来的平衡状态。

　　如图 2-5 所示,如果把摆锤倒竖过来变成倒立摆,当稍有扰动,摆锤偏离一个微小的角度时,G_2 对摆轴形成不稳定力矩,使倒立摆更加偏离原来的平衡状态。在转动中虽然仍能产生阻尼力矩,但摆锤不能回到原平衡位置。这说明在没有稳定力矩的情况下,即使有阻尼力矩,摆锤也仍然是不稳定的。可见,要使物体稳定须稳定力矩与阻尼力矩共同作用,二者缺一不可。

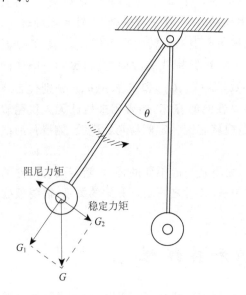

图 2-4　单摆的稳定力矩

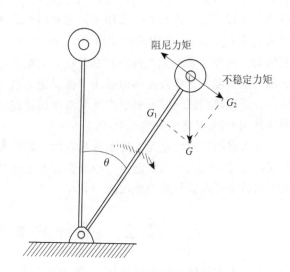

图 2-5　倒立摆的不稳定力矩

　　对无人机来说,在飞行中受扰动偏离原平衡状态后,若无人机上能产生稳定力矩,使无人机具有自动恢复原平衡状态的趋势,而且在恢复平衡过程中又能产生阻尼力矩,则无人机将最终恢复到原平衡状态。

2.1.3　操纵性与操纵力矩

1. 操纵性

飞机不仅应有自动保持其原有平衡状态的稳定性,还要求具有良好的操纵性。所谓飞机的操纵性,是指飞机具有对操纵做出反应、改变其飞行状态的特性,也就是飞机按照操控人员或飞控系统的意图做各种动作的能力。

无人机的动操纵性是指飞控系统操纵舵面偏转后无人机响应的动态特性,即无人机在接受操纵后的整个过渡过程的品质及其跟随能力。

如果飞机在飞行时,不需要做复杂的操纵动作,并且飞机的反应也不过分灵敏或者过分迟钝,那么就认为该飞机具有良好的操纵性。飞机除了能做稳定的飞行外还应具有良好的操纵性。实际上,如果飞机不稳定,虽然飞行很困难,但是还能勉强飞行。但如果飞机不能操纵,则根本不能飞行。

2. 操纵力矩

研究飞机的操纵性是要研究飞机飞行状态的改变与操纵机构行程、舵面偏角和操纵力大小之间的基本关系、飞机反应快慢及影响因素等。各个操纵面控制飞机的原理都是一样的,即通过操纵面的偏转改变升力面上的空气动力,增加或减少的空气动力相对于飞机重心产生一个使飞机按需要改变飞行姿态的附加力矩。同稳定性一样,按运动方向的不同,飞机的操纵性可分为俯仰(纵向)操纵性、航向(方向)操纵性和横向(横侧)操纵性。

固定翼无人机在空中的操纵主要是通过三个操纵面:升降舵、方向舵和副翼来进行的。转动这三个操纵面,在气流的作用下就会对飞机产生操纵力矩,使之绕横轴、立轴和纵轴转动,以改变飞行姿态。方向舵效能用不同迎角时单位舵偏角产生的偏转力矩系数 $C_{n\delta_r}$ 表示,副翼效能则用 $C_{l\delta_a}$ 表示,升降舵效能用 $C_{m\delta_e}$ 表示。δ_r、δ_a 和 δ_e 分别代表方向舵、副翼和升降舵的舵偏角。另外还要有无人机绕三轴转动时的阻尼导数,即 C_{nr}、C_{lp} 和 C_{mq},p、q、r 分别代表绕三轴的角速度。这些数据不但要用于衡量无人机操纵性能的好坏,还要用来估计无人机尾旋特性。所以风洞试验时不但要有无侧滑角的情况,还应该有带一定侧滑角的试验,侧滑角的范围应达到±25°或更大一些。

无人机的稳定性是无人机本身具有的一种特性,它不是一成不变的,而是随着飞行条件的改变而变化。无人机的稳定性与操纵性有着密切的关系,二者之间是矛和盾的关系,需要根据无人机性能要求进行适当地权衡。

2.2　俯仰稳定性和操纵性

假定无人机做定常直线飞行,合外力和合外力矩都处于平衡状态。此时,如果受到外界瞬时扰动作用后,扰动消失瞬间,无人机不加操纵具有自动恢复到原来俯仰平衡状态的趋势,则称无人机是俯仰静稳定的;反之,在外界瞬时扰动作用后,扰动消失瞬间,无人机存在力图扩大偏离平衡状态的趋势,则称无人机是俯仰静不稳定的;如果无人机在受到外界瞬时扰动作用后,既无扩大,又无恢复原来平衡状态的趋势,则称无人机是中立静稳定的。无人机具有俯仰稳定性,主要是俯仰稳定力矩和俯仰阻尼力矩共同作用的结果。无人机俯仰静稳定性包括迎角静稳定性和速度静稳定性。

2.2.1　迎角静稳定性

迎角静稳定性是指无人机受微小扰动,迎角发生变化而飞行速度不变,扰动消失瞬间,无人机是否具有恢复原来迎角的特性。若无人机具有自动恢复原来迎角的趋势,则无人机是迎角静稳定的;若没有自动恢复原来迎角的趋势,则无人机是迎角静不稳定的。

1. 常规布局无人机的迎角静稳定性

常规布局无人机带有机翼和尾翼,其迎角静稳定性与无人机焦点和重心之间的相对位置直接相关。

(1) 机翼焦点和无人机焦点

在一定范围内,当迎角增加时,多数翼型的压力中心向前移,迎角减少时压力中心向后移,只有 S 翼型例外。对称翼型在迎角变化不大时,压力中心基本不动。知道压力中心位置的主要目的是计算机翼升力对整架无人机的重心所产生的力矩。但是压力中心位置随迎角的改变而改变,计算上很麻烦。

研究结果发现,机翼升力对离前缘约 1/4 翼弦距离的一点所产生的力矩不随迎角改变而改变。如以这一点作为支点的话,升力产生的力矩是个常数,这一点称为机翼焦点,升力对这一点产生的力矩称为焦点力矩。例如,无人机在飞行中迎角由 α_1 增加到 α_2,机翼升力也由 L_1 增加到 L_2,如图 2-6 所示。由于机翼压力中心随机翼迎角增加而前移,结果 L_2 对重心的力臂减小了,而升力大小的变化正好与压力中心到焦点距离的变化成反比,因此机翼迎角变化时,升力对焦点的力矩不变。

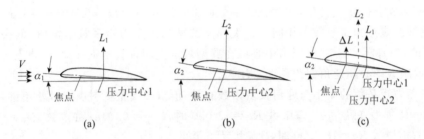

图 2-6　焦点与压力中心的关系

在很多翼型资料上都写有焦点力矩系数的大小。焦点力矩 M_0 为

$$M_0 = \frac{1}{2}\rho V^2 S c_A C_{mf} \tag{2-3}$$

式中,c_A 为机翼平均气动弦长;C_{mf} 为焦点力矩系数。

既然焦点力矩不随迎角改变而改变,所以迎角不同时,计算升力对重心力矩的变化量时,只要计算升力增量的大小即可,而且可以认为这个升力增量也正好作用在焦点上,如图 2-6(c) 所示。

根据机翼升力对焦点产生的力矩大小不随迎角改变而改变的这个性质,可以假设升力作用在焦点上,并且用焦点力矩来修正升力从压力中心移到焦点上位置的影响,这样要计算升力对无人机重心产生的力矩就很方便了。只要知道机翼焦点距无人机重心的距离、在该迎角下升力系数与阻力系数的大小、翼型的焦点力矩系数等,便可以直接算出力矩而不用考虑压力中心(即升力作用点)作用在什么地方了。

例如,已知一机翼翼型在迎角为 6° 时的升力系数是 1.0,阻力系数是 0.025,焦点力矩系数是 −0.13(负号表示力矩使无人机低头)。重心距机翼焦点的前后距离 X 是 6 cm,上下距离 Z 是 8 cm。无人机飞行速度是 5 m/s,翼弦平均长度是 15 cm,机翼面积是 3 000 cm²。现求机翼升力及阻力对无人机重心所产生的力矩。

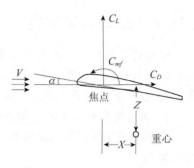

图 2-7 机翼力矩计算方法

从图 2-7 可看到,对重心产生的力矩一共有三个:一个是假设升力作用在机翼焦点上对重心产生的力矩;一个是阻力对重心产生的力矩;还有一个是焦点力矩。

由于升力产生的力矩为

$$M_1 = \frac{1}{2}\rho V^2 S C_L X = \frac{1}{2} \times 0.125 \times 25 \times \frac{3\,000}{10\,000} \times 1.0 \times \frac{6}{100} = 0.028\,1 \text{ N} \cdot \text{m (抬头力矩)}$$

由于阻力产生的力矩为

$$M_2 = \frac{1}{2}\rho V^2 S C_D X = \frac{1}{2} \times 0.125 \times 25 \times \frac{3\,000}{10\,000} \times 0.025 \times \frac{8}{100} = 0.000\,94 \text{ N} \cdot \text{m (抬头力矩)}$$

焦点力矩为

$$M_0 = \frac{1}{2}\rho V^2 S c_A C_{mf} = \frac{1}{2} \times 0.125 \times 25 \times \frac{3\,000}{10\,000} \times \frac{15}{100} \times (-0.13)$$
$$= -0.009\,14 \text{ N} \cdot \text{m (低头力矩)}$$

总的机翼对重心产生的力矩是

$$M = M_1 + M_2 + M_0 = 0.028\,1 + 0.000\,94 - 0.009\,14 = 0.019\,9 \text{ N} \cdot \text{m}$$

不同翼型的焦点力矩系数不相同。绝大部分翼型的焦点力矩系数是负值(低头力矩),但 S 翼型是正值,对称翼型是 0(即压力中心就在翼型焦点上而且基本不移动)。焦点力矩系数负值越大,表示压力中心随迎角变化移动量越大。

翼型焦点力矩系数的大小与迎角及雷诺数有关,但很多翼型资料由于试验不够,只写了一个数值。N60R 翼型在迎角 0°,雷诺数 $Re = 42\,000$ 时,$C_{mf} = 0.043$;雷诺数 $Re = 84\,000$ 时,$C_{mf} = 0.045$;雷诺数 $Re = 168\,000$ 时,C_{mf} 则为 0.039。

在考虑无人机的飞行问题时,都把升力看成作用在焦点上。但如果无人机采用常规布局时,全机的焦点位置因为受尾翼作用的影响,与单独机翼的焦点位置是不相同的。

与机翼一样,无人机的水平尾翼也有自己的焦点。当迎角变化时,水平尾翼的升力对其焦点的力矩不变,所以同样可以把水平尾翼的焦点看成是迎角变化时水平尾翼升力增量的作用点。如果将作用在机翼焦点上的翼升力增量 ΔL_w 和作用在水平尾翼焦点上的平尾升力增量 ΔL_h 的合力 ΔL 作用点求出来,这一点就是整架无人机的焦点,如图 2-8 所示。当迎角变化时,整架无人机的升力增量也可以认为是作用在整架无人机的焦点上。

(2)俯仰稳定力矩

俯仰稳定力矩主要是由机翼和水平尾翼产生的。

1)机翼产生的俯仰稳定力矩

定义无人机重心和机翼的焦点在平均几何弦上的无量纲位置如下:

$$\bar{x}_{cg} = \frac{x_{cg}}{c_A}, \quad \bar{x}_{fw} = \frac{x_{fw}}{c_A} \tag{2-4}$$

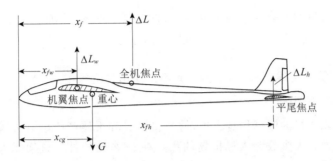

图 2 - 8　无人机的焦点

式中,x_{cg} 为无人机重心到平均气动弦前缘点的距离;x_{fw} 为机翼的焦点到平均气动弦前缘点的距离。机翼焦点与无人机重心位置的关系如图 2 - 9 所示。

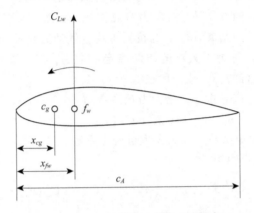

图 2 - 9　焦点与重心位置关系示意图

机翼的焦点对重心的无量纲力臂为($\bar{x}_{cg} - \bar{x}_{fw}$),对重心的俯仰力矩系数为

$$C_{mw} = C_{mfw} + C_{Lw}(\bar{x}_{cg} - \bar{x}_{fw}) \tag{2-5}$$

式中,C_{mfw} 为机翼的焦点力矩系数。机翼产生的俯仰力矩 M_w 为

$$M_w = \frac{1}{2}\rho V^2 S c_A C_{mw} = \frac{1}{2}\rho V^2 S c_A [C_{mfw} + C_{Lw}(\bar{x}_{cg} - \bar{x}_{fw})] \tag{2-6}$$

将式(2 - 5)两边同时对迎角求偏导数,有

$$\frac{\partial C_{mw}}{\partial \alpha} = \frac{\partial C_{Lw}}{\partial \alpha}(\bar{x}_{cg} - \bar{x}_{fw}) \tag{2-7}$$

式中,$\partial C_{Lw}/\partial \alpha$ 为机翼升力线斜率,为正值。由式(2 - 7)可知,只有当 $\bar{x}_{cg} < \bar{x}_{fw}$,即重心在焦点之前时,$\partial C_{mw}/\partial \alpha < 0$。这样,当 α 增大时,升力增量 ΔL 作用在焦点上产生低头力矩增量,即 $\Delta M < 0$,力图使 α 减小,所以起到稳定迎角的作用。若 $\bar{x}_{cg} > \bar{x}_{fw}$,即重心在焦点之后,则无人机的纵向运动将是不稳定的。

2) 平尾产生的俯仰稳定力矩

和机翼类似,平尾的焦点对重心的无量纲力臂为($\bar{x}_{cg} - \bar{x}_{fh}$),对重心的俯仰力矩系数为

$$C_{mh} = C_{mfh} + C_{Lh}(\bar{x}_{cg} - \bar{x}_{fh}) \tag{2-8}$$

式中,C_{mfh} 为尾翼的焦点力矩系数。尾翼产生的俯仰力矩为

$$M_h = \frac{1}{2}\rho V^2 S c_A C_{mh} = \frac{1}{2}\rho V^2 S c_A [C_{mfh} + C_{Lh}(\bar{x}_{cg} - \bar{x}_{fh})] \tag{2-9}$$

尾翼迎角与无人机迎角有一个固定的差角,将式(2-8)两边同时对迎角求偏导数

$$\frac{\partial C_{mh}}{\partial \alpha} = \frac{\partial C_{Lh}}{\partial \alpha}(\bar{x}_{cg} - \bar{x}_{fh}) \tag{2-10}$$

式中,$\partial C_{Lh}/\partial \alpha$ 为尾翼升力线斜率,为正值。其稳定作用与机翼相同。

（3）俯仰静稳定性

为了方便求解无人机的俯仰稳定力矩,通常将机翼和平尾产生的升力等效为集中作用于无人机的焦点上的力。大多数无人机机翼的焦点在 25% 弦长处。整架无人机的焦点位置可以近似地用下式计算：

$$\bar{x}_f = 0.25 + k_f \left(\frac{S_h l_h}{S c_A}\right) \tag{2-11}$$

式中,$\bar{x}_f = x_f / c_A$,x_f 为无人机焦点到平均气动弦前缘点的距离;k_f 为考虑平尾受机翼后洗流等因素影响的修正系数,约 0.7～0.8;S 为机翼面积,m^2;S_h 为平尾面积,m^2;l_h 为平尾尾力臂,即从重心到平尾焦点的距离,m;c_A 为机翼平均空气动力弦长,m。

通常将 $(S_h/l_h)/(S c_A)$ 称为无人机的俯仰稳定系数 A_{pi}。一般来说,A_{pi} 大,俯仰静稳定性就好一些。有平尾无人机的 A_{pi} 值一般在 0.9～1.1。

类似地,可以得到无人机对重心的俯仰力矩系数为

$$C_m = C_{mf} + C_L (\bar{x}_{cg} - \bar{x}_f) \tag{2-12}$$

式中,C_{mf} 为无人机焦点力矩系数;C_L 为无人机升力系数。

无人机产生的俯仰稳定力矩 M_s 为

$$M_s = \frac{1}{2}\rho V^2 S c_A C_m = \frac{1}{2}\rho V^2 S c_A [C_{mf} + C_L (\bar{x}_{cg} - \bar{x}_f)] \tag{2-13}$$

将式(2-12)两边同时对迎角求偏导数,可得

$$C_{ma} = \frac{\partial C_m}{\partial \alpha} = C_{La}(\bar{x}_{cg} - \bar{x}_f) \tag{2-14}$$

式中,C_{La} 为无人机升力系数斜率;C_{ma} 称为俯仰静稳定性导数。

由于 $C_{La} > 0$,使得 C_{ma} 可以完全表征无人机的俯仰静稳定性。分析如下：

① 若 $\bar{x}_{cg} < \bar{x}_f$,即重心在焦点之前,则 $C_{ma} < 0$。若在飞行过程中迎角增加,这时机翼增加的升力 ΔL_w 与平尾增加的升力 ΔL_h 作用在各自的焦点上,它们的合力（$\Delta L_w + \Delta L_h$）作用在无人机的焦点上,并会产生附加的负俯仰力矩,使无人机低头,从而使迎角减小。同样当无人机因受干扰而迎角减小时,升力增量减小,合力的作用将使无人机产生抬头力矩,使迎角增大。所以无论无人机迎角增大和减小,都会产生俯仰稳定力矩,此时无人机是俯仰静稳定的。

② 若 $\bar{x}_{cg} > \bar{x}_f$,即重心在焦点之后,则 $C_{ma} > 0$。飞行过程中无论迎角增大或减小,作用在焦点上的升力变化值将对重心产生不稳定力矩,使无人机进一步偏离原先的平衡位置。此时无人机是俯仰静不稳定的。

③ 若 $\bar{x}_{cg} = \bar{x}_f$,即重心与焦点重合,此时无人机是中立稳定的。

总而言之,无人机的重心位置在无人机焦点的前面是俯仰静稳定的必要条件。而且重心在焦点前面越远,无人机的俯仰静稳定性越好。

无人机配置了水平尾翼以后,将使俯仰稳定性大大增加。一般水平尾翼距重心较远,稳定性作用很大,只要无人机的迎角有一点改变,平尾就能产生相当大的恢复力矩。平尾的作用相当于使机翼焦点的位置向后移动到整个无人机的焦点上。

　　另外，无人机重心位置的高低也会影响俯仰稳定性。重心在机翼下面越低，稳定性越好。所以小型无自动增稳系统的无人机多采用上单翼或高单翼。此外迎角不同，机翼升力系数不同，也会影响俯仰稳定性。

　　根据俯仰稳定力矩产生的原因，只要无人机焦点位于重心之后，飞行中，不论何种原因引起无人机迎角变化，都会产生俯仰稳定力矩，该力矩力图使无人机恢复原来的迎角。如图 2 - 10 所示，在曲线飞行中，无人机在俯仰力矩平衡的情况下，飞行轨迹向上弯曲，相对气流方向变化引起无人机迎角减小，则会产生上仰的俯仰稳定力矩，使机头上仰转动，力图保持原来迎角不变。飞行轨迹弯曲，相对气流方向变化是连续的，所以机头的上仰转动也是连续的。同理，如果飞行轨迹向下弯曲，机头将向下转动。这种由于轨迹弯曲而引起的无人机俯仰转动与飞行轨迹转动相适应的现象称为"机头追气流"。

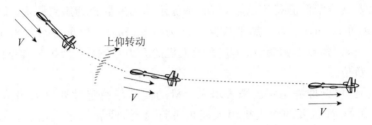

图 2 - 10　曲线飞行中机头追气流现象

（4）俯仰静稳定度

　　为了比较全面地衡量无人机的俯仰静稳定性，可以用俯仰静稳定度来表示。所谓迎角静稳定度是指改变单位迎角（或改变单位升力系数）所引起的无人机俯仰力矩系数的变化量，用符号 C_{ma} 或 C_{mC_L} 表示。图 2 - 11 所示为无人机俯仰力矩系数随迎角的变化曲线，从图中可以看出，当 $C_{ma} < 0$，即曲线斜率为负时，若无人机受扰动，迎角增加（$\Delta \alpha > 0$），俯仰力矩系数变化量 $\Delta C_m < 0$，产生使迎角减小的稳定力矩；若无人机受扰动，迎角减小（$\Delta \alpha < 0$），则 $\Delta C_m > 0$，产生使迎角增大的稳定力矩。

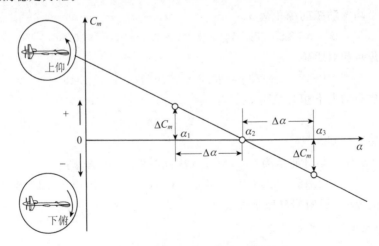

图 2 - 11　俯仰力矩系数随迎角的变化

可见，$C_{ma} < 0$ 表明无人机是迎角静稳定的，其绝对值越大，无人机迎角静稳定趋势越强。

若 $C_{ma} > 0$，即俯仰力矩系数曲线斜率是正值，则无人机是迎角静不稳定的，其值越大，无人机迎角静不稳定趋势越强。若 $C_{ma} = 0$，则无人机是迎角中立稳定的。可见，迎角静稳定度是衡量无人机是否迎角静稳定及稳定性强弱的参数。

在临界迎角范围内，升力系数曲线斜率总是正值（$C_{La} > 0$），故迎角静稳定与否，也可用偏导数 C_{mC_L} 来判断，即 $C_{mC_L} < 0$，迎角静稳定；$C_{mC_L} > 0$，迎角静不稳定；$C_{mC_L} = 0$，迎角中立稳定。C_{mC_L} 可表示为

$$C_{mC_L} = \frac{\partial C_m}{\partial C_L} = \frac{\partial C_m}{\partial \alpha} \bigg/ \frac{\partial C_L}{\partial \alpha} = \frac{C_{ma}}{C_{La}} = \bar{x}_{cg} - \bar{x}_f \qquad (2-15)$$

近似计算公式为

$$C_{mC_L} = -(x_0/c_A) - z_0(0.44C_A + \alpha_0/57.3)/c_A \qquad (2-16)$$

式中，C_{mC_L} 为无人机的俯仰静稳定度，负值表示稳定；x_0 为重心到焦点距离，重心在焦点前是正值，在焦点后是负值，m；c_A 为机翼平均空气动力弦长，m；z_0 为重心与焦点垂直方向距离，重心在焦点下为正，在焦点上为负，m；C_L 为无人机的升力系数；α_0 为机翼翼型的零升迎角，不对称翼型通常是负值。

从上式可看到，用俯仰静稳定度来表示无人机的俯仰静稳定性要比只用俯仰静稳定系数 A_{pi} 全面得多。例如，高机翼的无人机用大迎角飞行时，俯仰静稳定性增加。翼型越弯，机翼的零升迎角负值越大，俯仰静稳定性便越差。

小型无人机的俯仰静稳定度大约是 -0.40，临界值在 -0.15 左右。这个数值的绝对值变小，无人机有可能出现严重波状飞行甚至完全失去俯仰静稳定性。

例：一架无人机，机翼采用 NACA6409 翼型，机翼面积为 $0.295~\mathrm{m}^2$，水平尾翼面积为 $0.08~\mathrm{m}^2$，机翼平均气动弦长为 $0.18~\mathrm{m}$，尾翼力臂长为 $0.58~\mathrm{m}$。重心到平均气动弦前缘距离 x_{cg} 在 0.65 弦长处，机翼平均气动弦在重心上方 $0.072~\mathrm{m}$ 处。

① 俯仰静稳定系数 A_{pi}

$$A_{pi} = \frac{S_h l_h}{S c_A} = \frac{0.08 \times 0.58}{0.295 \times 0.18} = 0.87$$

② 焦点到平均气动弦前缘距离 x_f

$$x_f = 0.25 + 0.7 A_{pi} = 0.25 + 0.7 \times 0.87 = 0.86$$

③ 重心到焦点相对距离 x_0/c_A

$$(x_f - x_{cg})/c_A = (0.86 - 0.65)/0.18 = 1.18$$

④ 重心到焦点的上下相对距离 z_0/c_A

$$z_0/c_A = 0.072/0.18 = 0.4$$

⑤ 俯仰静稳定度 C_{mC_L}

NACA6409 翼型的零升迎角为 $-7°$，设无人机此时 C_L 为 0.3，则

$$C_{mC_L} = -1.18 - 0.4 \times [0.44 \times 0.3 + (-7/57.30)] = -1.184$$

计算表明这架无人机俯仰静稳定性很好。

（5）俯仰静稳定性的影响因素

1）重心位置对迎角静稳定性的影响

无人机俯仰静稳定特性主要由迎角静稳定性决定，机型不同或同一机型而飞行条件不同，无人机迎角静稳定性将不同。

在飞行中,收放起落架、燃油变化和消耗弹药、更换任务载荷等都可能会改变无人机重心位置,根据 $C_{mC_L} = \bar{x}_{cg} - \bar{x}_f$ 可以看出,当无人机焦点位置不变时,重心位置前后移动,会使迎角静稳定度 C_{mC_L} 发生变化。如图 2 - 12 所示,重心前移,$|C_{mC_L}|$ 增大,迎角静稳定趋势增强;重心后移,$|C_{mC_L}|$ 减小,迎角静稳定趋势减弱。无人机重心与无人机焦点重合,迎角静稳定度等于零,此时无人机为中立稳定。

为了保证无人机具有合适的迎角静稳定性,无人机重心前后位置有一定限制,称为重心的前限和后限。

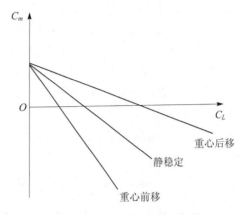

图 2 - 12　重心位置与 C_{mC_L} 的关系

2) 迎角变化对迎角静稳定性的影响

无人机机翼的平面形状不同,迎角变化对迎角静稳定性的影响也不同。

后掠翼无人机在迎角小于抖动迎角 α_{bf} 的范围内,无人机焦点不随迎角变化,故 C_{ma} 的数值不变。迎角大于抖动迎角 α_{bf} 后,由于翼尖气流分离,使翼尖部分升力减小,导致无人机焦点前移,C_{ma} 的绝对值减小,甚至由负变正,无人机迎角静稳定性减弱甚至变为迎角静不稳定。图 2 - 13 所示为后掠翼无人机变化的曲线,从曲线上可看出,在中、小迎角时,C_m 与 α 的关系曲线基本上呈直线;当迎角增大到一定数值时,大于抖动迎角后,曲线斜率(绝对值)开始减小,逐渐变为零,甚至变为正值;迎角再增大时,曲线斜率又变成负值,出现了所谓的"勺"形变化。

平直翼无人机 C_m 与 α 的关系曲线如图 2 - 14 所示,可以看出,平直翼无人机在迎角小于抖动迎角范围内,无人机焦点也是不随迎角变化的,故 C_{ma} 不变,这一点与后掠翼无人机是相同的。但是当迎角接近抖动迎角时,平直翼靠近翼根部位首先发生气流分离,引起翼根前部升力降低,无人机焦点后移,迎角静稳定趋势增强。随着迎角进一步增大,分离区迅速扩大,引起机翼前部升力进一步降低,迎角静稳定趋势进一步增强,故 C_m - α 曲线由直线向下弯曲,出现了所谓的"钩"形变化。

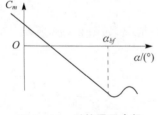

图 2 - 13　后掠翼无人机
C_m 与 α 关系曲线

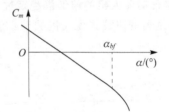

图 2 - 14　平直翼无人机
C_m 与 α 关系曲线

3) 飞行马赫数变化对迎角静稳定性的影响

在跨声速和超声速飞行中,无人机的稳定性会出现一些不同于低速飞行的特点。高速飞行时,无人机的迎角静稳定性更强。这是由于跨声速飞行时,无人机焦点位置都将随飞行马赫数 Ma 增大而后移,如图 2 - 15 所示。造成高速飞行时无人机焦点显著后移的原因如下:

① 机翼焦点后移。在跨声速飞行中,同一飞行马赫数,当无人机受扰动以致迎角增大时,

同原来迎角下的气流情况比较,机翼上表面的气流速度增加更多,吸力增大更多。吸力增大的地方主要位于激波前的局部超声速区内,所以机翼焦点比较靠后。在超声速飞行中,机翼上、下表面绝大部分是超声速气流。当无人机受扰动而增大迎角时,机翼上表面各点的气流速度增加更多,压力都下降更多,而在机翼下表面各点,气流速度减慢更多,压力都要升高得更多。这时,机翼上、下表面各点的升力几乎都是沿翼弦均匀增加。所以,机翼焦点后移,位于平均空气动力弦长的45%～50%位置。

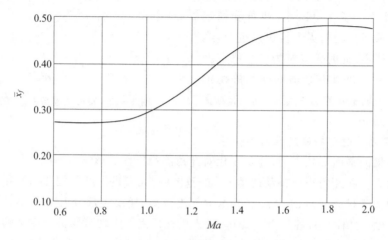

图 2 - 15　无人机焦点位置随飞行马赫数的变化

　　② 平尾使焦点后移。当无人机受扰动而迎角增大时,流向水平尾翼的气流的下洗角也随着机翼迎角的增加而增大。下洗角增大得多,水平尾翼的迎角就增加得少,因而水平尾翼的附加升力及其所构成的稳定力矩也就较小,即水平尾翼的稳定作用减弱;反之,下洗角增大得少,水平尾翼的稳定作用就增强。在跨声速飞行中,机翼上、下表面出现了激波气流分离,气流下洗角减小;在超声速飞行中,无论迎角大小,机翼前、后的气流方向均大致平行,下洗角几乎为零。因此,高速飞行时,平尾的稳定作用增强,相当于无人机的焦点后移。

　　另外,高速飞行时,无人机的弯曲变形和机翼的扭转变形将导致无人机的焦点前移,使无人机焦点后移的趋势减弱。对于某些无人机,在马赫数大于1的某一值后,焦点可能前移。

2. 无尾布局无人机的俯仰静稳定性

　　无水平尾翼的飞翼式无人机的重心位置可以有三种情况,如图 2 - 16 所示。

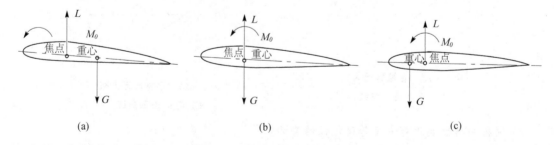

图 2 - 16　机翼稳定性和重心的关系

　　图 2 - 16(a)表示无人机重心在机翼焦点后面。当机翼调整到在某一迎角下平衡,这时重力 G 和升力 L 相等。如果以重心为支点,升力对重心产生的抬头力矩与机翼的低头焦点力矩

相等,就说无人机处于俯仰平衡状态。但是,当外部气流影响使机翼迎角增大时,机翼升力加大,而焦点力矩不变,无人机将会产生继续加大机翼迎角的力矩直到最后失速为止。显然这种情况力与力矩都可以平衡但俯仰不稳定。

图 2 - 16(b)表示无人机的重心正好与焦点在同一垂直线上,升力大小与重力相等,可是机翼的焦点力矩无法平衡。当迎角改变后升力大小虽然改变,但对重心不产生力矩,这种情况称为中性稳定。在这种情况下,无人机力矩不能平衡,也没有稳定性。

图 2 - 16(c)所示的无人机的重心在焦点前面,升力大小可以和重力相等,可是升力对重心产生的低头力矩与焦点力矩方向相同,所以力矩不平衡。但从稳定性考虑,当迎角增大时,增大了的升力使低头力矩增加,有减小迎角的倾向,所以无人机是稳定的。

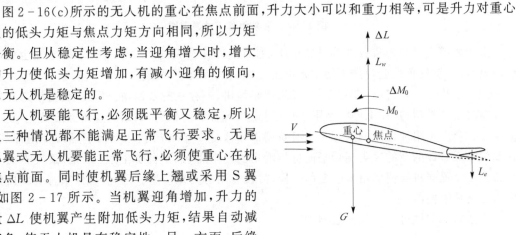

无人机要能飞行,必须既平衡又稳定,所以以上三种情况都不能满足正常飞行要求。无尾的飞翼式无人机要能正常飞行,必须使重心在机翼焦点前面。同时使机翼后缘上翘或采用 S 翼型,如图 2 - 17 所示。当机翼迎角增加,升力的增量 ΔL 使机翼产生附加低头力矩,结果自动减小迎角,使无人机具有稳定性。另一方面,后缘上翘后,作用在舵面上的空气动力 L_e 对无人机

图 2 - 17　飞翼式无人机的纵向平衡和稳定

重心的力矩可以和升力对重心的力矩互相平衡。S 翼型的焦点力矩是正值,即其方向与一般翼型相反,所以飞翼式无人机多采用这类翼型,以达到既平衡又稳定的要求。

由于机翼后缘与无人机重心的距离比一般的水平尾翼到重心的距离小得多,所以用来平衡升力对重心的力矩所必需的后缘舵面空气动力比较大。这个力是向下的,使整架无人机的有效升力下降,从而使整架无人机的升阻比下降,S 翼型也有类似缺点。

3. 无人直升机的迎角静稳定性

直升机飞行速度保持不变,在偶然受到干扰后,有效迎角发生了变化。例如受到干扰后机身抬头,如果出现新的附加低头力矩,使之自动趋于恢复原来的迎角,则直升机按迎角是静稳定的;反之,如出现的附加力矩是抬头力矩,使机身进一步抬头,则按迎角是静不稳定的。

对前飞状态的直升机来说,如图 2 - 18 所示,当直升机低头,有效迎角增加 $\Delta\alpha_R$ 时,相对气流在垂直于旋翼旋转平面的分速度减小 $V\Delta\alpha_R$,因为桨叶各微元的迎角随之增加 $\Delta\alpha$,且 $\Delta\alpha = \dfrac{V\Delta\alpha_R}{\Omega R}$,由此引起的桨叶微元的升力增量与 $\Delta\alpha \cdot (\Omega R)^2$ 成正比,即桨叶微元的升力增量与 $V\Delta\alpha_R \Omega R$ 成正比。

因为前飞时旋翼平面内周向来流速度分布不均,当有效迎角增加 $\Delta\alpha_R$ 时,引起旋翼左右两边升力增加不等,即前行桨叶一侧升力增加得多些,而后行桨叶一侧升力增加得少些,从而桨叶的周期挥舞加强,桨尖旋转平面更加后倒,产生附加的抬头力矩。同时,有效迎角增加 $\Delta\alpha_R$,旋翼的气动合力本身也增加 ΔL,由于左右两侧的升力都增加,因此抬头力矩进一步加大。反之,当有效迎角减小时,桨尖旋转平面会相对于机身前倾,产生附加的低头力矩。不过,由于有效迎角减小,故旋翼气动合力减小,所以旋翼产生的附加低头力矩与迎角增加同样角度时旋翼产生的抬头力矩相比要小。因此,总的来说,前飞状态下,旋翼按迎角是不稳定的。

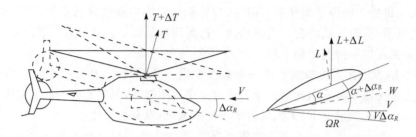

图 2-18　迎角静稳定性原理图

由于桨毂力矩与挥舞铰外伸量成正比,因而铰外伸量大的旋翼迎角静不稳定性也更严重些。显然,无铰旋翼的迎角静不稳定程度要比铰接式旋翼更严重。

在悬停状态下,直升机没有飞行速度,严格地讲,不存在有效迎角。但是,机身姿态即俯仰角可以改变。类似地,在悬停状态下,可以讨论当直升机受扰后,如果机身俯仰角发生了变化,旋翼是否会产生附加力矩的问题。当机身俯仰角改变一个 $\Delta\theta$ 时,自动倾斜器改变同样的值,旋翼桨叶所形成的新的桨尖旋转平面也将随机身一起倾斜同样的角度。于是,桨尖平面与机身的相互位置同机身俯仰角未改变前一样,故没有附加力矩产生。因此,悬停状态旋翼按俯仰角的变化是中性的。

迎角静稳定性可按下列方法判别:

① $\dfrac{\Delta M}{\Delta\alpha_R}>0$,表示迎角增大引起抬头力矩,是迎角静不稳定的;

② $\dfrac{\Delta M}{\Delta\alpha_R}>0$,表示迎角增大引起低头力矩,是迎角静稳定的。

例如,由于在前飞状态旋翼按迎角是静不稳定的,所以在直升机飞行速度不变的情况下,旋翼的 $\dfrac{\Delta M}{\Delta\alpha_R}>0$。为此,通常在直升机上安装水平尾面,以改善在前飞时直升机对迎角的静不稳定性。由于平尾安装在重心之后,通常是负安装角,产生向下的气动力以提供抬头力矩,用来在前飞中配平旋翼产生的低头力矩,使机身有较好的俯仰姿态。

至于直升机全机是否按迎角是静稳定的,须根据各部分的气动力矩偏导之和而定,即

$$\left(\frac{\Delta M}{\Delta\alpha_R}\right)_{\text{全机}}=\left(\frac{\Delta M}{\Delta\alpha_R}\right)_{\text{旋翼}}+\left(\frac{\Delta M}{\Delta\alpha_R}\right)_{\text{机身}}+\left(\frac{\Delta M}{\Delta\alpha_R}\right)_{\text{平尾}} \tag{2-17}$$

如果 $\left(\dfrac{\Delta M}{\Delta\alpha_R}\right)_{\text{全机}}<0$,表明按有效迎角是静稳定的;反之,则为静不稳定的。其中旋翼和水平尾面的作用是主要的。

一般直升机在悬停及小速度飞行时对迎角是不稳定的,这主要是旋翼的作用。前飞速度增大,旋翼的迎角不稳定性更大,同时机身的不稳定作用也表现出来,只有靠平尾的稳定作用来保证直升机的迎角稳定性。无铰旋翼的桨毂力矩大,迎角不稳定性也更强,这种直升机需要更大的平尾。由于铰接式旋翼无桨毂力矩,所以跷跷板式旋翼直升机平尾通常比较小。

2.2.2　速度静稳定性

分析迎角静稳定性,只考虑了迎角变化所引起的力矩变化,而假定飞行速度不变化。实际上,无人机受到俯仰扰动,不仅迎角变化,飞行速度也会发生变化。因此,除了考虑迎角的静稳

定性之外,还要考虑速度静稳定性。

无人机在平衡状态下水平飞行时,若无人机受扰动使飞行速度发生变化,在扰动消失后,无人机具有自动恢复原飞行速度的趋势,则称速度是静稳定的,否则称速度是静不稳定的。

1. 固定翼无人机的速度静稳定性

(1) 速度静稳定性的衡量

假定无人机在受到外界瞬时扰动作用后,迎角和飞行马赫数都发生变化,则无人机上产生的气动力矩便是迎角和马赫数的函数(舵偏角不变),即 $M=f(C_L,Ma)$。此时,无人机静稳定度便不能用偏导数来表示,而必须采用全导数 $\mathrm{d}M/\mathrm{d}C_L$ 或 $\mathrm{d}M/\mathrm{d}\alpha$ 作为判别的参数。在过载 n_z 为 1 的条件下,$\mathrm{d}M/\mathrm{d}C_L$ 为

$$\left(\frac{\mathrm{d}M}{\mathrm{d}C_L}\right)_{n_Z=1}=\frac{\partial M}{\partial C_L}+\frac{\partial M}{\partial Ma}\left(\frac{\partial Ma}{\partial C_L}\right)_{n_Z=1} \tag{2-18}$$

如果 $\left(\dfrac{\mathrm{d}M}{\mathrm{d}C_L}\right)_{n_z=1}<0$,无人机具有自动恢复原速度的趋势;反之,若 $\left(\dfrac{\mathrm{d}M}{\mathrm{d}C_L}\right)_{n_z=1}\geqslant0$,则无人机没有恢复原来速度的趋势。全导数 $\left(\dfrac{\mathrm{d}M}{\mathrm{d}C_L}\right)_{n_z=1}$ 称为速度静稳定度或定载静稳定度。

例如,无人机在水平飞行中受到扰动使速度增大,要保持 $n_z=1$,则无人机迎角应减小,即 $\Delta C_L<0$。如果此时能产生一上仰力矩,力图增大迎角,减小速度,说明无人机具有恢复原来速度的趋势,无人机是速度静稳定的;如果此时产生的是下俯力矩,力图减小迎角,进一步增大速度,则说明无人机是速度静不稳定的。

由以上分析可知,迎角静稳定性与速度静稳定性既有区别,又有联系。当 $n_z=1$,升力等于重力,因此有

$$G=C_L\frac{1}{2}\rho c^2Ma^2S \tag{2-19}$$

马赫数对 C_L 求偏导数,得

$$\left(\frac{\partial Ma}{\partial C_L}\right)_{n_z=1}=-\frac{Ma}{2C_L} \tag{2-20}$$

将式(2-20)代入式(2-18)得

$$\left(\frac{\mathrm{d}M}{\mathrm{d}C_L}\right)_{n_z=1}=M_{C_L}-\frac{Ma}{2C_L}M_{Ma} \tag{2-21}$$

由此可见,速度静稳定度由两项组成,迎角静稳定度(式(2-21)中等号右边第一项)和飞行马赫数对俯仰力矩系数的影响量。迎角静稳定性时,$M_{C_L}<0$,当 $M_{Ma}>0$ 时

$$\left|\frac{\mathrm{d}M}{\mathrm{d}C_L}\right|_{n_Z=1}>|M_{C_L}| \tag{2-22}$$

表明此时速度静稳定性较迎角静稳定性好。

当飞行马赫数超过临界马赫数 Ma_{cr} 后,机翼上出现局部超声速区、局部激波,M_{Ma} 可能由正变负,$\left(\dfrac{\mathrm{d}Ma}{\mathrm{d}C_L}\right)_{n_z=1}$ 就有可能由负变正,出现速度静不稳定现象。

(2) 高速无人机速度静稳定性变化趋势

高速无人机速度静稳定性的一般变化趋势是:随着飞行马赫数增大,速度静稳定性首先减弱,继而出现速度静不稳定现象;随后又逐渐增强,在更高的速度阶段,速度静稳定性又再减

弱。速度静稳定性之所以有这样的变化，根本原因在于速度变化引起了空气压缩性的变化，从而产生附加俯仰力矩。下面按不同马赫数范围分别说明。

超过临界马赫数不多的飞行马赫数范围内，速度静稳定性先减弱，继而出现速度静不稳定现象，如图 2 - 19 所示。图中给出了 δ_e、H 为常数，$n_z = 1$ 时的俯仰力矩系数曲线 $C_m = f(C_L)$。

从图中可看出：在低马赫数到 $Ma = 0.8$ 范围内，$n_z = 1$ 曲线的斜率为负，但其绝对值是减小的，说明此时速度静稳定性是减弱的；而在跨声速范围内，该 $n_z = 1$ 曲线的斜率为正，说明无人机在这个速度范围内速度静不稳定。这是因为：

① 无人机受扰动导致马赫数增大时，机翼上表面的局部激波向后移动，局部超声速区向后扩展。这引起机翼后段吸力增大，压力中心后移，产生附加的下俯力矩。

② 当无人机因受扰动而增大飞行马赫数时，导致激波出现气流分离，机翼后气流下洗角减小，平尾的负升力减小，这就相当于产生一个附加的下俯力矩。

上述两个方面的原因额外产生的下俯力矩就会促使迎角自动减小，保持 $n_z = 1$ 时，速度应增大，即速度是静不稳定的。

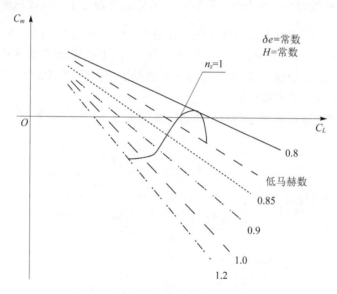

图 2 - 19 $n_z = 1$ 时的 C_m 与 C_L 关系曲线

随着马赫数的继续增大，速度静稳定性不仅得到了恢复，而且显著增强。其原因是：

① 在这一飞行马赫数范围内，机翼上下表面都已产生局部超声速区和局部激波，当无人机因受扰动而飞行马赫数增大时，机翼上下表面的局部激波都要向后移动。但下表面的局部激波比上表面快些，局部超声速区也向后扩展得快些，所以机翼下表面的后段的吸力迅速增大，致使机翼的压力中心前移，产生附加的上仰力矩。

② 对后掠翼而言，翼尖部分的临界马赫数较小，局部超声速区和局部激波产生得较早，而翼根部分的临界马赫数较大，局部超声速区和局部激波产生得较晚。飞行马赫数超过临界马赫数后，在某一段马赫数范围内就可能出现这种情况：翼尖部分下表面已产生局部超声速区和局部激波，升力降低；而翼根部分，只有上表面产生局部超声速区和局部激波，升力增大。机翼的压力中心前移，产生上仰力矩，导致速度静稳定性增强。

可见,高速飞行中,随着马赫数的增大,速度静稳定性将出现交错变化。这种现象对于现代高速飞行来说大体是相同的。在速度静不稳定的飞行马赫数范围内,由于某种原因导致速度增加,如果无人机不进行操纵,将会发生"自动俯冲"现象。

2. 无人直升机的速度静稳定性

直升机飞行中有效迎角保持不变,在偶然受到干扰后,速度发生改变,如能出现新的附加力矩,使之自动趋于恢复原来的速度,则称直升机按速度是静稳定的;反之称其按速度是静不稳定的。

直升机的速度静稳定力矩主要来源于旋翼,如图 2-20 所示,图中虚线表示原来的平衡状态。直升机在前飞时,当飞行速度增加,桨叶周向来流左右不对称性增加,引起周期挥舞增大而使桨尖平面后倒,从而旋翼的气动合力由 T_0 后倾至 T_1 位置,对直升机重心产生附加抬头力矩。此抬头力矩的作用使前飞速度有减小趋势。同理,当直升机飞行速度减小时,旋翼产生附加低头力矩,有增加前飞速度的趋势。因此,直升机前飞时旋翼按速度是静稳定的。

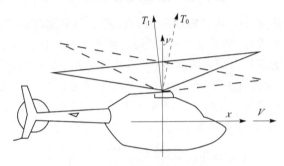

图 2-20　速度静稳定性原理图

在悬停状态,直升机受扰后,如果有了向前的速度增量,出现周期挥舞,桨尖平面后倒,那么旋翼气动合力对直升机产生附加的抬头力矩,这个力矩力图减弱向前的速度增量。同理,如果有了向后的速度增量,旋翼气动合力对直升机会产生附加的低头力矩,这个力矩力图减弱向后的速度增量。水平铰上的铰外伸量的引入也有利于提高直升机悬停时的速度稳定性。因此,直升机悬停时旋翼按速度是静稳定的。

平尾也可提供速度静稳定力矩。当直升机受扰速度增大时,作用在平尾上向下的升力增大,对重心产生附加抬头力矩,使前飞速度有减小趋势,从而改善直升机的速度稳定性。

速度静稳定性可按下列方法判别:

① $\dfrac{\Delta M}{\Delta V} > 0$,表示速度增大引起抬头力矩,是对速度静稳定的;

② $\dfrac{\Delta M}{\Delta V} < 0$,表示速度增大引起低头力矩,是对速度静不稳定的。

2.2.3　俯仰动稳定性

飞行中,仅有俯仰稳定力矩还无法保证无人机自动恢复到原来的迎角。要使无人机最后恢复到原来的迎角,除有俯仰稳定力矩使无人机有自动恢复到原来迎角的趋势外,还要在无人机俯仰摆动过程中形成阻尼力矩,迫使无人机摆动幅度逐渐减弱直至消失。

1. 俯仰阻尼力矩

当无人机绕重心以一定的角速度 q 转动时,重心前后各处获得附加的法向速度 ΔV,这些法向速度与飞行速度 V 叠加,改变了无人机各部分局部迎角,如图 2-21 所示。当无人机在摆动过程中抬头时,机头绕重心向上转动,水平尾翼向下转动,重心前各处的迎角变小,产生向下的附加升力;重心后各处的迎角变大,产生向上的附加升力。这个力对飞机重心产生一个低头力矩,阻止飞机抬头转动,所以这个低头力矩就是俯仰阻尼力矩。

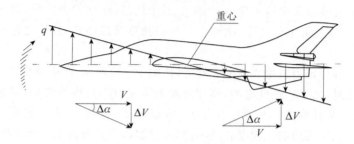

图 2-21 俯仰阻尼力矩的产生

当无人机以俯仰角速度 $q(q \neq 0)$ 转动时,机翼、机身和平尾都会产生升力和俯仰力矩增量。由于机翼靠近无人机重心,机身又是圆柱形的,而水平尾翼距离无人机重心远,产生的阻尼力矩比其他部件产生的阻尼力矩大得多,所以俯仰阻尼力矩主要由水平尾翼产生。

如图 2-22 所示,设无人机的飞行速度为 V,水平尾翼处的相对气流速度为 V_h,俯仰角速度 $q > 0$,平尾距重心的距离为 l_h,则水平尾翼向下运动,相当于在平尾处上吹的气流速度为 $\Delta V_h = l_h q$,水平尾翼获得局部迎角增量 $\Delta \alpha_h$,为

$$\Delta \alpha_h = \arctan \frac{\Delta V_h}{V_h} \approx \frac{\Delta V_h}{V_h} = \frac{l_h \cdot q}{V_h} \qquad (2-23)$$

由此产生的升力增量 ΔL_h 为

$$\Delta L_h = C_{L_h \alpha_h} \Delta \alpha_h \frac{1}{2} \rho V_h^2 S_h \qquad (2-24)$$

由于平尾产生的俯仰阻尼力矩是无人机俯仰阻尼力矩的主要部分,所以以平尾所产生的阻尼力矩为代表来分析整个无人机的俯仰阻尼力矩。进行估算时,对平尾产生的俯仰阻尼力矩进行修正,就可得到全机的俯仰阻尼力矩。

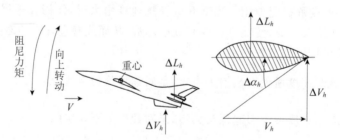

图 2-22 平尾产生的俯仰阻尼力矩

平尾产生的阻尼力矩 M_{dh} 为

$$M_{dh} = -\Delta L_h l_h = -C_{L_h \alpha_h} \Delta \alpha_h \frac{1}{2} \rho V_h^2 S_h l_h \qquad (2-25)$$

令 $V_h = \sqrt{K_q} V$,K_q 为速度阻滞系数,由试验测定。将式(2-23)和 $V_h = \sqrt{K_q} V$ 代入式(2-25),可得

$$M_{dh} = -C_{L_h^{a_h}} q \frac{1}{2} \rho \sqrt{K_q} V S_h l_h^2 \tag{2-26}$$

将平尾俯仰阻尼力矩 M_{dh} 乘一个修正系数 K，便得到无人机的俯仰阻尼力矩 M_d，即

$$M_d = KM_{dh} = -KC_{L_h^{a_h}} q \frac{1}{2} \rho \sqrt{K_q} V S_h l_h^2 \tag{2-27}$$

故影响全机俯仰阻尼力矩的因素主要由影响平尾俯仰阻尼力矩的因素决定。无人机俯仰阻尼力矩还可写为

$$M_d = C_{mq} q \frac{1}{2} \rho V^2 S c_A \tag{2-28}$$

式中，C_{mq} 为俯仰力矩系数对俯仰角速度的偏导数。

综合式（2-27）和式（2-28）可得

$$C_{mq} = -K \sqrt{K_q} \cdot C_{L_h^{a_h}} \cdot \frac{S_h}{S} \cdot \frac{l_h^2}{c_A V} \tag{2-29}$$

由此可以得出，俯仰阻尼力矩同俯仰转动角速度成正比，其原因也可由图 2-23 说明。以机头上仰为例，当上仰角速度 q 增大一倍，平尾的相对气流速度增量 ΔV_h 增大一倍，平尾迎角增量 $\Delta \alpha_h$ 约增加一倍，因而平尾上的附加升力 ΔL_h 会增加一倍，俯仰阻尼力矩增量也就增大一倍。

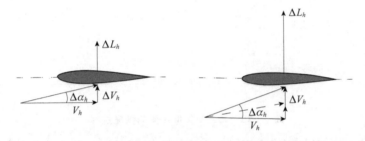

图 2-23　俯仰角速度对俯仰阻尼力矩的影响

当其他条件一定时，从式（2-23）和式（2-24）可以看出：俯仰阻尼力矩只与飞行速度的一次方成正比。其原因可以结合图 2-24 进行分析，q 不变而速度 V 增加一倍时，一方面要使尾翼上产生的附加升力 ΔL_h 与 V^2 成正比增加，即 ΔL_h 为原来的 4 倍，如图 2-24(b)所示；另一方面，尾翼迎角变化量 $\Delta \alpha_h$ 减小为原来的一半，又要使 ΔL_t 减小一半，如图 2-24(c)所示。综合两方面的作用变化，ΔL_h 只增加了一倍，也就是平尾附加升力只与速度的一次方成正比增加。因此，无人机的俯仰阻尼力矩也只与速度的一次方成正比。

俯仰阻尼力矩不仅在无人机俯仰动稳定过程中起作用，在机动飞行中，有俯仰角速度时也会影响无人机的俯仰平衡。

2. 俯仰扰动运动及恢复平衡过程

无人机受到扰动偏离原来俯仰平衡状态后，无人机的迎角和速度都要发生变化。在最初阶段，速度变化慢，迎角变化快，迎角能在较短时间内基本上恢复到原来的平衡迎角，以后迎角基本不再变化，而飞行速度的变化则逐渐变得比较明显起来，持续时间相对较长，并且会出现飞行轨迹起伏波动的现象，如图 2-25 所示。

无人机的俯仰扰动运动之所以存在上述运动形态，是因为无人机一般都具有较强的迎角静稳定性，迎角变化后能产生较大的俯仰稳定力矩，同时无人机还会产生较强的俯仰阻尼力

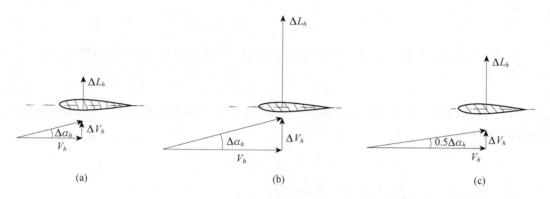

图 2 - 24　俯仰角速度一定时俯仰阻尼力矩与速度的关系

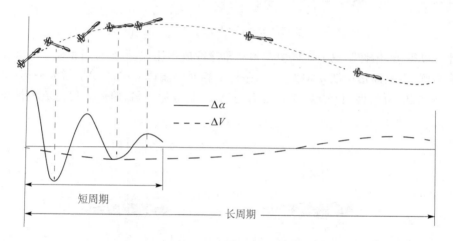

图 2 - 25　无人机俯仰平衡的恢复过程

矩,使无人机迎角很快恢复,俯仰力矩能在几秒内基本得到平衡;但是无人机受到扰动后,力的平衡也受到破坏,由于不平衡的力相对较小,无人机质量又大,线加速度较小,所以最初阶段由于力的不平衡所引起的运动现象表现不明显。

　　通过上述分析可以得出:恢复迎角过程实质上就是恢复无人机上的俯仰力矩平衡的过程,这种恢复过程主要表现在最初阶段,它的往复振荡周期比较短,称为短周期模态;恢复速度的过程实质上是恢复无人机上的力的平衡过程,主要表现在后来的阶段,这种恢复过程周期长,称为长周期模态。无人机的俯仰扰动运动就是短周期和长周期模态的组合。俯仰扰动运动从一开始,上述两种模态就同时存在。如果无人机最终能够恢复到原来的基准运动,则说明无人机俯仰动稳定;如果不能恢复到原来的基准运动,则无人机俯仰动不稳定。

　　要使无人机恢复原来的迎角,需要短周期模态和长周期模态都收敛。如短周期收敛,而长周期发散,则无人机在扰动运动开始时,迎角能很快接近平衡迎角,但最终却因无人机力的不平衡导致力矩的不平衡而使迎角发散。但由于长周期运动周期长,一般发散较缓慢,飞控系统来得及修正。因此,对无人机来说,最关心的是最初几秒内是否稳定,也就是短周期模态是否收敛,所以有时只分析短周期模态的迎角恢复情形,认为在恢复过程中速度不变。

3. 无人直升机俯仰阻尼力矩

　　无人直升机的俯仰阻尼力矩主要来自旋翼和平尾。如果无人直升机垂直运动,阻尼主要来源于旋翼的作用。其物理解释为:如直升机向下运动→剖面迎角增加→旋翼拉力增加→阻滞向下运动;反之,如直升机向上运动→剖面迎角减小→旋翼拉力减小→阻滞向上运动。

无人直升机的俯仰阻尼主要来自旋翼。当无人直升机以俯仰角速度 q 绕横轴抬头转动时,对于铰接式旋翼,由于桨叶与桨毂是铰接的,故机身的抬头转动不能立刻将此转动直接传给旋翼。由于桨叶惯性的缘故,桨尖平面的转动滞后于机身的转动。此时气动合力 T 对重心产生低头力矩阻止机身的抬头转动。同理,在机身低头转动时,会出现一个抬头力矩,该力矩阻止机身的低头转动。

平尾也提供俯仰运动阻尼。当无人直升机以俯仰角速度做抬头转动时,在平尾处产生向上的相对气流,相对气流速度使平尾的迎角减小,因而升力减小,即减小了平尾产生的抬头力矩,相当于产生附加的低头力矩,阻止机身的抬头运动。同理,在机身低头转动时,平尾提供的抬头力矩增大,同样阻止机身运动。

由此可知,平尾的面积越大,位置越往后,则阻尼越大,而且平尾的俯仰阻尼与飞行速度成正比。

无人直升机的俯仰运动阻尼表示为 $\dfrac{\Delta M}{\Delta q}<0$,即俯仰角速度 q 与所引起的俯仰力矩 M 的符号相反。需要说明的是,阻尼与角速度有关,但与角度无关,因而 M 可以称为“动稳定力矩”,而静稳定性(如迎角静稳定性)是位移改变所引起的力矩变化。

俯仰阻尼是在发生俯仰运动时,伴随运动速度而产生的俯仰力矩。运动一旦停止,阻尼同时消失,尽管此时机身姿态已经改变;此时对平尾来说,阻尼因迎角停止变化而消失。

2.2.4 俯仰操纵性

这里只探讨固定翼无人机的操纵性问题,无人直升机的操纵问题将在 2.4 节中介绍。飞机的俯仰操纵性是指操纵系统操纵升降舵偏转后,飞机绕横轴转动而改变其迎角等飞行状态的特性。

1. 俯仰操纵力矩

对正常式布局的无人机,飞机的俯仰操纵依靠位于机身尾部的、装在水平安定面后缘的升降舵或全动平尾来进行。升降舵向上偏转,在水平尾翼上产生向下的附加升力 ΔL_e,该力对飞机重心产生使飞机抬头的操纵力矩,使飞机绕横轴转动并抬头,迎角增大。由于迎角增大,引起飞机产生向上的附加升力 ΔL,其作用点是飞机焦点。具有稳定性的飞机,焦点在重心后面。因此,飞机的附加升力 ΔL 对重心产生俯仰稳定力矩,其方向同操纵力矩方向相反,如图 2-26 所示。迎角越大,飞机附加升力所形成的俯仰稳定力矩也越大。当迎角增大到一定程度时,俯仰稳定力矩 M_s 与俯仰操纵力矩 M_c 相等,飞机俯仰力矩重新达到平衡,飞机停止转动,并保持这个迎角飞行。此时,俯仰力矩的平衡关系为

$$M_s + M_c = 0 \qquad (2-30)$$

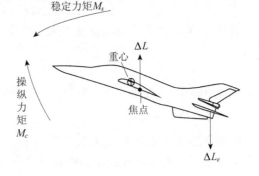

图 2-26 升降舵偏转后俯仰力矩的平衡

$$M_s = C_{ma}(\alpha - \alpha_0)\frac{1}{2}\rho V^2 S c_A \qquad\qquad (2-31)$$

$$M_c = C_{m\delta_e}\delta_e\frac{1}{2}\rho V^2 S c_A \qquad\qquad (2-32)$$

其中，$C_{m\delta_e}$ 为俯仰操纵力矩系数对升降舵偏角的偏导数，表示单位升降舵偏角所引起的纵向操纵力矩系数的变化量，称为升降舵效能。

升降舵或全动平尾偏角后缘向下为正，后缘向上为负。升降舵偏转一定角度 δ_e 产生的俯仰力矩大小与迎角有很大的关系。迎角不大于 $40°$，飞机的升降舵效能 $C_{m\delta_e}$ 仍相当好，但迎角再大便可能下降，如图 2-27 所示。这表明在大迎角或某些迎角条件下，有些飞机的升降舵效能很低或甚至不起作用。升降舵失效的原因往往是由于在该迎角条件下升降舵处于机翼、机身或两者的综合涡流区内。摸清升降舵是否在整个迎角范围都有效，可为研究改出尾旋方法提供参考。

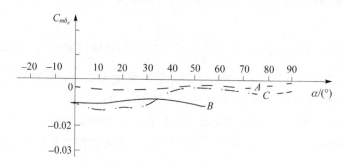

图 2-27　升降舵效能曲线

2. 定常直线飞行的俯仰静操纵性

在直线飞行中，每个升降舵偏转角对应着一个迎角，升降舵上偏角越大，对应的迎角也越大。反之，升降舵下偏角越大，对应的迎角也越小。

（1）迎角与升降舵偏角的关系

用力矩系数表示平衡关系，并且认为无人机是由一个平衡状态转换为另一个平衡状态，此时式（2-30）可表示为

$$\Delta M_s + \Delta M_c = 0 \qquad\qquad (2-33)$$

用力矩系数来表示，则为

$$C_{ma}\Delta\alpha + C_{m\delta_e}\Delta\delta_e = 0 \qquad\qquad (2-34)$$

这样，升降舵偏转角的改变量与无人机迎角的改变量间的关系可表示为

$$\Delta\alpha = -\frac{C_{m\delta_e}}{C_{ma}}\Delta\delta_e \qquad\qquad (2-35)$$

在亚声速中、小迎角下飞行时，C_{ma}、$C_{m\delta_e}$ 可近似认为是常值。$\Delta\delta_e$ 一定时，$\Delta\alpha$ 也就一定。

（2）俯仰静操纵度

俯仰静操纵度是指无人机的升降舵单位偏转角度所引起的无人机迎角的变化量，用 $\partial\alpha/\partial\delta_e$ 来表示。俯仰静操纵度的绝对值越大，表明升降舵偏角相同时，迎角的改变量越大，无人机俯仰静操纵性越好。

由于规定升降舵后缘上偏角度为负，下偏角度为正，升降舵上偏时迎角增加，$\Delta\alpha$ 为正值，

所以俯仰静操纵度 $\partial\alpha/\partial\delta_e$ 为负值。

根据式(2-35)得

$$\frac{\partial\alpha}{\partial\delta_e} = -\frac{C_{m\delta_e}}{C_{m\alpha}} \tag{2-36}$$

从式(2-36)中可以看出,俯仰静操纵度的大小取决于升降舵效能和迎角静稳定度。升降舵效能强,无人机俯仰静操纵性好。迎角静稳定度的绝对值大,改变同样的迎角,产生的俯仰稳定力矩大,为平衡这一力矩,需要的俯仰操纵力矩大,需要改变的升降舵偏角大,无人机俯仰静操纵性差。反之,迎角静稳定度的绝对值小,无人机俯仰静操纵性好。

3. 俯仰动操纵性

实际飞行中的操纵动作和操纵规律是很复杂的,但可以从中抽象出一些典型的有代表性的操纵动作。对于可以用线性常微分方程描述的系统,对任何复杂操纵输入的响应都可以分解为对简单操纵输入(如阶跃、脉冲和谐波等信号)响应的叠加。

(1) 典型操纵形式

典型操纵形式有四种,即阶跃型、谐波型、脉冲型和斜坡型,如图2-28所示。

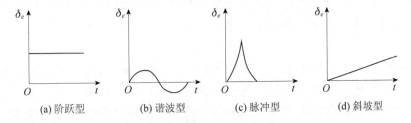

(a) 阶跃型　　(b) 谐波型　　(c) 脉冲型　　(d) 斜坡型

图 2-28　四种典型操纵形式

四种典型操纵形式是一定操纵动作的抽象或近似,具有一定的代表性。如阶跃型代表无人机做机动动作而急剧偏转舵面,偏转过程时间极短的一种极限情况;谐波型代表无人机实施精确跟踪和精确控制轨迹时,理想化了的正弦形式的反复修正;脉冲型操纵模拟在大气湍流中飞行时所遇到的瞬时干扰;斜坡型代表缓慢机动飞行时,等速偏转舵面的情况。

(2) 动操纵性指标

以单位阶跃操纵为输入研究无人机的动稳定性指标。图2-29给出了单位阶跃操纵输入时,过载改变量 Δn_z 的时间响应曲线。

① 峰值时间 t_p:指从飞控系统做阶跃操纵开始,到无人机运动参数达到第一峰值为止的时间。

② 调节时间 t_s:指在阶跃操纵之后,无人机运动参数衰减到与稳态值相差5%(指包络线)所经历的时间。调节时间短,说明过渡过程短,操纵动态反应好。

③ 超调量 σ:阶跃操纵后的过渡过程中,动态反应超出稳态值的最大偏差与稳态值之比,用百分比表示为

$$\sigma = \frac{\Delta n_z(t_p) - \Delta n_z(t_\infty)}{\Delta n_z(t_\infty)} \times 100\% \tag{2-37}$$

超调量 σ 大,说明无人机运动参数在飞控系统的阶跃操纵之后的变化幅度大。以过载为例,σ 大,不仅表现为过载的变化幅度大,而且过载容易超过最大允许值,甚至导致无人机结构

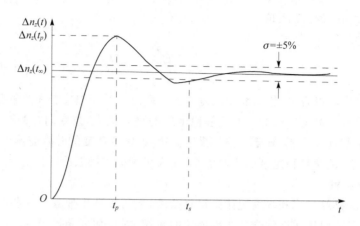

图 2-29　单位阶跃操纵的过载改变量响应曲线

破坏。为此,限制过载的超调量 σ 一般不得大于 30%。所以在做机动动作时,操纵上应切忌过快。因为操纵过快,虽然舵偏角一样,但由于迎角和过载增加到稳态值时的上仰角速度大,超调量就大,小表速飞行时容易使无人机失速,大表速飞行时则容易引起超载。

（3）影响俯仰动操纵性的主要因素

1）飞行高度

保持同一真速,在不同高度飞行时,高度升高,空气密度降低,舵面偏转同样的角度,高空操纵力矩减小,角加速度也随之减小。因此,达到其对应的平衡迎角或侧滑角所需时间增长。与此同时,由于空气密度降低,同样迎角或侧滑角所能造成的过载也降低,于是无人机做曲线运动的曲率半径增大,飞行方向改变得慢。阶跃操纵的超调量增大,调节时间和峰值时间增长。

2）飞行马赫数

飞行马赫数变化将直接影响无人机俯仰操纵的动态反应。例如,在亚声速和跨声速范围内,短周期无阻尼自振频率随飞行马赫数增大而增大,使得调节时间和峰值时间减小,在阶跃操纵下,无人机反应加快,但由于阻尼比变化不大,使得无人机在阶跃操纵下超调量变化也不大。在超声速阶段,短周期无阻尼自振频率和阻尼比都将因升力系数随马赫数的增加而减小,所以阶跃操纵时,无人机超调量和调节时间有所增加,而峰值时间因无阻尼自振频率和短周期阻尼比影响的相互抵消作用而变化不大。超调量和调节时间的增大使无人机在超声速飞行时对俯仰操纵的动态反应变差。

2.3　横航向稳定性和操纵性

2.3.1　航向静稳定性

航向静稳定性是指飞行中无人机受微小扰动,航向平衡遭到破坏,在扰动消失瞬间无人机是否具有恢复原航向平衡趋势的特性。无人机具有恢复原航向平衡趋势,称为航向静稳定;反之称为航向静不稳定。无人机是否航向静稳定,关键在于无人机受到扰动后能否产生航向稳定力矩。

1. 航向稳定力矩

如图 2 - 30 所示，无人机在平飞中受微小扰动，航向平衡遭到破坏，无人机会产生侧滑。例如，出现左侧滑或左侧滑角增大，在机身、垂尾、发动机进气道等处分别产生向右的附加侧力 ΔC_f、ΔC_v、ΔC_i。由于垂尾靠后且面积较大，所以无人机总的附加侧力 ΔC 一般作用在无人机重心之后。该力对无人机重心产生机头偏向相对气流的左偏附加力矩 ΔN_s，使无人机力图消除侧滑，自动趋向恢复与来流方向一致的状态，这一力矩就是航向稳定力矩。相反，无人机出现右侧滑时就产生使无人机向右偏转的航向稳定力矩。

侧滑角 β 引起的航向静稳定力矩 N_s 为

$$N_s = C_{n\beta}\beta \frac{1}{2}\rho V^2 Sb \qquad (2-38)$$

式中，$C_{n\beta} = \partial C_n / \partial \beta$ 为航向静稳定性导数；b 为翼展长。

（1）垂尾的作用

侧滑角 β 引起的航向静稳定性力矩主要由机身和垂直尾翼产生。一般情况下，机身产生不稳定的偏航力矩 N_f，但与垂尾相比要小得多。为此，以垂尾为例，分析说明侧滑角引起偏航力矩的机理，如图 2 - 31 所示。

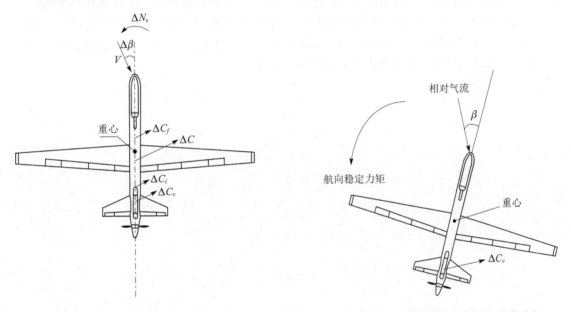

图 2 - 30　航向稳定力矩的产生　　　　　　**图 2 - 31　垂直尾翼产生的航向稳定力矩**

假设无人机出现左侧滑运动，$\beta < 0$，此时，垂尾产生正的侧力 ΔC_v，由于垂直尾翼在重心的后面，所以产生负的偏航力矩，并使侧滑角减小，因此，垂尾产生的是稳定的偏航力矩。稳定的偏航力矩在使侧滑角 β 减小的同时，会使机头转到新的方向。因此，这种稳定力矩实际上只对速度轴向起稳定作用。所以，有时也将航向稳定力矩 N_s 称为风标稳定力矩。

如图 2 - 32 所示，假设无人机起始状态是无侧滑的直线运动，作用在无人机上的航向力矩是平衡的。当无人机向右做水平曲线运动时，由于飞行轨迹向右弯曲，相对气流来向不断改变，无人机将会出现右侧滑，产生使无人机向右偏转的航向稳定力矩，力图消除右侧滑。同理，飞行轨迹向左弯曲时，也会产生航向稳定力矩，使机头向左偏转。这种现象与俯仰稳定力矩在曲线飞行中的作用相同,也属于"机头追气流"现象。

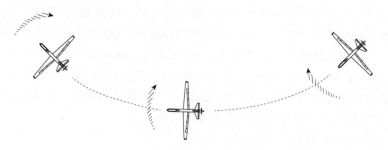

图 2 - 32 "机头追气流"现象

无人机航向稳定力矩主要靠垂尾产生,故垂尾面积的大小对航向静稳定性影响很大。垂尾面积大,侧滑时产生的侧力大,并且作用点靠后,航向静稳定性增强。垂尾展弦比的大小也会影响航向静稳定性的强弱。垂尾展弦比大,航向静稳定性增强。

(2) 机翼后掠角的作用

如图 2 - 33 所示,无人机受扰动产生侧滑后,两翼垂直前缘的有效分速不同,如右侧滑时,$V_{nr} = V\cos(\Lambda - \beta)$,$V_{nl} = V\cos(\Lambda + \beta)$,因此 $V_{nr} > V_{nl}$,右翼的阻力大于左翼的阻力。两翼阻力差形成使机头右偏的力矩,起消除侧滑的作用,因此航向静稳定趋势加强。特别是在大马赫数下,出现侧滑,左右两翼临界马赫数不同,侧滑前翼较早出现波阻,航向静稳定趋势会进一步增强。所以,机翼的后掠角起增强航向静稳定性的作用。

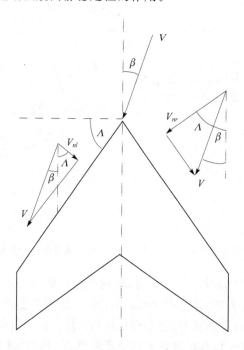

图 2 - 33 侧滑时后掠翼无人机的有效分速

(3) 机翼上反角的作用

低速无人机机翼一般都具有上反角 Γ_w,无人机在飞行中受扰动出现侧滑,例如,平飞中无人机出现右侧滑。如图 2 - 34 所示,将来流速度 V 分解为平行于无人机对称面的分速度 $V\cos\beta$ 和垂直于无人机对称面的分速度 $V\sin\beta$,侧滑角 β 一般较小,$V\sin\beta\approx V\beta$。其中,分速度 $V\cos\beta$ 对左右机翼的作用是完全相同的,而垂直于无人机对称面的分速度 $V\sin\beta$ 在机翼有上反角 Γ_w 的情况下,又可以分解为垂直于翼弦平面的分速度 $V\sin\beta\sin\Gamma_w$ 和平行于弦平面的分速度 $V\sin\beta\cos\Gamma_w$。对左右机翼来讲,垂直于翼弦平面的分速度 $V\sin\beta\sin\Gamma_w$ 大小相等,但方向相反,这使得右翼的迎角增加,阻力增大,左翼迎角减小,阻力减小,左、右两翼阻力差对重心形成一个使无人机向右偏转的力矩,力图消除右侧滑。该偏航力矩产生航向稳定作用,使无人机具有自动恢复原来航向平衡的趋势。

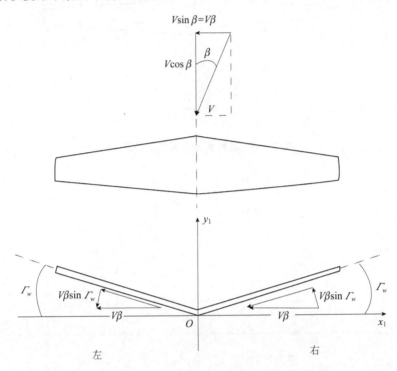

图 2 - 34　机翼上反角航向稳定力矩的产生

（4）发动机进气道的作用

如图 2 - 35 所示,当无人机产生侧滑后,流入进气道的空气会产生附加侧力 ΔC_i。如果进气道在重心前面,ΔC_i 对重心形成的力矩起扩大侧滑的作用,所以无人机航向静稳定性减弱。飞行高度越低,发动机油门越大,每秒流入发动机的空气流量就越大,ΔC_i 产生的航向不稳定力矩也越大。特别是在大迎角、小速度时,由于无人机本身的航向静稳定性减弱,这种不稳定的影响更加明显。反之,如果进气道后置,在重心后面,则会增强航向静稳定性。

2. 航向静稳定度

无人机是否航向静稳定及航向静稳定性的强弱可以用航向静稳定度来衡量。航向静稳定度是指无人机改变单位侧滑角所引起的偏转力矩系数增量,用符号 $C_{n\beta}$ 表示。航向静稳定度即为 C_n - β 曲线斜率,如图 2 - 36 所示。

由于规定右侧滑角为正,左侧滑角为负,右偏力矩为负,左偏力矩为正,所以要使无人机在产生侧滑后具有恢复原来平衡状态的趋势,应使 $C_{n\beta}<0$。例如,当无人机受扰动偏离平衡状

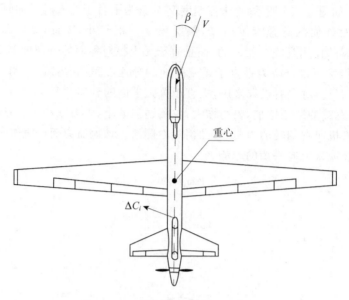

图 2 - 35　发动机进气道产生的侧力

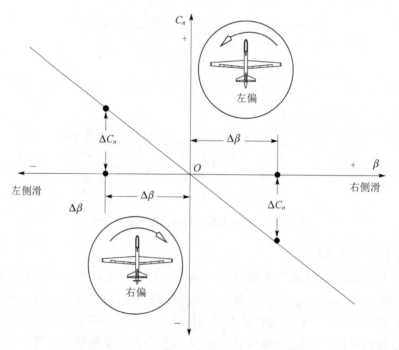

图 2 - 36　偏转力矩系数与侧滑角的关系

态产生右侧滑($\Delta\beta>0$)时,无人机将产生右偏力矩($\Delta C_n<0$),这一力矩增量将使机头右偏,具有消除侧滑的趋势,说明此时无人机是航向静稳定的。$C_{n\beta}$ 的绝对值越大,航向静稳定趋势越强。当 $C_{n\beta}>0$ 时,无人机是航向静不稳定的;当 $C_{n\beta}=0$ 时,无人机航向中立稳定。因此,航向静稳定度是判定无人机航向是否静稳定和衡量无人机航向静稳定性强弱的参数。

必须注意,航向静稳定性并不是说无人机具有保持航行方向不变的特性,它仅仅表明无人机具有消除侧滑,保持无人机对称面与飞行速度方向一致的特性,其作用犹如风标一样,这也是为何将航向静稳定性称为风标静稳定性的原因。

3. 航向静稳定性的影响因素

(1) 迎角的影响

航向静稳定度在中小迎角范围内基本不变,在大迎角范围内则随无人机迎角增大而有所减弱。主要原因如下:

① 迎角增加,垂尾的有效后掠角增大。在大迎角下,垂尾的有效后掠角接近 $80° \sim 90°$,垂尾效能降低。

② 机翼和机身的涡流区内气流动压小,使垂尾效能下降。

③ 细长机身(特别是尖机头),在大迎角下对侧滑更为敏感。机身脱体涡和三角翼前缘涡顺侧滑移动,对垂尾的诱导作用减小了航向稳定力矩,甚至产生航向不稳定力矩。

④ 侧滑使三角翼的前缘涡左右位置不对称,破裂的时机和位置也不对称,很容易产生很大的航向不稳定力矩。

某型飞机的航向静稳定度随迎角变化的规律如图 2-37 所示,可以看出,随迎角增大,迎角不超过 $14°$ 时,此型无人机的 $C_{n\beta}$ 变化不大;迎角超过 $14°$ 后,$C_{n\beta}$ 绝对值随迎角增大而减小。

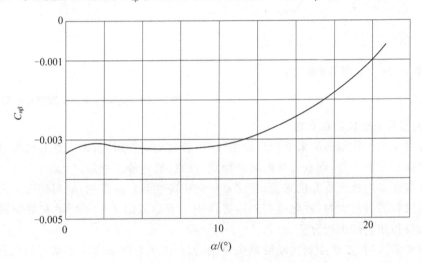

图 2-37　某型飞机航向静稳定度随迎角的变化

(2) 飞行马赫数的影响

一般在临界马赫数以下,无人机的航向静稳定度基本上不随飞行马赫数而变化。其原因是侧滑中所产生的无人机侧力到重心的垂直距离不变,垂尾的侧力系数斜率也不变,航向静稳定度也就基本不变,如图 2-38 所示。接近临界马赫数,垂尾侧力系数斜率也像机翼升力系数斜率一样有所增大,这使得航向静稳定性有所增强。大于临界马赫数后的一定范围内,垂尾侧力系数斜率进一步增大且侧力作用点后移,故航向静稳定趋势更为增强。

但当飞行马赫数超过 1 至某一值时,航向静稳定度随飞行马赫数的增大而迅速降低,如图 2-39 所示。其原因除垂尾侧力系数斜率降低、无人机尾部扭转变形加剧外,更主要的原因是在有侧滑的情况下,如图 2-40 所示,无人机头部侧滑一侧激波强度增加,激波后压力增加较多;侧滑另一侧激波强度减弱,激波后压力增加较少。两侧压力差产生的附加侧力 ΔC 对重心形成的力矩为航向不稳定力矩,从而使无人机的航向静稳定度迅速降低,甚至飞行马赫数增加到某一值时,使无人机的航向变为静不稳定。

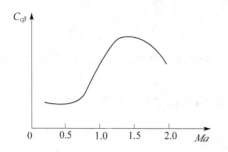

图 2 - 38　侧力系数曲线斜率随马赫数变化

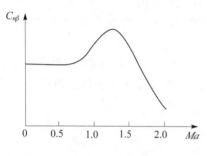

图 2 - 39　$C_{n\beta}$ 随马赫数变化

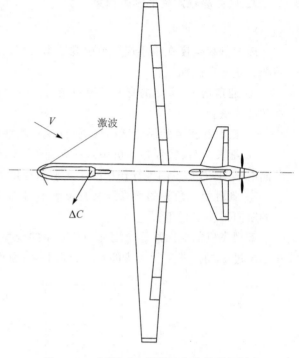

图 2 - 40　侧滑时头部激波产生的附加侧力

4. 无人直升机航向静稳定性

当直升机受到干扰偏离原来航向后侧滑飞行,若扰动消失瞬间,无人直升机有自动恢复到原来航向平衡状态的趋势,则直升机航向静稳定;反之,航向静不稳定。

对于单旋翼带尾桨式直升机来说,尾桨对航向稳定性起主要作用,航向稳定力矩主要由尾桨产生。在飞行速度较大时,垂尾也起到重要作用。下面以图 2 - 41 所示右旋旋翼直升机尾桨推力平衡反扭矩为例进行分析。

当直升机前飞时,如果受到扰动后机头左偏,直升机仍向原来方向运动而出现右侧滑。这时相对气流从直升机右前方吹来,与尾桨旋转面垂直的轴向气流分速度 $V_0 \sin \beta$ 从右方吹来,使尾桨的桨叶迎角减小,产生向左的附加拉力 ΔT_{tr},使向右的尾桨拉力减小,则绕直升机重心的右偏力矩减小,力图使机头向右偏转,有减小右侧滑的趋势;同理,当直升机受扰后机头右偏,出现左侧滑,则尾桨向右拉力增加,绕重心使机头左偏的力矩也增加,有消除左侧滑的趋势。当直升机发生侧滑时,尾桨或垂尾产生自动纠正侧滑的偏航力矩。因此,直升机按侧滑角是航向静稳定的。

有些直升机安装有垂尾,或把尾梁末端的上翘部分设计成尾面形状,其目的正是为了提供航向恢复力矩,改善航向静稳定性。

在悬停状态下,直升机的飞行速度为零,其垂尾失去产生航向稳定力矩的条件,所以不存在航向静稳定问题。但可以认为此时直升机是中立静稳定的。

在其他条件不变的情况下,考虑侧滑角以及偏航力矩的正负(右侧滑为正;绕垂直轴 z 左偏为正),则航向静稳定性的判断依据为

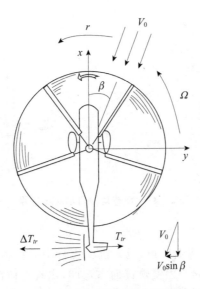

图 2 - 41　航向静稳定性原理图

$$\frac{\Delta N}{\Delta \beta} < 0,航向静稳定；\qquad \frac{\Delta N}{\Delta \beta} > 0,航向静不稳定$$

直升机在后退飞行或顺风悬停中,由于相对气流与前飞时方向相反,尾桨的作用是不稳定的。

2.3.2　横向静稳定性

横向静稳定性是指飞行中无人机受微小扰动其横向平衡遭到破坏,在扰动消失瞬间无人机是否具有恢复原横向平衡趋势的特性。具有恢复原横向平衡趋势,称为横向静稳定;反之,称为横向静不稳定。无人机是否横向静稳定,关键要看无人机受扰后有无横向稳定力矩产生。

1. 横向稳定力矩

无人机的横向稳定力矩主要由机翼上反角、机翼后掠角产生,垂尾也产生小部分横向稳定力矩。侧滑角 β 引起的滚转力矩 $\bar{L}_s$ 主要由机翼和垂尾在侧滑角 $\beta \neq 0$ 时产生,所引起的滚转力矩可以表示为

$$\bar{L}_s = C_{l\beta}\beta \frac{1}{2}\rho V^2 Sb \tag{2-39}$$

式中,$C_{l\beta} = \partial C_l / \partial \beta$ 为横向静稳定力矩导数;C_l 为滚转力矩系数;S 和 b 分别为机翼面积和机翼展长。

假设由于某种干扰使得无人机产生的滚转角 $\phi > 0$,如图 2 - 42 所示(面向无人机尾部),气流角 α 和 β 能够直接产生气动力,而姿态角的变化并不会直接产生气动力。但是,由于滚转角大于零,升力 L 与重力 G 将产生合力,使得无人机向中心侧滑,产生正的侧滑角 $\beta > 0$。为了使滚转角恢复到零,必须要产生负的滚转力矩,即 $C_{l\beta} < 0$。因此,当 $C_{l\beta} < 0$ 时,无人机具有横向静稳定性;当 $C_{l\beta} > 0$ 时,无人机是横向静不稳定的。因此将 $C_{l\beta}$ 称为横向静稳定性导数。对于后掠翼无人机,其横向静稳定性导数 $C_{l\beta}$ 为负值;对于前掠翼无人机,其横向静稳定性导数 $C_{l\beta}$ 为正值。

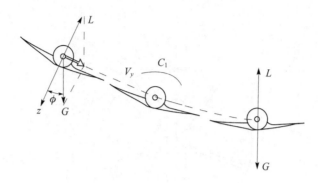

图 2 - 42　滚转角的自动纠正过程

（1）机翼上反角的作用

低速无人机机翼一般都具有上反角，无人机在飞行中受扰动出现倾斜，例如，平飞中无人机右倾斜，L 和 G 的合力作为向心力使轨迹向右弯曲，出现右侧滑。如图 2 - 34 所示，对左右机翼来讲，来流速度 V 在垂直于翼弦平面的分速度 $V\sin\beta\sin\Gamma_w$ 大小相等，但方向相反，这使得右翼的迎角增加，升力增大，左翼迎角减小，升力减小，左、右两翼升力差对重心形成一个使无人机向左滚转的力矩，力图消除坡度和向心力，进而消除侧滑。该滚转力矩就是横向稳定力矩，它使无人机具有自动恢复原来横向平衡的趋势。

（2）后掠角的作用

对于后掠翼无人机，当出现倾斜引起侧滑时，横向稳定力矩是靠其后掠角的作用产生的。如图 2 - 33 所示，后掠翼无人机带侧滑时，左右两翼的有效后掠角不同，相对气流垂直于机翼前缘的有效分速度 V_n 不同。例如，无人机带左侧滑，左翼气流有效分速度大于右翼气流的有效分速度，左翼升力大于右翼升力，两翼升力差形成使无人机向右滚转的力矩，即横向稳定力矩。

某些采用大后掠角机翼的高速无人机，由于产生的横向稳定力矩过大，因而采用机翼下反角，以适当减小横向稳定力矩。

（3）垂尾的作用

无人机的垂直尾翼也会产生横向稳定力矩。无人机出现侧滑时，在垂直尾翼上就会产生侧力，它不但能为航向提供稳定力矩，而且由于垂直尾翼一般都装在机身的上面，垂直尾翼上产生的附加侧力的作用点在无人机重心位置之上，也会对重心形成横向稳定力矩，如图 2 - 43 所示。与垂尾存在侧滑角 β 引起侧力的原理一样，如垂尾在 x 轴之上，当存在正侧滑角（$\beta>0$）时，将产生负的侧力，对 x 轴取矩，则形成负的滚转力矩 $\bar{L}$，此时，$C_{l\beta}$ 为负向增加；如垂尾在 x 轴之下时，$C_{l\beta}$ 是正向增加的。

此外，垂尾的高低，背鳍、腹鳍、襟翼位置等因素也会影响横向静稳定性的强弱。

由此可见，对横向稳定性来说，无人机受扰动后偏离原横向平衡状态，不仅表现为滚转，而且同时还有侧滑。横向滚转力矩主要是由于两翼升力不对称而产生的，在横向操纵力矩和飞行速度一定的条件下，与横向滚转力矩大小直接相关的不对称升力和力臂也都主要取决于侧滑角。所以，侧滑角既是横向力矩变化的根本原因，也是横向力矩变化的具体体现。

2. 横向静稳定度

无人机是否横向静稳定及横向静稳定性的强弱可用横向静稳定度来表示和衡量。无人机

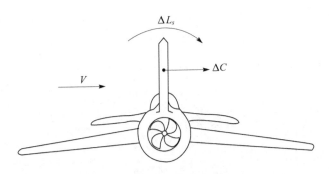

图 2 - 43　垂尾产生的横向稳定力矩

横向静稳定度是指单位侧滑角变化量所引起的横向力矩系数改变量,用符号 $C_{l\beta}$ 来表示。

对于能产生横向稳定力矩的无人机来说,右侧滑角增大($\Delta\beta>0$)时,无人机会产生左滚力矩($\Delta C_l<0$);左侧滑角增大($\Delta\beta<0$)时,无人机会产生右滚力矩($\Delta C_l>0$)。因此,无人机横向静稳定的条件是:$C_{l\beta}<0$,$C_{l\beta}$ 的绝对值越大,则横向静稳定性越强;$C_{l\beta}>0$,则无人机横向静不稳定;$C_{l\beta}=0$,为横向中立稳定。

3.　横向静稳定性的影响因素

(1) 迎角的影响

由机翼上反角的作用产生的横向稳定力矩是由两翼迎角差造成的。侧滑角一定时,两翼迎角差也就一定,与无人机的迎角大小无关。正常迎角范围内,在其他条件不变时,两翼迎角差一定,形成的横向稳定力矩的大小就一定。但当迎角大于临界迎角后,侧滑引起的两翼迎角差就会产生相反的结果,会使侧滑前翼的升力小于侧滑后翼的升力。这是因为,迎角超过临界迎角越多,升力系数越小。但是有些无人机,当迎角大于临界迎角时出现侧滑,仍能产生横向稳定力矩,主要原因是由于无人机侧滑时,侧滑后翼受机身遮挡,机翼上表面气流更加紊乱,升力系数更小,机身遮挡作用对升力的影响大于两翼迎角差对升力的影响,从而使侧滑前翼的升力仍大于侧滑后翼的升力,加之垂尾等因素的作用,故仍能产生横向稳定力矩。

由机翼后掠角作用所产生的横向稳定力矩则与迎角有关。因为后掠角引起的两翼升力差是由于侧滑前后两翼的气流有效分速不一样,两翼升力大小除与有效分速有关外,还与当时无人机迎角有关。侧滑角一定,迎角越大,即升力系数越大,两翼升力差就越大,横向稳定力矩越大。

(2) 飞行马赫数的影响

在高速飞行中,随着飞行马赫数增加,横向静稳定度先增大后减小,如图 2 - 44 所示。这是因为高速无人机通常采用后掠翼或三角翼,左右两翼在侧滑中有效后掠角不同,临界马赫数 Ma_{cr} 不同。在亚声速阶段,空气压缩性影响不大,故 $C_{l\beta}$ 基本不变。在跨声速阶段,同一迎角下,两翼因侧滑导致 Ma_{cr} 不同。侧滑前翼有效后掠角小,Ma_{cr} 较低,升力系数 C_L 增大时机早且变化量大;侧滑后翼有效后掠角大,Ma_{cr} 较高,C_L 增大时机较晚且变化量小,使侧滑前翼 C_L 大于侧滑后翼 C_L,$C_{l\beta}$ 绝对值增大。但在跨声速后段和超声速阶段,侧滑前翼的 C_L 开始下降,而侧滑后翼的 C_L 仍处于上升阶段,使横向静稳定度 $C_{l\beta}$ 的绝对值减小。另外,在这一阶段垂尾的侧力系数斜率降低,垂尾所提供的横向稳定作用在不断减弱,所以也使无人机的横向静稳定度下降,横向静稳定性变差。

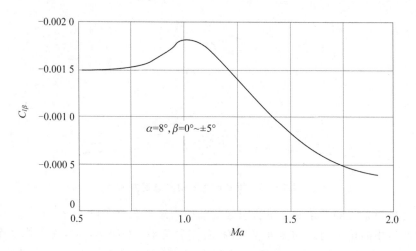

图 2 - 44　横向静稳定度随飞行马赫数的变化曲线

（3）机翼安装位置的影响

无人机在侧滑时，由于机身与机翼的相互干扰，沿机身和两翼的压力分布左右不对称，会额外产生滚转力矩。上单翼无人机在左侧滑时，左翼下表面的气流受到机身阻挡，流速减慢，压力升高，上下压力差增大；右翼下表面受涡流的影响，压力有所降低，上下压力差减小，这样就会产生附加的横向稳定力矩，增强无人机的横向静稳定性，如图 2 - 45 所示。下单翼无人机在左侧滑时，左翼上表面的气流受到机身阻挡，流速减慢，压力升高，上下压力差减小；右翼上表面受涡流的

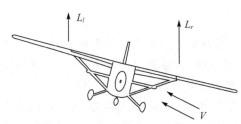

图 2 - 45　上单翼对横侧稳定性的影响

影响，压力降低，上下压力差增大，这样就会产生附加的横向不稳定力矩，消弱了无人机的横向静稳定性。对于中单翼无人机来说，左翼上下表面气流都受到机身阻挡，速度都减小，压力都增加，右翼上下表面都受到涡流区的影响，压力都减小，故对升力大小影响不大，无人机的横向静稳定性所受影响不大。

4. 无人直升机横向静稳定性

直升机在受到扰动后，横向平衡状态受到破坏，直升机发生侧倾，这时并不直接产生滚转力矩，而是出现侧滑。例如，当直升机向右侧倾时，旋翼气动合力随后也向右侧倾，旋翼气动合力和重力的合力形成向心力，使直升机向右侧方做曲线运动，而使直升机出现右侧滑。若在侧滑时能出现新的左滚力矩，使之具有自动恢复原来横向平衡状态的趋势，则称直升机按侧滑角是横向静稳定的；反之，按侧滑角是静不稳定的。

直升机的横向静稳定性可按下列方法判别：

① $\dfrac{\Delta L}{\Delta \beta}<0$，表示左侧滑引起右滚力矩，右侧滑引起左滚力矩，横向静稳定；

② $\dfrac{\Delta L}{\Delta \beta}>0$，横向静不稳定。

对于单旋翼带尾桨式直升机来说，横向的静稳定力矩主要来自旋翼和尾桨。以悬停为例，

如图 2-46 所示,当直升机向右侧倾时,出现右坡度,拉力的侧向分力导致直升机向右移动。在向右移动中,此时右侧滑导致的相对气流将使旋翼锥体和拉力方向相对机身向左倾斜,旋翼出现自然挥舞的"后倒角",桨尖旋转平面向直升机的左侧倾斜,产生绕重心的左滚力矩。对于尾桨而言,直升机向右移动,相对气流使尾桨向左的拉力增大。由于尾桨高于直升机的重心,因而也形成附加的左滚力矩。在该力矩作用下,直升机克服右坡度之后又出现左坡度,拉力的侧向分力偏向左侧,阻止直升机继续向右移动。当直升机向右移动的速度降至零后,因这时还带有左坡度,又开始往左移动。这样,直升机将重复上述过程。所以,在受到扰动后而形成坡度,直升机将相对原来的横向平衡状态出现不断地往返左右滚动和摆动的现象。因此,悬停时直升机按侧滑角是横向静稳定的。其物理解释如下:右侧滑→旋翼左倾挥舞→直升机左滚→向左偏移→右侧滑减小。

在前飞状态,右侧倾导致右侧滑,旋翼和尾桨出现左滚力矩的物理实质与悬停时一样。

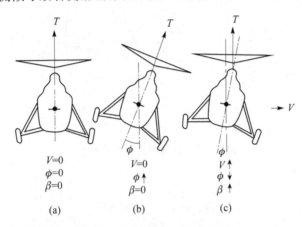

图 2-46　横向静稳定性原理图

2.3.3　横航向动稳定性

1. 常规布局无人机的横航向动稳定性

横航向运动包括无人机滚转、偏转和侧滑等运动。在分析横航向静稳定性时,将其分解为航向和横向两个方面,并认为互不影响。但实际上,航向和横向是通过相互影响,共同存在于无人机的横航向扰动运动的过程,这是横航向运动不同于俯仰运动的最大特点,分析横航向动稳定性也就具有一定的复杂性。

(1) 航向阻尼力矩

航向稳定力矩只能使无人机有自动恢复到原航向平衡的趋势,不能使无人机最终回到原航向平衡。因此无人机还必须在航向摆动过程中产生航向阻尼力矩,才能使航向摆动逐渐减弱,最终消失。

航向阻尼力矩主要由垂直尾翼产生。机头右偏时,垂直尾翼向左运动,产生向右的相对气流速度 ΔV,垂直尾翼的实际速度 V_v 从垂直尾翼左前方吹来,在垂直尾翼上形成侧滑角 $\Delta \beta_v$,产生向右的附加侧力 ΔC_v,对重心产生航向阻尼力矩,阻止机头向右偏转,航向摆动逐渐减弱,如图 2-47 所示。

由偏航角速度 r 引起的航向阻尼力矩 N_d 主要由垂尾产生,机身也有一定的影响,但一般

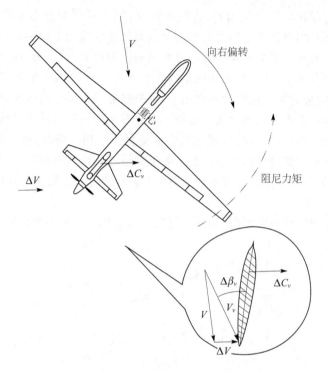

图 2 - 47　航向阻尼力矩的产生

情况下较弱，其表达式为

$$N_d = C_{nr} r \frac{1}{2} \rho V^2 Sb \qquad (2-40)$$

式中，$C_{nr} = \partial C_n / \partial r$ 为航向阻尼力矩导数。

　　设偏航角速度 $r > 0$，即左机翼向前，右机翼向后运动。向前的左机翼相对空气的运动速度增加，故升力和阻力增大。同时，右机翼的升力和阻力减小，形成负的偏航力矩 N_d，阻碍无人机机头右转，故称该偏航力矩 N_d 为阻尼力矩。所以，机翼的航向阻尼力矩导数 $C_{nr} < 0$。另外，当偏航角速度 $r > 0$ 时，垂尾将引起局部负向侧滑 β，产生正的侧力。由于垂尾位于重心之后，所以将产生负的偏航力矩 N_d，因此，垂尾的航向阻尼力矩导数 $C_{nr} < 0$。两项综合，使得整个无人机的航向阻尼力矩导数 $C_{nr} < 0$。

　　（2）横向阻尼力矩

　　滚转角速度 p 引起的滚转力矩 $\bar{L}_d$ 也称横向阻尼力矩，其表达式为

$$\bar{L}_d = C_{lp} p \frac{1}{2} \rho V^2 Sb \qquad (2-41)$$

式中，$C_{lp} = \partial C_l / \partial p$ 为滚转操纵力矩导数。

　　滚转角速度 p 引起的滚转力矩主要由机翼产生，平尾和垂尾也产生一些影响。无人机向左滚转，$p < 0$，左翼下沉，在左翼上引起向上的相对气流速度 ΔV，与飞行速度 V 叠加，使左翼迎角增大，产生正的附加升力 ΔL_l；右翼上扬，在右翼上引起向下的相对气流速度 ΔV，使右翼迎角减小，产生负的附加升力 ΔL_r，左右机翼升力之差，形成向右的正的横向阻尼力矩 $\bar{L}_d$，相应的滚转阻尼力矩系数 $C_{lp} < 0$，阻止无人机向左滚转，滚转幅度逐渐减小以至最终停止滚转，

如图 2 - 48 所示。

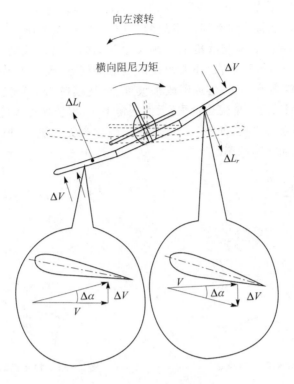

图 2 - 48　横向阻尼力矩的产生

　　由以上可知,无人机在飞行中,只要无人机绕纵轴滚转,左右机翼迎角就有差别,只要迎角不超过临界迎角,就会产生横向阻尼力矩。

　　(3) 横航向扰动运动的三个模态及恢复过程

　　在平飞中无人机受微小扰动,横航向平衡被破坏,如图 2 - 49 所示,无人机向左倾斜,升力与重力不再平衡,升力与重力的合力作为向心力,要使无人机运动轨迹向左弯曲而出现左侧滑,从而同时产生航向稳定力矩和横向稳定力矩。航向稳定力矩力图使机头左偏,消除侧滑;横向稳定力矩又要使无人机向右滚转,以消除左坡度。无人机在右滚、左偏的过程中,又会产生横向和航向阻尼力矩,阻碍无人机右滚和左偏。在左坡度改平时,无人机的侧滑角 β、滚转角速度 p 和偏航角速度 r 很难做到同时消失,常常是残留一定的 β 和(或) p。如无人机仍有右滚角速度,无人机又

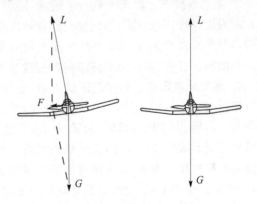

图 2 - 49　倾斜带来不平衡力

会形成右坡度,出现右侧滑,横向稳定力矩和航向稳定力矩力图使无人机向左滚转改平右坡度,向右偏转消除右侧滑。如此循环往复又滚又摆的扰动运动在横航向阻尼力矩作用下逐渐减弱,直至最后恢复横航向平衡状态。

　　上述无人机恢复横航向平衡的实际过程,可以把它看作是滚转、滚偏振荡(也称为荷兰滚模态)和盘降三个模态的叠加。第一阶段,即初始阶段,主要表现的是滚转模态,无人机受扰动所引起的滚转角速度 p 能很快地在横向阻尼的作用下消失;第二阶段,主要表现的是滚偏振荡模态,由于无人机带坡度 ϕ 和侧滑角 β,出现又滚又偏的振荡,在阻尼的作用下滚偏振荡逐渐消失,如图 2-50 所示;第三阶段,主要表现的是盘降模态,无人机仍残留一个很小的坡度 ϕ,一边以很大的半径盘旋下降,一边逐渐改平坡度,恢复横航向平衡状态。有些无人机在横航向平衡恢复过程后期坡度不能完全消失,反而缓慢增大,以至使无人机进入半径越来越小的盘旋下降,恢复不了横航向平衡,如图 2-51 所示。对这类无人机,飞控系统必须加以操纵控制,才能使它恢复横航向平衡状态。

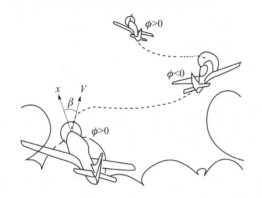

图 2-50　荷兰滚运动的飞行轨迹

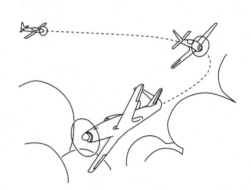

图 2-51　螺旋运动(不稳定)的飞行轨迹

　　无人机受扰动之后,恢复横航向平衡过程中出现三种模态的物理成因如下:

　　① 滚转模态。无人机绕机体纵轴的转动惯量 I_x 通常比绕机体立轴的转动惯量 I_z 要小,所以无人机容易产生滚转而形成坡度,而不易产生偏转造成侧滑;同时,又因为无人机的横向阻尼一般比较大,使扰动运动所引起的滚转角速度 p 能很快衰减,这就是滚转模态的物理成因。

　　② 荷兰滚模态。当无人机有了坡度,随后出现侧滑时,就会同时产生横向稳定力矩与航向稳定力矩,横向稳定性与航向稳定性很难匹配得适当;在坡度消失后,小迎角时常常残留 p,大迎角时常常残留 β,于是又会产生反方向的坡度,形成反方向的侧滑,这样就形成了滚偏振荡。在滚偏过程中,阻尼力矩使滚偏振荡逐渐消失,这就是滚偏振荡模态的物理成因。

　　③ 螺旋运动模态。到扰动运动后期,上述两种运动基本已衰减,但无人机的 ϕ、β、p 和 r 不可能同时消失为零。如无人机带左坡度,无人机的运动轨迹会向左弯曲,无人机会产生左侧滑并向左偏转,由于机头偏转,两翼升力差形成的力矩如小于左侧滑形成的横向稳定力矩,无人机坡度就会缓慢减小为零,无人机恢复横向平衡状态。如两翼升力差形成的力矩大于左侧滑造成的横向稳定力矩,无人机坡度就会缓慢增大,最后无人机进入半径越来越小的盘旋下降运动,横航向平衡不能恢复,这就是盘降模态的物理成因。

　　把无人机的横航向扰动运动划分为这样三种典型模态和三个阶段是具有重要的实际意义的。对于滚转模态,由于一般无人机都具有较大的滚转阻尼,在扰动运动初始阶段就迅速衰减,所以总是收敛的。而对于后期才明显的盘降模态,由于运动参数的变化非常缓慢,即使是不稳定的,只要发散不是太快,一般也是允许的。只有基本上介于前后两阶段之间的振荡模态,周期短,参数变化比较剧烈,无人机通常难以控制,因此对这个模态的要求比较高,不仅应该稳定,而且需要保证具有较好的阻尼。

无人机横航向静稳定性的相对大小对横航向动稳定性具有很重要的影响。当航向静稳定度 $C_{n\beta}$ 过大而横向静稳定度 $C_{l\beta}$ 过小时,无人机易产生螺旋不稳定;反之,当横向静稳定度 $C_{l\beta}$ 过大而航向静稳定度 $C_{n\beta}$ 过小时,无人机则易产生荷兰滚或飘摆不稳定。因此,为保证无人机同时具有螺旋与飘摆稳定性,必须使 $C_{n\beta}$ 和 $C_{l\beta}$ 保持适当的比值。

无人机在高空或高速飞行时,由于空气密度发生变化,空气压缩性的影响使无人机的稳定性表现出不同于低空低速飞行的特点。

2. 无人直升机的横航向动稳定性

(1) 航向阻尼

对于单旋翼带尾桨式直升机来说,航向阻尼主要来自尾桨和垂尾。

尾桨的阻尼作用是由于偏航角速度引起尾桨轴向气流的变化,又引起尾面的迎角变化,从而使尾桨拉力变化。当机头以角速度 r 向左偏转时,如图 2-41 所示,相对尾桨有轴向来流从尾桨右方吹来,减小尾桨的迎角,使尾桨向右的拉力减小,从而出现一个使机头右偏的附加力矩,阻止机头左偏。同理,若机头以角速度 $-r$ 向右偏转,则会出现一个使机头左偏的附加力矩,阻止机头右偏。一旦机头偏转运动停止,阻尼随即消失。

垂尾提供航向阻尼的机理与平尾提供纵向阻尼的机理类似,都是源于机身角速度引起尾面的迎角变化。

(2) 横向阻尼

直升机在滚转时,也将会出现阻尼。对于单旋翼带尾桨式直升机来说,横向阻尼除了与纵向阻尼一样与旋翼有关之外,还与尾桨有关。对尾桨来说,由于直升机的滚转运动,在尾桨处产生附加来流,改变了尾桨的拉力大小,增加了横向阻尼。对气动中心高于重心的垂尾来说,垂尾不仅提供了航向阻尼,也提供了横向阻尼。

总而言之,阻尼对直升机的受扰运动起着重大作用,若阻尼过小,则直升机受扰后可能长时间摆动。

2.3.4　横航向操纵性

1. 航向静操纵性

飞机的航向操纵性是指操纵机构操纵方向舵以后,飞机绕立轴偏转而改变其侧滑角等飞行状态的特性。偏转方向舵改变侧滑角的原理同偏转升降舵改变迎角的原理基本上是一样的。

(1) 航向操纵力矩

航向操纵性主要是通过位于机身尾部的装在垂直安定面后缘的方向舵实现的。方向舵偏转角 δ_r 引起的偏航力矩 N_c 称为航向操纵力矩,此力矩是无人机产生偏航运动的主要措施。航向操纵力矩的表达式为

$$N_c = C_{n\delta_r} \delta_r \frac{1}{2} \rho V^2 S b \qquad (2-42)$$

式中,$C_{n\delta_r} = \partial C_n / \partial \delta_r$,为方向舵操纵力矩导数,称为方向舵效能。当方向舵偏转 δ_r 时,方向舵后缘左偏转,垂尾将产生一个正的侧力,由于垂尾在重心之后,所以将产生负的偏航力矩 $N_c < 0$,因此方向舵效能 $C_{n\delta_r}$ 为负值。

　　对航向操纵来说,左右对称,操纵机理相同,这里以操纵飞机向右偏航为例分析飞机的航向操纵性。飞机做没有侧滑的直线飞行时,操纵机构操纵方向舵向右偏转一个角度,在垂直尾翼上产生向左的附加侧力 ΔC_v,该力对飞机重心形成使机头向右偏转的航向操纵力矩,使飞机绕立轴向右偏转。在向右偏转过程中产生左侧滑,于是在机身、垂直尾翼上产生向右的侧力 ΔC。ΔC 对飞机重心产生航向稳定力矩,其方向同操纵力矩方向相反,力图阻止侧滑角的增大。开始时由于右偏的航向操纵力矩大于左偏的航向稳定力矩,侧滑角继续增大。侧滑角越大,飞机侧力所产生的航向稳定力矩也越大。当侧滑角增大到一定程度时,航向稳定力矩 N_s 与航向操纵力矩 N_c 大小相等、方向相反,飞机航向力矩重新达到平衡,飞机停止转动,并保持这个侧滑角飞行,如图 2-52 所示。无人机从一个航向平衡状态到另一个平衡状态,航向力矩的平衡关系可写为

$$\Delta N_c + \Delta N_s = 0 \qquad\qquad (2-43)$$

　　将式(2-38)和式(2-42)代入式(2-43),可得

$$C_{n\delta_r} \Delta \delta_r + C_{n\beta} \Delta \beta = 0 \qquad\qquad (2-44)$$

　　与俯仰操纵相似,在亚声速、中小迎角直线飞行中,每一个方向舵偏角对应着一个侧滑角。

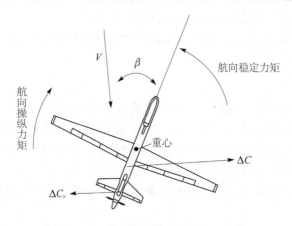

图 2-52　方向舵偏转后航向力矩平衡

（2）航向静操纵度

　　改变单位方向舵偏转角引起的侧滑角增量称为航向静操纵度,用 $\partial\beta/\partial\delta_r$ 表示。根据方向舵偏角和侧滑角正负值的规定,航向静操纵度为负值,即 $\partial\beta/\partial\delta_r < 0$。

　　对式(2-44)求偏导得

$$\frac{\partial\beta}{\partial\delta_r} = \frac{\Delta\beta}{\Delta\delta_r} = -\frac{C_{n\delta_r}}{C_{n\beta}} \qquad\qquad (2-45)$$

　　由式(2-45)可知,航向静操纵度 $\partial\beta/\partial\delta_r$ 与方向舵效能 $C_{n\delta_r}$ 成正比,与航向静稳定度 $C_{n\beta}$ 成反比。

　　无人机的试验结果表明,在迎角不大于 40°～60° 时,方向舵仍然有效。大迎角下,由于机身和机翼的遮蔽作用,单位舵偏角引起的侧力系数变化量减小,导致方向舵效能下降,航向静操纵性变差,方向舵的作用急剧下降。在迎角为 80°～90° 时,相对气流基本上与方向舵旋转轴的方向一致,方向舵将完全失效。图 2-53 所示为几种飞机的方向舵偏转效能曲线,即不同迎角时的 $C_{n\delta_r}$ 值,可以看出一般的趋向,正常情况下 $C_{n\delta_r}$ 应为负值。有些三角翼飞机,当迎角达

到 40°后,方向舵便基本上失去作用,想靠方向舵来改出尾旋将会很困难。

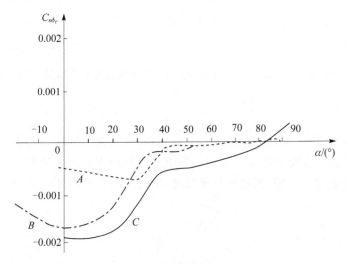

图 2 - 53　方向舵效能曲线

2. 横向静操纵性

飞机的横侧操纵性是指操纵机构操纵副翼以后,飞机绕纵轴转动而改变其滚转角速度、坡度等飞行状态的特性。

（1）横向操纵力矩

横向操纵主要通过副翼来实现。副翼偏转角 δ_a 引起的滚转力矩 $\bar{L}_c$ 又称为横向操纵力矩,是操纵无人机产生滚转运动的主要措施,其表达式为

$$\bar{L}_c = C_{l\delta_a} \delta_a \frac{1}{2} \rho V^2 Sb \qquad (2-46)$$

式中,$C_{l\delta_a} = \partial C_l / \partial \delta_a$ 为横向操纵力矩导数,称为副翼效能,表示改变单位副翼偏角引起的横向操纵力矩系数变化量。当副翼正向偏转 $\delta_a > 0$ 时,即"左上右下"偏转,此时相当于右机翼的翼型弯度增大,而左机翼的翼型弯度减小。所以右机翼的升力增加,而左机翼的升力减小,故将产生负的横向操纵力矩 $\bar{L}_c < 0$,因此横向操纵力矩导数 $C_{l\delta_a}$ 为负值,如图 2 - 54 所示。

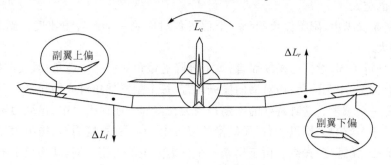

图 2 - 54　飞机的横侧操纵

飞行中,向左压操纵杆,左副翼向上偏转一个角度,右副翼向下偏转一个角度。左右机翼升力之差对飞机重心产生的横向操纵力矩 $\bar{L}_c$ 使飞机绕纵轴向左滚转。飞机左滚,因有滚转

角速度而产生横向阻尼力矩 $\bar{L}_d$，制止飞机左滚。开始时，$\bar{L}_c$ 大于 $\bar{L}_d$，滚转角速度是逐渐增大的。随着滚转角速度的增大，$\bar{L}_d$ 也逐渐增大。加速滚转中，因为飞机没有侧滑，就不会产生横向稳定力矩 $\bar{L}_s$，所以滚转角速度的变化只取决于 $\bar{L}_c$ 和 $\bar{L}_d$。当横向阻尼力矩 $\bar{L}_d$ 增大到与横向操纵力矩 $\bar{L}_c$ 大小相等、方向相反时，飞机保持此时的角速度滚转，如图 2-55 所示。此时力矩平衡关系为

$$\bar{L}_c + \bar{L}_d = 0 \tag{2-47}$$

再向左压一点操纵杆，增加一点左滚的操纵力矩，左滚角速度又会增大一点，横向阻尼力矩也会随之增大一点。当横向操纵力矩同横向阻尼力矩再次达到平衡时，飞机保持在大一点的角速度下做稳定滚转。同理，向右压操纵杆时，情况完全相反，飞机向右滚转。

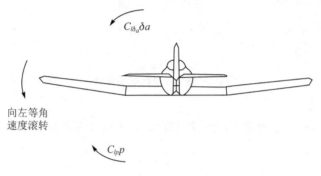

图 2-55　横向力矩平衡

将式(2-41)和式(2-46)代入式(2-47)，可得

$$C_{l\delta_a}\delta_a + C_{lp}p = 0 \tag{2-48}$$

即

$$p = -\frac{C_{l\delta_a}}{C_{lp}}\delta_a \tag{2-49}$$

从式(2-49)可以看出，在亚声速、中小迎角，飞行速度一定时，一个副翼偏角 δ_a 对应一个稳定的滚转角速度 p。副翼效能 $C_{l\delta_a}$ 在中小迎角下低速飞行时不随速度变化，C_{lp} 则与速度成反比关系。所以，当副翼偏转角一定时，滚转角速度与速度的大小有关，速度越大，对应的稳定滚转角速度也越大。

可见，在横向操纵中，副翼偏角的每一个位置都对应着一个滚转角速度。副翼偏角越大，滚转角速度越大。

由上面的分析可知，对俯仰操纵而言，每个升降舵偏角对应一个迎角；对航向操纵而言，每个方向舵偏角对应一个侧滑角；而对横向操纵而言，每个副翼偏角对应的却是一个稳定的滚转角速度，而不是一个坡度。这种特殊的差别是因为在俯仰和航向操纵中，操纵力矩是由稳定力矩来平衡的，属于"角位移"操纵；而在无侧滑的滚转中，不存在稳定力矩，操纵力矩是由阻尼力矩来平衡的，属于"角速度"操纵。由于用来平衡操纵力矩的力矩不同，就构成了横向操纵同俯仰操纵和航向操纵之间的本质差别。

飞机在做盘旋和转弯时，如果要想保持一定的坡度，就必须在接近预定坡度时，使副翼回到中立位置，消除横向操纵力矩，在横向阻尼力矩的阻止下，使滚转角速度消失。有时，甚至可以向飞机滚转的反方向压一点操纵杆，迅速制止飞机滚转，使飞机准确地达到预定飞行坡度。

（2）副翼效能

副翼偏转角 δ_a 的正负号规定：右副翼向下左副翼向上为正，反之则为负。所以用正副翼偏角应产生左滚转力矩，$C_{l\delta_a}$ 为负值。大迎角下，由于气流分离严重，而副翼位于机翼后缘，受涡流区影响大，导致副翼效能下降，如图 2-56 所示。

随着迎角增大，襟副翼效能不断下降。这是因为在大迎角下，襟副翼受涡流区影响较大，加上表速小（动压小），每偏转 1°副翼所产生的横向操纵力矩系数较小，横向操纵力矩较小，横向操纵性变差，所能产生的最大滚转角速度 p_{max} 也随之减小，如图 2-57 所示。从曲线上可以看出，在 2°迎角时，偏转副翼产生的最大滚转角速度 p_{max} 为 104°/s，而迎角 23°时，最大滚转角速度 p_{max} 下降为 20°/s，大迎角下的横向操纵性明显变差。

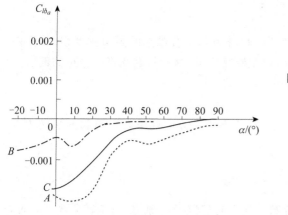

图 2-56　副翼滚转效能曲线　　　　　　图 2-57　某飞机最大滚转角速度随迎角的变化

可见，大迎角飞行时，一方面由于副翼效能下降，另一方面由于副翼偏转引起的两翼阻力差较大，造成的侧滑角也大，横向稳定力矩增大，对横向操纵影响大，横向操纵性变差。当迎角大于某一迎角时，横向稳定力矩有可能大于横向操纵力矩，这时向左压杆，无人机不但不向左滚转，反而向右滚转，出现横向反操纵现象。

为了提高无人机横向操纵性，有些无人机在偏转副翼时，需同时偏转方向舵，消除滚转方向的侧滑角，还可以适当产生反向侧滑，利用横向稳定力矩帮助无人机滚转。但侧滑角不应过大，以防止无人机提前失速。

为改善大迎角下的横向操纵性，可以采用以下措施。

1）差角副翼

为了改善大迎角飞行时的横向静操纵性，有些无人机采用了差角副翼，即上偏副翼偏转角大于下偏副翼的偏转角，以减小左右机翼的阻力差。

2）阻力副翼

副翼上偏时前缘露到机翼外面，增加副翼上偏一侧的阻力。

3）扰流板

有些无人机在副翼前缘之前的上翼面装有扰流板，副翼上偏一侧的扰流板随副翼偏转自动打开，达到与差角副翼同样的效果。

4）联动装置

为提高大迎角飞行时的横向操纵性，现代高速无人机在提高横向操纵性方面采用了一些特殊机构或专门的自动交联装置,使副翼和方向舵联动配合偏转。

（3）横航向交叉力矩

在对无人机进行航向操纵时,会产生使无人机横向运动的力矩;同样,在对无人机进行横向操纵时,会产生使无人机航向运动的力矩。另外,无人机偏转时,会产生使无人机滚转的力矩;无人机滚转时,会产生使无人机偏转的力矩。这些力矩都称为交叉力矩。

1）副翼偏转角引起的航向力矩

当副翼差动偏转引起滚转运动时,会使左右机翼产生不同的升力。同时,也使得左右机翼的阻力不同,从而会引起偏航力矩。由副翼偏转角 δ_a 引起的偏航力矩 N_a 为

$$N_a = C_{n\delta_a} \delta_a \frac{1}{2} \rho V^2 S b \qquad (2-50)$$

式中,$C_{n\delta_a} = \partial C_n / \partial \delta_a$ 为副翼操纵力矩交叉导数。

当副翼正向偏转 $\delta_a > 0$ 时,即"左上右下"偏转,此时相当于右机翼的翼型弯度增大,而左机翼的翼型弯度减小。所以右机翼的阻力增加,而左机翼的阻力减小,因此将产生正的偏航力矩 $N_a > 0$,偏航操纵力矩交叉导数 $C_{n\delta_a}$ 为正值。

2）方向舵偏转角引起的滚转力矩

方向舵除了能产生偏转力矩外,同时也能产生滚转力矩。方向舵偏转角引起的滚转力矩 $\bar{L}_r$ 为

$$\bar{L}_r = C_{l\delta_r} \delta_r \frac{1}{2} \rho V^2 S b \qquad (2-51)$$

式中,$C_{l\delta_r} = \partial C_l / \partial \delta_r$ 为方向舵操纵力矩交叉导数。当方向舵位于 x 轴之上,偏转角 $\delta_r > 0$ 时,产生正的滚转力矩 $\bar{L}_r > 0$,即 $C_{l\delta_r}$ 为正值;当方向舵位于 x 轴之下时,$C_{l\delta_r}$ 为负值。

3）滚转角速度引起的偏航阻尼力矩

滚转角速度 p 引起的偏航阻尼力矩 N_{dp} 可表达为

$$N_{dp} = C_{np} p \frac{1}{2} \rho V^2 S b \qquad (2-52)$$

式中,$C_{np} = \partial N / \partial p$ 为偏航阻尼力矩交叉动导数。

由滚转角速度 p 引起的航向交叉动态力矩 N_{dp} 主要由机翼和垂直尾翼产生。对于垂直尾翼,当无人机发生右滚转 $p > 0$ 时,可以认为垂尾不动,气流以一定的速度吹向垂尾,相当于在垂直尾翼上产生局部侧滑角 $\beta > 0$,从而产生负的侧力和正的偏航力矩 $N_{dp} > 0$,因此,对于垂尾,$C_{np} > 0$。对于机翼,当 $p > 0$ 时,右机翼向下的运动速度导致迎角增大、升力增大,且向前倾;左机翼向上的速度导致迎角减小、升力减小,且向后倾,从而产生负的偏航力矩。因此,机翼的交叉动态力矩导数 $C_{np} < 0$。所以,偏航交叉动导数 C_{np} 应为机翼和垂尾的交叉动导数之和,正负不定。

4）偏航角速度引起的滚转阻尼力矩

偏航角速度 r 引起的滚转阻尼力矩 $\bar{L}_{dr}$ 可表达为

$$\bar{L}_{dr} = C_{lr} r \frac{1}{2} \rho V^2 S b \qquad (2-53)$$

式中,$C_{lr} = \partial C_l / \partial r$ 为滚转阻尼力矩交叉导数。

设偏航角速度 $r > 0$,分别考察机翼和垂尾对滚转力矩的作用。此时,左机翼向前、右机翼

向后运动。前行的左机翼相对空气的运动速度增加,故升力和阻力增大。反之,右机翼的升力和阻力减小,就形成了正的滚转力矩。所以,对机翼来说 $C_{lr}>0$,同时,垂尾将产生局部的负向侧滑 $\beta<0$,产生正的侧力。当方向舵位于 x 轴之上时,则产生正的滚转力矩,$\bar{L}_{dr}>0$,所以,对垂尾也是 $C_{lr}>0$。

可见,在实际飞行中,只偏转副翼或方向舵,无人机偏转或滚转运动都将同时引起无人机滚转和偏转。在分析航向操纵和横向操纵的关系,以及分析机动飞行的操纵原理时,应将上述交叉力矩考虑进去。

3. 横航向动操纵性

尽管副翼操纵和方向舵操纵是互相影响的,但这里只研究副翼操纵下的单纯滚转和方向舵操纵下的单纯偏转运动。虽然它与无人机的实际动态有差别,但它们反映了横航向操纵动态反应的主要方面。

(1) 偏转副翼之后的单纯滚转运动

偏转副翼之后的单纯滚转运动是理论上的一种理想运动,是指无人机在飞控系统偏转副翼之后不产生侧滑,而只产生滚转角加速度的单自由度滚转。它能够反映飞控系统偏转副翼后无人机动态过渡过程的主要方面。过渡过程时间长,说明无人机反应慢;过渡过程时间短,则无人机反应快。

飞控系统阶跃操纵副翼,滚转反应的快慢主要取决于无人机的横向转动惯量 I_x 和滚转阻尼力矩导数 C_l。横向转动惯量大,则反应时间长;反之,横向转动惯量小,则反应时间短。滚转阻尼力矩导数大,则反应时间短;反之,滚转阻尼力矩导数小,则反应时间长。

随高度升高,即使副翼偏转同样的角度,由于空气密度减小,故所产生的操纵力矩和角加速度也都比较小,即无人机反应迟缓,到达同样坡度的时间延长。

(2) 偏转方向舵之后的单纯偏转运动

飞控系统阶跃偏转方向舵,在副翼中立、无坡度的条件下,认为无人机不滚转,只做绕机体立轴的单自由度偏转运动。这种理想运动称为无人机对飞控系统阶跃操纵方向舵后的单纯偏转运动,它反映了无人机对方向舵操纵反应的主要方面。作这样的简化后,飞控系统偏转方向舵,使无人机侧滑角变化的情况与飞控系统偏转升降舵改变迎角的情况类似。侧滑角随时间 t 的变化情况与无人机俯仰阶跃操纵后无人机迎角(过载)变化情况类似。如航向阻尼比在 0 与 1 之间,无人机以一定的侧滑角振荡,最后稳定在与该方向舵位置对应的侧滑角上,如图 2-58 所示。

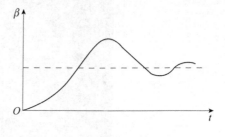

图 2-58 侧滑角随时间的变化

2.3.5 飞翼式布局操纵方案

飞翼式布局无人机的操纵问题有其特点。由于没有尾翼,所有操纵舵面都只能安装在机翼上面,而且有效力臂很短。目前可用的方案有:后缘升降副翼、改变左右发动机推力、扰流板、开裂式副翼、机头边条和活动翼梢等。它们的应用各有特点,有时需要用综合方式和多种手段进行有效控制。

1. 后缘升降副翼

将飞翼后缘大部分改为多个活动翼面,可分别作升降舵或副翼使用。美国高空太阳能"太阳神"无人机(见图 2-59)后缘沿翼展分布共有 72 个活动小翼面,这些活动小翼面称为升降片。外翼的后缘升降片固定上偏 2.5°以保证飞机的俯仰稳定性。现在有了电传操纵系统,各翼面可由计算机分别视情控制,所以这个方案已得到普遍应用。缺点是力臂短,效能不高。

2. 推力控制

多发动机无人机可使用这个方案。"太阳神"无人机通过改变外翼段各 4 个电动机带动螺旋桨产生的推力差进行转弯操纵,全机没有方向舵,如图 2-59 所示。这个方案适用于多发动机无人机,而且在一定条件下双发飞机都可以采用这个方法。

图 2-59　"太阳神"无人机

3. 扰流板

扰流板可用于航向控制,在较大迎角时效率较高,但同时产生的滚转力矩也很大,为此要考虑用之作何种操纵使用较为合适。采用扰流板操纵方式的飞机很多,不限于飞翼式布局,如图 2-60 所示。

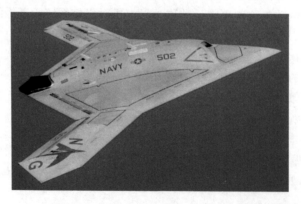

图 2-60　采用扰流板的 X-47B 无人机

4. 开裂式副翼

开裂式副翼能提供较大的偏航力矩和不大的滚转力矩。如用合适的左右副翼上下偏度组合可获得大的偏航力矩和尽量小的滚转力矩。若要求同时用于横侧操纵,具体的偏转角组合和不同情况下的偏转规律要结合具体的飞机型号考虑。美国 B-2 隐身飞翼式轰炸机就采用开裂式副翼的操纵翼面。

5. 机头边条

机头边条可以用于飞翼式飞机布局的方向控制。通过偏转边条的迎风角度或改变露出高度即有可能实现飞翼式飞机的方向控制,但同时会带来一定的抬头力矩。机身上部的边条比侧面的能提供更大的偏航力矩,而且随着迎角增大,效率逐渐提高,但当迎角大到一定值后,则会出现明显的非线性。边条产生的滚转力矩很小,相对而言,这是一种较好的航向操纵方案。

6. 活动翼梢和偏转后翼梢

活动翼梢和偏转后翼梢是可绕机翼的梢弦向上偏转的小翼面。梢弦轴线不是与飞机纵轴平行而是相对飞机纵轴向内偏一个角度。所以活动翼梢向上偏转时不完全相当于上反角,还会产生偏转力矩。活动翼梢的后半部也能活动,当活动翼梢向上偏转大角度时,后半部的翼面偏转可作为方向舵使用。向上偏转角度越大,方向舵的作用越强。向上偏转角度很小,则偏转后翼梢也可相当于副翼。这个方案不仅能增加横向稳定性,也能提供一定量的偏航或横侧控制力矩。对一些 W 形平面形状机翼的翼身布局,还能改善纵向大迎角特性,而且无论活动翼梢或偏转后翼梢,若适当分配其偏转角度,即能提供较大的偏航力矩或滚转力矩,可满足飞翼式飞机操纵的要求,是一种具有潜力的方案。但这个方案可变参数较多,控制规律比较复杂,需要结合具体飞机进一步仔细研究。

2.4　无人直升机的操纵

从飞行原理的角度来说,无人直升机的稳定性和操纵性分析方法与固定翼无人机的基本相同,但无人直升机操纵方式和固定翼无人机的差别较大,加之空气动力的不对称性、陀螺效应等的影响,无人直升机的操纵相对来说要复杂得多。本节简要介绍直升机的操纵方式、影响因素及机理。

2.4.1　操纵方式

为了改变航空器飞行状态,需要通过操纵机构来改变直升机操纵面上的空气动力,从而实现飞行操纵。任何航空器在空中运动都具有 6 个自由度,操控人员为了控制航空器的运动和姿态,就需要 6 个独立的操纵机构来控制 3 个力和 3 个力矩。直升机的垂直、前后、左右移动与俯仰、航向与横向转动是不能独立分开的,所以操控人员不能对 6 个自由度全部实施单独或彼此完全独立的控制。因此直升机的 6 个自由度只需要以下 4 个操纵。

(1) 垂直运动操纵

通过调整总距改变旋翼桨叶角而改变旋翼拉力,操纵直升机升降升力的大小来实现垂直运动。

(2) 纵向运动操纵

通过操控杆的前后移动改变旋翼纵向倾斜角而改变拉力方向,产生附加纵向力来操纵直升机前进或后退。

(3) 横向运动操纵

通过操控杆的左右移动改变旋翼横向倾斜角而改变拉力方向,产生附加横侧力来实现横向运动。

（4）航向运动操纵

通过改变尾桨桨距而改变尾桨拉力，以保证原定航向或进行左右转弯。

以上 4 种运动操纵是通过 3 种操纵系统来实现的，即总距操纵、周期变距操纵和尾桨操纵。总变距杆移动可以同时等量地改变所有旋翼桨叶的桨叶角，从而改变旋翼拉力。周期变距杆是用来倾斜旋翼桨毂的旋转平面，使旋翼向前、向后、向左或向右以及向这些方向的合成方向倾斜，这样就会在这个桨尖旋转面的倾斜方向产生一个作用力，使直升机沿该方向移动。当飞控系统操纵周期变距杆时，就会引起旋翼各个桨叶的桨叶角在转动过程中发生周期性的变化，通过改变相应桨叶的桨距来使该桨叶向上或向下运动，从而使旋翼按照操纵要求发生偏转。尾桨操纵用于操纵和改变尾桨的桨叶角，但只能改变各桨叶的总距，而不能够进行周期变距。

直升机的飞行操纵是相互影响的，旋翼总距的增加会相应增加旋翼扭矩，这就需要操纵尾桨来抵消因旋翼转动而产生的扭矩。尾桨除了用来抵消扭矩作用外，还可以实现对直升机航向的控制，即机头左转或右转。当直升机要沿与扭矩相反的方向偏航时，则需要尾桨产生更多的力来抵消扭矩；当直升机要沿与扭矩相同的方向偏航时，则需要减小尾桨力而只靠该扭转作用使直升机转向。

单旋翼带尾桨直升机主要靠操纵旋翼和尾桨来操纵直升机，双旋翼直升机主要靠操纵所有旋翼来操纵直升机，每一副旋翼都有一套自动倾斜器，都可以进行周期变距，以改变每一副旋翼的拉力大小和倾斜方向。不同形式直升机的操纵方式如表 2-1 所列。

表 2-1　直升机操纵方式

操纵方式	布局形式			
	单旋翼式	纵列式	共轴式	横列式
旋翼扭矩平衡	$Q_{LR}=T_{LR}\cdot l$	$Q_R=Q_F$	$Q_U=Q_{LO}$	$Q_{RI}=Q_L$

注：LR—旋翼；TR—尾桨；F—前；R—后；L—左；RI—右；LO—下；U—上；T—拉力；Q—扭矩。

　　直升机不同于固定翼飞机,一般都没有在飞行中供操纵的专用活动舵面。这是由于在小速度飞行或悬停中,专用活动舵面作用也很小,因为只有当气流速度很大时,舵面或副翼才会产生足够的空气动力。由于旋翼还起着飞机的舵面和副翼的作用,所以单旋翼带尾桨的直升机主要靠旋翼和尾桨进行操纵,而双旋翼直升机靠两副旋翼来操纵。

　　直升机操纵系统的特点主要是桨距与油门联动和桨叶的周期变距。改变旋翼桨距的同时必须调节油门和尾桨桨距,才能保证直升机按所需要状态飞行。周期变距就是在改变直升机纵向与横向姿态时,通过联动装置使旋翼桨盘相对旋翼轴倾斜,从而使旋翼各桨叶的桨距在每一转动周期中改变,导致旋翼锥体倾斜,由总拉力的分力实现直升机的纵向与横向操纵。

　　理论上,直升机旋翼系统本身是不稳定的,也就是说,桨盘的姿态必须随时由周期变距杆控制和操纵,任何非人为的旋翼桨盘姿态的改变必须通过物理操纵才能恢复到原姿态。全铰式旋翼系统正是如此,而有的旋翼系统加装了其他增加稳定性的方法,如平衡杆等。即使如此,桨盘的姿态仍然由周期变距杆来决定,要想保证桨盘保持在一个所需的姿态,必须使自动倾斜器始终保持在一个选定的位置。

　　总之,在飞行中,具有一定稳定性的直升机能帮助直升机保持其平衡状态。但是应正确对待直升机的稳定性,不能完全依赖它,还应当审时度势,积极主动地实施操纵,保持好既定的飞行状态,主要原因如下：

　　① 直升机的稳定性比一般的飞机差,特别是在悬停状态,稳定性更差。直升机受扰动后以致俯仰和横侧平衡状态发生变化,此时将会偏离原来的平衡状态而出现往返摆动。飞控系统必须在摆动尚未扩大时,及时加以修正,以免直升机偏离原来的状态过多。

　　② 直升机以较大的速度飞行时,虽然稳定性比悬停时好些,但应该知道,直升机受扰动后呈现摆动(钟摆现象),这种摆动的消失需要一段时间,为了能迅速恢复直升机的飞行状态,飞控系统也必须及时进行修正。

2.4.2　影响操纵的因素

　　同固定翼无人机一样,改变飞行状态,无人直升机上的各力和各力矩的平衡关系也都要改变,对此飞控系统必须进行相应的操纵动作。但是,由于无人直升机构造、飞行原理及操纵规律上的特殊性,操纵性的影响因素及机理与固定翼无人机相比有很大的不同。

1. 陀螺效应的影响

　　操纵还必须考虑到旋翼的陀螺效应对飞行状态的影响,当操纵操控杆时,旋翼的陀螺效应使直升机产生进动作用,可以采用图 2-61 所示的方法判断方向。圆弧箭头表示旋翼旋转方向,圆内的空心箭头表示操纵操控杆的方向,圆上的虚线箭头表示进动作用对直升机状态的影响情况。

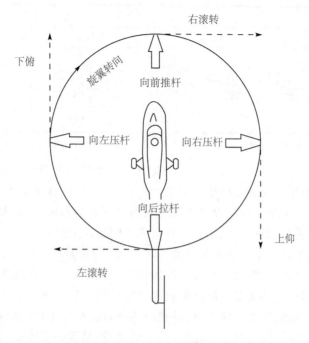

图 2 - 61　旋翼进动方向的判断方法

　　例如,左旋旋翼直升机加速飞行时,由于旋翼拉力不对称所产生的向右的倾斜力矩,随着速度增大,直升机向右倾斜不断加剧;反之,减速时直升机向左倾斜。因此,自动倾斜器向前倾斜使直升机增速的同时,还须相应地向左倾斜。向后倾斜减速的同时,则要相应地向右倾斜。

　　进动大小取决于操纵操控杆动作的粗猛程度。柔和协调地操纵操控杆,直升机转动慢,还可以减小旋翼进动所带来的不利影响,有利于直升机从一种飞行状态转换到另一种飞行状态。因此,操纵操控杆的动作一定要柔和。

2. 操纵滞后性影响

　　固定翼无人机与无人直升机在操纵原理上的重要区别是:固定翼无人机上的操纵面通常距重心的力臂相当长,单旋翼无人直升机的纵向和横向操纵是靠旋翼桨尖旋转平面倾斜来改变拉力的方向,从而改变操纵力矩。其拉力矢量相对重心的力臂很短,所以操纵自动倾斜器倾斜使无人直升机转动所需的力很大,而对固定翼无人机来说操纵力相对较小。这意味着对于固定翼无人机,操纵操纵面时,会立即引起固定翼无人机姿态的改变;而对于无人直升机,操纵操控机构时,需要经过一定的时间,旋翼才会改变到新的位置。

　　由于桨叶旋转时具有很大的惯性,加之陀螺定轴性的影响,桨尖旋转平面总是力求保持自己的状态,所以桨尖旋转平面不能立即倾斜。此时旋翼的气流也不能随着桨尖旋转平面的倾斜立即改变自己的方向。桨尖旋转平面倾斜时,旋翼排压出的气流还产生附加涡流,这在一定程度上阻碍新的拉力方向的建立。由此可见,无人直升机对操控的反应总带有一定的延迟。这就要求在操纵无人直升机时,特别是改变其飞行状态时,要用更多的"提前量"操纵自动倾斜器倾斜。

　　正是操纵滞后性的影响,当操纵无人直升机产生位移时,开始感到飞行状态没有立即反应或无人直升机姿态没有改变,误认为操纵量不够,或者为较快地改变飞行状态,而加大了操纵量。但飞行状态发生变化后,由于无人直升机的角速度阻尼小,操纵灵敏度较高,使无人直升机姿态变化量很大,往往超过预定的飞行状态,在悬停时这种现象更为明显。对飞控系统来说,为保持或改变直升机的飞行状态,就需要反复调整。对无人直升机操控人员来说,必须要对无人直升机的运动有一个合理的预测,避免过度干预。

3. 操纵耦合性影响

直升机运动状态的变化同自动倾斜器、尾桨和油门总距是相互联系和相互影响的。例如垂直上升时,增大油门总距,旋翼拉力和反作用力矩都增大,在直升机增加高度的同时又要向一边偏转,因此,必须相应地调整尾桨增大拉力,才能保持航向平衡。尾桨拉力增大,所形成的滚转力矩增大,为了保持侧向平衡,还必须向另一侧倾斜自动倾斜器。而且油门总距增大越快,力和力矩的变化越突然,自动倾斜器和尾桨配合保持平衡就越困难。反之,操纵得越柔和,保持平衡就越容易。

再如从悬停状态进入平飞状态,自动倾斜器向前倾斜,产生纵向分力,由此必然伴随产生相对重心的纵向力矩,机身随之低头;当直升机获得了平飞速度,需用功率减小。同时要保证不改变飞行高度,桨距就得相应减小,因此油门总距应当适当减小;随着功率减小,扭矩也相应减小,但为了保证航向,必须调节尾桨拉力。尾桨拉力的改变又必然伴随产生横向力矩,因此就得实施侧向偏斜自动倾斜器,使旋翼侧倾以产生横向力。旋翼的横向分力对重心的力矩平衡了尾桨所产生的力矩,但旋翼的横向分力并不刚好克服尾桨拉力。最后,力的平衡就靠机身侧倾,产生重力的横向分力来实现新的平衡。

4. 前飞速度的影响

在前飞速度很小时,旋翼桨叶是非常不稳定和非常危险的,这时如果有阵风影响,引起桨尖旋转平面向后倾斜,旋翼有效拉力水平分力的作用方向会变成与直升机飞行方向相反,直升机向前飞行时,向后作用的分力形成一俯仰力矩而造成直升机抬头,导致旋翼桨叶进一步向后倾斜,继续增大向后作用的水平分力,从而使情况进一步恶化,甚至引起严重的后果。消除此影响的方法是迅速向前倾斜自动倾斜器。

前飞时另一个影响操纵性的重要因素是横向杆力,如果不修正这个杆力,将引起直升机的滚转,这个力来自变距拉杆对飞行载荷的反作用力。在向前飞行时,整个操纵机构均向前倾斜,变距拉杆在直升机纵轴上位于最低点和最高点时,由于相位滞后现象的存在,在变距拉杆最大飞行载荷力的作用下直升机将发生横向位移,前行桨叶上力的作用方向向下,后行桨叶上力的作用方向向上,其反作用力将使直升机的整个操纵机构朝着后行桨叶方向倾斜。对于右旋旋翼直升机来说,机体将向左滚转。为避免这种现象,有的直升机在横向装有平衡弹簧。

5. 尾桨拉力的影响

尾桨拉力作用线高于重心位置,直升机会产生侧向运动。例如,左旋旋翼直升机在悬停时,如果旋翼拉力指向正上方,则尾桨拉力将使直升机向左移动。此时自动倾斜器应向右稍微倾斜,如图 2-62 所示,使旋翼产生向右的水平分力 T_3 与尾桨拉力平衡。又如,一般直升机在垂直起飞刚离地的瞬间,容易向左移动,这也是尾桨拉力作用的结果。

因为尾桨拉力对操纵性产生影响,所以有的直升机操控杆向右的活动范围比向左的稍大。自动倾斜器向右倾斜取得力的平衡后,由于拉力向右倾斜,对重心形成力矩,使直升机也向右倾斜。注意观察这种直升机的起飞和着陆,就可以看出它通常都是左轮先离地,右轮先接地。

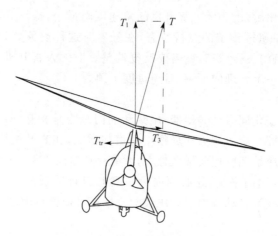

图 2 - 62　尾桨对操纵性的影响

本章小结

在第 1 章分析无人机平衡飞行的基础上,本章探讨了以转动平衡状态打破及恢复为研究对象的稳定性和操纵性问题。首先给出了无人机稳定性和操纵性的相关概念,分析了固定翼无人机和无人直升机的俯仰静稳定性、动稳定性和操纵性。鉴于无人机的横向和航向存在紧密的耦合关系,合并探讨了横航向的稳定性和操纵性,同时还介绍了飞翼式布局无人机的操纵方案。最后简单介绍了无人直升机的操纵方式和影响因素。学习本章要理解稳定力矩、阻尼力矩和操纵力矩与稳定性和操纵性的关联关系,关注力矩从一个平衡态到另一个平衡态的转换过程及衡量指标,注意对比固定翼无人机和无人直升机操稳性能的异同,进而为后续分析飞行状态转换的操纵奠定基础。图 2 - 63 所示为本章的思维导图,供读者学习参考。

思考题

1. 解释静稳定性、动稳定性、压力中心、焦点的物理意义。
2. 航向静稳定性和横向静稳定性有哪些区别和联系?
3. 利用焦点与重心的位置关系说明飞机达到俯仰静稳定性的原理。
4. 简述机翼上反角、后掠角产生横侧稳定性的原理。
5. 无人机动稳定性与静稳定性有哪些区别和联系?
6. 俯仰稳定力矩和俯仰阻尼力矩的产生条件、过程、趋势、作用有哪些不同?
7. 无人机在平飞中,突然遇到一阵逆风,机头会不会转动? 如果是在稳定的逆风中飞行,机头会不会转动? 同样,如果平飞中突然遇到一阵右侧风,无人机怎样运动?
8. 在平飞中,受到微小扰动发生自动倾斜,在恢复原来平衡状态的过程中,在什么情况下只有稳定力矩而没有阻尼力矩? 在什么情况下只有阻尼力矩而没有稳定力矩? 在什么情况下稳定力矩与阻尼力矩并存?
9. 无人机高速飞行时的稳定性和低速飞行时相比有什么特点?
10. 飘摆是什么原因造成的?

11. 说明直线飞行中升降舵偏角与迎角、速度的关系。

12. 在直线飞行中,为什么一个方向舵的位置对应一个侧滑角?

13. 在无侧滑的滚转中,为什么一个副翼偏角对应一个稳定滚转角速度?

14. 无人机的航向操纵与横向操纵有什么关系?

15. 为什么要限制无人机的重心位置?

16. 影响直升机稳定性的因素分别是什么?

17. 简述直升机的操纵原理。

18. 总结影响直升机操纵性的因素及机理。

19. 总结思维导图,分析本章内容的逻辑关系。

20. 研究拓展阅读材料,分析事故产生的原理,谈对事故的认识和今后从事操控及维护无人机工作的启示。

拓展阅读——俯仰操纵系统故障带来的灾难

1. "2·24"空难事件回放

1999 年 2 月 24 日,某航空公司的 B-2622 号图-154 型飞机执行 SZ4509 航班,14:00 从成都起飞,目的地是温州。

该飞机飞行 2 h 之后,依照空管的指令,已经开始下降高度。16:00,飞机过德兴、高度为 9 600 m。16:30 左右,飞机在最后下降着陆时失速坠地,飞机几乎是直插地面,炸出了一个方圆 60 m、深 3 m 的大坑。机上乘客 50 人、机组 11 人全部罹难。

具体失事过程如下:

16:02,飞机过上饶前,机组感到驾驶杆位置太靠前了,"好像杆位靠前""杆舵不一致",驾驶杆"俯仰变化好像是断开的"。

16:07 到 16:08,为保证飞机能按时下降,机组采取了让乘客前移、乘务员进入驾驶舱以及向中央油箱输油等方式调整飞机重心和不断减小发动机油门,保持空中最小推力等,来控制飞机下降姿态。

16:16,机长感觉:"一加油门,机头就翘起来",并说:"杆的位置和舵面位置不一致。"

16:26,机长说:"驾驶杆都顶到底了,飞机没有下降。"

16:27,机长感觉:"杆'轻'得很"。

16:28,机长说:"驾驶杆的俯仰操纵就像飞模拟机断开阻尼器的感觉。"

16:29,机长布置副驾驶在放襟翼时注意观察,如果有异常要帮助稳住飞机。

16:29:50,机长命令放起落架。

16:30:04,起落架放下。起落架放好后,机组放襟翼(据数据记录器译码,襟翼并未放出)。

16:30:09,机组有人喊:"收起来!"

16:30:12,驾驶舱出现"稀里哗啦"的物品碰撞声,并出现了"迎角或过载大"警告。接着,又出现近地警告声音以及机组人员的"释压!释压!""拉起来!拉起来…"的喊声,直至录音结束,飞机失事。

2. 事故原因分析

（1）直接原因

"2·24"空难事故的直接原因是：在大修厂发生升降舵操纵连杆装配错误，错误地安装了不符合规定的自锁螺母，而维修时又未能发现该情况，导致飞机在飞行中螺母旋出，连接螺栓脱落、飞机俯仰通道的操作失效，造成飞机失事。

B-2622 飞机于 1995 年 10 月 5 日在俄罗斯"伏努科沃"飞机维修厂完成第一次大修。B-2622 飞机升降舵操纵系统的关键部件是摇臂和拉杆，摇臂和拉杆采用螺栓、螺帽连接。在大修中，由于失误，摇臂和拉杆的连接螺帽采用了自锁螺帽，而非规定的开口销锁住的花式保险螺帽，属装配错误，而且该螺栓的螺纹与螺帽的螺纹又不匹配。这一"装配错误"在例行阶段检修及日常维修中又未能被发现，导致该机在航班运营中自锁螺帽先期松脱，连接螺栓再逐渐退出，直至连杆与摇臂的铰链最终完全脱开，从而使升降舵操纵连杆脱开，失去俯仰操控能力。

（2）飞机最终坠毁原因

俯仰操纵系统故障导致飞行中飞机一直有上仰力矩，飞机始终具有一定的上仰角。飞机下降过程中，机组已经觉察到飞机"好像杆位靠前""杆舵不一致"，驾驶杆"俯仰变化好像是断开的"。尽管如此，在俯仰操纵失灵初期，飞行机组还是能够平稳地操控飞机下降。为保证飞机能按时下降，机组采取了让乘客前移、乘务员进入驾驶舱以及向中央油箱输油等方式调整飞机重心和不断减小发动机油门，保持空中最小推力等方法，来控制飞机下降姿态，使飞机从 9 600 m 下降到 1 200 m。

但是当飞机准备着陆，在放起落架时却导致了致命的事故。随着起落架放出，飞机产生下俯力矩，飞行员拉杆试图保持飞机状态，但由于升降舵的操纵已不正常，飞机继续下俯，操纵出现反常情况。飞行员加大拉杆量，这时，正如事后地面试验所表明，由于拉杆与摇臂的触碰，升降舵突然上偏，飞机猛烈上仰。为了克服这种猛烈上仰的趋势，飞行员快速推杆，由于俯仰操纵已经失去了线性变化规律，升降舵急速向下偏转至最大，飞机大幅度下俯，冲向地面。最后，飞行员虽尽力拉杆，但舵面没有相应的变化，飞机未能改出俯态。

当机组最后喊出"拉！拉起来！"的同时，两位驾驶员的拉升动作是本能的，但已无济于事，飞机迅速坠落。飞机几乎是直插地面，炸出了一个方圆 60 m、深 3 m 的大坑。

（3）机组失误

这起事故中，机组也有一定的责任。

首先飞行人员在感觉到飞机操作不正常之际，未能及时反映报告、记录在案。根据舱音记录：机长："下降 6 600 m，我把油门收光了。我觉得可能舵机有问题。"副驾驶："2622 这个飞机我知道，操纵不咋的。"说明早于本次航班之前，该机俯仰操纵系统存在的隐患已有显现，只是在本次飞行过程中，逐渐退出的螺栓完全失去铰链作用，最终使升降舵操纵连杆与摇臂分离脱开，飞机完全丧失俯仰操纵能力。

另外在危急时刻，机组缺少应急处理资源和应对准备，也是导致飞机坠毁的原因之一。

3. 事故结论

B-2622 号飞机，由于大修厂发生升降舵操纵连杆装配错误、日常维修又未能及时发现问题隐患，导致该机在航班运营中升降舵操纵连杆脱开，失去俯仰操控能力；在此危急时刻，机组缺少应急处理资源和应对准备，致使飞机在最后下降着陆过程中失速坠地。

第3章 无人机的基本飞行性能

无人机飞行性能是指无人机最基本的一些定常或非定常运动的性能。飞行性能分析是将无人机视为可控制的质点来研究无人机质心的运动轨迹,即研究在外力的作用下,无人机的飞行速度、高度、航程、航时和运动轨迹等方面的稳定(持续)性能与不稳定(瞬时)性能的变化规律,是飞行中发挥无人机性能的理论依据。

根据无人机所受加速度情况,可以将无人机飞行性能分为基本飞行性能和机动飞行性能。基本飞行性能也称为稳定飞行性能,主要包括平飞性能、上升性能、下滑性能和续航性能,无人直升机还包括垂直飞行性能。这几类飞行的共同特点是飞行均是不带倾斜也不带侧滑的等速直线运动,因此是一种在受力平衡状态下的飞行。这是本章基本飞行性能分析的基础和前提条件。

本章以简单推力法为主,结合功率法,介绍无人机基本飞行性能分析方法和飞行性能变化规律。在详细分析固定翼无人机飞行性能的基础上,类比分析无人直升机的基本飞行性能。

3.1 平飞性能

3.1.1 固定翼无人机平飞性能

就一般意义上讲,无人机在水平面内保持直线轨迹飞行,就叫水平直线飞行,简称平飞。不过,这里作为特定的飞行动作(或飞行状态)所说的平飞,则是指无人机在水平面内所做的既不带倾斜也不带侧滑的等速直线运动。

无人机的平飞性能包括最大速度、最小速度、有利速度、经济速度、失速速度及其随飞行高度、无人机重量等因素的变化特性。这些性能决定了无人机飞行的速度范围和高度范围。

1. 平飞速度

从对平飞的定义中可知 $\phi = \beta = \theta_a = 0$,并且加速度为 0,根据图 3-1,由作用在无人机上的重力 G、升力 L、阻力 D 和发动机推力 T 的平衡关系可得

$$\begin{cases} T\cos(\alpha + \varphi) = D \\ T\sin(\alpha + \varphi) + L = G \end{cases} \tag{3-1}$$

式中,φ 为机翼平均空气动力弦与无人机推力线之间的夹角,称为发动机安装角。

在平飞中,机翼的迎角通常不大,式中 $\alpha + \varphi$ 也不大,可以认为 $\cos(\alpha + \varphi) \approx 1, \sin(\alpha + \varphi) \approx 0$,于是式(3-1)可简化为

$$\begin{cases} T = D \\ L = G \end{cases} \tag{3-2}$$

式(3-2)表明:在平行于运动方向上,推力 T 与阻力 D 平衡;在垂直于运动方向上,升力 L 与重力 G 平衡。前者决定飞行速度,后者决定飞行轨迹。

要保持平飞,需要无人机产生与自身重力 G 平衡的升力 L,所需的飞行速度称为平飞速度,记作 V_l。平飞速度可从无人机平飞状态下的受力关系得出。

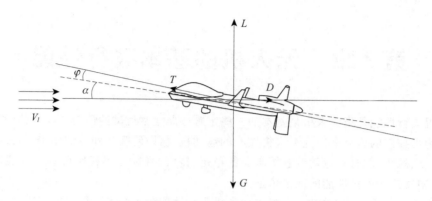

图 3-1 平飞时的作用力

结合升力公式,可得到平飞速度的计算公式为

$$V_l = \sqrt{\frac{2G}{C_L \rho S}} \qquad (3-3)$$

从式(3-3)可以看出,平飞速度的大小与空气密度 ρ、无人机重力 G、机翼面积 S 和升力系数 C_L 有关。

无人机重量大或空气密度小,平飞速度大。同一机型,相同重量,同一飞行高度上,在失速迎角范围内,用较大迎角平飞,升力系数大,平飞速度小;反之,用较小迎角平飞,升力系数小,平飞速度大。可见,平飞速度与无人机迎角(升力系数)一一对应。

2. 平飞推力

(1) 平飞需用推力

平飞中,为了平衡平飞阻力所需的发动机推力,称为平飞需用推力,记作 T_r。显然,平飞需用推力在数值上等于平飞阻力。

1) 平飞需用推力公式

由升阻比公式和平飞条件 $L=G$,可得平飞需用推力公式为

$$T_r = D = D \cdot \frac{G}{L} = \frac{G}{K} \qquad (3-4)$$

从式(3-4)看出,平飞需用推力与无人机的重量成正比,与升阻比成反比。用有利迎角飞行时升阻比最大,平飞阻力最小,平飞需用推力最小。

在飞机重量变化不大的条件下,平飞阻力主要随升阻比变化,而升阻比又主要随飞机的迎角变化。由于平飞时迎角与平飞速度有一一对应的关系,只要知道飞机的重量,可根据平飞所需速度公式算出不同平飞速度对应的升力系数,由 $C_L - \alpha$ 曲线查出相应迎角,再由 $K - \alpha$ 曲线查出相应的升阻比,如图 3-2(a)所示,就可以算出每一平飞速度对应的平飞阻力。将平飞阻力随平飞速度的变化关系绘制成曲线,称为平飞阻力曲线或平飞需用推力曲线,如图 3-2(b)所示。

2) 平飞需用推力随速度(Ma)的变化

平飞需用推力随速度(Ma)的变化,可以分为低速、跨声速和超声速三种飞行状态进行讨论。

低速时,无人机阻力 D 主要由摩擦阻力、压差阻力和诱导阻力构成。中、小迎角下,摩擦阻力和压差阻力基本不随迎角变化,近似等于零升阻力 D_0,此时无人机阻力为

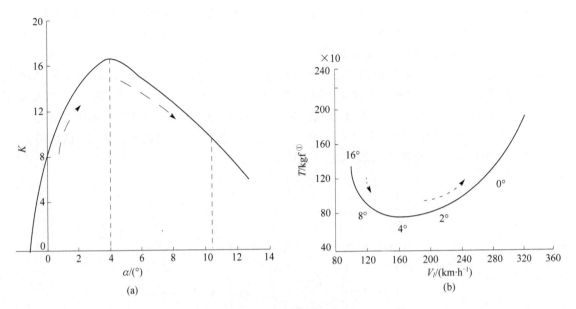

图 3-2　平飞需用推力曲线

$$D = D_0 + D_i = C_{D0} \frac{1}{2}\rho V^2 S + A_i C_L^2 \frac{1}{2}\rho V^2 S \qquad (3-5)$$

由升力公式和平飞条件 $L = G$，得

$$D = C_{D0} \frac{1}{2}\rho V_l^2 S + \frac{A_i G^2}{\frac{1}{2}\rho V_l^2 S} \qquad (3-6)$$

式(3-6)表明,平飞阻力由零升阻力和诱导阻力两部分组成。低速飞行时,迎角不太大,C_{D0} 和 A_i 随飞行速度(或 Ma)的变化不大,可视为常数,因此 D_0 与 V^2 成正比,而诱导阻力 D_i 则与 V^2 成反比,D_0 与 D_i 随速度变化的曲线如图 3-3 所示。将每一速度下平飞的 D_0 与 D_i 值相加,即得出平飞阻力随速度变化的曲线,即平飞需用推力曲线。

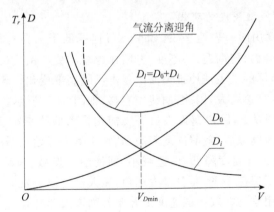

图 3-3　零升阻力与诱导阻力随平飞速度的变化

---

① 1 kgf ≈ 9.81 N。

　　从曲线可以看出,大速度时,平飞阻力以零升阻力为主,而小速度时则主要是诱导阻力,当速度小于一定值时,平飞所需迎角将增大至气流严重分离迎角,阻力将急剧增大,如图 3-3 中虚线所示。此时,无人机很难在此速度段维持稳定平飞。当速度由小速度开始增大时,所需迎角减小,升阻比增大,平飞需用推力减小。当速度增大到有利速度时,升阻比最大,平飞需用推力最小,该速度称为平飞有利速度或最小阻力速度 V_{Dmin}。速度从有利速度继续增大,所需迎角继续减小,当所需迎角小于有利迎角时,此时随迎角减小,升阻比减小,平飞需用推力逐渐增大。

　　高速时,平飞需用推力等于零升阻力 D_0 和包括升致阻力在内的诱导阻力 D_i 两部分之和。平飞需用推力随马赫数的变化如图 3-4 所示。

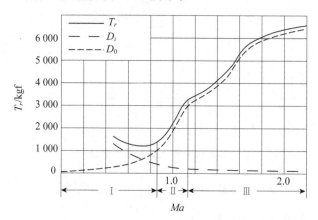

图 3-4　平飞需用推力随马赫数的变化

　　亚声速段,图 3-4 中区域 Ⅰ,飞行马赫数小于临界马赫数 Ma_{cr},零升阻力随马赫数的增大而增大,而诱导阻力随马赫数的增大而减小,这与图 3-3 相同。

　　跨声速段,图 3-4 中区域 Ⅱ,诱导阻力仍然减小,而由于波阻的出现并急剧增大,致使平飞阻力急剧增大。

　　超声速段,图 3-4 中区域 Ⅲ,因阻力系数随马赫数增大而减小,平飞阻力增加得比跨声速段缓和。

　　3) 平飞需用推力曲线随高度的变化

　　亚声速:在不同高度用同一表速平飞,如果飞行速度低于临界马赫数 Ma_{cr},则因表速相同,动压相同,平飞所需升力系数(迎角)不变,升阻比也就不变。由式(3-4)可知,平飞阻力不变。因此,以表速为横坐标的平飞需用推力曲线基本不随高度变化。若横坐标为真速时,随着高度升高,相同表速下的真速增大,因此,曲线应右移,如图 3-5 所示。

　　跨声速:在临界速度以下,跨声速无人机平飞需用推力曲线随高度的变化规律与亚声速无人机相同。大于临界速度以后,随着高度升高,其平飞阻力开始剧增的速度随之减小。其原因是:高度升高,一方面大气温度降低,声速减小,即使阻力发散、马赫数不变,阻力发散速度也要降低;另一方面,为了保持平飞,需要增大迎角,无人机的阻力发散马赫数还要降低。这两方面的原因使得平飞需用推力在较小的速度上开始急剧增大,如图 3-6 所示。

　　某些最大平飞速度较大的跨声速无人机,当其速度超过阻力发散速度以后,阻力系数增长比较剧烈,致使平飞需用推力曲线急剧上弯,且高度越高,阻力临界速度越小,曲线急剧上弯开始的速度越小,从而使得不同高度的平飞需用推力曲线在右侧可能再次相交。

　　超声速:随着高度增加,平飞需用推力曲线总的变化趋势是向右移动,并且在超声速范

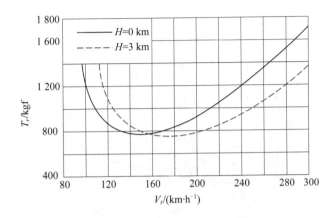

图 3 − 5　亚声速无人机平飞需用推力曲线随高度的变化

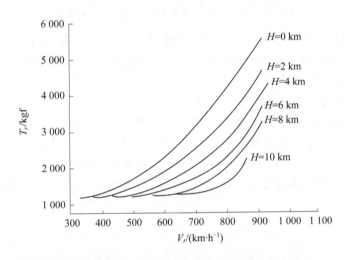

图 3 − 6　跨声速无人机平飞需用推力曲线随高度的变化

围,曲线变得越来越平缓。某高速飞机在不同高度上的平飞需用推力曲线如图 3 − 7 所示。从图中可以看出,超声速范围,高度增加,若仍保持相同的马赫数,平飞需用推力总是比低空小。这是因为高度增加,不仅空气密度减小,而且在对流层内声速还要减小,同一马赫数对应的真速要变小。为保持与低空相同的马赫数平飞,势必要相应地增大迎角,使无人机的迎角逐渐接近有利迎角。因此平飞需用推力随高度的增加而减小。

4）最小平飞需用推力随高度的变化

对亚声速无人机来说,高度升高,以有利迎角平飞的真速虽然增大,但都不至于超过临界速度,有利迎角的升阻比不变,因此最小平飞需用推力不随高度而变化。然而,对于跨声速和超声速无人机来说,理论升限一般较高,随着高度升高,即使保持平飞有利表速不变,但因空气密度减小,真速不断增大,当超过某一高度,如无人机飞行高度超过 15 000 m 以后,由于波阻产生,有利迎角下的升阻比降低,最小平飞需用推力随高度的升高而略有增加,如图 3 − 7 所示。

（2）平飞可用推力

无人机的发动机所能够提供的推力称为可用推力,记作 T_a。燃气涡轮发动机推力的大小主要由进气量、喷气速度和飞行速度决定,与进气量以及喷气速度和飞行速度的差值成正比。

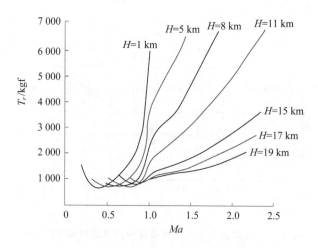

图 3-7　无人机平飞需用推力曲线随高度的变化

当飞行速度、涡轮转速、大气温度或飞行高度改变时,推力的大小都会因为进气量或两方面速度的改变而最终改变。活塞式发动机由于提供推力的机理不同,由螺旋桨推力影响因素可知,飞行速度增大,螺旋桨推力减小。

1) 可用推力随速度(Ma)的变化

喷气式发动机可用推力随马赫数变化的一般规律如图 3-8 所示。高度和转速不变时,随着速度增加,可用推力先是略有减小,然后开始增大。对于超声速无人机,超过某一较大马赫数后,可用推力将迅速下降。超声速飞行中,当飞行速度增大到一定值时,冲压作用过大将使压缩器和涡轮前的空气温度过高。为防止涡轮过热,必须降低燃油与空气的混合比,导致可用推力降低。

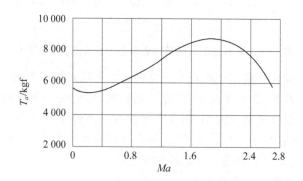

图 3-8　发动机可用推力随马赫数的变化

2) 可用推力随发动机转速的变化

发动机转速增大,使得进气量增大,同时发动机增压比提高,喷气速度增大。因此可用推力随转速增大而迅速增大,如图 3-9 所示。特别当发动机以大转速工作时,改变转速对可用推力的影响特别大,此时油门稍有移动,就会引起可用推力的显著变化。因此,无人机在使用大转速飞行时,操纵油门的动作必须准确。

3) 可用推力随大气温度的变化

大气温度降低,发动机增压比增大;同时气温降低还使空气密度增大,发动机进气量增多,从而使得发动机推力增大。反之,温度升高,推力减小。试验证明,一般气温每改变 1%(按绝对温度计算),发动机推力改变约 2%。

4) 可用推力随飞行高度的变化

发动机转速和飞行速度一定时,高度升高,空气密度减小,发动机进气量减少。因此,可用推力随高度升高而减小,如图 3-10 所示。从图中还可以看出,在平流层(11 000 m 以上),发动机的可用推力随高度升高下降得更快。这主要是温度的影响,对流层内,气温随着高度升高而下降;而平流层气温不变,推力下降更快。

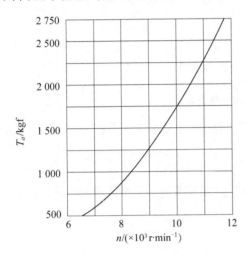

图 3-9　发动机可用推力随转速的变化　　　　**图 3-10　发动机可用推力随高度的变化**

从另一角度看,高度升高,发动机可用推力随 Ma 变化的曲线下移,可用推力开始增加时的 Ma 增大,如图 3-11 所示。

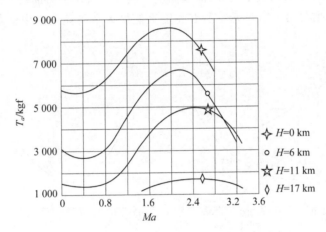

图 3-11　无人机不同高度的可用推力曲线

(3) 平飞推力曲线

将无人机的平飞需用推力曲线和可用推力曲线画在同一坐标系中所构成的图形,称为无人机的平飞推力曲线,如图 3-12 所示。可用推力与需用推力之差,称为剩余推力,用 ΔT 表示。对同一型飞机来说,其平飞性能可通过该型飞机的平飞推力曲线来确定。

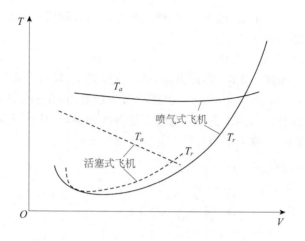

图 3 - 12　无人机的平飞推力曲线

平飞推力曲线的应用非常广泛,除用于分析平飞性能外,还可用于分析上升、下滑性能以及稳定飞行操纵原理。

3. 平飞性能指标

平飞性能主要包括最大平飞速度 V_{max}、最小平飞速度 V_{min}、有利速度(最小阻力速度) V_{Dmin} 和经济速度(最小功率速度)V_{Pmin}。

(1) 最大平飞速度

最大平飞速度是衡量一架无人机飞行性能的主要指标之一。最大平飞速度又有某高度最大平飞速度和无人机的最大平飞速度之分。

在某高度,无人机加满油门所能达到的平飞速度,就是无人机在该高度上的最大平飞速度,可从该高度的平飞推力曲线上找到,即该高度上满油门可用推力曲线与需用推力曲线右侧交点所对应的速度,如图 3 - 13 所示。所有高度上的最大平飞速度之中的最大值为无人机的最大平飞速度。

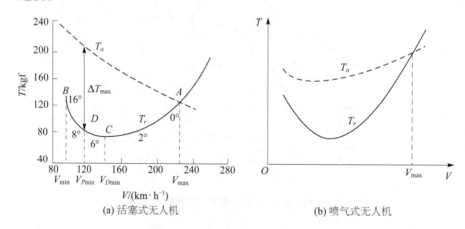

(a) 活塞式无人机　　　　　　　　　　(b) 喷气式无人机

图 3 - 13　无人机的平飞推力曲线

通过以上分析可知,无人机的阻力特性不变时,最大平飞速度主要取决于发动机满油门可用推力的大小。由于发动机不能长时间在最大状态下工作,所以用最大平飞速度平飞的持续时间有一定的限制,如某无人机发动机最大工作状态工作时间不能超过 5 min。因此,通常将发动机在额定功率下工作所能达到的稳定平飞速度称为平飞最大速度。

由 $T_a = D = C_D \dfrac{1}{2}\rho V_{\max}^2 S$,可得最大平飞速度为

$$V_{\max} = \sqrt{\dfrac{2T_a}{C_D \rho S}} \qquad\qquad (3-7)$$

活塞式飞机的可用推力随速度增加而下降得很快,如图 3-13(a)所示。喷气式飞机推重比大,而且推力随速度的变化不大,甚至随速度增加而有所增加,如图 3-13(b)所示。所以,喷气式飞机的最大平飞速度要比活塞式飞机的大得多。

1) 高度对最大平飞速度(Ma)的影响

将无人机在各个高度上的平飞阻力曲线与满油门可用推力曲线画在一起,就可看出最大平飞速度随高度的变化。现对不同无人机的最大平飞速度随高度变化规律做如下分析:

对于跨声速飞行的喷气式无人机,高度增加,最大平飞速度先增大后减小,如图 3-14 所示。因为这类无人机在某一高度(如 4 500 m)以下,最大平飞速度尚未超过阻力发散速度,波阻较小。高度增加后,若保持同样真速平飞,虽然迎角要增大,但阻力系数增加得不多,无人机阻力大致与空气密度成正比例减小。但是,在对流层内增加高度,由于气温降低,可用推力减小的比例比空气密度减小的比例小一些,最大平飞速度不断增大。无人机上升到某一高度(4 500 m)以后,波阻迅速增大,阻力系数显著增加,致使平飞阻力减小得少,而可用推力减小得多,因此最大平飞速度逐渐减小。

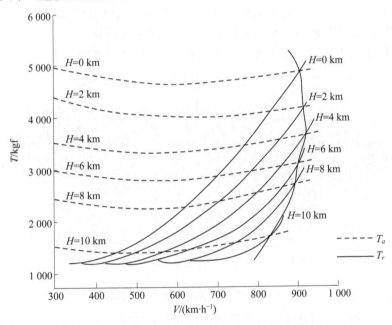

图 3-14　最大平飞速度较小的跨声速无人机推力曲线

对于超声速无人机,高度增加,最大平飞马赫数大约在对流层内逐渐增大,在平流层内逐渐减小,如图 3-15 所示。

在对流层,增加高度,最大平飞马赫数之所以增大,不仅是由于温度降低使可用推力降低的比例比空气密度降低的比例小,而且由于当时的迎角不大,高度增加,为了使升力等于重力,

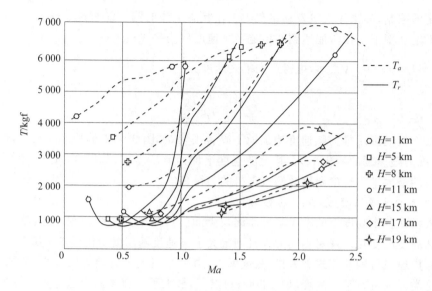

图 3 - 15　超声速无人机平飞推力曲线

迎角增大较少,阻力系数增加也较少。由于这两方面的原因,最大平飞马赫数随高度增加而迅速增大。

　　当高度增至平流层内时,再增加高度,温度不再变化,可用推力和空气密度两者减小的比例趋于一致,即两者对最大平飞马赫数的影响可以互相抵消。但这时空气密度减小,升力随之减小,为了保持平飞,势必要相应地增大迎角。由于原来迎角已经较大,在大迎角情况下增大迎角,阻力系数增加较多,故最大平飞马赫数又随高度的升高而减小。

　　图 3 - 16 所示为不同飞行速度的无人机平飞最大速度随高度的变化

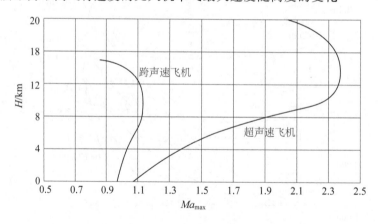

图 3 - 16　平飞最大速度随高度的变化

　　螺旋桨无人机最大平飞速度随高度的变化与发动机有关。装有吸气式发动机的无人机,高度升高,若保持相同真速平飞,虽然需用拉力减小,但满油门可用拉力减小更多,故最大平飞真速 $V_{T\max}$ 减小,如图 3 - 17(a)所示。高度升高,最大平飞真速减小,则最大平飞表速 $V_{I\max}$ 减小更多,如图 3 - 17(b)所示。

　　装有增压式发动机的无人机,在额定高度以下,满油门的螺旋桨可用拉力随高度的升高而增大,因此,最大平飞真速随高度的升高而增大,如图 3 - 18(a)所示,而最大平飞表速随高度

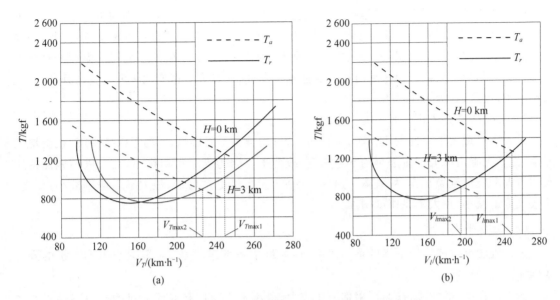

图 3 - 17　无人机不同高度的平飞推力曲线(吸气式发动机)

的变化一般不大,如图 3 - 18(b)所示。在额定高度以上,装有增压式发动机的无人机的最大平飞真速和表速随高度的变化规律与装有吸气式发动机的无人机一致。

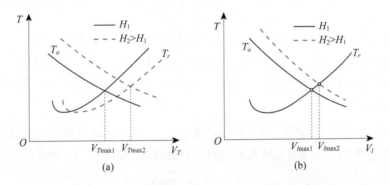

图 3 - 18　最大平飞速度随高度的变化(增压式发动机,额定高度以下)

2) 气温对最大平飞速度的影响

气温对最大平飞速度的影响是指在同一高度上,气温高于或低于该高度上标准大气温度时,最大平飞速度的变化情况。无人机不同,气温对最大平飞速度的影响也不同。

对于跨声速无人机,气温降低会引起最大平飞速度减小。例如,某跨声速无人机在 8 000 m 高度飞行时,如果实际气温低于标准气温 10 ℃,最大平飞速度将减小 35～40 km/h。其原因是气温降低,虽然发动机的可用推力增大,但声速却减小,用原来的真速飞行的马赫数变大。而在跨声速范围内,马赫数增大,无人机的阻力系数显著增加,因而阻力比可用推力增加得多,使最大平飞速度减小。

对于超声速无人机,气温降低会引起最大平飞速度增大。如超声速无人机,在 11 000 m 高度飞行时,如果气温比标准气温低 20 ℃,最大平飞速度将由 1 870 km/h 增至 2 600 km/h。这是由于气温降低使马赫数增大,而在超声速范围内,马赫数增大会使阻力系数减小,所以阻力增大得很少,但是发动机的可用推力却增加较多,使最大平飞速度显著增大。

　　对于低速螺旋桨无人机,气温改变,对最大平飞真速影响不大。这是因为不论是高于或低于额定高度,气温升高,空气密度变小,都使发动机有效功率降低,满油门的螺旋桨可用功率和可用拉力也都减小。但气温升高,用同一真速平飞的需用拉力也要减小,所以气温改变对最大平飞真速的影响不大。气温改变时最大真速基本不变,而最大表速变化较大。气温升高,最大表速减小,反之,最大表速增大。

　　3)无人机重量对最大平飞速度的影响

　　无人机以最大平飞速度飞行时,重量增加,可用推力不受影响,而为了保持平飞,就要增大迎角,使平飞阻力增大。由于可用推力未变,致使平飞阻力大于可用推力,无人机不能保持原来的最大平飞速度做平飞,只有减小速度。因此,无人机重量增加,最大平飞速度减小;反之,无人机重量减小,最大平飞速度增加。

　　(2)最小平飞速度

　　无人机能够保持稳定平飞的最小速度,称为最小平飞速度 $V_{\min}$。其大小由无人机的升力特性或推力特性确定。

　　无人机在中、低空飞行时,可用推力比较大,最小平飞速度是受无人机的升力特性限制的平飞失速速度 V_s,对应的升力系数为最大可用升力系数,称为失速升力系数,记为 C_{Ls}。由此可得,平飞失速速度计算公式为

$$V_s = \sqrt{\frac{2G}{C_{Ls}\rho S}} \qquad\qquad (3-8)$$

　　高度升高,可用推力下降,到某一高度后,可用推力不足以平衡平飞失速速度飞行时的平飞阻力。此时,最小平飞速度是由发动机推力特性限制的最小速度,即平飞需用推力与可用推力曲线最左边交点所对应的速度,如图3-19所示。显然,此时最小平飞速度大于平飞失速速度。

　　(3)有利速度

　　以有利迎角平飞的飞行速度,就是有利速度 $V_{D\min}$。在有利迎角时,升阻比最大,平飞阻力最小,所以有利速度是平飞阻力曲线最低点所对应的速度,如图3-20所示。

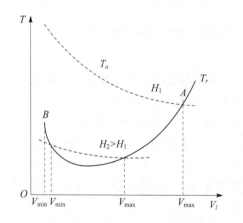
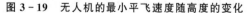

图3-19　无人机的最小平飞速度随高度的变化

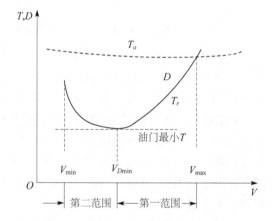

图3-20　涡轮喷气式飞机平飞推力曲线

　　对于喷气式飞机来说,随油门减小,可用推力曲线下移,当下移至与平飞阻力曲线相切时,切点基本上正好在平飞阻力曲线最低点,如图3-20所示。也就是说,喷气式飞机用有利速度

平飞,使用油门最小,航时长;而活塞式飞机以有利速度平飞,航程远。为了防止飞行速度过小,有的大型飞机把有利速度规定为实用平飞最小速度。

（4）经济速度

所谓经济速度 $V_{P\min}$,就是活塞式飞机可用拉力曲线与平飞阻力曲线相切点所对应的平飞速度,如图 3 - 21 所示。从图中可以看出,活塞式飞机由于可用拉力随平飞速度的增大而减小,故使用最小油门做平飞的速度不再是有利速度,而是比有利速度小的经济速度。活塞式飞机以经济速度平飞时,使用油门最小,在空中持续飞行时间最长。如果用平飞功率曲线来描述,经济速度就是需用功率最小点所对应的速度,后面还要分析。

（5）平飞速度范围和升限

最大平飞速度到最小平飞速度之间的速度范围,称为平飞速度范围。以此范围内的任一速度均可保持平飞。平飞速度范围大,表明无人机的平飞性能好。

在整个平飞速度范围内,并不是所有的速度都能保证飞机有良好的平飞操纵性。为此,又把整个速度范围分为两个范围。

喷气式飞机以有利速度为界,把速度范围分为第一、第二范围,如图 3 - 20 所示。最大平飞速度到有利速度之间叫作平飞第一范围,有利速度到最小平飞速度之间叫作平飞第二范围。

对活塞式飞机来说,由于用经济速度平飞所需油门最小,所以平飞速度的两个范围基本上是以经济速度为界而划分的,如图 3 - 21 所示。最大平飞速度到经济速度之间叫作平飞第一范围,经济速度到最小平飞速度之间叫作平飞第二范围。

如图 3 - 22 所示,在某高度以下,发动机有足够的推力,最小平飞速度就是平飞失速速度。其大小取决于失速升力系数,而失速升力系数在低空小马赫数下基本不变,所以最小平飞表速就基本不变。在此高度以上,飞行马赫数增大,失速升力系数减小,为了保持升力,最小平飞表速就要不断增大。

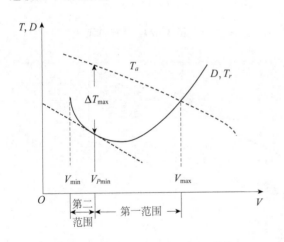

图 3 - 21　活塞式飞机平飞推力曲线

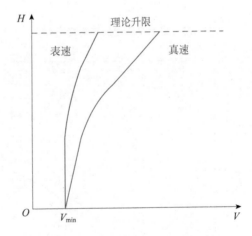

图 3 - 22　最小平飞速度随高度的变化

当高度再升高到某一高度以上,由于发动机推力不足,无人机已不能再用失速升力系数平飞,这时必须减小迎角,使之靠近有利迎角以减小平飞阻力,才能保持平飞。因此,最小平飞表速就大于失速表速。随着高度的增加,平飞表速也就不断增大,达到理论升限,最小平飞表速也增大为有利表速。

最小平飞真速则随高度升高一直增大,到某一高度,真速增加更快。

由飞行高度对最大平飞速度影响分析可知,对高速飞行的无人机,最大平飞速度随高度增大先增大后减小,如图 3-16 所示;对低速无人机,最大平飞速度随高度增大而减小,如图 3-23 所示。

综合图 3-22 和图 3-23,将最小平飞速度与最大平飞速度随高度的变化绘在同一坐标系下,得到的曲线称为飞行包线,如图 3-24 所示。飞行包线是以飞行速度(Ma)和飞行高度为坐标,以最大平飞速度、最小平飞速度、升限、最大过载、Ma 等为边界所画的几何图形。飞行包线面积越大,飞机的飞行范围就越广。从飞行包线上可以看出,随飞行高度的增高,飞机的平飞速度范围逐渐减小,当达到一定高度时(理论升限),飞机只能以最小功率速度平飞。在实际飞行中,考虑到飞机稳定性、操纵性和气动特性等因素的影响,实际使用的包线比理论飞行包线要小些。对于具体的无人机,包线的限制因素不同,图 3-25 所示为某高速无人机的飞行包线。从图中可以看出,该无人机飞行包线不但受到最大平飞速度、最小平飞速度和升限的约束,考虑到避免局部激波的产生,包线还受到最大的 Ma_{cr} 限制。

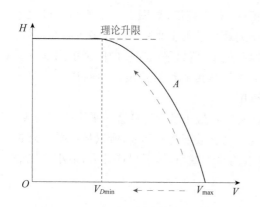

图 3-23 最大平飞速度随高度变化

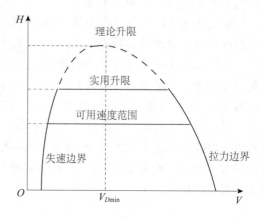

图 3-24 飞行包线

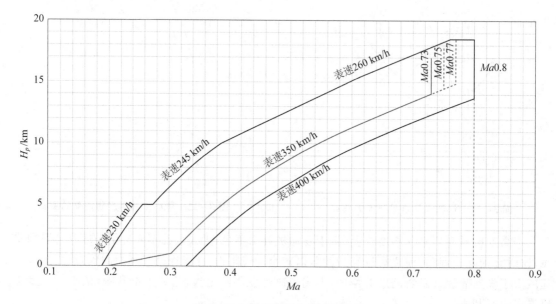

图 3-25 某高速无人机飞行包线

4．平飞功率

（1）平飞需用功率

螺旋桨无人机的动力装置主要由发动机和螺旋桨组成，带动螺旋桨旋转的发动机特性是用功率 P 表示的，单位为 W（瓦特）或 hp（马力，$1\ hp = 745.7\ W$）。平飞中，需要一定的推力（或拉力）克服阻力而对无人机做功，每秒所需做的功称为平飞需用功率，记为 P_r。平飞需用功率计算公式为

$$P_r = T_r \cdot V_l \tag{3-9}$$

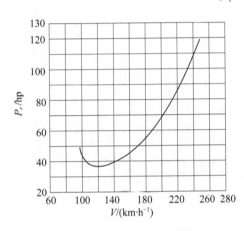

图 3 - 26　需用功率曲线

可见，平飞需用功率的大小取决于平飞需用推力和平飞速度。注意，式（3-9）中的平飞速度为真速。

平飞需用功率随飞行速度变化曲线，称为平飞需用功率曲线，简称需用功率曲线，如图 3 - 26 所示。可以看出，随着平飞速度的增大，平飞需用功率先减小后增大，其变化趋势与平飞需用推力曲线相似，但并不同步。

平飞需用功率最小时的速度称为经济速度或最小功率速度 $V_{P\min}$，所对应的迎角称为经济迎角。以经济速度飞行时，需用功率最小，如果不考虑燃油消耗率的变化，以经济速度飞行时燃油消耗最少。

高度变化，需用功率也变化。如果需用功率曲线横坐标为表速，高度升高，需用功率曲线上移，如图 3 - 27(a) 所示。因为表速一定，高度升高，真速增大；同时小于临界速度飞行时，表速一定，迎角一定，平飞需用推力一定，但由于真速增大，故平飞需用功率增大。如果需用功率曲线横坐标为真速，则高度升高，需用功率曲线向右上移动，如图 3 - 27(b) 所示。

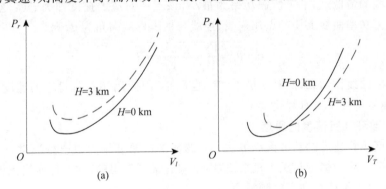

图 3 - 27　不同高度时的需用功率

（2）平飞可用功率

无人机的可用功率即为可用推力（或拉力）与飞行真速的乘积，用 P_a 表示。螺旋桨无人机的可用功率即螺旋桨的有效功率。可用功率随飞行速度的变化曲线称为可用功率曲线，图 3 - 28 所示为某螺旋桨无人机可用功率随飞行速度、高度变化的曲线。可用功率随飞行速

度和高度的变化规律是：飞行速度增大，可用功率增大，在某一飞行速度达到最大；飞行高度升高，可用功率减小。

（3）平飞功率曲线

将无人机的平飞需用功率曲线和可用功率曲线画在同一坐标系中所构成的图形，称为该无人机的平飞功率曲线，如图 3-29 所示。同一速度下的可用功率与需用功率之差，称为剩余功率 ΔP。利用平飞功率曲线确定平飞性能的步骤和方法，可参照简单推力法进行。

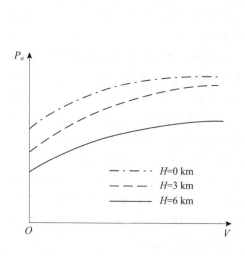

图 3-28　无人机可用功率曲线

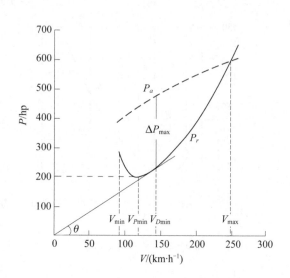

图 3-29　无人机平飞功率曲线

在平飞功率曲线上，满油门的可用功率曲线与所需功率曲线在右边的交点所对应的速度，就是最大平飞速度。平飞所需功率曲线最左边的一点所对应的速度，就是最小平飞速度。平飞所需功率曲线的最低点，平飞所需功率为最小，该点所对应的速度即为经济速度 $V_{P\min}$。从坐标原点向所需功率曲线上任一点作连线，连线与横坐标的夹角为 θ，则

$$\tan \theta = \frac{P_r}{V} = \frac{T_r V}{V} = T_r \qquad (3-10)$$

向所需功率曲线作切线，此时 θ 最小，T_r 也最小，因此用切点所对应的速度平飞，所需拉力最小，故此速度即为平飞有利速度 $V_{D\min}$。

5. 平飞中改变飞行速度的原理

平飞中改变飞行速度的基本操纵方法是：调整油门改变推力以改变速度，同时改变迎角以保持飞行高度。对于螺旋桨无人机来说，由于螺旋桨副作用的影响，还应当操纵副翼和方向舵，以保持无人机不带侧滑和产生倾斜。

整个平飞速度范围分为第一范围和第二范围，如图 3-30 所示。两个速度范围中改变飞行速度的操纵方法有所不同。

从图 3-30 中可以看出，在平飞第一范围，增大平飞速度，则需用推力增大，迎角减小，因此在此范围内如果平飞增速，需要加油门、减迎角；平飞减速，则需减油门、增迎角。这与我们的习惯操作吻合，因此，平飞第一范围也称为正区。

在平飞第二范围，要增大平飞速度，在起始阶段，与第一范围的操纵相同，仍是加大油门，

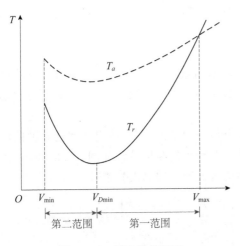

图 3 - 30　平飞操纵原理

并随速度的增大相应减小迎角,而接近预定速度时的操纵则有所不同。因为,在第二速度范围内,速度增大,平飞阻力不增加反而减小。随着速度增大,剩余推力将越来越大,达到预定速度时,速度稳定不下来。因此,当速度增至预定值时,应将油门收到与增大了的平飞速度相应的位置,此时的油门比增速前还要小。反之,要减小平飞速度,应先收小油门,并相应地增大迎角,然后再加油门。在这一范围操纵,迎角和速度的变化关系与第一范围相同,但油门与速度的变化关系与第一范围相反,和我们的习惯认知不同,因此,平飞第二范围也称为反区。

在第二速度范围内平飞,速度小,而所需推力(功率)却很大,加之改变平飞速度的方法又比较复杂,保持速度也不容易。例如,在平飞中偶然受到扰动,以致速度增加,无人机转入上升时,操控人员为了保持平飞会减小迎角,而此时平飞需用推力(功率)降低,以致出现了剩余推力(功率),使无人机继续增速。反之,当偶尔受到扰动使无人机速度减小时,无人机将转入下滑,操控人员常会增大迎角来制止,其结果是速度将继续减小,如继续增大迎角,极易达到失速迎角使无人机失速。因此,操控人员应深刻理解第二速度范围无人机的操纵特点,为发挥无人机飞行性能、保证飞行安全打下基础。

3.1.2　无人直升机平飞性能

由于无人直升机是靠发动机输出功率带动旋翼和尾桨旋转进行飞行的,这一过程中会产生影响其飞行的各种阻力,需要发动机输出功率予以克服。无人直升机性能的优劣是由可用功率和所需功率两方面决定的。可用功率取决于所安装的发动机的性能,所需功率与直升机飞行产生的阻力息息相关,所以可用功率和所需功率是研究和判断直升机平飞等飞行性能的依据。本节采用功率法分析单旋翼带尾桨无人直升机的平飞性能和操纵原理。

1. 功率曲线

功率曲线就是可用功率和所需功率随飞行速度的变化曲线,包括可用功率曲线和所需功率曲线。

(1) 可用功率曲线

1) 可用功率

旋翼实际可以利用的功率叫可用功率。直升机的可用功率来自发动机,发动机输出的功率除了转动通风器、舵桨和克服减速器的摩擦以外,主要就是带动旋翼转动。由于发动机输出的功率不能全部被旋翼利用,会有一定的损失,故不等于旋翼的可用功率。可用功率的计算公式可以表示为

$$P_a = \eta P_{rp} \tag{3-11}$$

式中,P_a 为旋翼的可用功率;P_{rp} 为发动机的额定功率;η 为功率传递系数。

2) 可用功率随飞行速度的变化

目前,单旋翼带尾桨直升机的功率传递系数基本不随飞行速度变化,而且飞行中的旋翼转

速变化很小,故可认为装有活塞式发动机的直升机在固定的高度上飞行,其最大可用功率基本上不随飞行速度变化,图 3-31 所示为可用功率曲线。

3)可用功率随高度的变化

由于功率传递系数随高度变化也不大,因此功率随高度的变化与发动机输出功率随高度的变化相似。发动机输出功率随高度的变化关系,称为发动机的高度特性。此特性与发动机的型式有关。

涡轴式发动机的优点是重量与功率之比小,缺点是耗油率大,而且输出功率随高度的增加一直减小,但比空气密度随高度的变化要缓慢一些。发动机的高度特性如图 3-32 所示,图中点划线为密度随高度的变化,虚线表示无增压器的活塞发动机的高度特性。

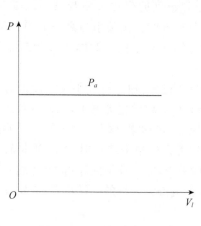

图 3-31 可用功率曲线

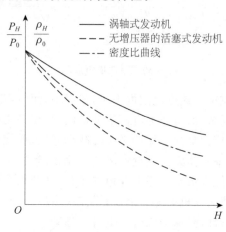

图 3-32 发动机的高度特性

无增压器的活塞发动机的可用功率随高度增加而减小,它比空气密度随高度的变化更剧烈,这表明其高度特性较差。因此,一般活塞式发动机作为直升机的动力装置都需附加增压器。增压式活塞发动机的高度特性呈锯齿形状。在额定高度以下,输出功率随高度的升高而增大;在额定高度以上,输出功率又随高度的升高而减小。

(2)所需功率曲线

根据直升机产生的阻力类型,旋翼所需功率 P_r 除了包括诱阻功率 P_i、型阻功率 P_p 和废阻功率 P_p 以外,还需要直升机势能增加所需的上升功率 P_c。无人直升机飞行所需功率除了旋翼所需功率外,尾桨也需要消耗功率,这里主要探讨飞行中旋翼所需要的功率。

1)诱阻功率

为克服旋翼旋转时产生的诱导旋转阻力所消耗的功率,叫诱导旋转阻力功率,简称诱阻功率 P_i。由于诱阻功率是为了产生拉力而向下排除空气所消耗的功率,所以可以表示为旋翼拉力 T 与桨盘平面内的诱导速度 V_i 的乘积,即

$$P_i = T \cdot V_i \tag{3-12}$$

从上式可以看出,当旋翼拉力一定时,诱阻功率随诱导速度的减小而减小。

直升机在悬停状态下,由于下洗速度处于最大,所以悬停状态下所需诱阻功率最大,占旋翼所需功率的 60%～70%。直升机在平飞中,因为诱导速度随飞行速度的增加而减小,故诱阻功率也随着飞行速度的增加而减小。随着空速增加,诱阻功率曲线出现一个急剧下降的陡坡,如图 3-33 所示。

可见,尽可能地降低诱阻功率的消耗是十分重要的。在旋翼拉力、飞行高度和飞行状态不变的条件下,增大桨盘面积可以使诱导速度减小,这就是直升机的旋翼半径总是做得比较大的主要原因。但增大旋翼半径还要受到其他条件的限制,因此旋翼半径不可能无限制地增大。

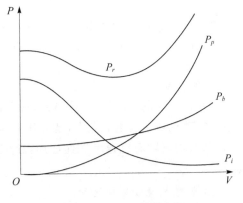

图 3 - 33 平飞所需功率

2) 型阻功率

为克服旋翼旋转时产生的翼型旋转阻力所消耗的功率,称为翼型阻力功率,简称型阻功率,用 P_b 表示。它取决于旋翼的翼型阻力和旋翼的转速,可用下式表示:

$$P_b = kQL\Omega \qquad (3-13)$$

式中,k 为桨叶片数;Q 为每片旋翼桨叶的翼型旋转阻力;L 为翼型旋转阻力的着力点至旋转轴的距离;Ω 为旋翼的旋转角速度。

直升机悬停时,型阻功率占全部所需功率的 $25\% \sim 30\%$。随着平飞速度增加,在旋翼转速不变的情况下,相对气流不对称性加剧,前行桨叶率先进入激波失速。此时型阻增加较快,一旦桨叶进入失速,失速区中仅仅 $3° \sim 4°$ 的桨叶迎角增量会导致差不多两倍的型阻增加。前行桨叶型阻功率增加量比后行桨叶型阻功率减小量要多一些。因此,型阻功率随着平飞速度的增加略有增加,如图 3 - 33 所示。

3) 废阻功率

为克服直升机平飞时机身产生的空气阻力所消耗的功率,称为废阻力功率,简称废阻功率 P_p,采用直升机在飞行中产生的空气阻力 D 和飞行速度 V 的乘积来表示,即

$$P_p = DV \qquad (3-14)$$

由于机身的废阻力与飞行速度的平方成正比,所以废阻功率与飞行速度的三次方成正比,即废阻功率随飞行速度的增大而显著增加,在高速下增加更快。由于废阻力也与直升机当量迎风平面面积有关,故直升机外形越良好,废阻越小,桨叶流线型与废阻也有同样关系。所以,废阻功率也受当量迎风平面面积的影响。

4) 全机所需功率

全机所需功率包括旋翼所需功率、尾桨所需功率以及传动系统损失的功率等。实际上旋翼所需功率占全机所需功率的主要部分,其中一小部分用于尾桨和其他功率的消耗。旋翼所需功率和全机所需功率之比,称为功率利用系数。

旋翼所需功率可以表示为

$$P_r = P_i + P_b + P_p + P_c \qquad (3-15)$$

对于某些飞行状态,式(3-15)中有些项可能为零,因此旋翼所需功率的表达式具有不同的形式。在平飞时,直升机旋翼需要消耗的功率叫作平飞所需功率,用 P_{rl} 表示,因 $P_c = 0$,故

$$P_{rl} = P_i + P_b + P_p \qquad (3-16)$$

垂直飞行时所需功率用 P_{rv} 表示,因飞行速度不大,可以认为 $P_p = 0$,故

$$P_{rv} = P_i + P_b \pm P_c \qquad (3-17)$$

式中,P_c 上升时取正,下降时取负。

直升机悬停时,所需功率用 P_{rh} 表示,由于此时 $P_c = 0$、$P_p = 0$,所以

$$P_{rh} = P_i + P_b \tag{3-18}$$

由于上升的诱导速度比平飞的要小,因此诱阻功率小,直升机上升所需总功率小,如图 3-34 所示。高速上升中,由于诱阻功率随上升率的变化不大,所以所需的诱阻功率与平飞相近。

5) 剩余功率

直升机发动机所提供的可用功率减去相应飞行条件的所需功率就是剩余功率。剩余功率描述了发动机功率储蓄的大小,是直升机具备机动飞行能力的重要度量。从图 3-34 中可以看出,剩余功率随着空速增加而增加,在中速时达到最大值,然后开始减小,在最大速度处减为零。

(3) 影响所需功率的因素

影响所需功率的因素包括直升机重量、空气密度、飞行状态和速度、地面效应及风等。飞行状态和速度的影响前面已经探讨,这里主要探讨其他因素的影响机理。

1) 重量的影响

如果直升机重量增加,则克服机重需要的旋翼拉力增大。所需拉力增大,诱导速度和来流角也会增大,使桨叶升力增大和向后更加倾斜,诱导旋转阻力和诱阻功率增加。额外功率的需求也让尾桨产生更多的反作用力矩,其型阻功率也会增加。因此,随着重量增加,所需功率曲线往右上侧移动;反之,往左下侧移动,如图 3-35 所示。

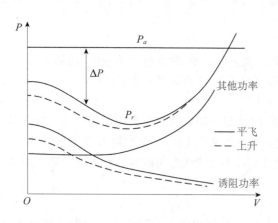

图 3-34　平飞和上升所需功率曲线

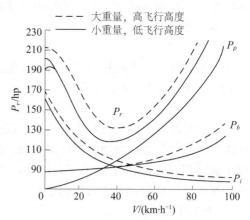

图 3-35　重量对所需功率的影响

2) 空气密度的影响

空气密度增大,翼型旋转阻力和废阻旋转阻力增大,故型阻功率和废阻功率增大。但空气密度增大,单位时间内通过旋翼的空气质量增多,获得同样大的拉力,诱导速度减小,因而克服诱导旋转阻力所消耗的诱阻功率减小。反之,空气密度减小,型阻功率和废阻功率减小,诱阻功率增加。

当平飞速度不大时,密度减小,虽然型阻功率和废阻功率变化不大,但由于诱阻功率增大,故平飞所需功率将有所增大。而且,平飞速度越小,诱阻功率增加越多,因此所需功率曲线将向上移动越多。反之,当平飞速度较大时,高度增加,诱阻功率和型阻功率都变化不多,而废阻功率减小较多,所需功率曲线向上移动也将越少,甚至向下移动。平飞所需功率曲线随高度变化的这一特点将造成平飞所需功率曲线的最低点向右上方移动,如图 3-36 所示。

3）地面效应的影响

直升机在接近地面（旋翼半径之内）飞行中，地面效应会改善直升机性能。地面效应的强弱也与直升机的飞行速度有关。当直升机在地面效应中飞行时，悬停状态中所需功率减小，如图 3-37 所示。随着空速增加，地面效应影响开始减小，地面效应对所需功率的影响也逐渐减小。当距离地面高度超过旋翼直径后，地面效应对所需功率的影响微乎其微。

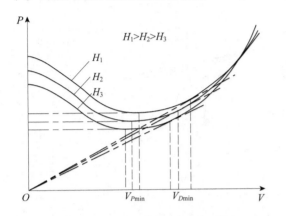

图 3-36　平飞所需功率随高度的变化

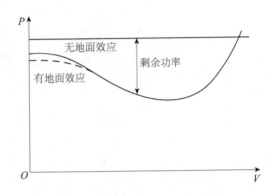

图 3-37　地面效应对所需功率的影响

4）风的影响

由于直升机飞行速度较慢，所以风对直升机航程会产生很大的影响。如果直升机以 60 km/h 空速飞行，此时受到 60 km/h 逆风作用，直升机地速为 0，即使此刻以推荐巡航速度飞行，如图 3-38 中 A 点所示，此点为无风条件下的巡航推荐速度，即从原点向所需功率曲线所作切线的切点，此点对应的也不是最大航程。

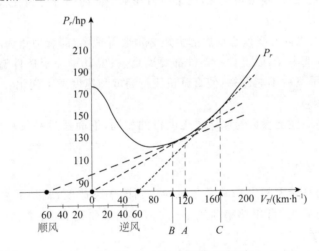

图 3-38　顺逆风对所需功率的影响

如果直升机受到顺逆风的影响，此时必须从地速为 0 点出发向所需功率曲线作切线。例如图中 B 点，就是顺风 60 km/h 对应的最大航程速度，顺风飞行的最大航程真空速与无风情况相比略小，所需功率也略小；而图中 C 点，就是逆风 60 km/h 对应的最大航程速度，逆风飞行的最大航程真空速比无风情况大得多，所需功率就更大。

2. 平飞保持条件

平飞时,作用于直升机的力主要有旋翼拉力、重力、阻力和尾桨拉力。为保持飞行高度和速度不变且无侧滑,这些作用力须取得平衡,如图 3 - 39 所示。

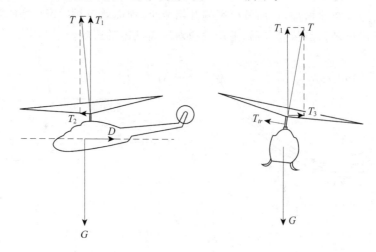

图 3 - 39　直升机受力状态

因此,保持等速平飞的条件如下:

① 为保持飞行高度不变,旋翼拉力 T 在铅垂方向的第一分力 T_1 应等于重力 G,即 $T_1 = G$。

② 为保持飞行速度不变,旋翼拉力 T 的第二分力 T_2 应等于空气阻力 D,即 $T_2 = D$。

③ 为保持直升机无侧滑,旋翼拉力 T 的侧向分力 T_3 应等于尾桨拉力 T_{tr},即 $T_3 \approx T_{tr}$。由于直升机在前飞中一般均稍带坡度 ϕ,尾桨拉力在水平面内的分力为 $T_{tr} \cos \phi$,因 $\cos \phi \approx 1$,故 T_3 与 T_{tr} 近似相等。

④ 作用于直升机的各力绕重心形成的力矩必须取得平衡,即合力矩为 0。

直升机要保持等速平飞,以上任一条件都要满足,只要其中一个条件遭到破坏,其他平衡关系就会发生变化,平飞就不能保持,使直升机飞行高度和速度发生变化。

3. 平飞性能指标

无人直升机的平飞性能参数与固定翼无人机的相同,下面通过平飞功率曲线来分析平飞性能。

(1) 最大平飞速度

直升机使用发动机最大额定功率平飞所能达到的平飞速度,就是最大平飞速度,用 V_{max} 表示。由图 3 - 40 可看出,可用功率曲线 P_a 与所需功率曲线 P_r 在右边交点 C 所对应的速度,就是最大平飞速度。

由于大速度情况下,平飞所需功率随高度增加变化不大(大体认为不变),因此,最大平飞速度随高度的变化则主要由可用功率随高度的变化来决定,即取决于发动机的高度特性。

对于装有涡轴发动机的直升机而言,根据涡轴发动机的高度特性,随着飞行高度增加,直升机最大平飞速度一直减小,如图 3 - 41 所示。此外,直升机在高空中飞行时,由于空气密度减小,需要使用较大的总距(即较大的迎角)才能产生足够的拉力。这样,处于 270°方位的后行桨叶由于桨叶向下挥舞迎角增大,更加容易超过临界迎角而产生气流分离,同时返流区增大,

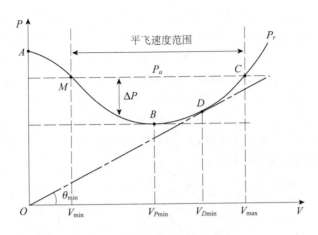

图 3 - 40　平飞功率曲线

左右升力不对称加剧;处于 90°方位的前行桨叶就有可能由于速度接近声速,超过 Ma_{cr} 而产生跨声速效应,桨叶表面出现局部超声速区并产生激波,造成前行桨叶阻力剧增,空气动力性能恶化。由上述两个原因所确定的最大平飞速度,将随高度升高而减小,如图 3 - 42 所示。

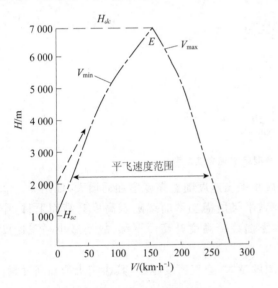

图 3 - 41　最大平飞速度随高度的变化　　　图 3 - 42　直升机最大平飞速度限制曲线

对于装有增压器的活塞式发动机的直升机来说,在额定高度以下,可用功率随高度的增加而增大,因而最大平飞速度随高度增加而增大;超过额定高度以后,随着高度增加,如图 3 - 36 所示,平飞所需功率向右上方移动,而可用功率减小,故最大平飞速度随高度增加而减小。

(2) 最小平飞速度

直升机的最大特点就是能在空中悬停,从这个角度讲,直升机的最小速度应该为零。但直升机并不是在所有高度上都能悬停,在某些高度(静升限 H_{sc} 以上)上直升机不能悬停,但此时仍可以平飞。在这种情况下,直升机使用发动机的额定功率所能保持的最小飞行速度,就是最小平飞速度,用 $V_{\min}$ 表示。在图 3 - 40 中,可用功率曲线与所需功率曲线在左边的交点 M 所对应的速度,就是最小平飞速度。

由于高度增加,在小速度与大速度范围内平飞所需功率增加幅度不同,如图 3-36 所示。因此,最小平飞速度随高度的变化规律与最大平飞速度不同。装有增压器的活塞式发动机的直升机,在一定额定高度以下,高度升高,由于可用功率和所需功率都同样增大,故最小平飞速度基本不变。超过一定额定高度后,高度升高,可用功率降低,但平飞所需功率仍随高度升高而继续增大,故必须通过增大最小平飞速度来减小所需功率才能保持平飞,因而在此高度范围内,最小平飞速度随高度升高而增加,如图 3-43 所示实线。图中实线还表示,由于该型直升机装有二速传动增压器的活塞式发动机,其一速增压高度约为 1 500 m,在 3 000 m 高度换用二速增压,二速增压高度约为 4 500 m。

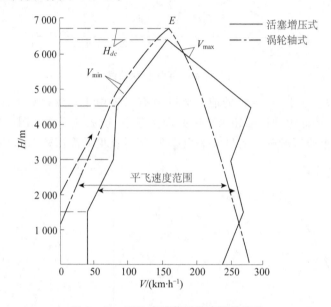

图 3-43　平飞速度范围随高度的变化

对装有涡轮轴发动机的直升机而言,其最小平飞速度随着高度增加而增大,如图 3-43 点划线所示。这是由于在静升限以下,高度升高,平飞所需功率曲线随着高度升高而上移,小速度所需功率曲线上移较多;另一方面,可用功率曲线随高度升高而下移,故使最小平飞速度随高度的升高而增大。

温度和湿度都会影响空气密度,温度和湿度越大,空气密度越小,其影响机理和高度相同。

(3) 经济速度和有利速度

图 3-40 中平飞所需功率曲线的最低点 B 所对应的速度即为经济速度(最小功率速度) $V_{P\min}$。由于以经济速度平飞所需功率最小,因此最省油,在空中能持续时间最久。而保持 $V_{P\min}$ 平飞时,剩余功率($\Delta P = P_0 + P_r$)最大,直升机利用最小功率速度爬升,可以得到最大的上升率。

图 3-40 中从原点对平飞所需功率曲线作切线,切点 D 所对应的速度就是有利速度 $V_{D\min}$。当燃油量一定,功率与飞行速度之比最小时,航程最大,所以以有利速度平飞可获得最远的航程,故该速度又称为远航速度。在以旋翼自转状态的下滑中,以有利速度下滑,直升机的下滑角最小,下滑距离最长。

由图 3-36 和图 3-40 结合起来分析可知,随高度的增加,平飞需用功率曲线的最低点(图 3-40 中 B 点)及过原点的直线与平飞需用功率曲线的切点(图 3-40 中 D 点)向大速度区偏移,所以直升机的经济速度和有利速度随高度的增加而加大。

(4) 平飞速度范围和升限

将最小平飞速度和最大平飞速度随高度的变化曲线画在同一坐标系上,就得到了平飞速度范围随高度的变化规律,如图 3-43 所示。

随飞行高度的增加,最小平飞速度变大,最大平飞速度减小,平飞速度范围变小,最后到达某一高度(图 3-43 中的 E 点)时的最大平飞速度等于最小平飞速度。也就是说,在这个高度,直升机只能以一个速度平飞,就把这一高度称为该直升机的理论极限高度,即理论升限,用 H_{ac} 表示。

实际上,在接近理论升限这个高度时,几乎没有剩余功率,直升机的最大爬升率很小,要上升到这一高度的时间就很长,因此该点只能是理论上的性能指标。

一般来说,直升机的平飞状态不得超过平飞速度范围。可是,直升机在短时间内(10~15 min)利用发动机最大功率,在一定高度以内扩大平飞速度范围,如图 3-43 中虚线箭头所示。此时,当发动机为额定状态时,直升机在任何高度都不能悬停(最小平飞速度都大于零),但在一定高度(2 000 m)下仍可以短时间内悬停。正是由于这个特点,直升机可利用发动机最大功率(起飞工作状态)在短时间内完成垂直起飞和增速,转入上升后再利用发动机额定状态在平飞速度范围内飞行。同样,在下滑减速后,利用最大功率可做短时间的接近地面悬停和垂直着陆。

随着重量的增加,平飞所需功率曲线上移,最小平飞速度增加。大速度飞行时,虽然重量增加,平飞所需功率增加很少,使最大平飞速度变化不大,但重量增加,桨叶平均迎角增加,造成后行桨叶气流分离加剧,将使最大平飞速度减小,平飞速度范围缩小。

4. 平飞的操纵原理

活塞式直升机与一般活塞式无人机相似,也以经济速度为界,分为两个平飞速度范围:小于经济速度为小速度范围(第二速度范围);大于经济速度为大速度范围(第一速度范围)。但一般活塞式无人机的第二速度范围非常小,在此范围内,操纵性和稳定性都比较差。然而,直升机却常在这两个速度范围内飞行,尤其在第二速度范围内完成一些特殊任务,这是直升机的特点,也是它的优点。但在这两个速度范围内飞行,作用在直升机上的力矩随平飞速度的变化规律有所不同,保持平衡的杆舵位置随速度的变化规律也有所不同。

在保持和改变平飞速度的过程中,操纵杆、舵的动作必须协调。为了便于研究其随速度的变化规律,现分别对单项操纵进行分析。

(1) 操纵操控杆前后移动

平飞中,根据任务的不同,往往需要增大或减小速度。例如增大平飞速度,原来拉力第二分力等于阻力,为了增速,必须向前推杆,旋翼锥体相对机体前倾,机头随之下俯,这时拉力第二分力大于原来的阻力,直升机向前加速,阻力随之增大,直至与拉力第二分力相平衡,达到新的稳定状态。如果没有别的力矩增加,操控杆随后应回到原来位置,否则,直升机在操纵力矩的作用下将一直运动下去。

实际上,随着平飞速度的增大,由于桨叶的自然挥舞,旋翼锥体会越来越向后倾斜,并且在小速度范围内增速,水平安定面的上仰力矩的增加量大于机身的下俯力矩的增加量。因此,在小速度范围内随着速度的增加,上述两个因素使直升机的上仰力矩的增加量较多。为保持好直升机的俯仰平衡,这时操控人员应稍回杆。小速度范围内的平飞姿态如图 3-44 所示。新

的稳定状态较原状态前推操控杆量较多,如图 3 - 45 所示,这是因为在小速度范围内,曲线
较陡。

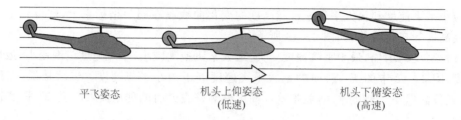

平飞姿态　　　　　机头上仰姿态　　　　　机头下俯姿态
　　　　　　　　　　　(低速)　　　　　　　　　　(高速)

图 3 - 44　直升机平飞姿态

　　然而,在大速度范围内增速,水平安定面上的上仰力矩的增加量小于机身的下俯力矩的增
加量。因此,随着速度的增大,直升机的上仰力矩增加较少,为保持好直升机俯仰平衡,操控人
员前推操控杆的量较少。

　　综上所述,直升机随着平飞速度的增大,要求前推杆量越多,这时下俯角也比较大;反之,
平飞减速则向后拉杆,上仰角增大,如图 3 - 46 所示。也就是说,每一个速度都对应一个操纵
杆的前后位置,也对应着一个俯仰角。

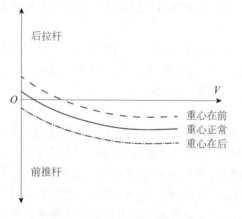

图 3 - 45　平飞中杆量与速度的关系

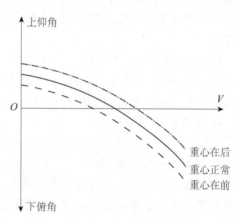

图 3 - 46　平飞中俯仰角与速度的关系

（2）操纵油门总距杆

　　总距杆主要控制旋翼桨叶的桨距和发动机的进气压力。进气压力决定功率,而油门主要
控制旋翼转速。如要增加桨距,必须上提总距杆,此时增加了进气压力。桨距变大增加了阻
力,导致旋翼转速下降。为了阻止转速下降,应增加油门,这个动作会重新造成进气压力增加,
从而保持旋翼的转速。减小桨距的操纵方法则相反。在增减桨距的同时,要同步调整尾桨,以
修正因功率的变化而引起的直升机偏转。

　　直升机平飞中,当要改变飞行速度时,应适时地操纵油门总距杆来保持高度。为了增速要
前推操控杆,此时拉力的第一分力将小于直升机的重力,直升机会下降高度,为了保持高度不
变,需适时地上提油门总距杆。

　　然而,从平飞所需功率曲线得知,在小速度范围内,随平飞速度的增大,平飞所需功率减
小,要求减小油门;另外,因诱导速度减小,使桨叶来流角减小了,为保持桨叶迎角基本不变,必
须减小总距,因此,在小速度范围内,为了保持高度不变,随速度的增大,就要下放油门总距杆,

即在第二速度范围内的增速过程中,应先稍上提油门总距杆,而后再较多地下放油门总距杆,在到达新的稳定飞行状态时,油门总距杆位置较原来位置要低一些。

当飞行速度超过经济速度以后,一方面平飞所需功率随速度的增大而增大;另一方面由于直升机的下俯角增加,故桨叶入流角增大,桨叶迎角减小。要保持旋翼拉力不变,必须增大总距。因此,在大速度范围内,随速度的增大要上提油门总距杆,才能保持飞行高度,即在第一速度范围内的增速过程中,需要一直上提油门总距杆,在到达新的稳定飞行状态时,油门总距杆位置较原来在经济速度时的位置要高一些。

综上所述,油门和桨距随速度的变化规律与平飞所需功率随速度的变化规律基本相似,如图 3 - 47 所示。

（3）操纵尾桨桨距

平飞中,尾桨拉力绕重心形成偏转力矩以平衡旋翼反作用力矩。尾桨拉力应与旋翼的反作用力矩成正比。在保持转速不变的条件下,它应与平飞所需功率成正比。也就是说,尾桨拉力随速度的变化与平飞所需功率的变化规律是相似的,如图 3 - 48 所示。

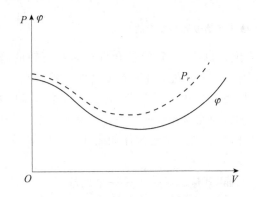
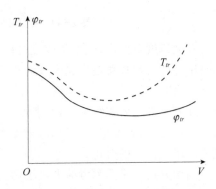

图 3 - 47　油门和桨距位置与速度的关系　　　　**图 3 - 48　尾桨桨距与速度的关系**

对于右旋旋翼直升机,上提油门总距杆时,要增大尾桨拉力应蹬左舵;下放油门总距杆时,要减小尾桨拉力应蹬右舵。在小速度范围内,平飞所需功率随速度增大而减小,因此,在下放油门总距杆时要蹬右舵。在大速度范围内则相反,因平飞所需功率随速度增大而增大,所以上提油门总距杆时应蹬左舵。

但必须指出,随着飞行速度的增大,尾桨的诱导速度不断减小,桨叶的来流角不断减小,这要影响到尾桨拉力的变化规律,变化规律如下:

在小速度范围内,随速度的增大,一方面诱导速度减小,使尾桨的桨叶迎角增大,需要减小桨距;另一方面所需尾桨拉力减小,还要减小桨叶迎角,也需减小桨距。所以随着速度的增大,尾桨桨距减小较多。

在大速度范围内,随速度的增大,尾桨的诱导速度继续减小,使桨叶迎角继续增大,尾桨拉力也随之增大,但为了平衡增大的旋翼反作用力矩,需蹬少量左舵。因此,随着速度的增大,只需稍增大尾桨桨距。

（4）操纵操控杆左右移动

直升机的横侧平衡主要是由尾桨拉力与旋翼拉力的第三分力来决定的。对于左旋旋翼直升机来说,其尾桨拉力是向左的,为平衡尾桨拉力必须向右压杆,使直升机右倾,旋翼产生相应的向右的拉力第三分力,以保持直升机不带侧滑飞行。

在小速度范围内,随着平飞速度的增大,一方面尾桨拉力不断减小,另一方面由于桨叶的自然挥舞,随平飞速度的增大,旋翼锥体的侧倾量增大。这两方面都将使直升机出现向右滚转和向右侧滑的趋势。因此,操控人员应向左回杆,使机身的右倾角减小,如图 3 - 49 所示。

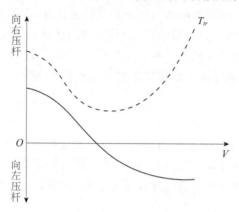

图 3 - 49　平飞中操纵杆的横向移动位置与速度的关系

在大速度范围内,随平飞速度的增大,尾桨拉力也增大,它使直升机有向左滚转的趋势。但是桨叶的自然挥舞使旋翼锥体的右倾斜继续加大,直升机又有向右滚转的趋势。在刚超过经济速度时的第一速度范围内,随速度的增大,后者的作用大于前者,则要求操控人员向左压杆。随着平飞速度继续增大,两者作用基本上抵消,因此操控杆的左右位置基本不变。若再继续增加速度,前者作用大于后者,则要求向右回杆,杆的左右移动规律如图 3 - 49 所示,其中虚线表示尾桨拉力的变化。

前面分析的是无侧滑的平飞增速。若平飞减速,其操纵动作则是一个反过程。

综上所述,在平飞中,当用操控杆维持固定空速,上提总距杆会使直升机上升,下放总距杆会使直升机下降。总距的变化需要用蹬舵让直升机稳定平飞。如要增加前飞的空速,必须前推操控杆,同时上提总距杆阻止直升机下降。如要减小空速,后拉操控杆,同时下放总距杆阻止直升机上升。当总距上提或下放时,操控人员必须用油门修正转速。因此,在操纵直升机进行平飞或改变飞行速度时,操控杆、油门总距杆、舵三者密切配合,使作用在直升机上的力和力矩不断取得平衡,才能保持好预定的飞行状态。同时要求操纵动作必须十分柔和,如果动作过猛,则会使旋翼出现进动现象。

3.2　上升性能

无人机沿向上倾斜的轨迹做增加高度的飞行,称为上升。无人机做急剧增加高度的上升,称为跃升,而保持等速、直线,且既不带坡度也不带侧滑的上升,称为稳定上升。

3.2.1　固定翼无人机上升性能

上升性能主要包括上升速度、上升角、上升率、上升距离、上升时间和升限等。

1. 上升速度

与平飞相似,上升速度也可通过受力关系得到。根据上升的定义可知,无人机在上升中的

受力情况如图 3-50 所示。根据受力图,可将稳定上升的作用力关系写成

$$\begin{cases} T\cos(\alpha+\varphi)-D-G\sin\theta_c=0 \\ T\sin(\alpha+\varphi)+L-G\cos\theta_c=0 \end{cases} \tag{3-19}$$

式中,θ_c 为上升角。为了方便,可认为 $\cos(\alpha+\varphi)\approx1$,$\sin(\alpha+\varphi)\approx0$,上式可简化为

$$\begin{cases} T=D+G\sin\theta_c \\ L=G\cos\theta_c \end{cases} \tag{3-20}$$

由式(3-20)可知,为保持直线上升,升力 L 需平衡重力第一分力 $G_1=G\cos\theta_c$,而产生这一升力所需的速度,称为上升所需速度,简称上升速度,记作 V_c。根据式(3-20)及升力公式,可得上升速度计算公式为

$$V_c=\sqrt{\frac{2G\cos\theta_c}{C_L\rho S}} \tag{3-21}$$

由于一般无人机稳定上升时的上升角 θ_c 较小,认为 $\cos\theta_c\approx1$,则上式变为

$$V_c\approx\sqrt{\frac{2G}{C_L\rho S}}=V_l \tag{3-22}$$

上式表明,其他条件相同时,上升速度约等于同迎角下的平飞速度,因此,上升速度与迎角存在一一对应关系,这样就可以直接用平飞推力曲线分析无人机的上升性能。

2. 上升性能指标

(1) 上升角

无人机做等速、直线上升,根据式(3-20)中第一式得

$$\Delta T=T-D=G\sin\theta_c \tag{3-23}$$

即

$$\theta_c=\mathrm{acrsin}\frac{\Delta T}{G} \tag{3-24}$$

式中,ΔT 为剩余推力。

由上式可看出,上升角 θ_c 的大小取决于剩余推力和无人机重力。如果无人机重力变化不大,则上升角仅取决于剩余推力的大小。而剩余推力是随油门和速度变化的,保持同一速度上升,油门大,剩余推力大,上升角相应增大。如果油门位置一定,用不同速度上升,由于剩余推力不同,上升角也就不同,剩余推力最大,上升角最大,如图 3-51 所示。获得最大上升角的速度称为陡升速度,记为 $V_{\theta\max}$,陡升速度表示飞行同样距离下上升高度最大。在加满油门的情况下,喷气式无人机以有利速度、活塞式无人机以经济速度上升,剩余推力最大,上升角也最大。

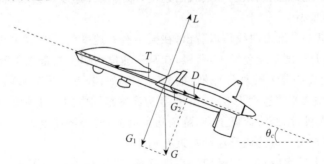

图 3-50　无人机上升时的作用力

高度升高,最大上升角减小。这是因为高度增加,在某一飞行高度以下,用有利速度飞行的阻力基本不变,而可用推力却减小,致使最大剩余推力减小;而在这一高度以上,有利速度达到临界马赫数,出现波阻,再增加高度,有利速度超过临界马赫数,波阻增大,剩余推力减小更多,最大上升角将减小更多。

（2）上升率

无人机单位时间内所增加的高度,称为上升率（或爬升率）,记为 V_{ch}。上升率等于上升速度在铅垂方向的分量。图 3-52 为上升速度三角形,从中可以看出上升率、上升速度、上升角之间的关系,即

$$V_{ch} = V_c \sin \theta_c \qquad (3-25)$$

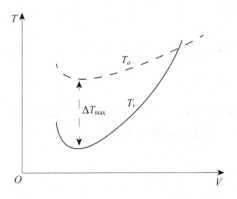

图 3-51　剩余推力随飞行速度的变化　　　　图 3-52　上升速度三角形

上升率大,无人机上升到预定的高度所需的时间短。将式（3-23）代入式（3-25）,可得

$$V_{ch} = \frac{\Delta T \cdot V_c}{G} \qquad (3-26)$$

由上式可知,重量不变时,要取得最大上升率,应选剩余功率 $\Delta P = \Delta T \cdot V_c$ 最大的速度上升,而不是剩余推力 ΔT 最大时的陡升速度。能够获得最大上升率的上升速度,称为最快上升速度,简称快升速度,记为 $V_{c\max}$,快升速度表示单位时间内上升高度最大。

实质上,从能量的观点来看,飞机上升的过程就是将剩余功率转变成高度势能的过程。当飞机重量一定时,剩余功率大,飞机在单位时间内增加的势能就多,上升率也就大。所以,只要有飞机的平飞功率曲线,找到剩余功率最大的速度,即为快升速度。当然,剩余功率一定时,飞机重量大,上升率将减小。

从喷气式无人机平飞推力曲线可以看出,在大于有利速度的一个较大的速度范围内,剩余推力减小不多,而上升速度却显著增大,所以,在某一速度可以得到最大上升率。可以证明,喷气式无人机的快升速度约等于最大平飞速度的 60%。例如,若飞机在 5 000 m 飞行高度,发动机为最大工作状态时,最大平飞速度为 800 km/h,相应高度范围内的快升速度为 480 km/h。

对于活塞式无人机,用经济速度上升,剩余功率最大,但经济速度太小,不能获得最大上升率。试飞证明,活塞式无人机的快升速度接近有利速度。

高度升高,最大上升率减小。这是因为高度升高,可用推力曲线下移,而平飞需用推力曲线右移,剩余推力一般是减小的,虽然上升速度有可能增加,但剩余功率 ΔP 减小,最大上升率降低。在平流层内,高度升高,气温不变,推力减小更多,所以最大上升率降低更多。

高度升高,不仅最大上升率变化,快升速度也将变化。快升速度的变化有三种情况:

第一种情况。如果无人机在上升中不产生波阻,则随着高度升高,快升表速减小而真速增大。如图 3 - 53(a)所示,横坐标为真速,当高度从 H_1 升高到 H_2,可用推力曲线降低,由于没有产生波阻,所以平飞需用推力曲线右移,故最大剩余推力相对应的真速增大,引起快升真速增大(由 V_1 增到 V_2)。但快升真速增大并不多,以致快升表速反而有所减小。至于快升马赫数,因高度升高,快升真速增大,声速又减小(在对流层内),所以快升马赫数随高度的升高而增大,如图 3 - 53(b)所示。例如,某飞机在海平面快升真速为 442 km/h,表速也为 442 km/h,马赫数为 0.36;但在高度为 7 000 m 时,快升真速为 513 km/h,表速则为 356 km/h,马赫数为 0.46。为了便于控制,通常都分段按快升真速随高度的变化规律计算出一个平均值,只要分段保持相应的平均真速上升,就可以获得接近最大的上升率。

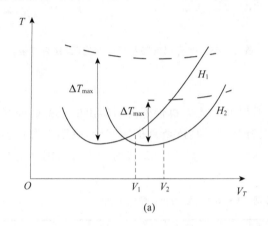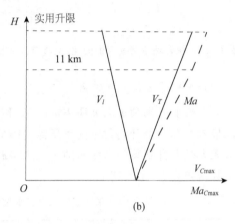

图 3 - 53　跨声速无人机快升速度随高度变化的曲线(全程无波阻)

第二种情况。如果无人机在各个高度上升,都产生波阻,则随着高度的增加,快升马赫数基本不变,快升真速有所减小,快升表速则减小很多。

上升中,如果飞行马赫数超过阻力发散马赫数比较多,由于波阻使无人机阻力系数剧增,剩余推力显著减小,上升率降低很多。所以,无人机的快升马赫数一般都在阻力发散马赫数附近。随着高度增加,迎角也增加,阻力发散马赫数虽然有所减小,但减小不多。对于这类无人机,上升中只要保持一定的马赫数,即可获得最大上升率。

高度升高,既然快升马赫数基本不变,在对流层内,由于声速减小,快升真速随之减小。在平流层内,声速不变,所以快升真速也基本不变。由于快升真速减小(对流层)或不变(平流层),而空气密度随高度升高不断减小,所以快升表速很快减小,如图 3 - 54 所示。

第三种情况。如果无人机在低空不产生波阻,上升到一定高度之后才产生波阻,则当高度增加时,其快升表速减小,快升真速随高度升高先增大而后减小,如图 3 - 55 所示。

因为无人机在低空未产生波阻,其性质属于上述第一种情形。当上升到一定高度以后,快升马赫数接近阻力发散马赫数,就转变为上述第二种情形。所以在所有高度上,快升表速都随高度的增加而减小。为了便于控制,通常在产生波阻之前按第一种情况处理以获得接近最大的上升率;产生波阻之后按第二种情况处理以获得接近最大的上升率。

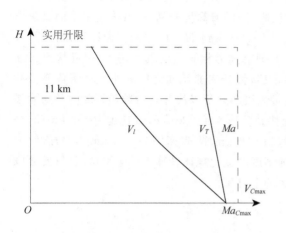

图 3 - 54   快升速度随高度的变化(全程有波阻)

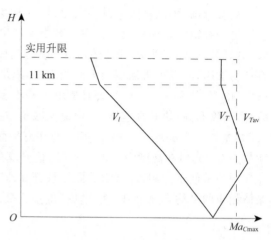

图 3 - 55   快升速度随高度的变化(高处有波阻)

（3）上升时间和上升距离

无人机上升到预定高度所需的时间,称为上升时间。无人机性能资料给出的上升时间是指以最大上升率上升到预定高度所需的时间。上升到同一高度所需的时间短,表明上升性能好。无人机上升到某一高度所前进的水平距离,称为上升距离 L_c。某飞机的上升时间和上升距离数据如表 3 - 1 所列。

表 3 - 1   某飞机的上升性能数据(质量: 3 970 kg,发动机: 最大推力)

H/m	0	500	1 500	3 000	5 000	7 000	9 000	10 000
$V_{C\max}/(\mathrm{km\cdot h^{-1}})$	187	453	475	489	510	510	519	534
t/min	0	0.99	1.82	3.02	5.01	7.60	11.62	14.72
L_c/km	0	5.3	11.7	21.1	37.5	59.6	93.7	120.9
$V_{ch}/(\mathrm{m\cdot s^{-1}})$	4.1	10.2	22.1	19.5	13.4	11.1	6.4	4.6

（4）升   限

高度升高,可用推力减小,使得剩余推力减小,上升角和上升率也随之减小,上升到一定高度,最大上升率势必减小到零,这时无人机就不可能再继续做等速上升。无人机在给定重量(含余油)和最大油门条件下,最大上升率为零的高度,称为理论升限 H_{ac}。在理论升限,无人机只能用有利速度保持平飞。

当飞行高度接近理论升限时,上升率虽未减小到零,但上升缓慢,如图 3 - 56 所示,通常把最大上升率为 5 m/s 和 0.5 m/s 时的飞行高度,定为喷气式和活塞式无人机的实用升限 H_{sc}。美国还有两个标准,战斗升限上升率是 2.5 m/s,巡航升限上升率是 1.5 m/s。

无人机在理论升限只能以一个速度做等速平飞。但是对大速度无人机来说,这个速度比失速速度大得多。也就是说,在理论升限还有很大潜力,不仅能以一个速度做等速平飞,而且还能使无人机转入跃升,利用理论升限最大平飞速度与失速速度之间的速度差进一步争取高度。

无人机从稍低于理论升限的某一高度,在保证无人机不失去稳定性和操纵性的条件下,用理论升限最大速度进入跃升所能达到的最大高度,称为动升限,而将理论升限和实用升限统称

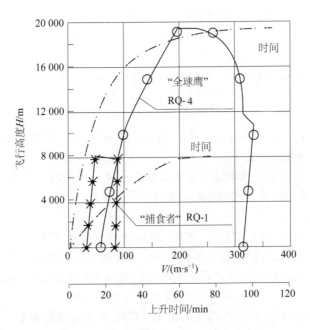

图 3 - 56　典型无人机飞行包线和上升时间

为静升限。理论升限以上、动升限以下的高度,称为动力高度。无人机为达到动力高度而采取的跃升飞行,称为动力高度飞行。

决定静升限有两个基本关系,即在升限平飞状态,升力等于重力,推力等于阻力。

1) 喷气式无人机升限

在升限高度,发动机最大推力 T_{cmax} 等于无人机阻力 G/K_c。亚声速升限时的升力系数为 0.55~0.60,超声速升限时的升力系数是 0.15~0.20。亚声速无人机马赫数为 0.8~0.85,超声速无人机马赫数为 1.2~1.6。根据这些统计数字可粗略估计无人机的升限。

① 按升力系数估算:

$$\sigma_c = \frac{G/S}{54\ 390 Ma^2 C_{Lc}} \tag{3-27}$$

例如,某无人机翼载 G/S 为 2 740 N/m², 飞行马赫数为 0.65, 升限处升力系数估计为 0.80, 所以升限相对密度为 $\sigma_c = 2\ 740/(54\ 390 \times 0.65^2 \times 0.80) = 0.149$, 查标准大气表,升限约为 15 400 m。

② 按发动机推力估算:

根据推力等于阻力 $T_{cmax} = G/K_c$

在 $H \leqslant 11\ 000$ m 时

$$\sigma_c = \left[\frac{K_c T_0}{G}(1 - 0.46 Ma + 0.44 Ma^2)\right]^{-1/\xi} \tag{3-28}$$

在 $H > 11\ 000$ m 时

$$\sigma_c = 0.297^{1-\xi}\frac{G}{K_c}\left[T_0(1 - 0.46 Ma + 0.44 Ma^2)\right]^{-1} \tag{3-29}$$

其中,T_0 为地面台架推力;ξ 为发动机推力高度下降指数,与发动机类型有关,涡喷式为 0.75~0.85,涡扇式为 0.8~0.85。

在升限高度,亚声速无人机可用升阻比 K_c 一般约为最大升阻比的 70%～80% 或更小一些。实际升限应是式(3-27)与式(3-28)或式(3-29)这两种计算结果的较低值。

2) 活塞式无人机升限

活塞式无人机上升时上升率 V_{ch} 应满足如下关系式:

$$V_{ch} = \frac{75g\eta P_h}{G} - \frac{V_c}{K_c} \tag{3-30}$$

式中,V_{ch} 为上升率,m/s;g 为重力加速度;η 为螺旋桨效率;P_h 为飞行高度处的发动机功率,hp;V_c 为无人机爬升速度,m/s。

无增压器的活塞式发动机功率随着高度增加而下降。飞行高度处的发动机功率 P_h 与发动机地面功率 P_0 关系的估算公式(根据 NACA TR295)为

$$P_h = (k_a\sigma_c - k_b)P_0 \tag{3-31}$$

式中,$k_a = 1.088～1.22$;$k_b = 0.075～0.088$。早期活塞式发动机 $k_a = 1.088$,$k_b = 0.088$。如果活塞式发动机有增压器,则效率会有所提高,k_a 值会加大,k_b 值会减小。

现代无增压器小型活塞式发动机功率随高度变化也可用 Gagg-Ferrar 方程估算:

$$P_h = [\sigma_c - (1-\sigma_c)/7.55]P_0 \tag{3-32}$$

将式(3-31)代入式(3-30),可得无人机实用升限的大气相对密度 σ_c 为

$$\sigma_c = \left[\frac{G}{75g\eta P_0}\left(V_{ch} + \frac{V_c}{K_c}\right) + k_b\right]/k_a \tag{3-33}$$

例如,"捕食者"B 无人机发动机地面功率 $P_0 = 720$ hp(约 540 kW),螺旋桨效率 $\eta = 0.88$,升限高度质量 1 200 kg,巡航速度 $V_c = 270$ km/h,升阻比 16,k_a 用 1.088,k_b 用 0.088,取实用升限上升率 $V_{ch} = 5$ m/s。实用升限高度大气相对密度为

$$\sigma_c = \left[\frac{1\ 200 \times 9.8}{75 \times 9.8 \times 0.88 \times 720}\left(5 + \frac{270}{3.6 \times 16}\right) + 0.088\right]/1.088 = 0.306$$

查标准大气表知,实用升限约为 10 750 m。

也可采用另一经验公式。发动机功率随高度变化如下:

$$P_h = k_h P_0 \tag{3-34}$$

式中,修正系数 k_h 如表 3-2 所列。

表 3-2　不同高度活塞式发动机功率修正系数 k_h

高度/m	0.75R 桨叶角 20°	0.75R 桨叶角 30°	0.75R 桨叶角 40°
0	1.000	1.000	1.000
1 220	0.872	0.880	0.892
2 450	0.752	0.772	0.788
3 660	0.645	0.668	0.688
4 880	0.546	0.573	0.596
6 080	0.459	0.487	0.508
7 320	0.376	0.410	0.430
8 525	0.309	0.338	0.358
9 745	0.245	0.268	0.288
11 000	0.183	0.201	0.220
12 180	0.121	0.135	0.152

取实用升限时的 $V_{ch}=5$ m/s。根据升限高度无人机的重量 G 和已知的 η、V_c、K_c 值,用公式(3-30)求出升限处发动机的功率 P_h。再根据已知的海平面功率 P_0,用公式(3-34)求得 k_h,参照表 3-2 中相应数值,经过线性插值即可估计出实用升限高度。

如上例中"捕食者"B 无人机,用式(3-30)求出升限处发动机的功率 $P_h=176.14$,由式(3-34)求得 $k_h=P_h/P_0=176.14/720=0.244\ 6$,对应一般常用桨叶角 30°,查表 3-2,经线性插值,得实用升限约为 10 183 m。

再如,"捕食者"A 无人机发动机地面功率 $P_0=250$ hp,螺旋桨效率 $\eta=0.85$,升限高度质量 800 kg,巡航速度 $V_c=130$ km/h,升阻比为 14,求其实用升限。

由式(3-30)得

$$P_h=\frac{G}{75g\eta}\left(V_{ch}+\frac{V_c}{K_c}\right)=\frac{800\times9.8}{75\times9.8\times0.85}\left(5+\frac{130}{3.6\times14}\right)=95$$

由式(3-34)得

$$k_h=P_h/P_0=95/250=0.38$$

对应一般常用桨叶角 30°,查表 3-2,实用升限约为 7 900 m。

3. 上升性能的影响因素

(1) 稳定风的影响

在有风的情况下上升,无人机除了与空气有相对运动外,还随空气一起移动。所以,相对于地面的上升轨迹与无风时的不同。无人机的实际上升轨迹由无人机的空速 V 与风速 U 的合速度即地速 W 决定。对稳定的水平风,例如,逆风上升,风对无人机的上升率没有影响,但前进速度却比无风时慢,故上升角增大;反之,顺风上升,则上升角减小,如图 3-57 所示。对稳定的垂直风,例如无人机在上升气流中飞行,由于无人机还要随着空气向上移动,所以上升率和上升角都增大;反之,在下降气流中上升,上升率和上升角都减小,如图 3-58 所示。

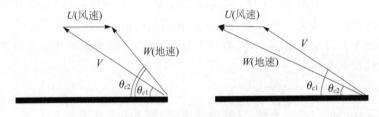

图 3-57　水平风对上升的影响

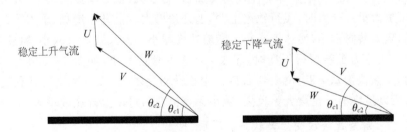

图 3-58　垂直风对上升的影响

注意:在稳定的风场中飞行,风改变的只是地速,所以空速表的指示、无人机的迎角和作用于无人机的空气动力也与无风时完全相同,无人机的仰角也不变。

（2）气温的影响

气温升高，空气密度减小，和高度升高的影响类似，可用推力曲线下移，而需用推力曲线基本不变，此时剩余推力和剩余功率均减小，因此最大上升角和最大上升率均减小；反之则增大。

气温升高，升限降低，反之升限升高。因此，同一架无人机，在不同地区（北方或南方）、不同季节（冬天或夏天）或不同时段（拂晓或正午）飞行，由于气温变化显著，升限也会有明显差别。例如在对流层内的无人机，在北方升限高于南方，冬季高于夏季。

（3）无人机重量的影响

无人机重量增加，最大上升角、最大上升率和升限都减小。重量增加，上升中的重力第一分力和第二分力都增大。重力第一分力增大意味着所需升力增大，若用同一迎角飞行，上升速度增大，阻力也增大。随着阻力、重力第二分力和上升速度的增大，上升的需用推力和功率也都要增大。但是无人机的可用推力和可用功率并不随重量改变。这样，剩余推力和剩余功率都减小，所以上升角和上升率势必随之减小，最大上升角和最大上升率自然也都减小。由于最大上升率减小，故升限也随之降低。反之，无人机重量减小，最大上升角、上升率和升限都增大。

4. 改变上升状态的原理

飞行中，在无人机上升性能允许的范围内，可以用不同的速度上升，以获得不同的上升角和上升率。改变上升状态，常常是通过操纵油门和升降舵来实现的。

（1）操纵油门改变上升状态的原理

上升中，保持升降舵不动，只动油门，则上升角将会变化而上升速度基本不变。例如，加油门时，同一速度 V_1 下，剩余推力从 ΔT_1 增大到 ΔT_2，如图 3-59 所示，此时推力大于阻力与重力第二分力之和，使上升速度增大，升力大于重力第一分力，轨迹上弯，上升角增大；随着上升角不断增大，重力第二分力增大，当 $D+G\sin\theta_c>T$ 时，上升速度开始减小，升力减小，当升力小于重力第一分力时，轨迹又下弯。经过几次振荡后，作用力重新取得平衡时，将稳定在较大的上升角上，又因为上升角增量不大，所需升力基本不变，仍然近似等于无人机重力，所以上升速度与加、减油门前基本相同。

（2）操纵升降舵改变上升状态的原理

上升中，如果保持油门位置不动，只调整升降舵，则上升速度和上升角都会发生变化。例如，以大于有利速度上升，调整升降舵使迎角增加，升力系数、阻力系数均增大，升力、阻力均增加。升力大于重力第一分力时，飞行轨迹上弯，上升角增大。上升角增加，重力第二分力增大，加上增大了的阻力共同作用，使速度减小。随着速度减小，升力、阻力又减小，轨迹又下弯。经过几次振荡后，作用力重新取得平衡时，无人机的上升速度减小，如图 3-59 所示，速度由 V_1 减小到 V_2 时，剩余推力从 ΔT_1 增大到 ΔT_3。由于升阻比增大，飞行速度向有利速度趋近，剩余推力增大，所以最终上升角增大。反之，减小无人机迎角将使上升速度增大，上升角减小。

（3）油门和升降舵配合改变上升状态的原理

从上面的分析可知，不论是操纵升降舵还是操纵油门，都可以改变无人机的上升状态。在实际飞行中，为了迅速、准确地改变上升状态，往往采用油门和升降舵共同配合操纵的方式。例如，要增大上升角且保持速度不变，则应加油门同时增大迎角，使升力大于重力第一分力，增大上升角，待无人机接近预定的上升角时，再减小迎角，使上仰角速度尽快消失，保持在预定的

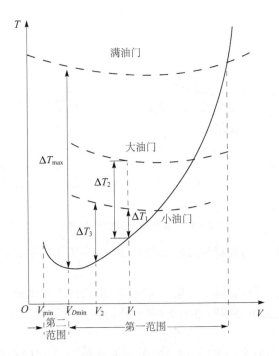

图 3 - 59　上升操纵原理

上升角。加油门的作用是增大推力,平衡迎角增加时的阻力增量和上升角增加后的重力第二分力增量,保持速度不变。由于在整个操纵过程中升降舵做了一个往复动作又回到了原位,所以实际上只是油门加大了,这样,既迅速增大了上升角又保持了上升速度不变,从而大大缩短了过渡过程的时间,提高了操纵的精确度。

　　和平飞一样,喷气式无人机以有利速度为界,活塞式无人机以经济速度为界,将上升速度划分为两个范围,大于有利(经济)速度,称为上升第一范围;小于有利(经济)速度,称为上升第二范围。无人机若以大于有利速度的速度上升,增大迎角,则上升速度减小,剩余推力增大,上升角增加;若以小于有利速度的速度上升,增大迎角,虽然上升角开始稍有增加,但随着速度的减小,剩余推力降低,上升角最终要减小下来,如图 3 - 59 所示。这说明在不同的速度范围,同样增大迎角,却会引起不同的结果。

　　在第二范围内上升,上升角比较小,而且增大迎角时上升角不但不会增加,反而要减小,故通常不在第二范围内上升。

3.2.2　无人直升机上升性能

　　直升机上升与固定翼无人机上升有区别。常规固定翼无人机上升时机头上仰,而直升机上升时机头较平,有时甚至还稍低,此时旋翼迎角是负的,其负值比平飞时要大。

　　1. 保持上升的条件

　　直升机上升所受到的作用力与平飞基本相同,主要有旋翼拉力 T、重力 G、阻力 D 和尾桨拉力 T_{tr} 等。如图 3 - 60 所示。

　　根据不带侧滑的等速直线上升要求,保持上升的条件如下:

　　① 为保持上升角 θ_c 不变,旋翼拉力第一分 T_1 应等于重力第一分力 c,即 $T_1 = G_1 = G\cos\theta_c$。

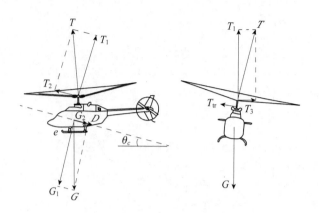

图 3 - 60　直升机上升时的作用力

② 为保持上升速度不变,旋翼拉力第二分力 T_2 应等于重力第二分力 G_2 和阻力之和,即 $T_2 = D + G_2 = D + G\sin\theta_c$。

③ 为保持直升机无侧滑,旋翼拉力第三分力 T_3 应近似等于尾桨拉力 T_{tr},即 $T_3 \approx T_{tr}$。

④ 各外力绕重心的力矩必须取得平衡,即合外力矩为 0。

2. 上升性能指标

直升机的上升性能主要包括最大上升角、最大上升率、上升时间和升限等。

(1) 上升角和上升梯度

上升角是直升机上升轨迹与水平线之间的夹角,用 θ_c 表示,如图 3 - 61 所示。上升角越大,说明经过同样的水平距离所上升的高度越高,直升机的越障能力强。图 3 - 62 中上升角 $\theta_{c1} > \theta_{c2}$,所以上升高度 $H_1 > H_2$。

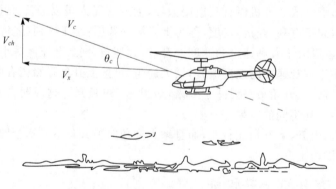

图 3 - 61　直升机的上升角和上升率

上升梯度是上升高度与上升水平距离之比,即高距比。由于 $T_2 = D + G\sin\theta_c$,则 $\sin\theta_c = \dfrac{T_2 - D}{G}$,根据图 3 - 61 得到 $\cos\theta_c = \dfrac{V_x}{V_c}$,则得到上升梯度公式为

$$\tan\theta_c = \frac{T_2 - D}{G} \cdot \frac{V_c}{V_x} = \frac{\Delta P}{G V_x} \qquad (3 - 35)$$

式中,ΔP 为剩余功率;V_x 为上升水平分速。

由上式可知,在直升机重量一定的情况下,上升角和上升梯度的大小取决于剩余功率和上升水平分速两个因素。如果采用经济速度上升,虽然此时剩余功率最大,但此时的水平分速度

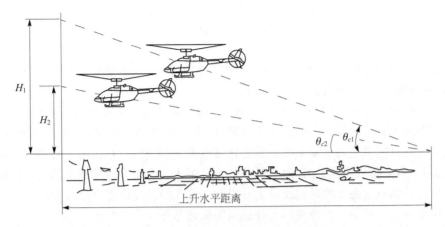

图 3 - 62　上升角、上升高度和上升水平距离

也较大,则上升角并非最大。故以经济速度上升时,上升角和上升梯度并不是最大。

从功率曲线(参见图 3 - 34)可以看出,上升的剩余功率 ΔP 比平飞的大,这个差值在低速尤为明显。本节主要针对速度比较高的情况来分析上升性能,所以可以采用平飞功率曲线来进行分析。

在平飞功率曲线中,可用功率曲线与纵坐标的交点为 A,如图 3 - 63 所示,自 A 点向平飞所需功率曲线作切线,切点 B 处所对应的 ΔP 与 V_x 比值最大,因此以切点所对应的速度上升,可得到最大上升角和上升梯度。图中可以表明,获得最大上升角的速度比经济速度要稍小一些。图 3 - 64 给出了直升机在一定的飞行高度下,上升角与上升速度的关系。

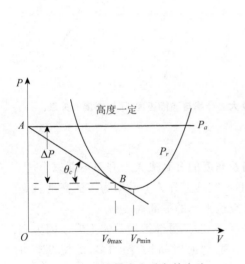

图 3 - 63　确定最大上升角的方法

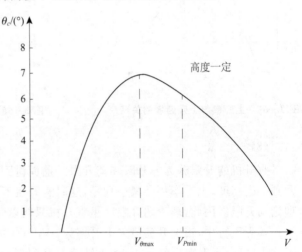

图 3 - 64　上升角与上升速度的关系

(2) 上升率和上升时间

上升率是指直升机上升中单位时间内所升高的高度,即上升垂直速度,用 V_{ch} 表示。上升率大,代表直升机上升到预定高度所用的时间短,这表明直升机能迅速取得高度。直升机上升到一定高度处所需的最短时间,称为上升时间。由此可见,上升率和上升时间是衡量直升机上升性能好坏的重要标志。上升率越大,上升时间越短,表示直升机的上升性能越好。

由图 3－61 可知，$V_{ch}=V_x \cdot \tan \theta_c$，从而可得

$$V_{ch}=\frac{\Delta P}{G}$$

上式表明，上升率的大小与剩余功率 ΔP 成正比，与直升机的重量成反比。当直升机重量一定时，剩余功率越大，直升机的上升率越大。

由平飞功率曲线可知，直升机以不同速度平飞时，剩余功率是不相同的。因此，用不同速度上升时的上升率也不一样。在最小平飞速度处，由于剩余功率为零，故上升率为零，表明利用最小平飞速度只能平飞而不能上升。随着速度增大，剩余功率增大，故上升率逐渐增大。用经济速度上升，由于剩余功率最大，故上升率最大。最大上升率对应的速度就是经济速度。以最大上升率上升到一定高度的时间就是上升时间。大于经济速度上升，因剩余功率减小，故上升率又随速度增大而减小。上升率随上升速度的变化如图 3－65 所示。

由于最大剩余功率随高度升高而减小，因此无人直升机最大上升率随高度升高而减小，如图 3－66 所示。

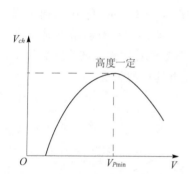

图 3－65　上升率与上升速度的关系

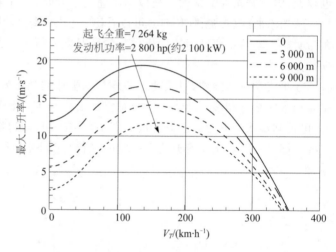

图 3－66　最大上升率与飞行速度、飞行高度的关系

（3）升　限

直升机的升限分为静升限和动升限。前面讲到，随着高度的升高最大上升率不断减小，上升到一定高度，上升率势必减小到零，这时直升机不可能再继续上升。上升率为零的高度就是理论动升限。因此，理论动升限就是直升机只能以唯一空速平飞的最高高度。

实际飞行中，当上升到最大上升率为 0.5 m/s 的高度，一般不再继续做等速上升。因为到了这个高度，上升率已经很小，如再继续上升到理论动升限，势必时间长，耗油多，缩短发动机寿命，实际意义也不大。因此，直升机的实用动升限是指最大上升率为 0.5 m/s 的高度。

由于直升机在一定高度以内能垂直升降和悬停，故把最大垂直上升率为零的悬停高度称为理论静升限，即理论静升限为直升机保持悬停的最高高度。把最大垂直上升率为 0.5 m/s 的高度称为实用静升限。实用静升限受地面效应、风向风速、大气温度、飞行总重等影响。在其他条件相同的情况下，有地面效应的悬停高度要比无地面效应的悬停高度高。大气温度越高，悬停高度越低；反之，悬停高度越高。飞行总重越大，悬停高度越低。

在实用静升限以下，直升机可以做垂直上升，在静升限以上，直升机已不能悬停。在静升

限高度上,虽然直升机悬停时无剩余功率,但若有前进速度,例如以经济速度飞行,仍然有相当大的剩余功率可供利用。也就是说,在此高度上直升机还可以用比较大的上升率上升。如某型直升机在其静升限 2 000 m 的高度上,以经济速度上升,上升率可达 4.5 m/s,其动升限为 5 500 m。直升机在动升限高度只能用一个速度飞行,即只能用经济速度平飞。

　　从理论上讲,在静升限以下的任何高度,直升机都能做垂直上升。但实际上,在距静升限尚远的高度上,直升机的剩余功率已很小,上升率也很小,垂直上升极为缓慢。为了迅速达到静升限,只有放弃垂直上升,而采用具有前进速度的上升办法。因此,如果需要直升机在静升限附近高度上悬停,则可以先用经济速度上升到预定高度,然后再减速进入悬停状态。同样的,在实际飞行中,当利用垂直上升超过障碍物一定高度后,应采用有前进速度的上升方法,以便尽快取得高度。

3. 上升性能的影响因素

　　由式(3-15)可知,旋翼所需的总功率是平飞总功率加上上升功率 P_c,所以,影响上升性能的因素实质上与影响平飞性能的因素相同,包括空气密度、外界风、总重等。

　　(1) 风对上升性能的影响

　　稳定风对无人直升机上升性能的影响与固定翼无人机相同,即水平风不改变上升率,逆风增大上升角,顺风减小上升角,如图 3-67 所示;在上升气流中飞行,上升率和上升角都增大,反之都减小,如图 3-68 所示。

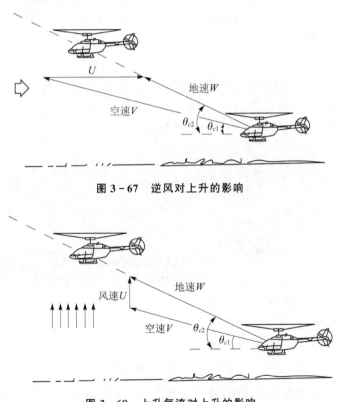

图 3-67　逆风对上升的影响

图 3-68　上升气流对上升的影响

　　直升机在逆风情况下悬停,就相当于直升机以风的速度向前飞行,因此逆风中悬停所需的功率减小。直升机与固定翼无人机一样,在有风的情况下飞行,应该逆风起飞和着陆。

在逆风情况下,直升机虽然容易悬停,但此时如果操纵直升机绕立轴偏转,由于风吹向直升机的角度不断变化,会使操纵复杂,因而不易准确保持直升机的悬停位置和状态。因此,在逆风情况下,直升机悬停转弯的角度有一定限制。

与固定翼无人机情况一样,稳定风对直升机的航时没有影响,而对航程有影响。尤其是当直升机的飞行速度很小时,这种影响就更大。

（2）气温对上升性能的影响

空气温度增高,其作用相当于增加了飞行高度,会使直升机性能变差。例如某型直升机当外界空气温度升高 10 ℃时,其最大载重量减小 160 kg。

因为气温升高,除了容易使发动机过热以外,空气密度还要减小,一方面平飞所需功率增大,另一方面发动机输出功率减小而使可用功率降低,这样导致剩余功率减小,所以直升机的最大上升角和最大上升率都减小。各高度上的最大上升率减小,升限也随之而降低。反之,气温降低,最大上升角、最大上升率将增大,升限升高。

所以,在不同地区或不同季节飞行,如气温变化显著,同一直升机上升性能也会有显著差别。一般来说,在冬季上升性能要好些,而在夏季要差些。

（3）飞行重量对上升性能的影响

直升机重量增加,上升中的重力第一分力和第二分力都将增大。为保持等速上升,必须相应地增加旋翼拉力,即上升所需功率将增大,剩余功率将减小。故重量增加,最大上升角、最大上升率和升限都减小;反之,重量减轻,最大上升角、最大上升率和升限则都增大。

4. 上升的操纵原理

（1）由平飞转入上升

由平飞转入上升,应向后带杆,减小旋翼锥体的前倾量,使拉力第二分力 T_2 减小,平飞速度也相应减小,同时,拉力第一分力 T_1 增加,当拉力第一分力大于重力时,产生向上的向心力,运动轨迹向上弯曲,这样才能逐渐增大上升角而转入上升,如图 3 - 69 所示。

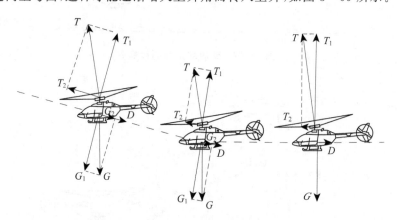

图 3 - 69　由平飞转上升

直升机由平飞转入上升的过程中,随着上升角和上升率的增大,桨叶入流角不断增大,桨叶迎角减小,旋翼拉力减小,为保持旋翼拉力,应适当地上提油门总距杆。在稳定上升中,拉力第二分力 T_2 等于阻力 D 与重力第二分力 G_2 之和,以保持规定的速度上升。上升速度和上升角越大,上提油门变距杆也应越多。

在直线上升中,拉力第一分力 T_1 应等于重力第一分力 G_1。所以,当接近预定的上升角(或上升率)时,应及时地向前稳杆,以便使直升机在达到预定的上升角时,各力保持平衡,使直升机稳定上升。

由于上升所需功率比平飞时大,旋翼的反作用力矩增大,同时,上升速度比平飞速度小,尾桨的拉力减小。因此,在上升的同时还要增大尾桨拉力力矩,以保持好上升方向。

(2) 由上升转入平飞

由上升转入平飞,应向前顶杆,增加旋翼锥体的前倾量,使拉力第二分力增大,拉力第一分力减小,当拉力第一分力小于重力第一分力时,会产生向下的向心力,直升机的运动轨迹向下弯曲,这样才能从上升转入平飞,如图 3 - 70 所示。

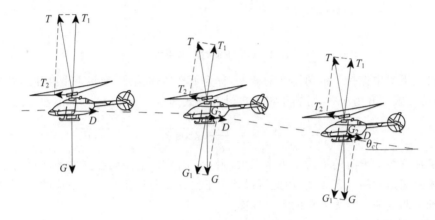

图 3 - 70　由上升转入平飞

由上升转入平飞的过程中,上升角和上升率不断减小,旋翼桨叶入流角减小,为保持旋翼拉力不变,要相应地下放油门总距杆,当上升角(或上升率)接近零时,为保持飞行高度,应稳杆,当速度达到规定值时,应适量向后带杆,以保持规定的速度平飞。

此外,在减小桨距时,旋翼反作用力矩随之减小,转入平飞后速度增大也会使尾桨拉力增大,因此,应减小尾桨拉力,使尾桨拉力力矩与旋翼反作用力矩平衡,保持方向不变。由于平飞速度比上升速度大,旋翼锥体向右后方的倾斜量增加,为保持平飞状态,必须相应地向左前方顶杆。

3.3　下滑性能

无人机沿向下倾斜的轨迹做降低高度的飞行,称为下滑。无人机做急剧降低高度的直线下降飞行,称为俯冲。无人机既不带坡度也不带侧滑,保持等速直线下滑,称为稳定下滑。

3.3.1　固定翼无人机下滑性能

下滑性能主要包括最小下滑角、最小下降率、最大下滑距离和下滑时间。

1. 下滑速度

根据下滑运动的定义,如图 3 - 71 所示,无人机在做等速度直线下滑时的作用力关系为

$$\begin{cases} D = T + G \sin \theta_d \\ L = G \cos \theta_d \end{cases} \tag{3 - 36}$$

其中，θ_d 为下滑角，即为负的轨迹俯仰角，这里取正值。

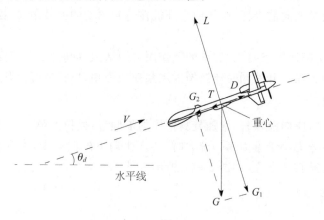

图 3 - 71　下滑时的作用力

无人机在下滑中保持下滑角不变的速度，称为下滑所需速度，简称下滑速度，记作 V_d。由式（3 - 36）第二式和升力公式，可得下滑速度计算公式为

$$V_d = \sqrt{\frac{2G\cos\theta_d}{C_L\rho S}} = \sqrt{\frac{2G}{C_L\rho S}}\sqrt{\cos\theta_d} = V_l\sqrt{\cos\theta_d} \qquad (3-37)$$

如果定常直线下滑时的下滑角不是很大，则 $\cos\theta_d \approx 1$，这说明在其他条件相同时，下滑速度约等于相同迎角时的平飞速度，因此可以认为下滑速度与迎角是一一对应的，这样就可以直接用平飞推力曲线来分析无人机的下滑性能。

2. 下滑性能指标

下滑性能指标主要用下滑角、下降率和下滑距离等来衡量。

（1）下滑角

下滑轨迹与水平面之间的夹角，称为下滑角 θ_d。下滑角小，表明飞机下降同样的高度，前进的水平距离远。在飞行中，常常根据不同的需要，选择采用闭油门下滑或是带油门下滑。下滑角则因下滑方式的不同，具有不同的变化规律。

1）带油门下滑

式（3 - 36）即为带油门下滑时的作用力关系，变换后得

$$\begin{cases} G\sin\theta_d = D - T \\ G\cos\theta_d = L \end{cases} \qquad (3-38)$$

式中的 $D - T$ 称为剩余阻力，用 ΔD 表示。式（3 - 38）等号两边分别相除，在下滑角较小的情况下，$L \approx G$，可得下滑角的计算公式为

$$\tan\theta_d = \frac{1}{K} - \frac{T}{G} \qquad (3-39)$$

$$\theta_d = \arctan\left(\frac{1}{K} - \frac{T}{G}\right) \qquad (3-40)$$

式中，T/G 为推力与飞机重力的比值，称为推重比。上式表明，在带油门下滑的情况下，下滑角的大小不仅与升阻比有关，还与推重比有关。升阻比大，下滑角小；推重比大，下滑角也小；油门一定，飞机重量大，T/G 小，则下滑角大。着陆下滑，飞机重量重，就要相应地增大油门和速度，才能保持下滑角不变。

对于活塞式飞机,由于拉力随速度增大而减小,因此,带油门下滑时,其剩余阻力最小所对应的速度(即能获得最小下滑角的速度)要小于有利速度,带油门越多,该速度越小,直到以经济速度平飞,下滑角为零,如图 3 - 72 所示。所以,活塞式飞机带油门时的有利下滑速度介于经济速度与有利速度之间。

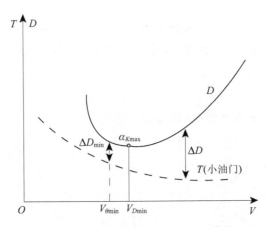

图 3 - 72　带油门和闭油门下滑的有利速度

对于喷气式飞机,由于推力随速度变化较小,当油门一定时,不论带油门与否,剩余阻力均在有利速度时为最小,因此,获得最小下滑角的下滑速度(也称有利下滑速度)均为有利速度。

2) 闭油门下滑

闭油门下滑时,推力为零,此时的下滑角计算公式为

$$\theta_d = \arctan \frac{1}{K} \tag{3 - 41}$$

上式表明,在闭油门的情况下,下滑角只与升阻比有关。升阻比越大,下滑角越小。而升阻比主要随迎角变化,因此,用有利速度即有利迎角下滑,升阻比最大,下滑角最小。所以在闭油门下滑中,一个下滑速度对应一个迎角,也对应着一个固定的下滑角。飞行中,通过改变迎角来改变下滑角。

以小于有利迎角,即以大于有利速度下滑,若增大迎角(此时迎角不致大于有利迎角),则升阻比增加,下滑角减小;同时,升力系数增大,下滑速度减小。以大于有利迎角,即以小于有利速度下滑,如增大迎角,起初虽然升力增大可使下滑角减小,但这是暂时现象,最后由于升阻比的减小,下滑角终究是要增大的。可见在大于有利速度和小于有利速度这两种情况下,同样是增大迎角,下滑角的变化是相反的。因此以有利速度为界,可把下滑速度分为两个范围,大于有利速度称为下滑第一范围,小于有利速度称为下滑第二范围。在第二范围内下滑不仅增大迎角会使下滑角增大,而且这时速度小,容易失速,因此要注意飞行安全。

(2) 下降率

无人机每秒钟所下降的高度,称为下降率,记为 V_{dh}。下降率小,表明无人机降低同样高度所需的时间长,即无人机的留空时间久。下降率计算公式为

$$V_{dh} = V_d \sin \theta_d \tag{3 - 42}$$

即下降率 V_{dh} 的大小取决于下滑速度和下滑角。

由式(3 - 36)第一式,同时考虑到此时 $T = 0$,可得

$$\sin \theta_d = \frac{D}{G} \qquad (3-43)$$

则下降率为

$$V_{dh} = \frac{D \cdot V_d}{G} \qquad (3-44)$$

其中,$D \cdot V_d$ 为需用功率。无人机以经济速度下滑时,需用功率最小,此时下降率最小。由于经济速度处于下滑第二范围,不仅速度小,而且增大迎角反而会使下滑角继续增大,所以操纵时应特别注意。

（3）下滑距离

无人机下滑中所经过的水平距离,称为下滑距离
L_d。从图 3-73 可知

$$\tan \theta_d = \frac{H}{L_d}$$

将式(3-39)代入上式,得

$$L_d = \frac{H}{\dfrac{1}{K} - \dfrac{T}{G}} \qquad (3-45)$$

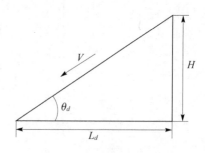

图 3-73　下降高度、下滑角
与下滑距离的关系

闭油门下滑时,$T=0$,式(3-45)变为

$$L_d = H \cdot K \qquad (3-46)$$

可见闭油门下滑,下滑距离与升阻比、下降高度成正比。能够取得最远下滑距离的速度,称为远滑速度。闭油门下滑,远滑速度就是有利速度。

飞行中可以根据滑翔比估计下滑距离。滑翔比,也称为空滑比,是指在无动力状态下无人机的下滑距离与下降高度的比值,即每下降 1 m 高度所前进的水平距离。无风闭油门下滑时,滑翔比等于升阻比。

3. 影响下滑性能的因素

（1）稳定风的影响

稳定风对下滑的影响,其道理与对上升的影响相同。水平风对下降率无影响;逆风使无人机下滑角增大、下滑距离缩短;顺风则使下滑角减小、下滑距离增大,如图 3-74 所示。

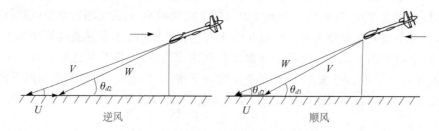

图 3-74　稳定水平风对下滑的影响

无人机在顺风或逆风中下滑,其下滑距离可按下式计算,即

$$L_d = KH \pm Ut \qquad (3-47)$$

式中,U 为风速,m/s;t 为下滑时间,s。逆风用"-"号,顺风用"+"号。

稳定上升气流将使下滑角和下降率均减小;稳定下降气流将使下滑角和下降率均增大,如

图 3-75 所示。

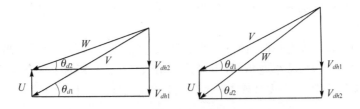

图 3-75　稳定垂直气流对下滑的影响

同样的,在稳定的风场中飞行,风改变的只是地速,所以空速表的指示、无人机的迎角和作用于无人机的空气动力也与无风时完全相同,无人机的俯仰角也不变。

(2) 气温的影响

闭油门下滑,气温升高,最小下降率增大;气温降低,最小下降率减小。但气温改变时,最小下滑角并不改变。因为气温改变时,各迎角的升阻比并不改变,其所对应的下滑角也不改变。所以用有利迎角下滑的最小下滑角和最大下滑距离都不变。但由于下降率取决于下滑角和下滑真速,气温升高,空气密度减小,各迎角所对应的下滑真速增大,相应的下降率都要增大,最小下降率也就增大。反之,气温降低,最小下降率减小。

(3) 无人机重量的影响

闭油门下滑,无人机重量增加时,最小下滑角不变,但远滑速度和最小下降率均增大。这是因为重量改变时,各迎角所对应的升阻比并不改变,所以相应的下滑角也不变。因此,用有利迎角下滑的最小下滑角和最大下滑距离都不变。但是,随着重量的增加,重力第二分力增加,为了使阻力也随之增大而与重力第二分力取得平衡,远滑速度应增大。同理,以经济迎角下滑的下滑角相同而下滑速度增大,最小下降率势必增大。反之,若无人机重量减轻,则最小下滑角不变,远滑速度和最小下降率均减小。

带油门下滑,若保持迎角不变,无人机重量增加,则不仅远滑速度和最小下降率增大,下滑角也要增大。从式(3-40)可以看出,重量增大,各迎角下的下滑角增大。下滑角增大使重力第二分力增大更多,相同迎角下的下滑速度增大,远滑速度也就增大。各迎角下的下滑角和下滑速度同时增大,使得下降率普遍增大,最小下降率也就增大。无人机重量减轻,对带油门下滑性能的影响则与上述情况相反。

4. 改变下滑状态的原理

(1) 用油门改变下滑状态的原理

下滑中,保持迎角不动,只动油门,加(减)油门,下滑角减小(增大),而下滑速度基本不变。

例如,下滑中,加点油门,推力增大,剩余阻力 $D-T$ 减小,由 $G\sin\theta_d = D-T$ 可知,只需较小的重力第二分力就能平衡剩余阻力,因此稳定后的下滑角减小。因下滑角的变化对所需升力影响很小,故下滑速度与未操纵前基本相同。

(2) 调整升降舵改变下滑状态的原理

下滑中,当油门位置一定(或闭油门)时,调整升降舵改变迎角后,下滑速度和下滑角都要改变。

例如,在下滑第一范围,增大迎角时,迎角向有利迎角靠近,升阻比增大;稳定后所需的升力基本不变,阻力减小,剩余阻力 $D-T$ 减小,因此下滑角减小,由于所需升力基本不变,而升力系数增大,故下滑速度也减小。反之,减小迎角时,升力系数减小,升阻比减小,下滑速度增大,下滑角也增大。

在下滑第二范围,增大迎角时,因升力系数增大,下滑速度减小,但因升阻比减小,稳定后的下滑角是增大的。反之,减小迎角时,下滑速度增大,稳定下来的下滑角反而减小。在实际飞行中,为避免这种反常的操纵现象,通常不在第二范围内下滑,即下滑速度不应小于有利速度。

与上升情况一样,在对无人机施加操纵到无人机重新稳定下来,中间也有一短暂的振荡过程。

（3）升降舵和油门配合改变下滑状态的原理

实际飞行中,为了使无人机在操纵后很快地达到新的稳定状态,就需要升降舵和油门的协调配合操纵。例如,下滑中,需要减小下滑角而不改变下滑速度时,则应在增大迎角的同时稍加油门,待下滑角减小后,再将升降舵基本上回到原来的位置,保持在新的下滑角下滑。因为增大迎角后,下滑角减小,重力第二分力减小,小于剩余阻力 $D-T$,速度要减小,为了保持下滑速度不变,故需加点油门。反之,要增大下滑角而不改变下滑速度时,则应在减小迎角的同时稍收点油门,然后将升降舵基本上回到原来的位置。

3.3.2　无人直升机下滑性能

为了与垂直下降飞行状态区别开来,直升机沿倾斜向下的轨迹所做的飞行叫下滑。直升机下滑与平飞、上升相比,旋翼迎角是随着下降率改变的,如图 3-76 所示。

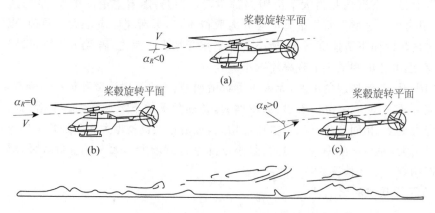

图 3-76　直升机以不同倾斜轨迹下滑

在下滑速度较大和下滑角比较小的条件下,当相对气流以一定角度从上面流向桨毂旋转平面时,旋翼迎角为负值,如图 3-76(a)所示;当气流平行桨毂旋转平面时,旋翼迎角为零,如图 3-76(b)所示;在下滑速度较小和下滑角较大的下滑条件下,当气流以一定角度从下面流向桨毂旋转平面时,旋翼迎角为正值,如图 3-76(c)所示。

同样,旋翼第二分力的方向也随着下滑角改变,即在下滑角很小时方向朝前,在下滑角较大时方向朝后。下面重点分析带油门下滑中,拉力第二分力方向朝后的下滑状态。

1. 下滑保持条件

同分析上升的作用力一样,将重力和旋翼拉力分解为垂直于直升机运动方向的第一分力

（G_1 和 T_1）和平行于运动方向的第二分力（G_2 和 T_2），以及在水平面内的第三分力 T_3，如图 3-77 所示。

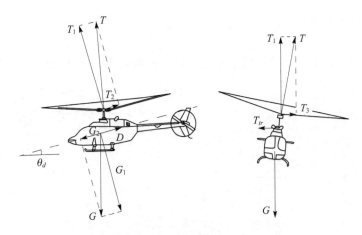

图 3-77　下滑时的作用力

同平飞或上升的平衡条件类似，保持无侧滑等速直线下滑的条件如下：

① 为保持下滑角不变，旋翼拉力第一分力 T_1 应等于重力第一分力 G_1，即 $T_1 = G_1 = G\cos\theta_d$。

② 为保持下滑速度不变，重力第二分力 G_2 应等于旋翼拉力的第二分力 T_2 与空气阻力 D 之和，即 $T_2 + D = G_2 = G\sin\theta_d$。

③ 为保持下滑中不出现侧滑，旋翼拉力第三分力 T_3 应与尾桨拉力 T_{tr} 近似相等，即 $T_3 \approx T_{tr}$。

④ 作用于直升机的各外力绕重心形成的力矩也应取得平衡，即合外力矩为 0。

2. 下滑性能指标

（1）下滑角与下滑距离

由图 3-78 可得到下滑角 θ_d 和下滑距离 L_d 间的关系为

$$L_d = \frac{H}{\tan\theta_d} \tag{3-48}$$

由式（3-48）可知，若以同样的下滑角下滑，下降高度越多，则下滑距离越长，如图 3-78(a) 所示。若下降高度相等，下滑角越小，则下滑距离越长，如图 3-78(b) 所示。

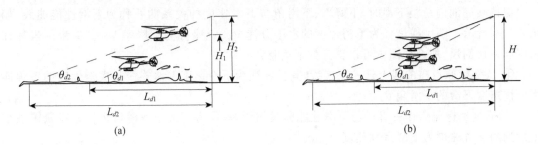

图 3-78　下滑角和下滑距离的关系

在发动机工作的条件下，直升机的下滑角可以在 0°～90°的范围内变化，下滑角为 90°的飞行叫垂直下降。

（2）下降率

由图 3-79 可得下降率 V_{dh} 为

$$V_{dh} = V_d \sin \theta_d \tag{3-49}$$

由式（3-49）可知，下降率是随着下滑速度及下滑角的增大而增大的。

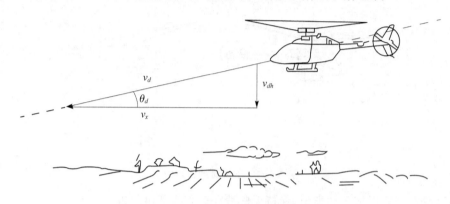

图 3-79　直升机的下降率

下滑中飞行高度不断降低，直升机所具有的势能不断减小，在单位时间内势能的减少量为 $\Delta E = GV_{dh}$。下降中所减小的势能将转化为旋翼旋转的能量。因此，下滑所需要的功率 P_{rd} 将比保持同样速度的平飞所需功率 P_{rl} 小。它们之间的差值就是单位时间内直升机势能的减少量，即 $P_{rl} - P_{rd} = GV_{dh}$。保持稳定下滑的所需功率是在油门总距一定的条件下，由直升机的可用功率 P_a 来满足的，即 $P_{rd} = P_a$。故可以得到

$$P_{rl} - P_a = GV_{dh} \tag{3-50}$$

整理，得到

$$V_{dh} = \frac{P_{rl} - P_a}{G} \tag{3-51}$$

从式（3-51）可以看到，在飞行重量和油门总距一定的条件下，下降率的大小仅与平飞所需功率有关。从平飞所需功率曲线图 3-34 可知，以过大或过小的速度下滑，因平飞所需功率较大，故下降率较大。以经济速度下滑，因平飞所需功率最小，故能获得最小的下滑率。

（3）下滑性能曲线

保持某一油门总距下滑时，下降率、下滑角与下滑速度的关系曲线称为下滑性能曲线，如图 3-80 所示。图中横坐标为下滑速度的水平分速 V_x，纵坐标为下降率 V_{dh}。如果两坐标轴采用同一比例尺，那么从图中可以得到如下信息：

① 从坐标原点向曲线上任一点连线，其长度即为下滑速度 V_d，连线与横坐标轴的夹角即为以该速度下滑的下滑角 θ_d。

② 通过坐标原点作一直线与下滑性能曲线相切，即可得到最小下滑角 $\theta_{d\min}$。能获得最小下滑角的下滑速度为下滑有利速度 $V_{D\min}$。

③ 作一水平线与下滑性能曲线相切，切点对应的速度为最小下降率所对应的速度，即经济速度 $V_{P\min}$。

如果改变桨距位置，可用功率相应变化，下滑性能也随之变化。上提总距杆，可用功率增

大,以不同速度下滑的下降率和下滑角都有所减小,下滑性能曲线向下平移;反之,下放总距杆,可用功率减小,以不同速度下滑的下降率和下滑角都有所增大,下滑性能曲线向上平移。不同桨距条件下的下滑曲线如图 3-81 所示,其中 $\varphi_1 > \varphi_2 > \varphi_3 > \varphi_4$。

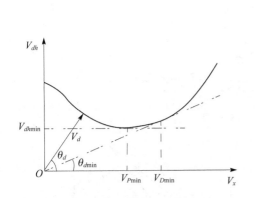

图 3-80　某一油门桨距的下滑性能曲线　　　　图 3-81　不同桨距的下滑性能曲线

　　从图 3-81 还可看出,以不同桨距下滑,其经济速度将保持不变,约等于平飞经济速度,但下滑有利速度却随桨距位置而改变。当上提总距杆时,下滑有利速度向经济速度靠近;下放总距杆时,下滑有利速度向平飞有利速度靠近。当直升机以旋翼自转状态下降时,下滑有利速度增至约与平飞有利速度相等。

　　当油门为慢车,总距杆下放到最低位置时,可用功率趋近于零,单位时间内直升机所减小的势能将全部用以满足旋翼旋转所需要的功率,即直升机处于自转下降。

　　综上所述,在同一桨距位置条件下,直升机以不同速度下滑会产生不同的下降率、下滑角和下滑距离。以经济速度下滑,下降率最小;以下滑有利速度下滑,下滑角最小,下滑距离也最长。在保持相同下滑速度条件下,上提总距杆,下降率和下滑角减小,下滑距离增长;反之,下放总距杆,则下降率和下滑角增大,下滑距离缩短。

3. 下滑性能的影响因素

(1) 风的影响

　　风对下滑的影响和风对上升的影响是一样的。逆风使直升机在单位时间内前进的水平距离缩短,引起下滑角增大和下滑距离缩短,如图 3-82 所示。反之,顺风使下滑角减小,下滑距离增长。在空速相同的情况下,顺风、逆风只改变直升机的实际水平速度,对下降率没有影响。

　　直升机在上升气流中下滑,下降率减小,下滑角也减小,下滑距离增长。反之,下降气流则使下滑角和下降率增大,下滑距离缩短,如图 3-83 所示。

(2) 气温的影响

　　气温升高,空气密度减小,在油门总距一定的情况下,直升机的可用功率减小。此外,气温升高,平飞所需功率增大。这样,一定油门桨距的可用功率与平飞所需功率的差值将增大。如前所述,这一差值由直升机下滑中单位时间内势能的减少量来弥补。因此,如下滑速度和油门总距保持不变,气温升高,直升机的下降率和下滑角将增大,下滑距离缩短。反之,气温降低,下降率和下滑角将减小,下滑距离增长。

　　气温改变对下滑性能的影响如图 3-84 所示。由图中可以看出,保持同一油门总距以较

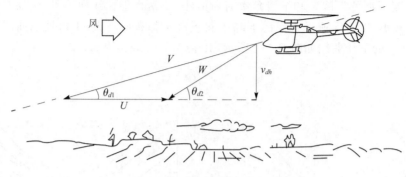

图 3-82　逆风对下滑的影响

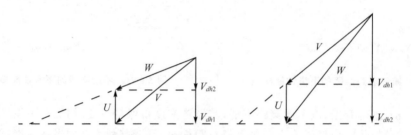

图 3-83　升降气流对下滑的影响

小的速度下滑,气温改变,下降率将有明显的变化,这是因为气温改变对小速度平飞所需功率的影响较大。以较大速度下滑,由于气温对平飞所需功率的影响不大,故下滑性能变化不明显。

（3）重量的影响

一方面,根据下降率公式可知,飞行重量增大,平飞所需功率增大,将导致下降率增大。另一方面,飞行实践表明,飞行重量增加后,由于平飞所需功率增大所引起的下降率增大占主要作用,所以下降率将增大得更明显。

在保持桨距和下滑速度不变的条件下,飞行重量增加,由于下降率增大,下滑角也增大,故下滑距离缩短。直升机以较小的速度下滑时,由于飞行重量增加,使诱阻功率增加较多,下降率增大得更加明显;而在较大速度下滑时,飞行重量增加所对应的下降率和下滑角增大得不明显,如图 3-85 所示。

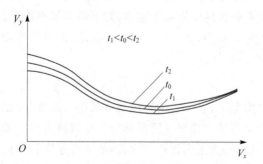

图 3-84　气温对下滑性能的影响

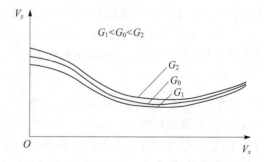

图 3-85　飞行重量对下滑性能的影响

4. 下滑的操纵原理

（1）由平飞转入下滑

如果直升机由平飞转入下滑，应先下放油门总距杆，这时旋翼拉力减小，拉力第一分力小于重力，产生向下的向心力，使直升机运动轨迹向下弯曲，由平飞转入下滑，如图 3-86 所示。

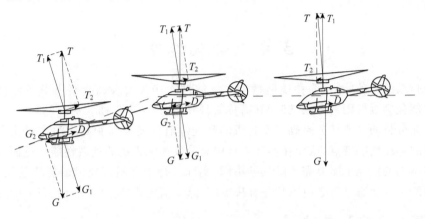

图 3-86　由平飞转入下滑

在一般情况下，下滑速度比平飞速度小，在下放油门总距杆的同时应带杆，使直升机减速，当速度减小到接近下滑速度时，再柔和地向前松杆，用油门总距杆和操纵杆调整下降率和下滑速度，保持下滑角，使重力第二分力 G_2 与拉力第二分力 T_2 同空气阻力 D 之和相等；拉力第一分力 T_1 与重力第一分力 G_1 相等，保持等速直线下滑。由于下放油门总距杆，旋翼反作用力矩减小，因此，要减小尾桨拉力力矩，以保持下滑方向。

（2）由下滑转入平飞

由下滑转入平飞，应上提油门总距杆，增大旋翼拉力，这时，拉力第一分力 T_1 大于重力第一分力 G_1，产生向上的向心力，使直升机的运动轨迹向上弯曲，而逐渐转入平飞，如图 3-87 所示。

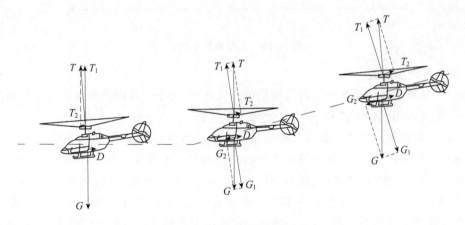

图 3-87　由下滑转入平飞

当下滑角减小时，重力第二分力 G_2 随之减小，会引起飞行速度减小，故应前推操纵杆，增大旋翼向前的拉力第二分力 T_2，当达到预定的平飞速度时，要回杆，使旋翼拉力第二分力 T_2

与空气阻力 D 保持平衡。由于上提油门变距杆,旋翼反作用力矩增大,因此要增大尾桨拉力力矩,以保持平飞方向。

综上所述,由平飞转下滑的操纵方法为:下放总距杆→向后带杆→向前松杆,始终修正偏转,保证航向。由下滑转水平的操纵方法为:上提总距杆→向前顶杆→向后回杆,始终修正偏转,保证航向。

3.4　续航性能

无人机持续航行的能力,简称续航性能。续航性能涉及无人机能够飞得多远、多久的问题。续航性能包括续航距离和续航时间(简称航程和航时)两个方面。

续航性能分析的主要任务是确定无人机的最佳续航性能及其所对应的飞行状态,以便于了解无人机的续航性能特点,从而在实际飞行中充分发挥无人机的续航性能。然而,不同类型的无人机在不同的情况下需要完成的任务不同,实际飞行中并不都能以最佳续航性能状态飞行。无人机的飞行状态常常是由飞行任务决定的,这就需要确定给定飞行状态下的续航性能。

3.4.1　基本概念和参数

1. 航程和航时

航程 R 是指飞机在上升、下滑和巡航飞行阶段所飞过的总的水平距离。航时是指飞机在上升、下滑和巡航阶段飞行所需的总时间。

飞机的航程如图 3-88 所示,其中巡航段往往占总航程、总航时的主要部分。

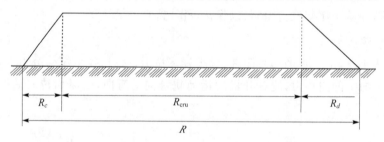

图 3-88　航程的三个阶段

2. 平飞可用燃油量

飞行中,能够供给飞机在平飞阶段使用的燃油量,称为平飞可用燃油量。在其他条件不变的情况下,平飞可用燃油量越多,平飞航时和航程越长。

平飞可用燃油量与飞机装载的总燃油量有关。总燃油量越多,可供平飞阶段使用的燃油量也就越多。然而,每次执行任务飞机所装的总燃油量并不能完全用于平飞。因为飞机起飞前,发动机在地面工作(包括暖机、试车、滑行)、起飞后上升到预定高度,以及下滑着陆等,都要消耗一些燃油。另外,还要留出 10% 的备份燃油量,以应付航线保持得不准确或气象条件发生变化等特殊情况的需要。所以,从总燃油量中扣除上述燃油之后剩下的燃油量,才是单机飞行的平飞可用燃油量,可用公式表示为

$$m_l = 0.9[m_t - (m_g + m_c + m_d)] \qquad (3-52)$$

式中,m_l 为平飞可用燃油;m_t 为飞机的总燃油量;m_g 为起飞前发动机在地面工作所消耗的

燃油量;m_c 为上升到预定高度所消耗的燃油量;m_d 为下滑着陆所消耗的燃油量,单位均为 kg。其中,m_g、m_c、m_d 均可从各型飞机的航程与航时计算说明书中查得。

飞机的总燃油量、备份燃油量,以及起飞前在地面所消耗的燃油量都是一定的。故平飞可用燃油量的多少,主要与飞机上升到预定高度和由该高度下滑时所消耗的燃油量有关。如减少了上升、下滑段所消耗的燃油量,平飞可用燃油量增加,平飞航时和平飞航程就会增长。

3. 燃油消耗率

(1) 活塞式飞机的燃油消耗率

从发动机工作原理可知,活塞式发动机的燃油消耗率是发动机每输出 1 W 有效功率,每小时所消耗的燃油量,记作 C,单位为 kg/(W·h)。

(2) 喷气式飞机的燃油消耗率

喷气发动机需要消耗一定的燃油才能产生一定的推力。发动机每产生 1 N 推力,每小时消耗的燃油量,称为喷气式飞机的燃油消耗率,记作 C,单位为 kg/(N·h)。燃油消耗率增大,则发动机的经济性差;反之,则发动机经济性好。

4. 小时燃油消耗量和千米燃油消耗量

(1) 小时燃油消耗量

每飞行 1 h,发动机所消耗的燃油,称为小时燃油消耗量,记作 C_h,单位为 kg/h。显然,飞机的平飞可用燃油量一定时,小时燃油消耗量越小,平飞航时越长。

(2) 千米燃油消耗量

飞机每飞行 1 km 距离,发动机所消耗的燃油,称为千米燃油消耗量,记作 C_k,单位为 kg/km。飞机的平飞可用燃油量一定时,千米燃油消耗量越小,平飞航程越远。

由千米燃油消耗量和小时燃油消耗量的定义可知,在无风时,千米燃油消耗量可用小时燃油消耗量和飞行速度表示为

$$C_k = \frac{C_h}{V} \tag{3-53}$$

研究飞机的航程与航时,就是研究分析各种飞行条件下,飞机的 C_k 或 C_h 的变化规律,分析如何才能使 C_k 或 C_h 达到最小,即获得最远航程或最长航时。

3.4.2　固定翼无人机的续航性能

1. 活塞式无人机的航时和航程

(1) 活塞式发动机燃油消耗率的变化

从发动机工作原理可知,装有恒速螺旋桨的发动机用不同的转速并配合相应的进气压力,都能得到相同的发动机有效功率。从图 3-89 所示的试验曲线可以看出,要产生一定的有效功率,可以在图中的转速范围内以任一转速,采用相对应的进气压力获得。但从图中可以看到,如果发动机有效功率不变,选用的转速越大,燃油消耗率就越大。可见,如需降低燃油消耗率,应尽量使用较小的转速。

(2) 活塞式无人机的平飞航时

1) 小时燃油消耗量和航时

根据小时燃油消耗量和活塞式飞机燃油消耗率的定义,活塞式飞机平飞时的小时燃油消

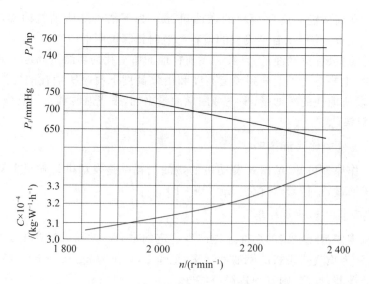

图 3 - 89　发动机有效功率一定时,燃油消耗率随转速和进气压力的变化

耗量应等于其燃油消耗率与发动机有效功率的乘积,即

$$C_h = C \cdot P_e \tag{3-54}$$

活塞式飞机的发动机不像喷气发动机能够直接产生推力,而是通过驱动螺旋桨旋转间接产生使飞机前进的动力。因此其发动机的有效功率 P_e 不可能完全转化为螺旋桨的有效功率 P_b。根据螺旋桨相关知识,螺旋桨有效功率与发动机有效功率的比值 P_b/P_e,称为螺旋桨效率 η,而稳定平飞时,螺旋桨有效功率 P_b 应等于平飞需用功率 P_r。故有

$$P_e = P_r/\eta \tag{3-55}$$

将式(3-55)代入式(3-54),得

$$C_h = C \cdot \frac{P_r}{\eta} \tag{3-56}$$

由无人机平飞可用燃油量 m_l 和小时燃油消耗量 C_h,可得平飞航时 t_l 为

$$t_l = \frac{m_l}{C_h} \tag{3-57}$$

以经济速度平飞,需用功率最小,根据式(3-56),如不考虑螺旋桨效率和燃油消耗率的影响,此时的小时燃油消耗量最少,平飞航时最长。

2) 久航速度

然而,平飞速度变化时,燃油消耗率和螺旋桨效率都会相应变化。从发动机原理得知,活塞式发动机获得最小燃油消耗率的功率大致为额定功率的 $60\%\sim75\%$。以经济速度平飞,所需的发动机功率一般较小,燃油消耗率达不到最小。同时,能获得最高螺旋桨效率的飞行速度一般都大于经济速度。因此,在经济速度下,小时燃油消耗量并非最小。活塞式无人机的久航速度 V_{me} 一般都比经济速度稍大一些,如图 3-90 中的 V_2 所示。

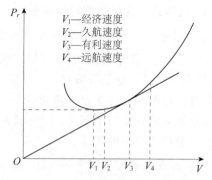

图 3 - 90　活塞式无人机的久航速度与远航速度

不过,从图 3-90 看出,在经济速度 V_1 与平飞有利速度 V_3 之间,飞行速度增大时,平飞需用功率增加得比较缓慢。同时,在这一速度范围,活塞式飞机的燃油消耗率和螺旋桨效率变化都比较缓慢,故小时燃油消耗量和平飞航时的变化。都不很明显。因此,在这一速度范围内以任一速度平飞,航时都接近最大值。

高度升高,无人机在上升段消耗的燃油增多,平飞可用的燃油减少,因而平飞航时短。另外,高度升高,同一表速对应真速增大,平飞需用功率增加,而燃油消耗率与螺旋桨效率的变化量一般较小。因此,小时燃油消耗量通常随高度升高而增大,使平飞航时缩短。可见,活塞式飞机表速不变时,高度升高,平飞航时缩短。

3) 久航时间估算

使用活塞式发动机的无人机的久航飞行状态与喷气式不同。根据布雷盖(Breguet)公式,留空时间 t(h)为

$$t = \frac{10\eta K(m - 0.5m_t)}{CV_{me}}\left(\frac{1}{(m - m_t)^{0.5}} - \frac{1}{m^{0.5}}\right) \tag{3-58}$$

如用统计估算法,留空时间 t 为

$$t = \frac{1\,550\eta K}{CV_{me}}\left[1 - \left(\frac{m - m_t}{m}\right)^{0.1}\right] \tag{3-59}$$

式中,m 为无人机起飞质量,kg。

理论分析表明如用有利速度飞行,活塞式无人机可得到最大航程。久航飞行则要用经济迎角。经济迎角是对应 $C_L^{1.5}/C_D$ 最大时的迎角,参数 $C_L^{1.5}/C_D$ 亦称为功率因数(power factor),这个迎角比有利迎角大。理论上功率因数最大时,$C_L = 1.73C_{Lopt}$,$C_D = 4C_{D0}$,$K_{me} = 0.865K_{max}$,经济巡航速度 $V_{Pmin} = 0.76V_{Dmin}$。

例如,"捕食者"无人机遂行任务时,已知 $V_{me} = 100$ km/h,$K = 11.5$,$m = 1\,020$ kg,$m_t = 295$ kg,螺旋桨效率 $\eta = 0.8$,$C = 0.30$ kg/(hp·h),用公式(3-58)计算

$$t = \frac{10 \times 0.8 \times 11.5(1\,020 - 0.5 \times 295)}{0.3 \times 100}\left(\frac{1}{(1\,020 - 295)^{0.5}} - \frac{1}{1\,020^{0.5}}\right) \approx 15.5 \quad (\text{h})$$

用公式(3-59)计算得

$$t = \frac{1\,550 \times 0.8 \times 11.5}{0.3 \times 100}\left[1 - \left(\frac{1\,020 - 295}{1\,020}\right)^{0.1}\right] \approx 16 \quad (\text{h})$$

(3) 活塞式飞机的平飞航程

1) 千米燃油消耗量

将式(3-56)代入式(3-53),得活塞式飞机的千米燃油消耗量为

$$C_k = \frac{C \cdot P_r}{\eta V} \tag{3-60}$$

由式(3-60)可知,如不考虑燃油消耗率和螺旋桨效率的影响,则平飞需用功率与飞行速度之比(P_r/V)越小,千米燃油消耗量越小,平飞航程最长。活塞式飞机的平飞航程 R_{cru} 为

$$R_{cru} = \frac{m_t}{C_k} \tag{3-61}$$

活塞式飞机平飞所需的拉力就等于平飞需用功率与速度之比。以有利速度平飞,所需的拉力最小。可见,有利速度下的平飞需用功率与速度之比最小,如不考虑燃油消耗率和螺旋桨效率的影响,活塞式飞机的远航速度就等于平飞有利速度。

实际上,平飞有利速度下,所需的发动机有效功率一般都小于燃油消耗率最小的功率,其燃油消耗率并非最小;而且有利速度比最大平飞速度小得多,螺旋桨效率也不太高。因此,活塞式飞机的远航速度应比平飞有利速度稍大一些。各型飞机的远航速度均可从该型飞机的航程与航时计算说明书中查得。

活塞式飞机一般存在一个远航高度,但也有一些飞机的航程随高度升高而持续缩短。总的来说,活塞式飞机一般是在低空飞得久和飞得远,这是活塞式飞机与喷气式飞机续航性能的最大区别。

2) 活塞式无人机航程估算

早期计算活塞式无人机航程有一个布雷盖(Breguet)公式,也可用于现代无人机:

$$R = 173\left(\frac{\eta K}{C}\right) \cdot \lg\left(\frac{m}{m - m_t}\right) \tag{3-62}$$

一般情况只能知道发动机额定功率或起飞功率时的 C_0,所以 C 在没有试飞前难以确定。根据当年统计数据(参照 NACA TR234),航程也可用下式估算:

$$R = 120\left(\frac{\eta K}{C_0}\right) \cdot \left[1 - \left(\frac{m - m_t}{m}\right)^{0.6}\right] \tag{3-63}$$

例如,"捕食者"无人机遂行任务时,$m = 1\,020$ kg,$m_t = 295$ kg,巡航升阻比为 13,螺旋桨效率 $\eta = 0.8$,$C = 0.30$ kg/(hp · h),$C_0 = 0.25$ kg/(hp · h),巡航高度 7 000 m,巡航速度 130 km/h。用公式(3-62)计算:

$$R = 173\left(\frac{0.8 \times 13}{0.3}\right) \cdot \lg\left(\frac{1\,020}{1\,020 - 295}\right) \approx 890 \quad (\text{km})$$

用公式(3-63)计算:

$$R = 120\left(\frac{0.8 \times 13}{0.25}\right) \cdot \left[1 - \left(\frac{1\,020 - 295}{1\,020}\right)^{0.6}\right] \approx 925 \quad (\text{km})$$

资料给出应用航程为 740 km,因要扣除起飞、上升等用油。

2. 喷气式飞机的航时和航程

(1) 喷气发动机燃油消耗率的特点

每一种类型的发动机,其燃油消耗率都有其自身独特的变化规律。喷气式飞机的燃油消耗率随飞行速度和高度变化较缓慢,而发动机转速是其最重要的影响因素。其变化情形可以通过试验得出。

1) 喷气发动机燃油消耗率随飞行速度的变化

在发动机转速和高度不变的条件下,燃油消耗率随飞行速度的增加而增大;并且,速度范围不同,燃油消耗率增加的程度也不一样。其变化趋势如图 3-91 所示。

在小速度范围内增大飞行速度时,如图中 $V < 400$ km/h,一方面因进入发动机的空气量增加,使每小时消耗的燃油量相应地增多;另一方面还引起推力减小,故燃油消耗率增加得比较迅速,如图 3-91 中曲线 AB 段所示。

在亚声速到超声速的很大一段速度范围内,如图 3-91 中速度从 400 km/h 到 2 000 km/h,随着飞行速度的增大,由于进入发动机的空气量继续增多,推力和每小时消耗的燃油量都增加。如果两者增加的比例相同,则燃油消耗率不变。然而,从推力公式得知,推力的大小除与进入发动机的空气量有关外,还与喷气速度和飞行速度的差值大小有关。当飞行速度增大时,这个差值减小,推力增加的比例也随之减少。所以,在此速度范围内,飞行速度增大时,推力要

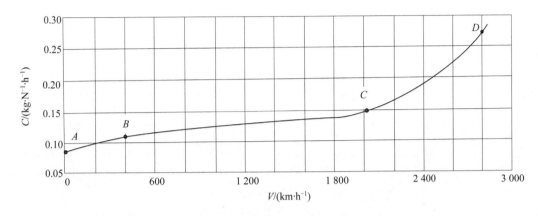

图 3 - 91　某喷气发动机燃油消耗率随速度的变化

比燃油消耗量增加得慢一些。因此,燃油消耗率仍要增加,但增加得很缓慢,如图 3 - 91 中曲线 BC 段所示。

当飞行速度超过声速较多时,如图 3 - 91 中 V＞2 000 km/h,如再增大速度,则因每小时消耗的燃油量继续增多,而推力却急剧减小,故燃油消耗率又会迅速增大,如图 3 - 91 中曲线 CD 段所示。

2) 喷气发动机燃油消耗率随飞行高度的变化

当发动机转速和飞行速度都不变时,从图 3 - 92 可以看出:在对流层内(11 000 m 以下),燃油消耗率 C 随飞行高度 H 升高而降低;到达平流层(11 000 m 以上)后,燃油消耗率不再随高度而变化。

随着飞行高度的升高,由于空气密度逐渐变小,进入发动机的空气量减少。发动机的推力及其每小时消耗的燃油量都减少。但在对流层内,高度越高,大气温度越低。从发动机工作原理知,温度低的空气容易被压缩,使发动机的增压比增大。经燃烧加热后的空气,膨胀得就越厉害,导致喷气速度增大。由于飞行速度未变,故喷气速度与飞行速度的差值增加,使推力降低的程度减小。所以,在对流层内增加高度时,推力要比燃油消耗量降低得慢一些,这就使得燃油消耗率逐渐减小,如图 3 - 92 中曲线 AB 段所示。

在平流层增加高度时,大气温度基本上不变,推力不再受气温变化的影响;但因空气密度继续减小,引起进入发动机的空气量继续减少,推力和每小时消耗的燃油量大体上按同一比例降低。故在平流层内增加高度时,燃油消耗率基本上不变,如图 3 - 92 中曲线 BC 段所示。

3) 喷气发动机燃油消耗率随发动机转速的变化

当飞行速度和高度都不改变时,燃油消耗率随转速的增加而迅速降低。到达巡航转速时,燃油消耗率最小。此后再增大转速,燃油消耗率又稍增大。其变化情况如图 3 - 93 所示。

转速加大时,一方面,由于进入发动机的空气量增多和发动机的增压比提高,使推力迅速变大;另一方面,随着进气量的增多,每小时消耗的燃油量也要增加,但增加的比例较小。因为从发动机原理得知,在中、小转速范围内增加转速时,压缩器压缩空气所需的功率增加得比较慢,为了保证发动机稳定地工作,供给每千克空气的燃油量是逐渐减少的。这样,燃油消耗量就比推力的增加慢得多。所以随着转速的加大,燃油消耗率迅速减小,如图 3 - 93 中曲线 AB 段所示。

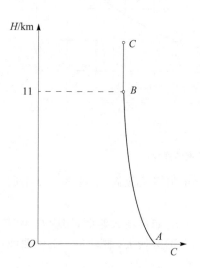

**图 3 - 92　喷气发动机燃油
消耗率随高度的变化**

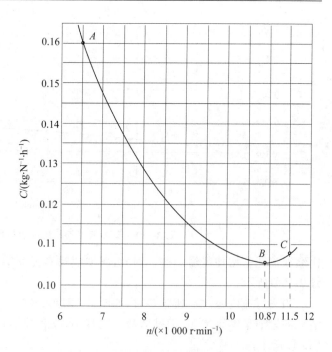

**图 3 - 93　某喷气发动机的燃油消耗率
随发动机转速的变化**

到达某一转速,如图 3 - 93 中当 $n = 10\ 870$ r/min 时,燃油消耗率最小,这个转速称为巡航转速,约等于最大转速的 90%。

超过巡航转速后,如再增大转速,由于进入发动机的空气量继续增多,故推力和燃油消耗量都继续增加。但从发动机原理得知,此时因压缩器压缩空气所需的功率大大增加,为了保证发动机稳定地工作,供给每千克空气的燃油量要增多,致使燃油消耗量比推力增加得快。因此,随着转速的增加,燃油消耗率又会稍微增大,如图 3 - 93 中曲线 BC 段所示。

(2) 喷气式飞机久航速度和久航高度

1) 喷气式飞机的小时燃油消耗量

根据小时燃油消耗量和喷气式飞机燃油消耗率的定义,喷气式飞机的小时燃油消耗量应等于其燃油消耗率与发动机推力的乘积。在稳定平飞中,由平飞性能所需推力公式可知,对于喷气式无人机,C_h 和 C 的关系为

$$C_h = CT_v = C\frac{G}{K} \tag{3 - 64}$$

2) 喷气式飞机的久航速度

飞机在同一高度上,以不同的速度平飞时,由于小时燃油消耗量的大小不同,因此平飞航时的长短也不相同。喷气式飞机以平飞有利速度飞行才能获得最大平飞航时,即久航速度就是平飞有利速度。

用有利速度平飞,阻力最小,需用推力也最小,如图 3 - 94(a)中 E 点所示。在高度不变的情况下,要减小发动机推力,有赖于降低转速。这表明喷气式飞机以有利速度平飞,所需发动机转速最小。在此种情况下,虽然燃油消耗率较大,但因发动机推力最小,故推力与燃油消耗率的乘积仍是最小,即发动机每小时内所消耗的燃油量为最少,如图 3 - 94(b)中 E 点所示,平

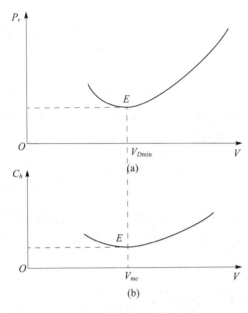

图 3 - 94　喷气式飞机的久航速度

飞航时也就最长。

　　从图 3 - 94(a)中还可看出,如从平飞有利速度开始,增大或减小平飞速度,平飞需用推力都增加,此时需要相应地提高发动机转速。随着转速的加大,虽然燃油消耗率有所减小,但因发动机推力增加得较多,使推力与燃油消耗率的乘积变大,即发动机每小时消耗的燃油量增多。故不论平飞速度大于或小于平飞有利速度,喷气式飞机的平飞航时都会缩短。只有以平飞有利速度飞行,平飞航时才是最长的。

　　因为喷气式飞机的久航速度就是平飞有利速度,所以用这个速度平飞所对应的迎角为有利迎角。对于某些喷气式飞机来说,有利迎角的升力系数基本上不随高度变化。因此这个迎角所对应的表速,即久航表速,基本上不随高度变化。但高度越高,空气密度越小,与同一表速相对应的真速越大,故久航真速要随高度的升

高而增大。

　　另有一些喷气式飞机,当超过某一高度之后,由于受空气压缩性的影响,有利迎角的升力系数会受到 Ma 的影响,随高度的升高而改变。在这种情况下,高度升高时,与有利迎角相对应的表速,即久航表速,也要变化;久航真速随高度升高而增加的程度也会有相应的改变。

　　3) 喷气式飞机的久航高度

　　如果以久航表速保持平飞,则随着高度的升高,喷气式飞机的平飞航时将不断增长。能获得最大平飞航时的高度,即久航高度,接近于升限。这是喷气式飞机续航性能的主要特点之一。

　　喷气式飞机在一定的高度以下保持久航表速(有利速度)平飞时,飞机上不会产生波阻,故平飞所需推力不随高度变化。但随着高度的升高,空气密度减小,发动机可用推力降低,需要增大发动机转速才能产生足够的推力,使飞机保持久航表速平飞。此时由于发动机的转速逐渐接近巡航转速,故燃油消耗率不断减小。此外,在对流层内增加高度时,由于气温降低,发动机的增压比变大,也使燃油消耗率减少。因此,高度升高时,小时燃油消耗量逐渐降低,平飞航时不断增长。

　　但是,只有在一定的高度以下,增加高度才会使平飞航时增长。超过某一高度后,高度增加,平飞航时反而缩短。如有些高速无人机在稍低于升限的某一高度上以久航表速平飞时,所需的转速就已达到巡航转速。这时发动机的燃油消耗率最小,平飞航时最长。超过这一高度后,即使仍以久航表速平飞,所需的转速也将大于巡航转速。而超过巡航转速后,转速越大,燃油消耗率也越大,平飞航时也就因此而缩短。所以,这种无人机的久航高度一般都低于升限,而接近于实用升限。另有一些高速无人机,用久航表速在实用升限以下的某一高度上平飞时,由于其真速已超过临界飞行速度,飞机上产生了波阻,使平飞所需推力随高度的升高而变大,以致引起小时燃油消耗量增加,平飞航时缩短。所以,这种飞机的久航高度比实用升限还要低一些。比如,某喷气式飞机以不同重量飞行的实用升限为 10 600～12 500 m,其久航高度则为

10 000～11 850 m,约比实用升限低 600 m。

可见,要使喷气式飞机飞得最久,应使飞机在接近升限的某一高度以久航速度平飞。此高度的具体数据,可参看各型飞机的航程与航时计算说明书。

4) 航时(久航)的估算方法

喷气式无人机的久航速度即它的有利速度。理论上最适宜久航的高度是 11 000 m,高度再增加,对留空时间增加没有好处,因为喷气发动机单位推力耗油率在高度大于 11 000 m 以后不再减小了。设在高度 11 000 m 时发动机单位推力耗油率为 C_1,计算无人机的久航时间 t_{me} 可用下式:

$$t_{me} = \frac{m_l}{C_h} = \left(\frac{K}{gC_1}\right) \cdot \left(\frac{m_l}{m - 0.5m_t}\right) \quad (h) \tag{3-65}$$

例如,"全球鹰"无人机遂行任务时,起飞质量 $m = 11\ 620$ kg,燃油量 $m_t = 6\ 580$ kg,长航时平飞可用油量 $m_l = 6\ 000$ kg,久航升阻比为 25,$C = 0.045\ 8$ kg/(N·h),C_1 约 0.06 kg/(N·h)。用公式(3-65)计算:

$$t_{me} = \left(\frac{25}{9.8 \times 0.06}\right) \cdot \left(\frac{6\ 000}{11\ 620 - 0.5 \times 6\ 580}\right) = 30.6 \quad (h)$$

(3) 喷气式飞机远航速度和远航高度

1) 喷气式飞机的千米燃油消耗量

喷气式飞机千米燃油消耗量计算公式为

$$C_k = \frac{C_h}{V} = \frac{CT_r}{V} = C\frac{G}{KV} \tag{3-66}$$

2) 跨声速喷气式飞机的远航速度

跨声速飞机在低空平飞时,远航速度 V_{mr} 比平飞有利速度大得比较多。随着高度的升高,其远航速度的大小还会发生变化。

低空飞行时,由式(3-66)可知,如不考虑燃油消耗率的变化,则千米燃油消耗量的大小仅取决于平飞需用推力和飞行速度之比 T_r/V。比值减小,则千米燃油消耗量减小,平飞航程增长;反之,平飞航程缩短。参看图 3-95(a)所示平飞推力曲线,从坐标原点向需用推力曲线作切线,切点(图中 A 点)对应的速度称为切点速度 V_{tp}。显然,切点对应的比值 T_r/V 最小。不考虑燃油消耗率的变化,千米燃油消耗量就最小,以切点速度平飞就能获得最大平飞航程。

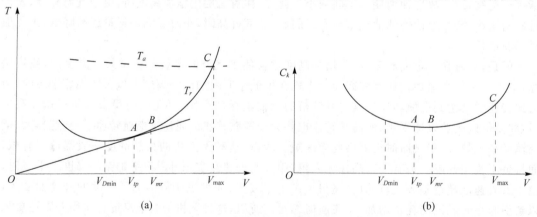

(a)　　　　　　　　　　　　　　　　(b)

图 3-95　喷气式飞机的远航速度

　　实际上,燃油消耗率是随平飞速度变化的,引起远航速度相应变化。跨声速飞机在低空的切点速度较小,所需的发动机转速比巡航转速小得多,燃油消耗率较大,使得切点速度下的千米燃油消耗量并非最小。千米燃油消耗量最小值所对应的速度应大于切点速度,此速度下发动机转速更接近巡航转速,燃油消耗率减小较多,而需用推力与速度之比略有增大。

　　因此,由于燃油消耗率的变化,跨声速飞机低空飞行的远航速度大于切点速度,也就是比平飞有利速度大得较多。各型飞机的具体数据,可从其航程与航时计算说明书中查得。

　　高度升高时,远航速度将逐渐接近切点速度。如某跨声速飞机在 1 000 m 高度的远航速度比切点速度大 156 km/h;而在 10 000 m 高度,远航速度仅比切点速度大 11 km/h。这是因为高度升高时,空气密度减小,发动机可用推力降低,使得以切点速度平飞所需的转速增大,而逐渐接近巡航转速,燃油消耗率逐渐接近最低。故高空飞行时的远航速度逐渐接近切点速度,到达某一高度后,切点速度下的转速等于巡航转速,此时远航速度等于切点速度。

　　既然高度升高时,远航速度逐渐接近切点速度,而切点速度的表速一般又不随高度变化,这表明跨声速飞机远航表速随高度升高逐渐减小。

　　高度升高时,虽然远航表速减小,但因空气密度减小得更快,故远航真速仍将增大。

　　接近升限时,由于发动机剩余推力变得很小,以致不能使飞机以切点速度来维持平飞,这时其最大平飞速度就是远航速度(图 3-96 中 B 点)。如果以最大速度飞行时已产生波阻,则其远航速度还要比最大平飞速度小一些。

　　在接近升限的某一高度范围内,高度越高,发动机可用推力越小,因此远航表速和远航真速都要减小。

　　3) 跨声速喷气式飞机的远航高度

　　当以远航表速保持平飞时,随着高度的升高,跨声速飞机的平飞航程不断增长。能获得最大平飞航程的飞行高度,即远航高度,接近升限。这是跨声速飞机续航性能的主要特点之一。

　　高度升高时,跨声速飞机的远航速度逐渐接近切点速度,使得千米燃油消耗量不断降低。另外,随着高度升高,气温降低和所需发

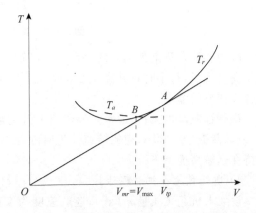

图 3-96　喷气式飞机接近升限时的远航速度

动机转速增大,都使燃油消耗率降低,千米燃油消耗量进一步减小。因此跨声速飞机平飞航程将随高度升高而大大增长。如某飞机在高空以远航速度飞行的平飞航程,要比低空增大一倍左右。

　　然而,在接近升限的某一高度范围,高度越高,千米燃油消耗量反而越大,平飞航程则越短。如有些跨声速飞机在接近升限时,在切点速度上已经不能保持平飞,其远航速度只能是飞机的最大平飞速度。此时高度越高,远航速度离切点速度越远,千米燃油消耗量越大,平飞航程越短。故这种飞机的远航高度要比升限低一些,而接近实用升限。甚至还有一些跨声速飞机,在实用升限飞行时,由于远航真速已超过临界速度,飞机上产生了波阻,使需用推力进一步增大,致使千米燃油消耗量增加。这种飞机的远航高度比实用升限还要低几百米,甚至低三四千米。具体数据参看各型飞机的航程与航时计算说明书。

　　在飞行中,随着燃油的消耗,飞行重量不断减轻,升限就会逐渐增高。因此随着燃油的逐

渐消耗，飞机的远航高度也会逐渐增高。

可见，要想始终保持千米燃油消耗量最小，以获得最大航程，必须随着燃油的消耗而逐渐增加高度。图 3-97 所示为某无人机远航高度剖面，此无人机在气压高度 17 km 时的远航马赫数为 0.69，气压高度 18 km 时的远航马赫数为 0.73。当无人机重量减到一定值时，17 km、$Ma=0.69$ 巡航的千米耗油量大于 18 km、$Ma=0.73$ 巡航的千米耗油量。因此安排最大航程任务，起初以 17 km、$Ma=0.69$ 巡航，当到达一定飞行重量时，无人机爬升到 18 km，以 $Ma=0.73$ 巡航。这种飞行称为远航高度飞行，有时也称"升限"飞行。

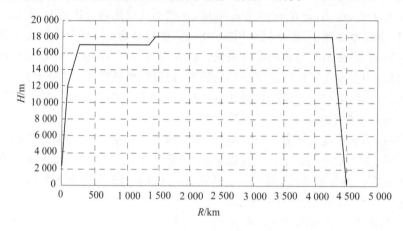

图 3-97　某无人机远航高度剖面

因为燃油是逐渐被消耗的，所以在远航高度飞行中，高度增加得非常缓慢。如某无人机做远航高度飞行，每小时只升高 420 m 左右（上升率约为 0.11 m/s）。可见，这种飞行与平飞没有什么明显的差别。

进行远航高度飞行，通常是当飞机上升到远航高度后，取好远航速度，并始终保持这一速度（或马赫数）及与其对应的转速。这时随着重量的减轻，飞机会自动地进入极为缓慢的上升，保持在远航高度上飞行。

4）喷气式无人机航程估算

设无人机起飞质量 m(kg)，巡航速度为 V(km/h)，升阻比为 K，发动机单位耗油率为 C (kg/(N·h))。因为平飞需要的发动机推力为 mg/K(N)，每飞行 1 h 需要的油量 C_h 为

$$C_h = C\frac{mg}{K} \quad \text{(kg/h)} \tag{3-67}$$

若无人机燃油量为 m_t(kg)，巡航可用油量为 m_l(kg)，则飞行距离为

$$R = V\frac{m_l}{C_h} = \left(\frac{KV}{gC}\right) \cdot \left(\frac{m_l}{m}\right) \tag{3-68}$$

式中，KV/C 通常称为巡航系数 RL。这是衡量一架无人机巡航效能好坏，包括无人机空气动力性能和发动机耗油效能两方面的因素在内的一个参数，这个参数的单位是 km。巡航高度对巡航距离有影响，高度升高，巡航距离增加。但高度太高时，由于无人机要用大迎角飞行，阻力增加很多，K 值下降，巡航距离反而下降。巡航距离最大时所对应的高度就是无人机的最有利巡航高度，对应的速度称为有利巡航速度 V_{cru}(km/h)。

无人机燃油量 m_t 与无人机起飞质量 m 之比称为载油因数，从公式（3-68）可看到，无人机航程与载油因数成比例，而不是只与油量成比例。但一般无人机数据给出的载油因数是以

起飞质量为准的,而公式(3-68)计算航程时各参数用平均值,不宜直接用起飞载油因数 m_t/m,因为有相当一部分油要用来起动、起飞、上升、战区执行任务和返航回收等,所以,m_l 应为可用于平飞的油量。此外,无人机质量平均值为 $m-0.5m_t$。这样估算航程的公式可改写为

$$R = V \frac{m_l}{C_h} = \left(\frac{KV}{gC}\right) \cdot \left(\frac{m_l}{m-0.5m_t}\right) \tag{3-69}$$

例如,"全球鹰"无人机遂行任务时,起飞质量 $m=11\,620$ kg,燃油量 $m_t=6\,580$ kg,巡航可用油量 $m_l=5\,500$ kg,最大升阻比为 28,C 约等于 0.067 kg/(N·h),巡航高度 18 000 m,巡航速度 650 km/h,无人机平均巡航质量 8 330 kg。用公式(3-69)计算得

$$R = \frac{28 \times 650}{9.8 \times 0.067} \times \frac{5\,500}{11\,620 - 6\,580/2} = 18\,300\,(\text{km})$$

资料给出应用航程为 17 000 km 左右。

表 3-3 给出了某喷气式无人机的久航和远航相关数据。图 3-98 为该无人机的久航高度剖面。此无人机在气压高度 17 km 时的久航马赫数为 0.69,气压高度 18 km 时的久航马赫数为 0.73。同一重量下,17 km、$Ma=0.69$ 巡航的小时耗油量小于 18 km、$Ma=0.73$ 巡航的小时耗油量。因此安排最大巡航时间任务,出航与返航巡航高度应均为 17 km、$Ma=0.69$,在任务区可以爬升到 18 km,以 $Ma=0.73$ 巡航。

表 3-3　某无人机的久航和远航相关数据

速　度/(km·h⁻¹)			小时耗油量/(kg·h⁻¹)				温偏影响系数	
校准空速	真空速	Ma	5 000 kg	6 000 kg	7 000 kg	8 000 kg	+30 ℃	+30 ℃
267	744	0.70	406	436	478	553	1.022	0.939
279	775	0.73	439	461	507	571	1.027	0.935
288	797	0.75	462	482	527	584	1.024	0.927
297	818	0.77	503	530	564	621	1.024	0.925
310	850	0.80	581	603	645	693	1.020	0.925
最久航时巡航								
Ma			0.69	0.69	0.69	0.69		
小时耗油量(kg/h)			396	429	472	552	1.023	0.937
最大航程巡航								
Ma			0.69	0.69	0.70	0.75		
单位航程(km/kg)			1.850	1.710	1.555	1.364	1.042	1.136

3. 影响航程和航时的其他因素

(1) 风对航程、航时的影响

风向、风速影响航程,但不影响航时。这是因为,以同一空速飞行,顺风使地速增加,航程延长;逆风使地速减小,航程随之缩短。而风向、风速并不影响空速大小,也不影响保持空速所需要的推力,所以小时燃油消耗量和航时均不变。

风对于航程的影响可以用以下公式表示,即

$$R_w = \left(1 \pm \frac{U}{V}\right)R \tag{3-70}$$

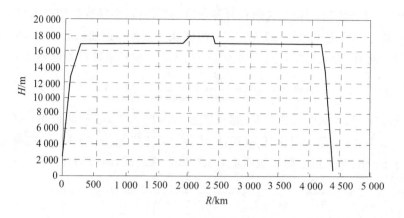

图 3 - 98 某无人机久航高度剖面

式中,R 为无风时的航程,m;R_w 为有风时的航程,m;U 为风速大小,顺风时,式(3-70)括号内取正号,逆风取负号,m/s;V 为飞机空速,m/s。可见,巡航段,顺、逆风航程等于无风航程乘以修正系数($1\pm U/V$)。

当风向与航向成90°角,即有正侧风情况下,用航向法修正时,因为地速减小,故航程减小。正侧风下的平飞航程可按下式计算:

$$R_w = R\left[1 - \frac{1}{2}\left(\frac{U}{V}\right)^2\right] \tag{3-71}$$

每种无人机可通过试飞得出一定高度条件下不同速度或马赫数的小时耗油曲线。用这样的曲线决定无人机有利巡航马赫数及高度更为实用一些,如图 3 - 99 所示。通过坐标原点对油耗曲线作切线,切点即表示 C_h/Ma 为最小值,用切点对应的马赫数飞行可得到最大航程。用这样的曲线还可以看到风的影响,如果是顺风飞行,将坐标零点向左移动一个距离,相当于风速U/声速 c 的长度,以新零点作切线即可得出顺风飞行有利马赫数;如果逆风飞行,修正零点的方向正好相反。一般来说逆风飞行巡航马赫数要大一些,顺风飞行则可以稍小一些。这种方法同样可用于活塞式无人机。

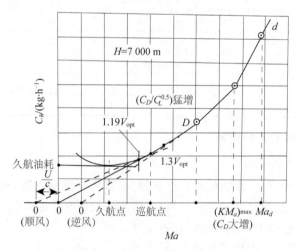

图 3 - 99 无人机巡航油耗曲线

（2）气温对航程、航时的影响

气温只对航时有影响，并不影响航程。因为保持同一气压高度和表速平飞，迎角以及升阻比都不随气温变化。

对于活塞式飞机，气温降低，大气密度增大，相同表速的真速减小，平飞需用功率减小，使小时燃油消耗量减小，航时增长；反之，航时缩短。然而平飞需用功率与真速的比值却不变，因此千米燃油消耗量不变，航程不变。

对于喷气式飞机，气温降低，发动机增压比增大，燃油消耗率下降，小时燃油消耗量减小，航时增长；反之，航时缩短。然而气温降低使真速减小，其减小比例与燃油消耗率相当，因此千米燃油消耗量不变，航程不变。

计算表明，气温比该气压高度上的标准大气温度每降低 5 ℃，燃油消耗率约减小 1％，航时约增加 1％。

（3）上升下滑对总航时和航程的影响

无人机上升下滑过程中，如果选用的飞行速度或发动机转速不当，则不仅会影响上升、下滑的飞行时间和前进距离，而且还会影响上升、下滑的燃油消耗量，使平飞可用燃油量减少，导致平飞航程和平飞航时缩短。为了增大无人机总航程和总航时，就需要研究用什么飞行速度和发动机转速来进行上升和下滑。

1）上升速度对总航时和总航程的影响

飞机以快升速度上升，上升率最大，上升时间最短，上升消耗的燃油量也最少，可用于平飞的燃油增多，平飞航程增长，故其总航程也较长。如果上升速度稍大于快升速度，上升率变化甚微，上升时间和上升段消耗的燃油量增加很少；同时由于上升角减小，使上升的前进距离增长，故其总航程比用快升速度上升的稍长一些。

由此得知，要增长飞机的总航程，应以快升速度或比其稍大的速度上升。这一速度可从各型飞机的航程与航时计算说明书中查得。

而飞机以快升速度上升，对增加总航时最有利。其实，当上升速度接近快升速度时，上升率相对最大上升率降低很少，对总的航时影响不大。

2）上升时发动机转速对总航时和总航程的影响

增大转速，剩余推力增大的比例大，上升时间缩短得多，总的推力增大的比例小，小时燃油消耗量小，因此上升段消耗的燃油少，平飞可用燃油量增大。而喷气式飞机在高空平飞的小时燃油消耗量和千米燃油消耗量小，这样飞机的总航时与航程增长。而增大转速使上升角增大时，上升时间短，上升段前进距离缩短，但其对总航时与航程的影响较小。因此以大转速上升，飞机的总航时与航程增长。

可见，为增长总航时与总航程，最好用最大转速上升。但因最大转速的使用时间有限，通常都以额定转速上升。

保持上升速度不变，对于活塞式螺旋桨无人机，增大有效功率，使上升率增大，上升时间缩短，上升阶段燃油消耗量减少。但功率太大，又会使发动机在单位时间内消耗的燃油增加。因此一般活塞式无人机都采用巡航功率上升。

3）下滑时发动机转速对总航时和总航程的影响

下滑中，相同的下滑速度，减小发动机转速时，虽然下滑角与下降率会变大，使下滑时间和下滑距离都缩短，但因这时油门较小和下滑时间较短，下滑段消耗的燃油量减少，使平飞航程与平飞航时增加得较多,总航程与总航时增长。因此,在飞行中为了增长总航程和总航时,应在保证燃油压力不低于规定数值的前提下,尽可能地使用小转速(小油门)下滑。

对于活塞式无人机,从减少燃油消耗率着眼,下降中使用的发动机功率不宜过大,但也不宜过小。使用过小的发动机有效功率,虽然能减少下降段的燃油消耗量,使平飞段可用燃油量增加,有利于增加平飞航程和航时,但是由于功率小,螺旋桨拉力小,下降角大,下降水平距离短,不利于总航程的增加。另外,为保持一定的下降率,下降角增大时,下降速度要减小,有可能进入下降第二范围,危及飞行安全。因此下降时,有效功率不应太小,应选用中等的有效功率。

4)下滑速度对总航时和总航程的影响

转速一定,下滑速度改变时,下滑的距离和时间都要改变。以有利速度下滑,下滑角最小,下滑距离最长;以经济速度下滑,下降率最小,下滑时间最长。前者有利于增长总航程;后者有利于增长总航时。

喷气式飞机的下滑速度一般不小于有利速度。因此,喷气式飞机以有利速度下滑,下滑距离和下滑时间都最长,最有利于增长总航时与总航程。

在通常情况下,下滑中都规定保持某一固定下降率。此时选用的下滑速度应与已确定的发动机转速相适应,因为当发动机转速一定时,能获得该下降率的下滑速度也是一定的。此速度的大小可参见各型飞机的航程与航时计算说明书。

综上所述,为了发挥飞机的航程和航时性能,最优飞行剖面应当这样选择:起飞后上升,使用最大油门(活塞式飞机或用额定转速),保持快升速度,缩短在低空的时间;避开逆风高度层;根据航程、飞机质量,选择往返巡航高度,保持略大于远航速度的速度;正确掌握转入下滑的时机,使用最小油门,在中、高空保持有利下滑速度,争取尽可能远的下滑距离,到了低空适当增大速度,缩短低空时间。

3.4.3 无人直升机续航性能

1. 航　时

直升机的巡航高度一般都比较低,上升、下降的时间比较短,航时的长短主要取决于平飞航时。若平飞可用燃油量一定,则平飞航时仅取决于小时燃油消耗量。

(1) 小时燃油消耗量

发动机功率或燃油消耗率增大,都会引起小时燃油消耗量增加。稳定飞行中,发动机传递给旋翼的功率应等于平飞所需功率,因此,小时燃油消耗量可用下式表示:

$$C_h = \frac{P_r}{\eta}C \qquad\qquad (3-72)$$

式中,η 为功率传递系数。

从式(3-72)中可看出,平飞所需功率和发动机燃油消耗率越大,小时燃油消耗量越大。

(2) 平飞航时的影响因素

1)发动机转速

改变发动机的转速会导致发动机燃油消耗率变化,从而引起小时燃油消耗量发生变化。直升机在不同高度上,以不同速度平飞,都有规定的转速供选择,目的是增大航时。要取得最大航时,就要使发动机在某个转速下工作。

2）平飞速度

直升机在同一高度上以不同的速度平飞，小时燃油消耗量不同。如果用经济速度飞行，平飞所需功率最小，小时燃油耗油量最小，平飞航时最长。把航时最久所对应的飞行速度叫作久航速度，因此活塞式无人直升机的久航速度就是经济速度。

3）飞行高度

直升机在不同飞行高度飞行，小时燃油消耗量不同。飞行高度增加，一方面，直升机上升和下滑所消耗的燃油增多，能供给平飞的可用燃油量减少；另一方面，空气密度减小，所需功率增加，小时燃油消耗量增多。因此，高度升高，平飞航时缩短。

4）飞行重量和大气温度

若飞行重量增加或气温升高，都会使诱阻功率增加，而使平飞所需功率增大，造成小时燃油消耗量增加，平飞航时缩短。

若飞行重量的增大是因载油量的增大引起的，虽然由于平飞所需功率的增大使小时燃油消耗量增大，但由于燃油量增加，故平飞航时增长。

2. 航　程

由于直升机上升和下滑阶段的水平距离较小，所以航程长短主要取决于平飞航程。若平飞可用燃油量一定，则平飞航程取决于千米燃油消耗量。

(1) 千米燃油消耗量

千米燃油消耗量 C_k 越小，直升机平飞航程越长。C_k 可表示为

$$C_k = \frac{C_h}{V_l} = \frac{P_r}{V_l} \cdot \frac{C}{\eta} \qquad (3-73)$$

式(3-73)表明，发动机燃油消耗率越小，千米燃油消耗量越小；平飞所需功率与平飞速度的比值越小，千米燃油消耗量越小。

(2) 平飞航程的影响因素

发动机转速、飞行重量和飞行高度对航程的影响与其对航时的影响基本相同，这里不再详细分析。下面着重分析飞行速度、风对航程的影响。

1）飞行速度的影响

装有活塞式发动机的直升机，其发动机燃油消耗率 C 随功率的变化很小，可近似认为 C 为常数。如果直升机以有利速度平飞，平飞所需功率与飞行速度的比值最小，如图 3-100 中的 C 点，此时平飞的千米燃油消耗量 C_k 最小。因此以有利速度平飞，可以获得最大航程。通常把航程最远所对应的飞行速度叫作远航速度。因此活塞式无人直升机的远航速度为有利速度。

对于装有涡轴发动机的直升机来讲，虽然平飞有利速度所对应的 P_r/V_l 最小，但发动机的耗油率 C 随功率的变化较大，如图 3-101 所示，其中 P_0 为额定功率，C_{e0} 为额定耗油率。随功率的减小，耗油率增大较多。因此，平飞有利速度所对应的 C_k 并非最小。

随着平飞速度的增大，尽管 P_r/V_l 值略有增大，但因 C 减小量多，C_k 仍会减小。当平飞速度继续增大到远航速度时，千米燃油消耗量 C_k 的数值最小，平飞航程最远。可见，对于装有涡轴发动机的直升机而言，远航速度稍大于经济速度，同理，久航速度也稍大于经济速度。各型直升机的远航速度和久航速度可以根据理论计算和试飞来确定。

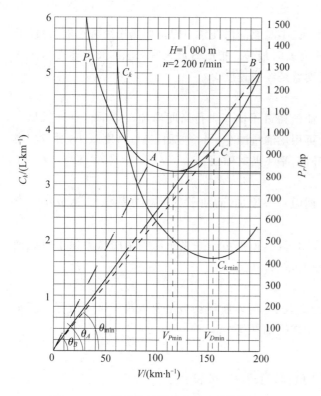

图 3 - 100　某直升机的千米燃油消耗量曲线

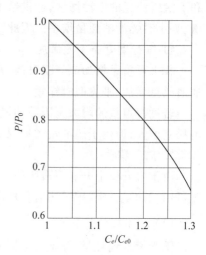

图 3 - 101　涡轴发动机的功率与
耗油率的关系

2）风的影响

风向和风速的变化都会引起地速的变化,从而影响平飞航程的大小。在保持同一空速的条件下,顺风飞行,地速增大引起千米燃油消耗量减少,平飞航程增大;逆风飞行,地速减小,千米燃油消耗量增大,平飞航程缩短。风速越大,风对千米燃油消耗量和平飞航程的影响就越大。

在顺、逆风中往返飞行时,如果飞过相同的距离,顺风飞行的时间短,而逆风飞行的时间长。在顺风中节省的燃油不足以弥补逆风飞行时多消耗的燃油。以小空速在大风速条件下飞行,顺逆风飞行时间相差得更多,风对平飞航程的影响就更为显著,航程就会缩短更多。

由于涡轴发动机直升机的远航速度一般比活塞式发动机直升机的远航速度大一些,风对后者的影响比前者更大。

3.5　无人直升机垂直飞行性能

无人直升机的垂直飞行状态包括悬停、悬停转弯、垂直上升和垂直下降等,是直升机特有的飞行状态。当旋翼拉力大于直升机重力时,直升机将垂直上升,如果上升到一定高度,减小旋翼拉力使之与重力大小相等方向相反时,直升机将停止上升。直升机在一定高度上航向和位置都保持不变的飞行状态,叫作悬停。悬停是直升机区别于其他一般固定翼无人机的一种特有的飞行状态。

3.5.1 悬 停

在正常的起飞和着陆中,每次都需要在一定高度上悬停,用来检查直升机的重心位置是否恰当和判明着陆场地情况。利用悬停转弯技术可以保持逆风悬停、检查操纵性能、改变航向以及避开障碍物的起飞着陆等。悬停飞行是分析直升机垂直升降的基础。

1. 保持悬停的条件

在前飞时,诱导速度不仅沿桨叶展向产生显著变化,而且还随方位角变化。如果其他情况不变,飞行速度越大,诱导速度越小,因为飞行速度越大,滑流速度也增加,即在单位时间内流过桨盘的空气质量增多,故诱导速度减小。诱导速度为

$$V_i = \sqrt{\frac{T}{A} \cdot \frac{1}{2\rho}} \qquad (3-74)$$

从式(3-74)可以看出,在旋翼对空气作用力不变的情况下,空气密度越小,诱导速度越大,所以在其他条件不变的情况下,直升机飞行越高,空气密度越小,诱导速度越大。式中 T/A 为桨盘载荷,是一个很重要的参量,悬停状态下桨盘载荷为 G/A。因此在悬停状态下,诱导速度公式还可以表示为

$$V_i = \sqrt{\frac{T}{2\rho\pi R^2}} = \sqrt{\frac{G}{2\rho\pi R^2}} \qquad (3-75)$$

特别注意,在悬停状态下,由于诱导速度的存在,桨叶迎角 α 不等于桨距 φ。

直升机无风悬停时速度为零,此刻旋翼拉力在纵向水平方向的第二分力应为零,即 $T_2 = 0$,否则,直升机出现前后移位的现象。同时,应使旋翼拉力的第一分力 T_1 与直升机的重力 G 相等,以保持直升机高度不变,如图 3-102 所示。

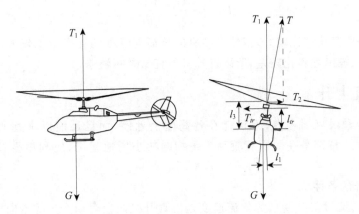

图 3-102 悬停时的作用力和力矩

为了克服旋翼的反作用力矩,尾桨必须产生尾桨拉力,绕其重心的偏转力矩与旋翼反作用力矩相平衡。同时,要保持直升机侧向平衡,必须使侧向力和力矩得到平衡,即左滚力矩等于右滚力矩。针对于桨毂旋转平面高于尾桨轴的直升机而言,即 $l_3 > l_{tr}$,如果旋翼拉力的第三分力 T_3 绕纵轴形成的左滚力矩大于尾桨拉力 T_{tr} 绕纵轴形成的右滚力矩,就会造成直升机向左滚转,产生左坡度,此时又产生拉力第一分力 T_1 绕纵轴形成的右滚力矩 $T_1 l_1$。当 $T_{tr} l_{tr} + T_1 l_1 = T_3 l_3$ 时,直升机处于横向平衡状态,可以近似认为 $T_{tr} \approx T_3$,如图 3-102 所示。

归纳起来,保持直升机悬停的条件如下:

① 保持高度不变条件: $T_1 = G$。

② 保持前后不移位条件: $T_2 = 0$。

③ 保持航向无偏转条件: $\sum N = 0$。

④ 保持侧向平衡条件: $T_{tr} \approx T_3$。

悬停中力和力矩的平衡不是孤立的,而是相互联系、相互影响的,其中任何一个条件被破坏,都会引起直升机出现移位和绕重心转动。

2. 悬停所需功率

悬停状态无升降、无水平运动,所需功率只包括诱阻功率和型阻功率两部分。直升机在悬停时,诱导速度很大,旋翼用于克服诱导旋转阻力所需的功率很大,占总功率的 $70\% \sim 75\%$,而用于克服翼型旋转阻力的功率只占总功率的 $25\% \sim 30\%$。

理想情况下,悬停所需功率为旋翼拉力与诱导速度的乘积,即

$$P_h = TV_i = \frac{G}{\sqrt{2\rho}}\sqrt{\frac{G}{\pi R^2}} \tag{3-76}$$

随着悬停高度升高,空气密度减小,型阻系数稍有增大,但型阻功率变化很小。但为了产生同样大的拉力,诱导速度增大了,因此克服诱导阻力的所需功率增大。由此,高度越高,悬停所需功率越大。直升机的重量增加,则悬停所需功率也增加。如果旋翼直径增加,则悬停所需功率反而减小。

由于悬停受到许多因素的影响,例如下洗流的变化、滑流扭转以及桨尖涡等造成的桨尖损失等,所以引进影响系数 k,则实际的悬停所需功率为

$$P_h = \frac{kG}{\sqrt{2\rho}}\sqrt{\frac{G}{\pi R^2}} \tag{3-77}$$

直升机悬停所需功率比较大,当然发动机的负荷与燃油消耗率也比较大,而且,直升机悬停状态的安定性、操纵性也比较差,所以直升机不宜长时间悬停。

3.5.2 垂直上升

直升机在静升限范围之内,不仅能在各高度上悬停,而且还能以垂直上升的飞行状态来增加飞行高度。特别是在周围有较高障碍物的狭小场地起飞,应利用垂直上升超越周围障碍物。

1. 垂直上升的条件

垂直上升中,流过桨叶翼型的气流速度是由直升机向上运动产生的轴向气流速度 V_{ch} 和旋翼的诱导速度 V_i 与桨叶旋转在桨毂旋转平面内产生的相对气流速度 Ω_r 合成的,如图 3-103 所示。

由图 3-103 可看出,由于垂直上升中的上升率 V_{ch} 不为零,所以来流角 ε 要比悬停时大。如桨距 φ 一定,则来流角 ε 越大,迎角 α 越小。要保持桨叶迎角不变,应相应地增大桨距。因此,随着上升率的增大,必须相应地增大总距,才能保持旋翼拉力等于直升机的重力。

垂直上升是在悬停的基础上实施的,保持等速垂直上升的条件与保持悬停状态的条件基本相同。由于垂直上升率一般都不大,因此机身阻力比重力小得多,通常可以略去不计,所以可以认为 T_1 和 G 相等。

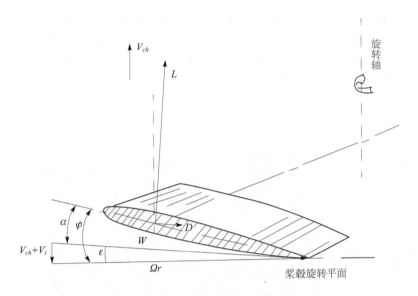

图 3 - 103　垂直上升中的翼型迎角

2. 垂直上升所需功率

垂直上升与悬停相比,型阻功率基本相等,诱阻功率比悬停时小。因为上升存在轴向气流,在单位时间内流过桨盘的空气质量增多而使诱阻功率减小。如果爬升率比较小,则垂直上升所需功率 P_c 可用下式来表示:

$$P_c = \frac{1}{2}GV_{ch} + P_h \tag{3-78}$$

式中,$\frac{1}{2}GV_{ch}$ 为克服重力以 V_{ch} 速度做的功,这部分功率称为上升阻力功率。从式(3-78)可以看出,垂直上升中的所需总功率大于悬停所需功率 P_h,旋翼的反作用力矩随之增大,因此,T_{tr} 和 T_3 与悬停状态相比,其数值都有所增大,才能满足垂直上升的条件。

3. 高度-速度图(H - V 图)

直升机上升的高度是有一定限度的。装有活塞式发动机的直升机,在离地上升到发动机的额定高度以前,发动机的功率随高度的升高而有所增大,剩余功率也有所增加,上升率也略有增大。但在超过发动机的额定高度以后,随高度的升高,发动机功率随着高度的升高而减小,而垂直上升的所需功率继续增大,所以上升率减小。装有涡轴发动机的直升机随着垂直上升高度的增加,上升率一直减小,如图 3 - 104 所示。

从理论上讲,在静升限以下的任何高度,直升机都能做垂直上升。垂直上升固然有其一定的实用价值,但消耗功率大,上升率又小,上升至预定高度所需要时间也长,直升机的稳定性和操纵性都比较差。实际上,在距离升限尚远的高度上,此时直升机的剩余功率已经很小,上升率也已很小,垂直上升极为缓慢。为了迅速达到静升限,一般常采取带有一定前进速度的办法上升。所以,垂直上升超越障碍物一定高度以后,仍采用沿倾斜轨迹上升的方法,以便迅速取得高度。

单发直升机运行空域包括正常运行区域、回避区和近地非安全区域,如图 3 - 105 所示。单发直升机的 H - V 图中有两个非安全运行区域,直升机在起飞或着陆时,在近地面上空发动机停车后,直升机不能进行安全着陆的区域,也就是回避区或危险区。回避区边界线被称为死亡安全线,也称为低速包线。回避区一般出现在低速运行情况中,表明了直升机的低速性能。而低空非安全区只出现在单发直升机近地高速运行中,表明了直升机的高速性能。低速区中的回避区和高速区中的近地非安全区之间的中间区域形成了一个安全飞行通道。一般来说,直升机要飞出 H – V 图的"鼻"部才算起飞成功。

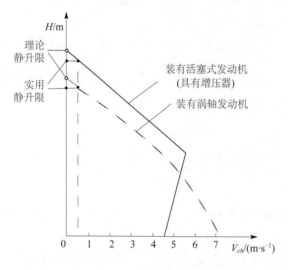

图 3 – 104　垂直上升中上升率随高度的变化　　　　图 3 – 105　高度-速度图(H – V 图)

直升机 H –V 图中回避区的边界线有 3 个关键点:A 点、B 点和 C 点。垂直上升中,高于 A 点和低于 B 点表明直升机不可能安全自转着陆;大于 B 点高度,无论空速多少,操控人员都有足够的时间和高度使直升机进入稳定自转;C 点代表回避区中的最大空速飞行的高度,此高度上如低于这个速度也不能安全自转着陆,C 点决定了临界高度和临界速度。

3.5.3　垂直下降

在静升限以下,直升机不仅能够悬停、垂直上升,而且还能够以不太大的下降率做垂直下降。这一特殊性能可以用来避开高大障碍物,在狭小的场地着陆。垂直下降分为带动力和不带动力下降两种,其中不带动力下降常出现在自转下降中,这里主要分析带动力垂直下降。

1. 垂直下降的条件

垂直下降与垂直上升状态正好相反,相对气流从下而上流向桨毂旋转平面,旋翼迎角为 $+90°$。垂直下降中,流经桨毂旋转平面的气流速度是两个方向相反的气流速度的合成:一是垂直下降所形成的自下而上的轴向气流速度 V_{dh};二是自上而下的旋翼的诱导速度 V_i。

通常,在下降率较小时,V_{dh} 小于 V_i,来流角 ε 为正,如图 3 – 106(a)所示,桨叶迎角小于桨距 φ,这时翼型迎角 α 等于桨距 φ 与来流角 ε 之差,即 $\alpha=\varphi-\varepsilon$。如果下降率很大时,$V_{dh}$ 大于 V_i,则来流角 ε 越来越小,甚至可能为负值,桨叶迎角大于桨距,如图 3 – 106(b)所示,这时翼型迎角 α 等于桨距 φ 与来流角 ε 绝对值之和,即 $\alpha=\varphi+|\varepsilon|$。因此,垂直下降和垂直上升的情况相反,这时要保持一定的迎角,必须相应地减小总距。

保持等速垂直下降的条件同保持悬停和等速垂直上升的条件也基本相同。只是旋翼所需功率要小,旋翼的反作用力矩随之减小。因此,要保持平衡,T_{tr} 和 T_3 相对于悬停状态相应数值都有所减小。

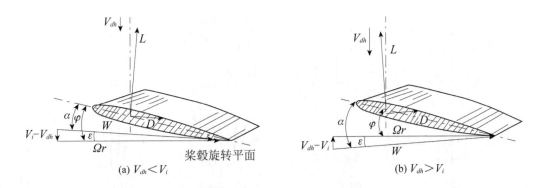

图 3 - 106　垂直下降中的翼型迎角

2. 垂直下降工作状态

垂直下降与垂直上升相反,直升机势能不断减小,这时直升机获得一定的能量,所以,所需功率比悬停所需功率小。但就其诱导功率来说,垂直下降状态的诱阻功率比悬停状态的诱阻功率要大。这时直升机向下运动,相对气流向上,诱导速度与此相反,这两股方向相反的气流相遇,造成通过旋翼的气流变得复杂起来,会出现涡环状态,需要消耗更多的能量,也就是说,诱阻功率增大了。

随着下降率的增大,这一现象越来越明显。但当下降率很大时,相对气流速度 V_{dh} 比诱导速度 V_i 大得多,使这种复杂气流变得规则一些,如图 3 - 107 所示。

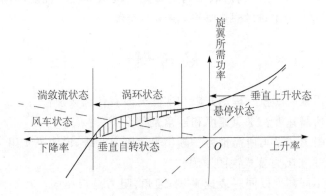

图 3 - 107　旋翼所需功率与下降率和上升率的关系

图 3 - 107 中显示了直升机旋翼的运行模式,旋翼在垂直下降过程中经历了 4 个工作状态,分别是正常工作状态(normal working state)、涡环状态(vortex ring state)、湍敛流状态(turbulent wake state)和风车状态(windmill brake state)。正常工作状态包括垂直上升,以悬停状态为界限;涡环状态出现在下降率小的情况,下降率增大到可以让直升机自转下降,即垂直自转状态;湍敛流状态中的下降率比涡环状态的大;风车状态的下降率最大,旋翼从上升气流中获取能量,像风车一样减缓气流速度。图 3 - 108 中显示了 4 种工作状态下空气的流动情况。

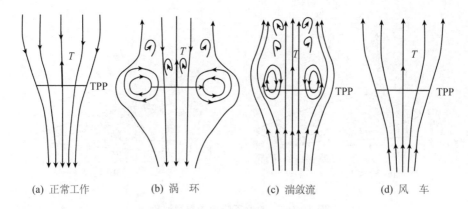

(a) 正常工作　　　(b) 涡　环　　　(c) 湍敛流　　　(d) 风　车

图 3 - 108　　垂直下降中的气流流动

本章小结

　　本章将无人机视作质点,基于无人机受力平衡分析了无人机的基本飞行性能,包括平飞、上升、下滑、续航性能以及无人直升机的垂直飞行性能。学习本章要注意分析总结飞行性能分析的基本思路,即构建受力平衡关系,寻找所需推力(功率)与可用推力(功率)的关系,通过分析影响二者的因素及影响机理,得到基本飞行性能参数。要注意对比固定翼和旋翼无人机基本飞行性能分析的异同。对比分析影响不同类型无人机基本飞行性能的因素及机理,从中总结查找规律。图 3 - 109 为本章的思维导图,供学习参考。

思考题

　　1. 影响升限的因素有哪些? 理论升限和实际升限有什么区别?

　　2. 什么是平飞所需速度? 平飞速度和迎角是什么关系?

　　3. 什么是平飞阻力和平飞所需推力? 画出平飞阻力曲线,说明平飞阻力随平飞速度和迎角的变化规律,结合平飞阻力公式说明原因。

　　4. 同一机型在不同高度以同一表速平飞,迎角、阻力是否相同? 在不同的高度以同一真速平飞,上述结果又如何? 为什么?

　　5. 平飞性能主要有哪些内容? 说明各性能参数的含义和定义,从平飞推力曲线如何查找这些参数?

　　6. 无人机定常直线平飞的最小速度受哪些因素的限制? 而最大速度又受哪些因素的限制?

　　7. 简要说明飞行包线是如何得到的?

　　8. 什么叫上升角和上升率? 飞行中怎样获得最大上升角和最大上升率? 简要分析道理。

　　9. 什么是下滑? 带油门和闭油门下滑的作用力平衡关系有何不同?

　　10. 什么叫下滑角、下降率和下滑距离? 从一定高度做闭油门下滑,如何获得最小下降率? 保持什么速度能获得最小下滑角和最大下滑距离? 为什么?

　　11. 放起落架、襟翼和发动机停车对下滑性能有何影响?

12. 加减油门可以引起上升速度变化,但不影响稳定的上升率。这种说法对不对？ 为什么？

13. 飞机在第二范围能否保持飞行轨迹稳定？

14. 分析直升机所需功率与飞行速度、高度、温度和飞行模式的关系。

15. 对比分析固定翼无人机和无人直升机最大平飞速度的限制因素和机理。

16. 分析风对固定翼无人机和无人直升机平飞性能的影响。

17. 固定翼无人机和无人直升机升限确定有何异同？

18. 直升机上升的性能指标有哪些？ 影响因素有哪些？

19. 影响直升机上升角和上升梯度的因素主要有哪些？ 如何获得最大上升角和上升梯度？

20. 如何操纵直升机由平飞转为上升？ 如何操纵直升机由上升转为平飞？

21. 直升机巡航性能与哪些因素有关？

22. 总结直升机下滑性能以及影响下滑性能的因素。

23. 如何获得直升机最小下滑角和最小下滑率？

24. 如何操纵直升机由平飞转为下滑？ 如何操纵直升机由下滑转为平飞？

25. 简述单旋翼直升机悬停和垂直升降的操纵原理。

26. 地面效应和风对直升机悬停有何影响？

27. 解释直升机下滑消速原理。

28. 简要分析水平和垂直稳定风对上升和下滑性能的影响。

29. 久航速度和久航高度以及远航速度和远航高度有哪些影响因素？

30. 某喷气飞机以速度 $V=800$ km/h 做定直平飞,此时空气阻力 $D=16\ 000$ N,发动机耗油率 $C_e=0.144$ kg/(N·h)、$\eta=0.98$。试确定飞机的千米耗油量 C_h 和小时耗油量 C_k。

31. 某轻型喷气飞机重力 $G=30\ 000$ N,翼载荷 $G/S=1\ 000$ N/m²,在 5 000 m 高度上的可用推力 $T_a=4\ 000$ N。假设 $C_D=0.015+0.024C_L^2$,$C_{L\max}=1.4$。试确定该高度上的最大和最小平飞速度。

32. 某涡轮喷气飞机重 $G=50\ 000$ N,翼载荷 $G/S=1\ 800$ N/m²,在 8 000 m 高度上的最大平飞速度 $V_{\max}=241.8$ m/s。已知 $C_D=0.02+0.04C_L^2$,$C_{L\max}=1.5$。试问该状态下需用推力应多大？

33. 某歼击机质量为 5 100 kg,以升阻比 $K=6$ 飞行,若当时发动机可用推力为 21 500 N,试问在此情况下,飞机能否保持定直平飞？ 如果不能,飞机将以多大的上升角做定直爬升飞行？

34. 为了使飞行的总航程和总航时最大,在上升过程中应如何选取飞行速度和发动机工作状态？

35. 下降过程中发动机有效功率为何不宜过小？

36. 试从久航速度、远航速度、巡航高度的选择等方面,系统比较活塞式飞机和喷气式飞机续航性能的差别,并思考造成其显著差别的根本原因是什么。

37. 喷气式飞机以久航速度飞行,在久航高度以下,随着高度升高,发动机转速如何变化？ 燃油消耗率如何变化？

38. 总结思维导图,分析本章内容的逻辑关系。

39. 结合拓展阅读材料,分析无人机正确建立下滑航线对飞行安全的意义。

拓展阅读——着陆姿态错误导致的灾难

1. 事件回放

1997 年 5 月 8 日,某航空公司波音 737 - 300 型 B2925 号飞机执行重庆至深圳 3456 航班任务,着陆过程中失事。机上旅客 65 人,其中死亡 33 人,重伤 8 人,轻伤 20 人;空勤组 9 人,其中死亡 2 人,重伤 1 人,轻伤 6 人。

当天,2925 号机 19:45 自重庆江北机场起飞,预计 21:30 到达深圳黄田机场。

21:07,与深圳机场进近管制建立联系,按正常程序向 33 号跑道进近。

21:17,与塔台建立联系,塔台告诉机组"五边雨比较大"。

21:18:07,机组报告"已建立盲降"。

21:18:53,机组报告"看到引进灯",塔台指挥飞机"检查好可以着陆"。在飞机过近台附近,塔台看见飞机着陆灯,但雨中灯光不清楚,地面雷达显示飞机航迹、下滑高度正常。

21:19:33,飞机第一次在跑道南端接地,接地后飞机跳了三跳,然后复飞。复飞后左转上升到 1 200 m,塔台提醒机组开应答机,但二次雷达上一直没有显示。

21:23:57,机组报告在三边位置,要求其他飞机避让。

21:23:40,机组再次要求其他飞机避让,并报告"有紧急情况",驾驶舱内出现多种警告。塔台告诉已让其他飞机避让。

21:24:58,机组要求落地后用消防车、救护车,塔台告诉机组都已经准备了。接着飞机又转了一圈,并报告准备向南落地,塔台同意向南落地,并告诉 2925 号机组,"前面落地的机组反映北面天气好,南面五边雨大",机组回答"明白",并说"我准备落地了"。

21:28:30,飞机着陆,着陆后飞机解体、起火。

2. 事故原因分析

(1) 没有果断复飞是最终导致事故的起因

当天晚上飞机由南向北着陆时雨很大、很密。由于夜间飞行遇到大雨,因此能见度差,跑道积水,灯光效果不好,看不清楚地面。在这种情况下,机组没有果断采取复飞措施,违反规定,继续进近下降高度,失去了主动,贻误了时机,这是造成不正常着陆的主要原因,也是最终导致事故的起因。

(2) 没有保持正确的接地姿态是造成飞机重着陆跳跃的直接原因

2925 号飞机在五边进近过程中,在决断高度之前,飞机姿态、航迹、下滑道均保持正常,但此时速度为 142.5 kt[①],比正常速度 136 kt 偏大。机组报告看见引进灯,接着又报告看到跑道。决断高度后,因为当时飞机是在大雨中飞行,机组决定"灯晚点放"并使用了排雨剂。

当飞机过近台后高度 51 m 时,驾驶舱出现"下滑道低"警告,随后机组修正飞机恢复到正常下滑航迹,但未减小油门,认为"速度大点没事",n_1 由 60% 加至 70%,速度从 142.5 kt 增加至 150 kt。

高度 15 m 进跑道后,由于"看不清地面",机组没有及时拉杆退出下滑建立正常着陆姿态,致使飞机以 153.5 kt 的速度,水平姿态,前轮、主轮同时接地(波音 737 飞机停机角为

---

① 1 kt=1.852 km/h

$-0.79°\sim-1°$,而根据数据记录译码数据,接地时飞机的姿态在$-1.4°\sim-1.7°$)。飞机接地前 4 s,平均下降率 2.8 m/s,接地时垂直过载达 2.49g,产生了第一次跳跃,使飞机受损。

飞机接地前 2～3 s,舱音记录曾有"带住点(驾驶杆)!""带住点!"的急促喊话,说明刚刚看清道面,但为时已晚。看清道面过晚,没有保持正确的接地姿态是造成飞机重着陆跳跃的直接原因。

(3) 第一次跳跃后操纵失误

飞机第一次跳起后,高度 1.5 m,接地垂直过载 1.9g,机组没有下决心收油门。n_1 转数不规则地有增有减,同时,有推杆动作。由于处置错误,致使飞机又连续产生两次跳跃。第二次跳起 2.1 m,接地垂直过载 2.54g,第三次跳起 3.9 m。接连三次跳跃和超过载导致飞机结构严重损坏。

飞机第一次着陆时前轮接地后,左前轮爆破,碎片散落在跑道上。道面上有较多的铆钉(多数为剪切痕迹),还有少量金属片、胶管、固定夹等散落物。上述情况表明,第一次着陆时,飞机结构受损。

(4) 着陆跳跃后在未判明飞机受损程度的情况下贸然复飞

飞机第三次跳起后由于高度高,加之夜间雨大,机组在未判明飞机受损程度的情况下复飞。

由于操纵系统受损,复飞时,飞机以 183 kt 的速度,2°小仰角离地(飞机离地后,机组感到驾驶杆很"轻""杆失去重量了")。机组在飞机严重受损后复飞,给第二次着陆埋下了隐患。

(5) 着陆跳跃使操纵系统失灵最终导致飞机着陆后解体

复飞后,驾驶舱出现了"主警告"和多种警告(液压系统、起落架和襟翼等)。受损的飞机在空中盘旋两圈后,机组决定由北向南反向落地。由于大雨仍未停止,飞机操纵系统失灵(驾驶杆的变化量与升降舵偏转角明显不匹配,拉杆量大,升降舵的偏转角度小),尽管机组落地前将驾驶杆拉到底,但未能改变飞机大角度下俯的姿态,最后飞机以 7.56°的下俯角,227.5 kt 的速度,12 m/s 的下降率,带 3.2°左坡度触地后解体、起火。

3. 事故结论

飞机在最后进近过程中遇到大雨,机组在看不清道面的情况下,违反规定,盲目下降;由于判断高度不准,致使飞机没有保持正确的接地姿态,造成重着陆跳跃,加之机长处置错误,是造成这次重大事故的直接原因。复飞后,由于飞机已严重受损,部分操纵系统失灵,机组控制不了飞机着陆姿态,以致飞机第二次落地时,大速度带下俯角触地,造成飞机解体失事。这是一起人为原因造成的重大责任事故。

第4章 无人机的机动飞行性能

飞机的机动性是指飞机在一定时间内改变飞行速度、飞行高度和飞行方向的能力,相应地称为速度机动性、高度机动性和方向机动性。显然,改变一定的速度、高度和方向所需的时间越短,飞机的机动性就越好。通常按航迹的特点把飞机的机动飞行分为水平平面内的、铅垂平面内的和空间的机动飞行三种。机动飞行性能是指在飞机运动过程中,飞机的飞行速度大小和(或)方向有变化。如飞机在空中做正常盘旋飞行,是一个速度大小不变而方向不断变化的运动;飞机的起飞滑跑过程是一个直线加速运动,而飞机的着陆滑跑则是一个直线减速运动。目前无人机一般很少做复杂的机动飞行,为此,本章将重点研究飞机的盘旋、起飞、着陆飞行性能。

4.1 盘旋飞行性能

4.1.1 载荷因数

除飞机本身所受重力以外,作用于飞机上各外力的总和 F,称为飞机所承受的载荷。飞机承受的载荷与飞机重力 G 的比值,称为飞机的载荷因数 n,又称过载,即

$$n = \frac{F}{G} \tag{4-1}$$

为便于分析载荷对飞机机动飞行的作用,可将载荷因数沿气流轴系各轴方向进行分解。

1. 法向载荷因数

不考虑推力在法线方向的分量,法向载荷因数 n_z 是指飞机升力 L 与飞机重力 G 的比值,即

$$n_z = \frac{L}{G} = \frac{ma}{mg} \tag{4-2}$$

式中,a 为升力产生的加速度。n_z 的正负根据升力 L 的正负而定,升力为正时,载荷因数 n_z 为正。在曲线飞行中,飞机运动方向的改变通常主要是升力作用的结果,因此在分析飞机曲线运动时,如不特别说明,所说的载荷因数都是指法向载荷因数。

将式(4-2)等号右边的分子、分母同除以飞机质量 m,则

$$n_z = \frac{a}{g} \tag{4-3}$$

可见,n_z 的数值等于升力产生的加速度 a 与重力加速度 g 的比值。常用 g 的倍数表达过载的大小,例如 $3g$ 飞行,即 $n_z = 3$ 的飞行。

2. 纵向载荷因数

纵向载荷因数 n_x 是指推力 T 与阻力 D 之差同飞机重力 G 的比值,即

$$n_x = \frac{T-D}{G} \tag{4-4}$$

推力大于阻力时,$T-D>0$,纵向载荷因数 n_x 为正;推力小于阻力时,$T-D<0$,纵向载荷因数 n_x 为负。在平直飞行中,纵向载荷因数的绝对值越大,加减速性能越好。

3. 侧向载荷因数

侧向载荷因数 n_y 是指飞机侧力 C 与飞机重力 G 的比值,即

$$n_y = \frac{C}{G} \tag{4-5}$$

在左侧滑中,侧力为正,侧向载荷因数 n_y 为正;右侧滑中,侧力为负,侧向载荷因数 n_y 为负。

以法向过载为例,在机动飞行中,当 $n_z=1$ 时,外力与重力平衡,飞机在做平飞时就是这种情况;当 $n_z>1$ 时,外力大于重力,呈现所谓"超重"现象;当 $n_z<1$ 时,外力小于重力,呈现所谓"失重"现象;n_z 在 0 与 1 之间,称为部分失重;$n_z=0$ 时,称为完全失重;如果过载小于零,飞机会形成反方向的失重;当 $n_z<-1$ 时,将形成反方向的"超重"现象。

飞机加减速飞行时,飞机要承受纵向过载。飞机在侧力作用下做曲线运动时,飞机要承受侧向载荷。

由过载的定义可知,过载与除重力外的合外力造成飞机质点运动变化的加速度成正比,消除了飞机质量带来的影响,更能准确地反映飞机的运动,这就是引入过载这一概念的原因。

4.1.2　固定翼无人机盘旋飞行性能

飞机在水平面内的机动飞行性能着重反映了飞机的方向机动性,最常用的动作是盘旋与转弯。飞机在水平面内做等速圆周飞行叫盘旋,通常把坡度小于 20° 的盘旋叫小坡度盘旋,坡度大于 45° 的盘旋叫大坡度盘旋,20°~45° 的盘旋为中坡度盘旋。方向改变小于 360° 的叫转弯。

盘旋可分为定常盘旋和非定常盘旋。前者的运动参数如飞行角速度、高度及盘旋半径不随时间而变化,是一种匀速圆周运动;后者的运动参数中有一个或数个随时间而变化。盘旋时飞机可以带侧滑或不带侧滑,无侧滑的定常盘旋称为正常盘旋。正常盘旋常用来衡量飞机的方向机动性,盘旋一周所需的时间越短,盘旋半径越小,方向机动性就越好。正常盘旋在各种盘旋中具有一定的代表性,在无人机中使用较多,常用的有左盘旋、右盘旋和"8"字盘旋,如图 4-1 所示。下面将着重讨论正常盘旋。

1. 正常盘旋的运动方程

为了获得必要的使飞机转弯的向心力,飞机做正常盘旋时必须向一侧压坡度。正常盘旋时飞机所受的力如图 4-2 所示。

正常盘旋中,飞机保持等高等角速度等半径做圆周运动,侧滑角为零,则根据图 4-2,正常盘旋简化的运动方程为

$$\begin{cases} T_t = D_t \\ L_t \cos \phi = G \\ mV_t^2/R = L_t \sin \phi \end{cases} \tag{4-6}$$

式(4-6)第一式表示为了保持盘旋速度大小不变,发动机可用推力应与飞机阻力相平衡;第二式表示为了保持飞行高度不变,升力在铅垂方向的分量 $L_t \cos \phi$ 应与飞机的重力 G 相平衡;第三式表示为了保持盘旋半径 R 不变,向心力 $L_t \sin \phi$ 应与惯性离心力平衡。

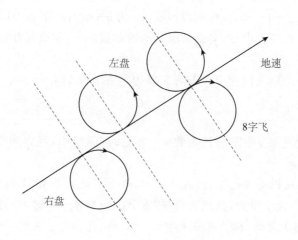

图 4-1　无人机常用的正常盘旋模式

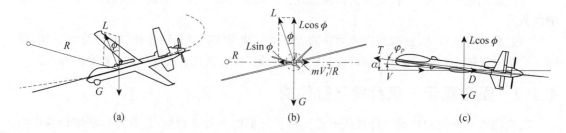

图 4-2　正常盘旋时作用在飞机上的力

2. 盘旋半径 R 和盘旋时间 t

R 和 t 是表征正常盘旋的性能指标。由式(4-6)得

$$n_z = \frac{L_t}{G} = \frac{1}{\cos \phi} \tag{4-7}$$

$$R = \frac{G}{g} \frac{V_t^2}{L_t \sin \phi} = \frac{V_t^2 \cos \phi}{g \sin \phi} = \frac{V_t^2}{g n_z \sin \phi} \tag{4-8}$$

因此,盘旋的载荷因数 n_z 只取决于坡度 ϕ,与机型无关。因为

$$\sin \phi = \sqrt{1 - \cos^2 \phi} = \sqrt{1 - \frac{1}{n_z^2}} = \frac{\sqrt{n_z^2 - 1}}{n_z} \tag{4-9}$$

由此可得到正常盘旋的半径与过载的关系式

$$R = \frac{V_t^2}{g \tan \phi} = \frac{V_t^2}{g \sqrt{n_z^2 - 1}} \tag{4-10}$$

式(4-10)表明:当盘旋过载或坡度一定时,速度越小,盘旋半径越小;当速度一定时,过载或坡度越大,盘旋半径越小。对于任何飞机,只要保持盘旋速度和过载(坡度)不变,盘旋半径也就不变。

盘旋一周的时间等于盘旋一周的周长与飞行速度之比,所以

$$t = \frac{2\pi R}{V_t} = \frac{2\pi V_t}{g \sqrt{n_z^2 - 1}} = \frac{2\pi V_t}{g \tan \phi} = \frac{0.64 V_t}{\tan \phi} \tag{4-11}$$

式(4-11)表明:当盘旋过载或坡度一定时,速度越小,盘旋时间越短;当盘旋速度一定

时,过载或坡度越大,盘旋时间也越短。对于任何飞机,只要保持盘旋速度和过载(坡度)不变,盘旋时间也不变。

3. 极限盘旋性能

操控人员不仅要掌握根据速度、过载(或坡度)计算盘旋半径和时间的方法,而且要理解如何选择速度和过载(坡度),取得最小盘旋半径和最短盘旋时间,以及盘旋受哪些条件的限制。

从决定盘旋半径和盘旋时间的因素中可以看出,要想得到小的盘旋半径和盘旋时间,应当减小飞行速度和增大坡度。但是速度的减小和坡度的增大都是有一定限制的,无人机用受到限制的坡度所做的盘旋称为极限盘旋。

(1) 盘旋推力曲线

用同一迎角做平飞和盘旋,盘旋由于所需升力大,所以所需速度大,阻力也大。在不考虑空气压缩性影响的条件下,同一迎角下的升力系数和阻力系数以及升阻比相同,故盘旋所需速度有以下关系:

由式(4-2)可得

$$L_t = n_z G \tag{4-12}$$

即

$$C_L \frac{1}{2} \rho V_t^2 S = n_z C_L \frac{1}{2} \rho V_l^2 S \tag{4-13}$$

故

$$V_t = \sqrt{n_z} \cdot V_l \tag{4-14}$$

可见,用同一迎角,盘旋所需速度为平飞所需速度的 $\sqrt{n_z}$ 倍。盘旋所需升力为平飞所需升力的 n_z 倍,盘旋阻力(即盘旋所需推力)也等于平飞阻力(即平飞所需推力)的 n_z 倍,即

$$T_t = D_t = n_z D_l \tag{4-15}$$

根据式(4-14)和式(4-15),可以绘出指定高度的盘旋推力曲线,如图 4-3 所示。在同一坡度的条件下,要减小盘旋速度,必须增大升力系数,而升力系数受飞机抖动升力系数 C_{Lbf} 的限制。把各个坡度(图中 0°、60°、71°)下对应于 C_{Lbf} 的点标在盘旋所需推力曲线上,并连接起来成为图 4-3 中的 AB 曲线,AB 为抖动升力系数(或平尾最大偏角)限制线;同时在图 4-3 上绘出最大油门的可用推力曲线(图中 $BCDE$),BC 和 DE 为受可用推力的限制线,CD 为受过载的限制线,这些线共同构成盘旋推力曲线。

(2) 极限盘旋性能曲线

从以上分析可以看出,飞机可以在图 4-3 中 $ABCDE$ 边界线与平飞阻力曲线之间的范围内进行稳定转弯或盘旋,其中每一点都对应一个稳定盘旋状态。但是在某一既定速度下,最小盘旋半径、最短盘旋时间所对应的飞行状态必定在 $ABCDE$ 边界线上。因为只有在边界线上,才可以取得既定速度下的最大过载,盘旋半径才可能最小,盘旋时间才可能最短。极限盘旋的半径、时间、坡度随盘旋速度变化的曲线叫作极限盘旋性能曲线,如图 4-4 所示。根据图 4-3 所示的盘旋推力曲线的具体数值,利用盘旋半径计算公式求出以不同速度做极限盘旋时的半径,将这些半径描出即可得到图 4-4。

由图 4-4 可看出,随着速度的增大,极限盘旋半径是先减小后增大。这是因为极限盘旋先是受抖动迎角限制,而后又受可用推力限制的缘故。

抖动升力系数限制线是在小速度范围,使用抖动迎角进行极限盘旋时,盘旋半径和盘旋时间与盘旋速度的关系。

为保持盘旋高度不变,升力的垂直分力应等于飞机的重力,即

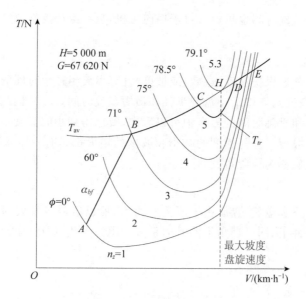

图 4 - 3　盘旋推力曲线

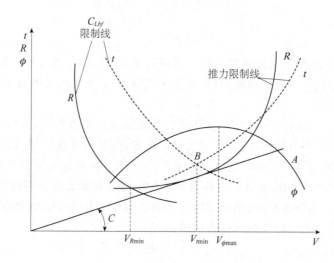

图 4 - 4　极限盘旋性能曲线

$$C_{Lbf} \frac{1}{2}\rho V_t^2 S\cos \phi = G \qquad (4-16)$$

将式(4-16)代入盘旋半径公式(4-10)中,得

$$R = \frac{V_t^2}{g\tan \phi} = \frac{V_t^2\cos \phi}{g\sin \phi} = \frac{2G}{C_{Lbf}\rho Sg} \cdot \frac{1}{\sin \phi} \qquad (4-17)$$

从式(4-17)可以看出,在抖动升力系数限制边界线上,盘旋半径与 $\sin \phi$ 成反比,C_{Lbf} 一定,同一高度上,随着速度增大,升力增大,所以可以用更大的坡度,因此盘旋半径减小。在小坡度范围,坡度增加,由于 $\sin \phi$ 增长较快,所以盘旋半径减小较快;在大坡度范围,坡度增加,$\sin \phi$ 增长较慢,所以盘旋半径减小不多。

可用推力限制边界线是在大速度范围,使用最大可用推力进行盘旋时,盘旋半径和盘旋时间与盘旋速度的关系。由图 4 - 4 可以看出,随着速度的增大,盘旋半径将增大,只是先缓慢增大,后迅速增大。这是因为在图 4-3 所示的 BC 速度范围,增大速度,坡度也增大,速度和坡度两者对盘旋半径的影响是相反的,所以盘旋半径增加较慢。在 CD 速度范围,由于速度增大,坡度减小,都使盘旋半径增大,所以盘旋半径很快增加。

从飞机的极限盘旋性能图上,可以找出最大坡度 ϕ_{max}、最短盘旋时间 t_{min} 和最小盘旋半径 R_{min} 所对应的速度 $V_{\phi max}$、$V_{t min}$ 和 $V_{R min}$。其中 $V_{\phi max}$ 最大,$V_{t min}$ 次之,$V_{R min}$ 最小。

抖动升力系数限制线与可用推力限制线的交点所对应的半径数值,就是飞机所在高度上的最小盘旋半径值。交点所对应的速度,就是飞机所在高度上的最小盘旋半径速度 $V_{R min}$。

由图 4-4 坐标原点向由推力限制的边界线作切线 OA,由于此时 R/V 最小,即盘旋角速度 $\omega = V/R$ 最大,因此切点 B 所对应的速度即为最短盘旋时间所对应的速度 $V_{t min}$。

4.　盘旋的操纵原理

盘旋可分为进入、稳定旋转和改出 3 个阶段。在进入盘旋阶段,飞机坡度逐渐增大;在稳定盘旋阶段,如果不考虑风的影响,坡度保持不变;而在改出阶段,坡度又逐渐减小。操控人员应根据不同阶段的特点来操纵飞机,才能做好盘旋,下面就按进入、稳定旋转和改出 3 个阶段来分析盘旋的操纵原理,如图 4-5 所示。

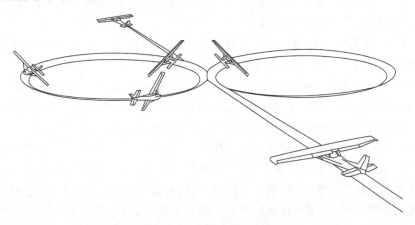

图 4-5　盘旋进入改出过程

(1) 进入盘旋的操纵原理

从平飞进入盘旋,所需升力增大,这可通过增大迎角和增加速度来实现。仅带杆来增加迎角,可能使盘旋迎角增大较多,导致飞机失速。因此,为了盘旋中的迎角不至于过大,实际中增大升力是通过同时增大迎角和速度的方法来实现的。因此,进入前需适当加大油门,增大拉力,以增大盘旋所需速度及升力。

加油门达到规定速度时,可手脚一致地向盘旋方向压杆、蹬舵。压杆是使飞机倾斜产生坡度和向心力,以使飞机做曲线运动。蹬舵是为了使飞机产生绕立轴偏转的角速度,改变原来飞行方向,避免产生侧滑。

随着坡度的增大,升力的垂直分量减小,不能平衡飞机重力,所以,为保持高度不变,这时需适当向后带杆来增大迎角,以增加升力。坡度和升力的增大,进而使盘旋的向心力增大,所以要继续向盘旋方向蹬舵以防止出现侧滑。

飞机到达预定坡度以前,应及时提前回杆至中立位置,同时稍回舵。回杆是使飞机绕纵轴旋转的角速度在横侧阻尼力矩的作用下逐渐消失,以保持规定的盘旋坡度。稍回舵是为了在进入盘旋时使飞机加速偏转,使方向操纵力矩大于方向阻尼力矩和因副翼偏转导致两翼阻力差而形成的反向偏转力矩。当飞机达到预定坡度杆回中立后,副翼已回平,副翼所引起的反向偏转力矩随之消失。所以,要回一点舵,以使其所产生的方向操纵力矩继续平衡因外翼的圆周线速度大所引起的方向阻尼力矩,并避免盘旋中产生侧滑。因此,舵量比进入时小些。

综上所述,盘旋进入阶段的操纵原理是加油门、顶杆,增大飞行速度至规定值,而后手脚一致地向进入方向压盘蹬舵,同时逐渐带杆来增大迎角以保持高度,达到预定坡度前,回盘回舵。

(2) 稳定盘旋阶段的操纵原理

在稳定盘旋阶段中,经常出现的偏差就是高度、速度保持不好。以下就着重分析如何保持高度和速度。

1) 保持高度

在稳定盘旋中,高度保持不好的主要原因是没有保持好坡度和迎角。坡度大了,升力垂直分力小于飞机重力,飞机会向下做曲线运动使高度下降,根据"机头追气流"的原理,机头会向下转动而低于天地线;相反,坡度小了,飞机将会向上做曲线运动使高度上升,机头高于天地线。迎角不合适,高度也会变化。迎角大了,升力垂直分力随升力的增大而增大,飞机会增加高度;反之,迎角小了,飞机会下降高度。

盘旋中,坡度和迎角保持不好,是由于操纵杆舵不当造成的。比如,压反杆不够或回舵不够,都可能使坡度增大。拉杆不够,就会使迎角减小等。

在大坡度盘旋中,如果发现高度降低,机头低于天地线时,应先杆舵一致地减小坡度,并带杆增大迎角,使升力垂直分力大于飞机重力,逐渐减小下滑角和俯角,然后再操纵飞机以正常的坡度和迎角继续盘旋。修正高度升高,机头高于天地线的方法,与上述相反。

必须指出,在大坡度盘旋中,即使是由于拉杆不当引起的高度变化,也不宜单纯用拉(推)杆的办法修正。因为,拉(推)杆改变迎角,虽然能改变升力,但在大坡度下,改变的主要是升力水平分力,升力垂直分力变化很少;而在大坡度下,稍稍改变一点坡度,升力垂直分力就变化很多,修正高度比较快。所以,无论什么原因引起的高度变化,都应该首先用改变飞机坡度的办法修正。

2) 保持速度

盘旋中,正确地使用油门,是保持好速度的主要环节。进入盘旋时加油门过大,则使盘旋速度大;加油门太少,又会使盘旋速度小。因此,还要在盘旋中适当运用油门。

盘旋高度保持不好,速度也会变化。如盘旋轨迹向下弯曲高度下降时,重力在飞行轨迹方向的分力会使速度增大;反之会使速度减小。

盘旋中,如发现速度大了,应首先检查高度是否正常:如果高度降低,说明速度增大是因为飞机高度下降引起的,此时,应按修正高度的方法首先制止高度下降;如果高度正常,则可能是因为坡度小,操控人员为了保持高度不变,减小了拉杆量,以致迎角减小,阻力减小造成的,此时应适当增加坡度和拉杆量来修正。盘旋速度小的原因和修正方法与上述相反。

只要杆、舵、油门的操纵动作适当,保持好飞机的坡度、速度、高度,盘旋半径就会保持不变。

(3) 改出阶段的操纵原理

在改出阶段,向盘旋反方向压杆,以改平坡度,消除向心力,同时向盘旋的反方向蹬舵,以制止飞机继续绕立轴旋转,并避免产生侧滑。当飞机接近平飞状态时,杆舵回到中立位置,同时减小油门,保持平飞高度不变。

盘旋的改出动作要在飞机对准预定方向前,提前一个角度开始进行,改出后飞机才能对正目标。盘旋时的坡度越大,改出的过程越长,改出时需要的提前角度也就越大。

5. 影响盘旋性能的因素

盘旋性能的好坏主要取决于可用推力和抖动升力系数对盘旋的限制,凡是能引起可用推力和抖动升力系数变化的因素,也就是影响盘旋性能的因素。因此飞行高度、大气温度、起飞重量等都会影响盘旋性能。此外盘旋过程中的侧滑、内外机翼空气动力不平衡、螺旋桨的副作用、风等也对盘旋性能产生影响,这里重点介绍后面几种因素对盘旋性能的影响及应对措施。

(1) 侧滑的产生及对盘旋的影响

无人机在盘旋中形成侧滑的原因有两个:

1) 飞行轨迹偏离飞机的对称面

飞行中由于飞行轨迹偏离飞机的对称面而造成的侧滑,从操纵上讲主要是由于只控制副翼偏转或偏转过大所引起的。

例如,在稳定的直线平飞中。只向左压盘,则飞机向左倾斜,升力的水平分力使飞机向左侧移,飞行轨迹偏离对称面,形成左侧滑。出现侧滑后,航向稳定力矩使机头向左偏,两翼升力差形成的横向稳定力矩力图平衡压盘产生的横向操纵力矩,飞机进入带左侧滑的左转弯下降,如图 4-6(a)所示。这种向转弯方向的侧滑称为内侧滑。

盘旋中坡度正常,蹬舵过少会产生内侧滑,产生向外侧的侧力。此时,侧力的垂直分力将使盘旋高度增加,侧力的水平分力使盘旋半径增大。内侧滑还会引起内翼的升力增大,外翼的升力减小,促使飞机坡度减小,进一步使盘旋高度增加,盘旋半径增大,如图 4-7(b)所示。图 4-7(a)所示为正常盘旋时的受力平衡图。

2) 飞行对称面偏离飞行轨迹

飞行中由于飞机对称面偏离飞行轨迹造成的侧滑,从操纵上来讲主要是由于只控制方向舵偏转造成的。

例如,在稳定的飞行中,只控制方向舵左偏,使机头向左偏转,最初飞机轨迹是保持原方向的,飞机对称面偏离飞行轨迹,出现右侧滑。侧滑出现后,垂尾侧力产生使机头向右偏的航向稳定力矩。同时,侧滑前翼升力大于侧滑后翼,形成使飞机左滚的横向稳定力矩,升力水平分量作为向心力,使飞机进入带右侧滑的左转弯下降,如图 4-6(b)所示。这种向转弯反方向的侧滑叫外侧滑。

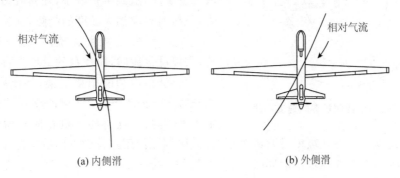

图 4-6　内侧滑与外侧滑

　　例如,盘旋中坡度正常,蹬舵过多会产生外侧滑,产生向内侧的侧力。侧力的垂直分量使盘旋高度降低,侧力的水平分量使盘旋半径减小。同时,外侧滑还会引起外翼升力增大,内翼升力减小,促使飞机坡度增大,进一步使盘旋高度降低,盘旋半径减小,如图 4-7(c)所示。

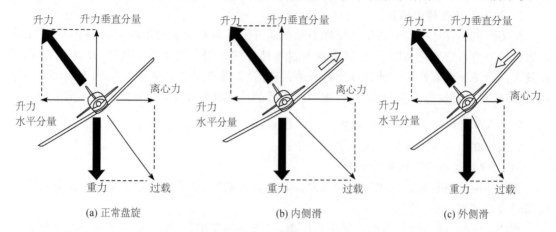

| (a) 正常盘旋 | (b) 内侧滑 | (c) 外侧滑 |

图 4-7　内侧滑与外侧滑对盘旋的影响

　　可见,只控制方向舵偏转会形成外侧滑,只压坡度会形成内侧滑,转弯时不能只蹬舵或只压盘,必须盘舵协调才不会出现侧滑。盘旋中盘的作用是使飞机带坡度,让升力的水平分力形成转弯的向心力,舵的作用是使飞机不产生侧滑。

　　盘旋中,如发现侧滑仪小球不在中央,说明飞机带有侧滑,应先检查坡度是否正确,如果坡度正常,飞机仍带有侧滑,就应向侧滑仪小球偏转一侧蹬舵,使侧滑仪小球回到中央位置,从而消除侧滑。

　　(2) 内外侧机翼空气动力不平衡对盘旋的影响

　　如图 4-8 所示。盘旋中飞机围绕盘旋中心旋转,两翼相对气流速度不同。外翼经过的路程长,相对气流速度较大;内翼经过的路程短,相对气流速度较小。以小坡度盘旋时,盘旋半径较大,外翼升力大于内翼升力,加上作用在两机翼上的惯性力力矩有使飞机坡度减小的趋势,为保持所需坡度,盘一般位于中立位置附近;中坡度和大坡度盘旋时,盘旋半径较小,外翼升力大于内翼升力,飞机有自动加大坡度的趋势,须反方向压盘修正。综上所述,小坡度盘旋时,盘一般在中立位置;大坡度盘旋时,压反盘的量增大,以保持坡度。

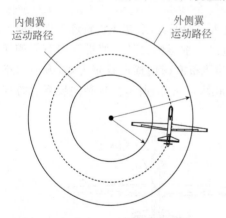

图 4-8　盘旋中两侧机翼的速度不同

　　盘旋时,内侧的副翼上偏,外侧副翼下偏,外翼升力大于内翼升力,外侧的副翼比内侧副翼产生更大的阻力,这将使飞机有向转弯外侧偏转的趋势,称之为逆偏转。在压坡度转弯或改平时,应协调地使用副翼和方向舵来修正逆偏转。例如飞机左转弯时,在向左压坡度的同时,应向左蹬舵。完成转弯后,应松开施加在副翼和方向舵上的压力,使操纵处于中立状态。

（3）稳定风对盘旋的影响

稳定的风会使飞机随风飘移，改变飞机的地面轨迹，如图 4 - 9 所示。

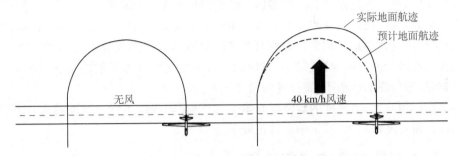

图 4 - 9　盘旋中两侧机翼的速度不同

在稳定的风场作用下，飞机如果要保持正常盘旋，需调整相关的盘旋性能参数。在整个盘旋过程中，飞机在不同位置遇到的风可为顺风、逆风或侧风，如图 4 - 10 所示。在顺风作用下，飞机地速增加，盘旋半径有增加趋势，应该增加坡度以保持盘旋半径不变。正顺风时，盘旋坡度最大；逆风反之。

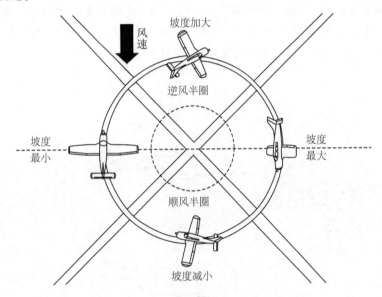

图 4 - 10　稳定风下保持盘旋半径的方法

（4）螺旋桨副作用对盘旋的影响

对于螺旋桨飞机，螺旋桨副作用对盘旋状态的保持有一定的影响。现以右转螺旋桨飞机为例，说明螺旋桨副作用对左、右盘旋的影响。

反作用力矩力图使飞机左倾，滑流的扭转作用力图使机头左偏。在左盘旋中，机头水平向左移动，引起的进动作用使机头垂直上抬，产生内侧滑，力图减小坡度；而在右盘旋中，进动使机头垂直下移，使飞机产生外侧滑，力图增大坡度。

螺旋桨副作用的影响，在盘旋各阶段均有所不同。

在盘旋进入阶段，飞机旋转角速度较小，进动作用不大，加油门引起的反作用力矩和滑流扭转力矩较明显，飞机有左滚和左偏趋势。故进入向右的盘旋，所需的压杆蹬舵量相对较大，而进入向左的盘旋,所需的压杆蹬舵量相对较小。

　　稳定盘旋中,飞机保持恒定的旋转角速度,进动作用较明显。在向右的盘旋中,进动作用使机头垂直下移,产生外侧滑,因此,应多回一些舵。向左盘旋则相反。

　　改出盘旋时,收油门使反作用力矩和滑流扭转力矩减弱,飞机有右滚和右偏趋势,因此,改出向右的盘旋,压反杆的量应稍大。但同时飞机的旋转角速度逐渐减小,进动作用减弱,原来修正进动作用所蹬的左舵就起蹬反舵的作用,所以,改出时实际蹬反舵的量变化不大。同理,改出左盘旋时,压反杆的量稍小,蹬反舵的量变化不大。

　　螺旋桨副作用对大、小坡度的盘旋都有影响,只是影响程度不同。坡度越大,发动机功率和飞机的旋转角速度都较大,其影响也就比较明显。

4.1.3　无人直升机盘旋飞行性能

　　无人直升机盘旋的定义与固定翼无人机相同,但由于无人直升机的空气动力特性不同,在力的平衡组成和盘旋中旋翼的状态方面有其特殊性。下面以左转旋翼直升机为例,主要就这些特殊性进行讨论。

1. 盘旋的受力情况

　　直升机做盘旋机动时,其受力情况如图 4-11 所示,包括旋翼拉力 T、阻力 D 和重力 G。旋翼拉力可以分解为垂直方向的分力 T_1 和水平方向的分力,而水平方向的分力又可以进一步分解为 T_2 和 T_3,分别为沿水平运动轨迹的切向分力和法向分力。

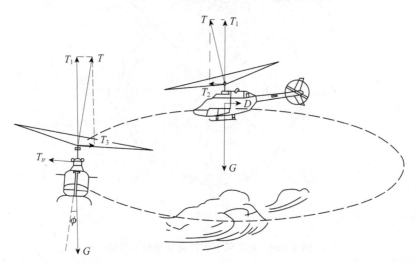

图 4-11　无人直升机盘旋的作用力

　　做好正常盘旋的基本要求是保持盘旋的坡度、高度、速度和半径不变。

　　(1) 保持高度不变的条件

　　在正常盘旋中,直升机做水平圆周运动,需要通过倾斜旋翼使直升机带有坡度 ϕ,从而产生旋翼拉力的第三分力 T_3。在旋翼倾斜的条件下,为保持盘旋的高度不变,应使拉力的第一分力 T_1 与直升机的重力 G 平衡,即

$$T_1 = G \tag{4-18}$$

在拉力不变增大坡度 ϕ 时,为保持高度不变,必须相应地增大旋翼拉力,如图 4-12 所示,即在

增加盘旋坡度时,要上提油门总距杆,增加旋翼拉力,同时还要增加发动机功率来保持旋翼转速。

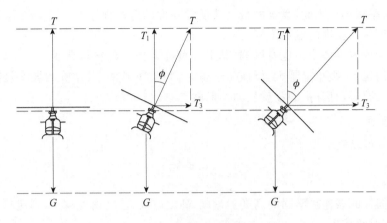

图 4 - 12　坡度对旋翼所需拉力的影响

盘旋中,速度、桨叶总距、油门和坡度的变化都会影响旋翼拉力第一分力 T_1 的大小。只要保持好预定的速度、坡度、桨叶总距和油门,就可以使拉力第一分力等于直升机重力,保持高度不变。

(2) 保持速度不变的条件

要保持盘旋速度不变,拉力第二分力 T_2 应与空气阻力 D 相平衡,即

$$T_2 = D \tag{4-19}$$

只要保持好桨距和操纵杆的前后位置,就可以保持盘旋速度不变。

(3) 保持半径不变的条件

盘旋中,根据向心力等于 mV_t^2/R 的关系可知,只要飞行速度和作用于直升机的向心力不改变,盘旋半径也就不变。由图 4 - 11 可以看出,左盘旋中起向心力作用的是旋翼拉力第三分力 T_3 与尾桨拉力 T_{tr} 在水平面上的分力之差;右盘旋中起向心力作用的是上述两力之和。只要保持好预定的速度和坡度,就可以使向心力不变,盘旋半径也就不变。盘旋中,一般使用的坡度不大, T_{tr} 的水平分力与 T_{tr} 相差很小,可认为两者近似相等。

综上所述,正常盘旋中,直升机各作用力的相互关系如下:

① 保持高度不变: $T_1 = G$;

② 保持速度不变: $T_2 = D$;

③ 保持半径不变: $T_3 \pm T_{tr} = mV_t^2/R$;

④ 保持匀速转动: $\sum N = 0$。

2. 盘旋性能

(1) 转弯半径

和固定翼无人机不同,由于无人直升机的不对称性,其在平飞时带有一定的坡度,因此在高度和载重量一定的情况下,无人直升机的盘旋半径 R 为

$$R = \frac{V_t^2}{g\tan(\phi \pm \phi_0)} \tag{4-20}$$

式中，ϕ_0 为直升机平飞时带的坡度，左盘旋时取"－"值，右盘旋时取"＋"值。

飞行高度对直升机盘旋坡度有很大的影响。高度升高，发动机功率减小，并且盘旋所需功率增大，剩余功率减小。因此，盘旋的最大坡度随高度的升高而减小。在动升限高度，直升机只能以经济速度做小坡度的盘旋下降。

载重量对盘旋坡度和半径也有影响，其中对盘旋半径的影响与高度的影响相同。在发动机功率一定的情况下，载重量越大，所需功率越大，剩余功率越小，盘旋的坡度就越小，半径也就越大。超载飞行时，直升机的盘旋机动性能就更差。

（2）盘旋时间

盘旋时间 t 可以表示为

$$t = \frac{0.64V_t}{\tan(\phi \pm \phi_0)} \tag{4-21}$$

直升机以同样的表速在不同的高度上盘旋，高度越高，空气密度越小，真速越大，盘旋半径也就越大，盘旋时间就越长。

3. 盘旋的操纵原理

无人直升机盘旋同样分为进入、保持和改出 3 个阶段，在这 3 个阶段中，其操纵原理与固定翼类似，只不过是通过油门总距杆改变旋翼拉力大小；采用自动倾斜盘的周期性变距改变拉力方向，从而产生盘旋的向心力，同时保持克服飞行阻力的拉力第二分力；通过尾桨和自动倾斜盘的协同配合修正侧滑。除此之外，无人机左、右盘旋操纵时还会有进动影响和需用功率、坡度差异。

（1）进动对盘旋操纵的影响

进入和退出盘旋时，直升机向左、右滚转，改变了旋翼旋转轴的方向，旋翼产生进动，使直升机绕横轴转动。

进入左盘旋时要向左压杆，直升机向左滚转，旋翼旋转轴方向改变，旋翼的进动作用使机头下俯，破坏了直升机的俯仰平衡，出现增大速度的趋势，所以在向左压杆的同时应向后带杆进行修正；进入右盘旋时则相反，由于旋翼的进动作用，机头上仰，出现减小速度的趋势，在向右压杆的同时应向前顶杆。

直升机处于稳定盘旋后，旋翼旋转轴的方向基本不变，进动作用也基本消失。

在退出左盘旋时要向右压杆，直升机向右滚转，旋翼产生的进动作用使机头上仰，有减小速度的趋势，应向前顶杆；退出右盘旋时则相反，旋翼的进动作用将使机头下俯，出现增大速度的趋势，应向后带杆。

进入和改出盘旋时，考虑到旋翼进动的影响后，驾驶杆的移动情况如图 4-13 所示。

进入或退出盘旋时，旋翼产生的进动表现明显程度主要与操纵动作有关。操纵动作粗猛，旋翼旋转轴的方向改变得快，进动作用就明显；反之，进动作用就不明显。所以，操纵动作一定要柔和。

（2）左、右盘旋所需功率和坡度的差异

假设在左、右盘旋中，飞行速度和盘旋半径都相同，盘旋的向心力和空气阻力也就相同。

在左盘旋中，使直升机飞行轨迹弯曲的向心力 F 分别是拉力的第三分力 T_3 和尾桨拉力 T_{tr} 的水平分力之和，如图 4-14(a)所示，即

$$F = T_3 + T_{tr} \tag{4-22}$$

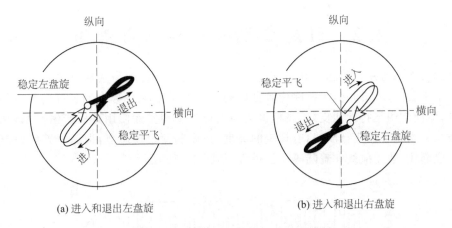

(a) 进入和退出左盘旋　　　　　　　　　(b) 进入和退出右盘旋

图 4 - 13　左、右盘旋时驾驶杆的移动情况

在右盘旋中,盘旋所需向心力是 T_3 和 T_{tr} 之差,如图 4 - 14(b)所示,即

$$F = T_3 - T_{tr} \tag{4-23}$$

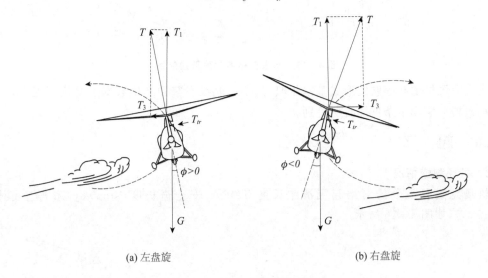

(a) 左盘旋　　　　　　　　　　　　(b) 右盘旋

图 4 - 14　左、右盘旋的受力情况

由此可知,向左盘旋所需的拉力第三分力比向右盘旋所需的拉力第三分力要小,所以,左盘旋的所需拉力小于向右盘旋的所需拉力。显然,左盘旋中的诱阻功率也就小于右盘旋中的诱阻功率。同时,左盘旋时由于蹬左舵使尾桨拉力减小,尾桨所需功率也小;右盘旋时由于蹬右舵使尾桨拉力增大,尾桨所需功率也大。可见,在盘旋速度和半径相同时,左盘旋所需功率小于右盘旋所需功率。

　　此外,当左、右盘旋速度和半径相同时,盘旋的有效坡度 ϕ_e 是相等的,但直升机的坡度 ϕ 是不相等的。例如,某直升机在稳定平飞就略带右坡度 ϕ_0,约为 $2°$,右盘旋是在平飞已向右倾斜的基础上再向右增加坡度,即 $\phi = \phi_e + 2°$;而左盘旋是在原来向右倾斜的基础上向左增加坡度,即 $\phi = \phi_e - 2°$,可见左、右盘旋的有效坡度相等时,该型直升机的坡度在右盘旋时比左盘旋约大 $4°$。

4.2　固定翼无人机起飞与着陆

飞机的每次飞行总是以起飞开始,以着陆结束。起飞和着陆是实现一次完整飞行所不可缺少的两个重要阶段。因此,飞机除应有良好的空中性能外,还必须具有良好的起飞和着陆性能。否则,即使空中飞行性能良好,飞机也会在飞行安全和实际使用方面产生一系列的问题。起落航线是一圈特定的飞行航线,有规定的高度、速度和预定转弯点,训练中需要操控人员操纵飞机完成起飞、建立航线和着陆等飞行过程,如图 4-15 所示。

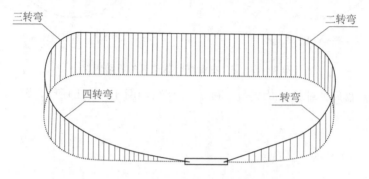

图 4-15　无人机标准起落五边航线

大多数飞机的起落航线形式基本相似,只是在航线宽窄和实施数据上要依据无人机飞行性能和机场周围净空条件而有所差别。

4.2.1　起　飞

1. 机场跑道情况

机场跑道长度分为可用起飞滑跑长度 TORA、安全道长度(stopway)和净空道长度(clearway),如图 4-16 所示。

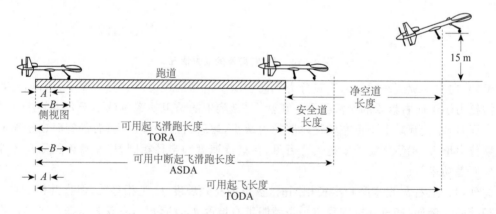

图 4-16　跑道长度

(1) 可用起飞滑跑长度 TORA(take-off run available)

可用起飞滑跑长度即机场跑道长度,由地面强度足够的混凝土、沥青道而筑成。

（2）机场安全道长度（stopway）

沿起飞方向跑道外端延伸出的一段地面，可供飞机中断起飞时使用的道面长度，其宽度与跑道相同。

（3）机场净空道长度（clearway）

沿起飞方向跑道外端，经过修整可供飞机在其上空无障碍通过、爬升到规定高度的特定场地或水面的长度。净空道长度受限于机场周边的环境。

（4）机场可用中断起飞滑跑长度 ASDA（accelerate/stop distance available）

$$ASDA = TORA + \text{Stopway}$$

（5）机场可用起飞长度 TODA（take-off distance available）

$$TODA = TORA + \text{Clearway}$$

2. 滑行阶段

飞机不超过规定的速度在地面所做的直线或曲线运动叫滑行。滑行中作用于飞机的力有推力 T、机轮摩擦力 F、飞机重力 G、地面反作用力 N、升力 L、阻力 D，如图 4-17 所示。飞机在滑行中，速度很小，所以升力和阻力可忽略不计，飞机重力和地面反作用力始终平衡，这时对滑行速度起决定作用的只有推力和机轮摩擦力。当推力大于摩擦力时，飞机滑行速度加快；反之，滑行速度减慢。因此，操控人员可操纵油门和刹车来改变推力和摩擦力，以改变或保持滑行速度。

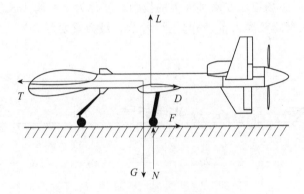

图 4-17　飞机滑行时的受力情况

（1）直线滑行

对滑行的基本要求是飞机平稳地开始滑行，滑行中保持好速度和方向，并使飞机能停止在预定的位置。

滑行前，须注意检查飞机周围以及沿滑行道周围任何物体的移动情况，观察其他正在起飞、着陆和滑行的飞机，这是确保安全的基础。飞机从静止开始移动，推力必须大于最大静摩擦力，故飞机开始滑行时应适当加大油门。飞机开始移动后，摩擦力减小，则应适量减小油门，以防加速太快，影响滑行平稳。滑行中，如果要增大滑行速度，应柔和地加大油门，使推力大于摩擦力，产生加速度，使速度增大；要减小滑行速度，则应收小油门，必要时可使用刹车。如果发现飞机偏转，在速度小时，可通过差动刹车修正，滑行速度大到一定程度后，可采用控制方向舵偏转来修正。

（2）滑行转弯

从停机坪到跑道头的滑行过程中一般都要经历滑行转弯过程。对前轮可偏转的前三点式飞机来说，可以通过偏转前轮产生的偏转力矩进行转弯；对于前轮不可偏转的前三点式或后三点式的飞机，可采用偏转方向舵和差动刹车来实现飞机在地面转弯。

（3）影响滑行转弯半径的因素

滑行转弯半径的大小取决于滑行速度和向心力的大小。滑行速度一定时，向心力越大，转弯半径越小；向心力一定时，滑行速度越小，转弯半径越小。

转弯半径越小，前轮和主轮上产生的侧向摩擦力越大，这样一方面会加剧轮胎的磨损，另一方面，机轮上的侧向摩擦力还会对起落架支柱连接点形成很大的侧向力矩。当摩擦力和力矩大到一定程度时，会使轮胎破损或使起落架支柱变形甚至折断。为此，各型飞机都规定有最小转弯半径。不管用何种方式转弯，都应避免小半径转弯。

3. 起飞阶段

起飞是指飞机从起飞点开始滑跑到离开地面，并上升到起飞安全高度（也称为起飞越障高度）的运动过程。起飞一般分为起飞场道段和起飞航道段两个阶段。

（1）起飞场道段

如图 4-18 所示。由 $V=0$（地面滑跑起始点）到 V_{LOF}（离地空速）的地面滑跑段 L_{TOR}，加上由离地点爬升到起飞离地安全（越障）高度 H_{saf}、空速达到起飞安全速度 V_2 的空中段 L_{TOA}，统称为起飞场道段。起飞场道段在水平面上的投影长度称为飞机起飞长度或距离 L_{TO}。从起飞性能角度来讲，地面滑跑距离 L_{TOR} 和起飞距离 L_{TO} 最为重要。

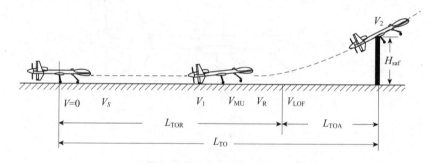

图 4-18　起飞场道段

起飞安全高度应根据机场四周的障碍物来选取，我国规定安全高度为 25 m，无人机可取 15 m，英、美等国规定为 15 m 或 10 m；军用标准中规定，战斗机起飞安全高度为 15 m，轰炸、运输类飞机为 10.5 m。

（2）起飞航道段

图 4-19 所示为某低速无人机的起飞航道，由起飞离地安全高度 $H_{saf}=15$ m、起飞安全速度 V_2 开始爬升到高度 $H=600$ m 的爬升段称为起飞航道段。起飞航道段依据机型而定，可进一步分为四个阶段：第一阶段起飞离地，飞行高度由安全高度 15 m 爬升到 80 m；第二阶段为爬升 1 段，逐次收起落架、收襟翼，爬升至 200 m 时转入下一阶段，此阶段无人机横航向只进行稳定控制，不进行航线控制；第三阶段为平飞段，看襟翼是否收到 0°；第四阶段为爬升 2 段，此阶段调整油门位置，由起飞推力到最大连续推力油门位置，保持爬升梯度，对横航向进行航

线控制,并在爬升到 600 m 时检查高度表切换情况。起飞航道段最关心的是能否越过障碍,核心是爬升梯度大小和爬升轨迹的设置问题。

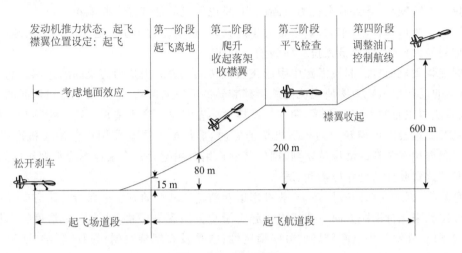

图 4 - 19 起飞航道段

(3) 起飞场道段中的主要参考速度

① V_S—失速速度。对应于飞机起飞外形(含放襟翼角度大小)、飞机起飞重量 G、机场密度高度 H_p(含机场压力高度 H_p 和气温)和失速迎角 α_S 下的空速大小,它是具有重要参考价值的速度。

② V_1—起飞决断速度。当出现故障告警时,无人机能继续完成起飞,或者成功中断起飞使飞机安全停在跑道上或安全道上。当出现故障告警时,若无人机的速度 $V_{fw} < V_1$,则必须中断起飞;如果 $V_{fw} > V_1$,则必须继续起飞才能确保飞行安全,详情参看 4.2.5 节。

③ V_{MU}—最小离地速度。它是指在防止机尾擦地而留下一定间隙的条件下,飞机以最大可能的俯仰角即起飞迎角离地时的速度。这个迎角(称为护尾迎角)以及相应的升力系数小于最大升力系数条件下的值,故最小离地速度 V_{MU} 要比 V_S 大一些。

④ V_R—起飞抬前轮速度。起飞加速到 V_R 时,无人机开始拉杆抬前轮(对前三点式飞机而言),以增大飞机的迎角和升力系数,从而增大升力,为飞机离地做准备。一般 V_R 至少要大于 V_{MU},而且希望大一点,因为抬前轮飞机阻力也会增大,以避免飞机离地速度 V_{LOF} 小于规定值。

⑤ V_{LOF}—起飞离地速度。为增加安全性,离地时的迎角应当比 V_{MU} 时所用迎角还小一点,所以 $V_{LOF} > V_{MU}$,通常 $V_{LOF} > 1.1 V_{MU}$。

⑥ V_2—起飞安全速度。这是起飞场道段飞行中最重要的参考速度和要求的速度,也是在达到起飞安全高度 H_{saf} 时,飞行速度必须达到的数值,以该速度开始爬升并转入起飞航道段,通常 $V_2 > 1.2 V_S$。

4. 起飞操纵原理

(1) 起飞滑跑

飞机从在地面静止到获得离地速度的加速过程为起飞滑跑阶段。此阶段的主要问题是如何使飞机尽快加速和保持好滑跑方向,直到获得离地速度。

滑跑过程中,速度不断增加,作用于飞机的各力都在不断地变化着,总的加速力随着滑跑速度的增大而减小。因为随着滑跑速度的增大,飞机的升力和阻力都增大。升力增大,飞机与地面的垂直作用力减小,导致地面摩擦力减小。对于螺旋桨飞机,虽然总阻力变化不大,但螺旋桨的拉力不断减小,导致剩余拉力不断减小,所以飞机的加速度不断减小。

由以上分析可知,推力越大,剩余推力也越大,飞机增速就越快。起飞中为尽快地增速,应把油门推到最大位置,使用最大拉力即满油门起飞。

对螺旋桨飞机而言。起飞滑跑中引起飞机偏转的主要原因是螺旋桨的副作用。起飞滑跑中,螺旋桨的反作用力矩图使飞机向螺旋桨旋转的反方向倾斜,造成两主轮对地面的作用力不等,从而使两主轮的摩擦力不等,两主轮摩擦力之差对重心产生偏转力矩。螺旋桨滑流作用在垂直尾翼上也会产生偏转力矩。飞机抬前轮时,螺旋桨的进动作用也会使飞机产生偏转。加减油门和推拉驾驶杆的动作越剧烈,螺旋桨副作用影响越大。为减轻螺旋桨副作用的影响,加油门和推拉驾驶杆的动作应柔和、适当。

滑跑前段,因方向舵的效用差,一般可用偏转前轮和刹车的方法来保持滑跑方向。滑跑后段应用方向舵来保持滑跑方向。喷气飞机起飞滑跑方向容易保持,其原因一是喷气飞机都是前三点式飞机,在滑跑中具有较好的方向稳定性;二是没有螺旋桨副作用的影响,所以在加油门和抬前轮时,飞机不会产生偏转。

(2) 抬前轮离地

当飞机滑跑速度增至抬前轮速度 V_R 时,应柔和拉杆抬起前轮(前三点飞机),使飞机转为两点滑跑。其目的是增加迎角,增大升力系数,以减小离地速度,缩短起飞滑跑时间和距离。向后拉杆会产生使机头上仰的操纵力矩 M_c,克服地面给主轮的反作用力 N 和摩擦力 F 对飞机重心构成的下俯力矩 M_d,使飞机抬头,如图 4 - 20 所示。

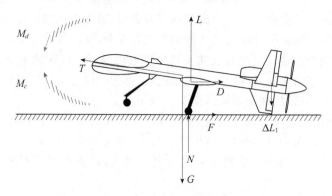

图 4 - 20　两点滑跑时的作用力和力矩

抬前轮过程中,迎角增加,升力增加,飞机有继续上仰的趋势,因此在接近预定俯仰姿态时,应向前回杆,适量减小上仰的纵向操纵力矩,使得纵向力矩重新取得平衡,以使飞机保持在规定的离地姿态。抬起前轮后,继续保持姿态,飞机经过短暂的两点滑跑加速到离地速度,升力稍大于重力,即自动离地。机轮离地后,机轮摩擦力消失,地面效应减弱,飞机有上仰趋势,此时应向前推杆以保持俯仰姿态。

抬前轮的时机不宜过早或过晚。抬前轮过早,速度还小,尾翼产生的上仰力矩也小。要抬起前轮,必须使水平尾翼产生较大的上仰力矩,从而需要多拉杆。结果,随着滑跑速度增大,上仰力矩又将迅速增大,无人机要保持抬前轮的平衡状态,势必又要用较大的操纵量进行往复修正,给操纵带来困难。同时,抬前轮过早,会使飞机阻力增大而增长起飞距离。如果抬前轮过晚,不仅使滑跑距离增长,而且还由于抬前轮到离地的时间很短,无人机不易修正前轮抬起的高度而保持适当的离地迎角,甚至容易使升力突增很多而造成无人机猛然离地。各型无人机抬前轮的速度均有其具体规定,应严格按照手册中规定的抬前轮速度拉杆,通常规定在离地速度的 75% ～90% 时开始抬前轮。

前轮抬起的高度应正好保持飞机离地所需的迎角。前轮抬起过低,势必使迎角和升力系数过小,离地速度增大,滑跑距离增长;前轮抬起过高,滑跑距离虽可缩短,但因飞机阻力大,起飞距离将增长,而且迎角和升力系数过大,又势必造成大迎角小速度离地。离地后,飞机的稳定性差,操纵性也不好。仰角过大,还可能造成机尾擦地。从既要保证安全,又要缩短滑跑距离的要求出发,各型飞机前轮抬起的最大俯仰角都有具体规定。

（3）上　升

当速度增大到一定数值时,升力稍大于重力,飞机即可离地。飞机刚离地时,不宜用较大的上升角上升。上升角过大,会影响飞机增速,甚至危及安全。在小角度上升中,特别要防止出现坡度。因为这时飞行高度低,飞机如有坡度,就会向下侧滑而可能使飞机撞地,因此无人机出现坡度时应及时纠正。当速度增加到规定值时,应柔和带杆使飞机转入稳定上升,在上升阶段,作用力的平衡关系与稳定上升时完全相同。上升到规定安全高度、加速至大于起飞安全速度时,起飞阶段结束。

5. 起飞性能

飞机的起飞性能参数包括离地速度、起飞速度、起飞滑跑距离、起飞距离、起飞滑跑时间和起飞时间等。这里主要讨论离地速度和起飞距离及影响因素。

（1）离地速度

飞机滑跑离地瞬间的速度叫作起飞离地速度,用 V_{LOF} 表示。离地速度的大小直接关系到起飞滑跑距离的长短和飞行安全。因此各型飞机都规定了相应的离地速度,根据升力公式及飞机离地瞬间升力近似等于重力的条件可得

$$L = C_{LTO} \frac{1}{2} \rho V_{LOF}^2 S = G \tag{4-24}$$

则离地速度 V_{LOF} 可按下式确定:

$$V_{LOF} = \sqrt{\frac{2G}{C_{LTO} \rho S}} \tag{4-25}$$

从上式可以看出,离地速度的大小与离地时的升力系数、起飞机翼载荷(G/S)、机场高度处的空气密度有关。离地时的升力系数可用无人机擦地角对应的迎角进行估算。

通常起飞离地速度为失速速度的 1.1 倍,即

$$V_{LOF} = 1.1 \sqrt{\frac{2G}{C_{L\max} \rho S}} \tag{4-26}$$

所以起飞离地时的升力系数为

$$C_{LTO} = \frac{1}{1.21} \cdot C_{L\max} \approx 80\% C_{L\max} \tag{4-27}$$

起飞滑跑时,为了产生足够的升力使飞机离地,不论有风或无风,只要离地迎角相同,离地空速就应相同,但地速不一定相同,而起飞滑跑距离与地速有关。显然,逆风起飞时,由于空速等于地速与风速(绝对值)之和,故飞机离地地速减小,起飞滑跑距离缩短,飞机的起飞性能提

高。反之,顺风起飞,飞机离地地速增大,使起飞性能变差。并且逆(顺)风风速越大,对飞机的起飞性能影响越大。在有逆(顺)风条件下计算起飞滑跑距离,则应把式(4-26)中的 V_{LOF} 用地速 $V_{\text{LOF}}\pm U$(逆风用"一"号,顺风用"十"号)替换。

（2）起飞滑跑距离

起飞距离等于滑跑距离与空中段距离之和,如图4-21所示,其中 L_{TOR} 为起飞滑跑距离, L_{TOC} 为起飞空中段距离, L_{TO} 为起飞距离,即

$$L_{\text{TO}}=L_{\text{TOR}}+L_{\text{TOC}} \tag{4-28}$$

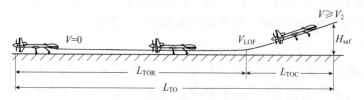

图 4-21　起飞距离

飞机从开始滑跑到离地所经过的距离为起飞滑跑距离 L_{TOR}。在地面滑跑过程中,抬前轮前后飞机所处的姿态不同,因而迎角以及升、阻力系数也不同。所以,滑跑段的精确计算应分别对上述两段进行数值积分后相加。但实践表明,作为近似计算,可以假设飞机在整个滑跑过程中都以两主轮着地进行,而且认为发动机推力矢量近似与地面平行。

在上述假设下,飞机在滑跑中的受力情况如图4-20所示。作用在飞机上的外力有:垂直于地面的升力 L、地面支反力 N 和飞机重力 G;平行于地面的阻力 D、地面摩擦力 F 和发动机可用推力 T。其中阻力、推力和地面摩擦力随速度的变化情况大致如图4-22所示。

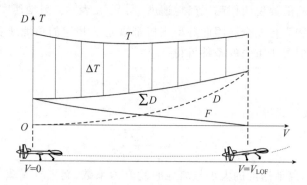

图 4-22　起飞滑跑过程中各力的变化

飞机滑跑时的运动方程为

$$\begin{cases} \dfrac{G}{g}\dfrac{\mathrm{d}V}{\mathrm{d}t}=T-D-F \\ N=G-L \end{cases} \tag{4-29}$$

式中, $F=fN$,f 为地面对机轮的摩擦系数,其大小主要取决于机场跑道的表面光滑程度。对于干水泥跑道,$f=0.02\sim0.04$;湿水泥跑道,$f=0.03\sim0.05$;干硬土草地机场,$f=0.07\sim0.10$。

把 L 和 D 的表达式代入式(4-29),并除以 G,可以得到

$$\frac{1}{g}\frac{\mathrm{d}V}{\mathrm{d}t} = \frac{T}{G} - f - \frac{\rho V^2 S}{2G}(C_D - fC_L) \tag{4-30}$$

令 $f' = f + \dfrac{\rho V^2 S}{2G}(C_D - fC_L)$，则式（4-30）可写成更为简洁的表达式

$$\frac{\mathrm{d}V}{\mathrm{d}t} = g\left(\frac{T}{G} - f'\right) \tag{4-31}$$

式中，f' 称为起飞换算摩擦系数，它是把飞机的总阻力假定为全部为机轮摩擦力而换算出来的摩擦系数。

由于飞机起飞滑跑是直线加速运动，其加速度 $a = \mathrm{d}V/\mathrm{d}t$，$V = \mathrm{d}L/\mathrm{d}t$，所以起飞滑跑距离 L_{TOR} 与 a、V 有以下关系：

$$a = \frac{\mathrm{d}V}{\mathrm{d}t} = \frac{\mathrm{d}V}{\mathrm{d}L}\frac{\mathrm{d}L}{\mathrm{d}t} = \frac{\mathrm{d}V}{\mathrm{d}L}V = \frac{1}{2}\frac{\mathrm{d}V^2}{\mathrm{d}L} \tag{4-32}$$

即

$$\mathrm{d}L = \frac{\mathrm{d}V^2}{2a} \tag{4-33}$$

如果已知离地速度 V_{LOF}，则对式（4-33）积分即可得到起飞滑跑距离的计算公式为

$$L_{\mathrm{TOR}} = \int_0^{V_{\mathrm{LOF}}} \frac{\mathrm{d}V^2}{2g\left(\dfrac{T}{G} - f'\right)} \tag{4-34}$$

在式（4-34）中，G、V_{LOF} 已给定，只要知道 T、f' 与 V 的解析关系，即可积分求出 L_{TOR}。如果采用平均可用推力、平均换算摩擦系数和平均加速度 a_{av}，则式（4-34）可以写成

$$L_{\mathrm{TOR}} = \frac{V_{\mathrm{LOF}}^2}{2a_{\mathrm{av}}} = V_{\mathrm{LOF}}^2 \Big/ \left[2g\left(\frac{T}{G} - f'\right)\right] \tag{4-35}$$

由式（4-35）可以看出，起飞滑跑距离的长短取决于离地速度和平均加速度。所需离地速度越小或平均加速度越大，则起飞滑跑距离越短。一切缩短起飞滑跑距离的措施都是从减小离地速度和增大加速度这两个方面提出的。

（3）滑跑迎角

在推重比 T/G 和离地速度 V_{LOF} 一定时，要缩短起飞滑跑距离，只有通过调整滑跑迎角，减少起飞滑跑总阻力来实现。要使总阻力最小，即 f' 最小，亦即 $C_D - fC_L$ 最小。将 $C_D = C_{D0} + A_i C_L^2$ 代入，得

$$C_D - fC_L = C_{D0} + A_i C_L^2 - fC_L \tag{4-36}$$

式（4-36）等号两边对 C_L 求导，并求极值得

$$C_L = \frac{f}{2A_i} \tag{4-37}$$

即升力系数等于 $f/(2A_i)$ 时，总阻力最小。只要知道跑道与机轮之间的摩擦系数 f 和飞机诱导因子 A_i，就可求出这个升力系数，继而由升力系数曲线查出相应的迎角。不难看出，在表面粗糙的跑道起飞，滑跑应保持较大的迎角；在表面光滑的跑道起飞，滑跑应保持较小的迎角。此外，离地迎角还要受抖动迎角和擦尾角的限制。

（4）起飞空中段距离

起飞空中段距离 L_{TOC} 指飞机从离地开始加速上升至安全高度所经过的水平距离。起飞空中段距离的精确算法是根据质心运动方程进行数值积分，比较复杂。工程计算中，常用能量

法确定此距离。

　　根据能量守恒定律,飞机由离地瞬间($H=0$)加速上升到起飞安全高度 H_{saf},增加的能量(动能和势能)等于剩余推力在上升路程(因为上升角 θ 很小,可以认为上升路程与水平前进路程相等)所做的功,即

$$\frac{G}{2g}(V_2^2 - V_{LOF}^2) + GH_{saf} = (T-D)_{av} L_{TOC} \qquad (4-38)$$

可以得到

$$L_{TOC} = \frac{G}{(T-D)_{av}}\left(\frac{V_2^2 - V_{LOF}^2}{2g} + H_{saf}\right) \qquad (4-39)$$

式中,$(T-D)_{av}$ 为飞机的平均剩余推力;V_2 为飞机达到安全高度时的飞行速度。

　　(5) 影响起飞性能的因素

　　影响起飞滑跑距离和起飞距离的具体因素有油门位置、离地迎角、襟翼位置、起飞重量、机场标高与气温、跑道表面质量、风向风速、跑道坡度等。这些因素一般都是通过影响离地速度或起飞滑跑的平均加速度来影响起飞滑跑距离的。

　　1) 油门位置

　　油门越大,螺旋桨拉力或喷气推力越大,飞机增速越快,起飞滑跑距离和起飞距离就越短。所以,一般应用最大功率或最大油门状态起飞。

　　2) 襟翼位置

　　放下适当角度襟翼,可增大升力系数,减小离地速度,缩短起飞滑跑距离,所以飞机起飞都要放下一定角度的襟翼,如图 4-23 所示。但如果放下襟翼角度过大,升力增大的同时阻力会增加更多,升阻比降低,增速慢,飞机升空后上升梯度小,飞机到达安全高度的空中距离增长,越障能力变差。正常起飞时,应使用手册中规定的角度放下襟翼起飞。

图 4-23　襟翼收放对起飞距离的影响

　　3) 离地迎角

　　离地迎角的大小取决于抬前轮的无人机俯仰角。从既要保证飞行安全又要使滑跑距离短的要求出发,各型飞机一般都规定了最有利的离地迎角值。

　　4) 起飞重量

　　起飞重量是影响起飞滑跑距离和起飞距离的最重要因素。如图 4-24 所示,起飞重量增大,不仅使飞机离地速度增大,加速度降低,而且会引起机轮摩擦力增加,使飞机不易加速,起飞距离增加。

　　起飞重量对起飞距离的影响是比较大的,在计算飞机的起飞距离时必须彻底地考虑这个因素。飞机的实际起飞重量不能超过允许的最大起飞重量。

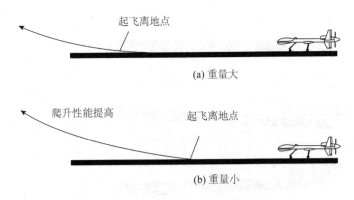

图 4 - 24　重量对起飞距离的影响

5）机场标高与气温

机场标高或气温升高都会引起空气密度减小，一方面使发动机的功率减小，发动机推力减小，加速力减小，飞机加速慢；另一方面，离地真速增大（离地表速不变），因此起飞滑跑距离必然增长。所以在炎热的高原机场起飞，滑跑距离显著增长，如图 4 - 25 所示。

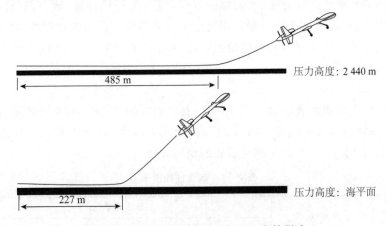

图 4 - 25　机场压力高度对起飞距离的影响

6）跑道表面质量

跑道表面质量的摩擦系数不同，滑跑距离也就不同。跑道表面如果光滑平坦而坚实，则摩擦系数小，摩擦力小，飞机增速快，起飞滑跑距离短；跑道表面粗糙不平或松软，起飞滑跑距离就长。

7）风向风速

逆风滑跑时，离地地速小，所以起飞滑跑距离比无风时短；顺风滑跑时，离地地速大，起飞滑跑距离比无风时长。

起飞空速 10% 的逆风风速会减少起飞距离大约 19%，起飞空速 10% 的顺风风速将会增加起飞距离大约 21%。当逆风速度是起飞速度的 50% 时，起飞距离将大约是无风时起飞距离的 25%。

8）跑道坡度

上坡起飞时，重力的分力会减小飞机的加速力，飞机的起飞滑跑距离和起飞距离会增加；下坡时则相反，如图 4 - 26 所示。

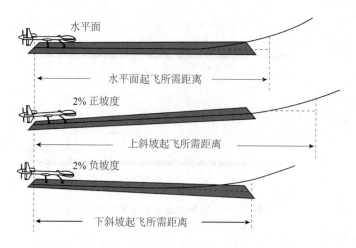

图 4 - 26   机场道面对起飞距离的影响

(6) 起飞性能图表

对起飞性能的计算有多种方法，有简单的近似计算、解析积分法、数值积分法等。但是在实际飞行活动中，飞机的起飞性能一般利用飞机飞行手册中提供的各种图表和曲线来确定，而不必再根据公式计算。这些图表和曲线给出了在特定起飞程序下，在不同的温度和机场压力高度下，飞机的起飞性能数据。

1) 表格形式的性能图表

表格形式的起飞性能图表如表 4 - 1 所列。首先确定起飞条件，即起飞质量、起飞襟翼等。使用该表时，如果知道起飞机场的 ISA 偏差和机场压力高度，就可得到在这种起飞条件下的起飞滑跑距离和起飞距离。下面举例说明表的使用方法。

表 4 - 1   起飞性能图表

温度/℃	距离/m	压力高度/m				
		0	610	1 220	1 830	2 440
ISA−20	起飞滑跑距离	191	203	215	227	239
	起飞距离	429	454	477	503	526
ISA	起飞滑跑距离	206	220	233	246	259
	起飞距离	450	486	511	537	561
ISA+20	起飞滑跑距离	220	236	252	267	281
	起飞距离	491	519	540	572	598

注：条件为离地速度 106 km/h，爬升至 15 m 时飞机的速度为 120 km/h，起飞质量 901 kg，起飞襟翼 10°。

例 1   某机场的压力高度为 1 220 m，机场温度为 7 ℃，飞机最大起飞质量为 901 kg，起飞襟翼为 10°，求起飞滑跑距离和起飞距离。

解：① 确定机场的 ISA 偏差。由 ISA 大气条件可知：在 1 220 m 处，ISA 标准温度为 7 ℃，因此当前机场 ISA 偏差为 ISA+0 ℃；

② 查表得到：起飞滑跑距离为 233 m，起飞距离为 511 m。

例 2   某机场的压力高度为 1 220 m，机场温度为 11 ℃，飞机最大起飞质量为 901 kg，起飞襟翼为 10°,求起飞滑跑距离和起飞距离。

　　解: ① 确定机场的 ISA 偏差,由 ISA 大气条件可知:在 1 220 m 处,ISA 标准温度为 7 ℃,因此当前机场 ISA 偏差为 ISA＋4 ℃,表格中没有这栏数据,需要进行线性插值拟合出对应 ISA＋4 ℃的两行数据。

　　② 查表得到:在压力高度 1 220 m 处,ISA 对应的起飞滑跑距离是 233 m,ISA＋20 ℃对应的滑跑距离是 252 m,通过线性插值得 ISA＋4 ℃对应的起飞滑跑距离是 237 m,同理可得对应的起飞距离为 517 m。

　　在飞行手册中,这样的表格一般会给出几个,每个表格对应一个起飞重量。如果实际起飞重量正好与表格中对应的起飞重量相等,则只需直接使用对应的表格即可。如果实际起飞重量与每个表格中对应的起飞重量均不相等,同样可以采用线性插值的方法,将最接近实际起飞重量的两个表格的相应数据进行线性插值。

　　2) 曲线形式的起飞性能图

　　曲线形式的起飞性能图如图 4-27 所示。使用曲线形式的性能图的好处是不需要进行计算,但是它的结果精确程度没有表格形式的高。

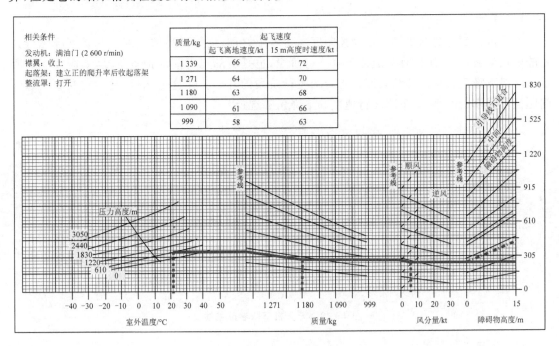

图 4-27　起飞性能图

　　例 3　机场温度为 22 ℃,机场气压高度为 610 m,起飞质量为 1 180 kg,逆风 6 kt 起飞,求起飞滑跑距离和起飞距离。

　　解: ① 此曲线分为若干栏,其走线方式是从左到右。从图中左下部分室外温度开始,沿 22 ℃向上引直线直到与机场压力高度 610 m 的高度线相交。

　　② 从交点水平向右引直线进入质量栏,与标为参考线的直线相交,再沿图中提供的一组提示线按比例偏折,直到与起飞质量 1 180 kg 处向上引来的直线相交。

　　③ 从交点水平向右引直线进入风分量栏,同质量栏的走线一样,经过这一栏的参考线后,沿图中提供的提示线按比例偏折,直到与风速 6 kt 处向上引来的直线相交。这里需要注意的

是,这一栏提供的提示线有两组,逆风起飞使用实线,顺风起飞使用虚线。

④ 从交点水平引到最右边进入障碍物高度一栏,障碍物高度为 0 的一条直线同时也标注为参考线,从左边水平过来的直线直接穿过障碍物高度为 0 的线,向右得到的数值即为起飞滑跑距离,本例中得到的起飞滑跑距离为 240 m。

⑤ 如果穿过参考线后沿图中的提示线按比例偏折到障碍物高度为 15 m 的直线处,得到的数值即为起飞距离,本例中得到的起飞距离为 420 m。

此外,使用本曲线图,还可以得到起飞离地速度和飞机在 15 m 处的速度。在质量一栏中,得到两条线的交点后,垂直向下进入速度一栏,按提示线比例偏折,就可以得到起飞离地速度和 15 m 处的速度。

4.2.2　着　陆

与起飞相反,着陆是飞机高度不断降低、速度不断减小的运动过程。飞机着陆前,飞机状态应处于正常的着陆状态,即襟翼放至着陆位(通常为放全襟翼),起落架处于放下位。

1. 着陆飞行过程

(1) 着陆飞行前的预备阶段

无人机在到达着陆机场空域和控制区准备着陆之前,需要从巡航高度上开始下降飞行到着陆机场空域,这一阶段称为航线下降飞行阶段,也是着陆飞行前的预备阶段,如图 4-28 所示。航线下降飞行阶段的结束即宣告着陆飞行阶段的开始。在这个飞行阶段,主要要考虑的问题是下降率的大小,即下降飞行速度和下降角的选择。

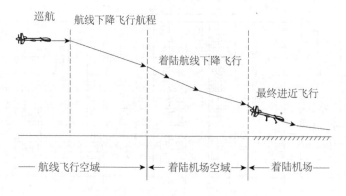

图 4-28　无人机下降着陆航线

(2) 着陆飞行航道段

到达着陆机场空域和控制区后,飞机进入着陆航线飞机航道段。着陆航线的水平视图如图 4-29 所示。通常着陆飞机按照着陆航线(见图 4-29)做沿四边四个转弯的飞行,称为标准着陆航线或着陆飞行航道段。当然具体的四边形状会根据机场周围净空环境而有所变化,但这几个过程一般需要完成。无人机最后做五边最终进近,完成最后的着陆飞行,即飞机着陆飞行的场道段。着陆飞行航道段各边高度逐渐降低,不同无人机各边的具体飞行高度会有不同,具体参见技术手册。

由于沿着陆航线飞行时,飞行速度大小受到限制,飞机的飞行性能只能借助飞机构型的变化来优化,着眼点还是在如何降低下降率和提高航时上。五边飞行中襟翼由小到大逐步打开,

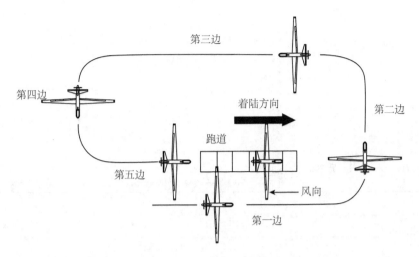

图 4 - 29　着陆五边航线

其他装置如起落架等的放下必须有序进行。这些操作一般在三边航线上开始，直到转入第五边后，襟翼才打开到着陆位置，完成由航线下降构型（实为巡航构型）到着陆构型的演变，这也是着陆航线或称着陆航道段飞行的最重要的任务。不同机型都有相关的着陆航道段飞行操作程序。

从航线下降飞行段转入着陆航线有多种方式。图 4 - 30 表示可从第三边以 45°角切入的情况，图上还表示了如果第三边航路上因其他飞机飞行而发现飞行间隔距离过短时，必须做右转弯的等待航线飞行来避让。

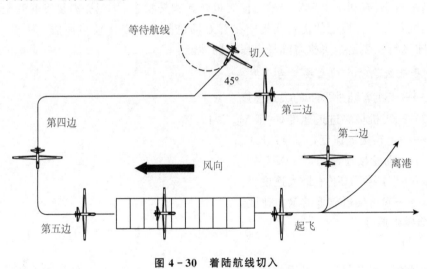

图 4 - 30　着陆航线切入

（3）着陆飞行场道段

飞机着陆过程一般可分为 5 个阶段，包括下滑段、拉平段、平飘段、接地和着陆滑跑段，如图 4 - 31 所示。

飞机转入五边后以进近下滑角 θ_{app} 飞行为着陆最终进近飞行，如图 4 - 31 所示，是从飞机到达着陆安全高度 H_{saf} 开始到飞机地面滑跑速度为 0 时的飞行段。在这一段飞行中，最关心的是直线下降飞行的下降角或下降率的大小，它必须大于机场的最小障碍物限制面的下降率，

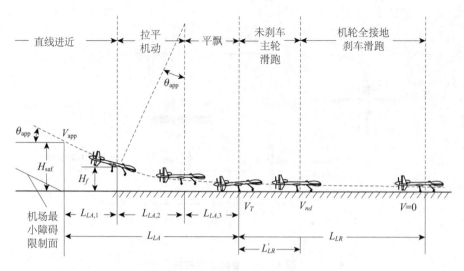

图 4-31　固定翼无人机着陆过程

但不能太大,以免在随后的拉平机动飞行阶段中法向过载过大。

在最终进近和着陆场道段飞行中,空速 V 或进近速度 V_{app} 不得小于飞机的平飞最小阻力速度 V_{Dmin},以免进入反操纵区,这对保证直线下降飞行轨迹极为有利。由于此时飞机已变换成着陆构型即高阻力外形,V_{Dmin} 将下降,这对降低进近速度 V_{app} 是有利的。另外,为了维持进近速度 V_{app},发动机油门位置不能收得过小。一旦出现必须放弃进近而复飞的情况时,因推力不是空转推力,故有利于在较短时间内增大推力,加上迅速收上起落架和减小襟翼下偏角,使飞机阻力迅速减小,有利于出现富余推力使飞机转入爬升状态,从而提高复飞的安全性。

关于飞机着陆飞行性能的优劣均集中在着陆场道段来加以比较与评估。所以,从狭义上讲,飞机着陆飞行性能是指飞机着陆场道段中的性能。

(4) 着陆航线飞行中的主要参考速度

① V_S——飞机着陆外形下的失速速度。

② V_{app}——飞机最终进近速度,一般 $V_{app} \geqslant 1.3 V_S$。

③ V_T——主轮接地速度,$V_T \approx 1.15 V_S$。

④ V_{nd}——前轮接地速度,$V_{nd} < V_T$。

⑤ V_{FE}——襟翼可放下的最大速度。

⑥ V_{LE}——起落架可放下的最大速度。

2. 着陆操纵原理

(1) 下　滑

无人机最终下滑阶段通常采用两种方式,一种是跟踪下滑窗口,一种是切入最后进近定位点(final approach fix,FAF)圆。

下滑窗口是以五边航线的第五边为中心轴线的一个立体窗口,图 4-32 所示为某典型无人机的下滑窗口。图中下滑窗口右侧表面中心 K 与预定着陆点 G 的连线构成下滑线,下滑线与着陆面的夹角(下滑角 θ_d)为 2.5°,下滑窗口的大小为 400 m×20 m×100 m,即无人机偏离跑道侧向 ±200 m,距 K 纵向 20 m,距 K 的高度 ±50 m。下滑窗口右侧表面中心 K 与预定着陆点 G 之间的水平距离为 4 580 m。在初始下滑段,通过调节给定俯仰角来保持给定的空速,跟踪下滑线,在横航向,根据侧偏距、侧偏移速度计算给定滚转角实现航线控制。在下滑末段,除跟踪下滑线和进行航线控制外,还要根据无人机当前航向与航线航向的偏差计算方向舵叠加量,以保持无人机航向始终与跑道平行。

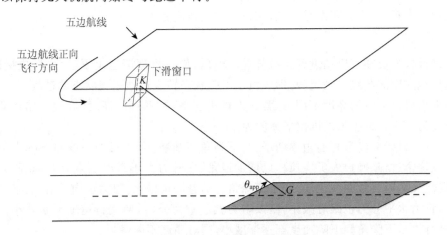

图 4 - 32　下滑窗口示意图

另外一种方式是无人机在下滑阶段首先切入 FAF 圆,到达着陆窗口,截获下滑道,对准跑道下滑,如图 4 - 33 所示。此时无人机横向跟踪跑道中心线的延长线,高度剖面如图 4 - 33 所示。图中 L 为任务加载的着陆机场 FAF 圆距离,R 为任务加载的着陆机场 FAF 圆半径,H_1 为进场高度。无人机在切入 FAF 圆之前,起落架和襟翼已放到位。无人机切入 FAF 圆后沿圆弧飞行至着陆窗口,开始截获下滑道下滑。有 FAF 时,最后进近航段的最小、最佳下降梯度通常为 5.2%。

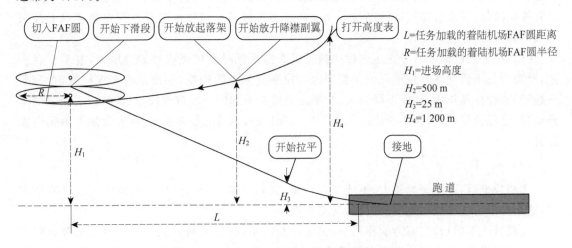

图 4 - 33　切入 FAF 圆的下滑典型轨迹示意图

飞机从安全高度下滑时,发动机处于慢车工作状态,即一般采用带小油门下降的方法下滑,襟翼打开到最大角度,飞机接近于等速直线下滑。目视进近中,一般结合矩形起落航线进行,在五边最后进近段,关键是保持下降角和五边下降速度。飞机以 15 m 过跑道头,必须将进近速度 V_{app} 调整到着陆进场参考速度或称过跑道头速度,此速度的大小为当前构型飞机失速速度的 1.3 倍。以进近速度过跑道头,操控人员以正常状态减小功率并拉杆至接地姿态时,速度就是预定的接地速度,因此,如果 15 m 处的速度控制不好,就会导致随后的着陆过程发生偏差,使修正量过大,从而使着陆困难。

在正常着陆中,进近速度的大小由飞机的着陆重量和襟翼位置所决定。着陆重量越大,着陆进场进近速度越大;襟翼角度越小,着陆进场进近速度越大。

（2）拉　平

拉平是操控人员在规定高度开始拉杆并收油门,使飞机逐渐退出下降角,形成接地姿态,并减速至接地速度的曲线运动过程,即飞机由下降状态转入近似平飞状态的过程。

不同无人机拉平时的高度不同,通常无人机速度高,拉平时的高度就高些,如某低速无人机拉平高度为 17 m,高速无人机拉平高度为 25 m。

拉平中,飞机俯仰姿态和迎角逐渐增大,下降角逐渐减小,飞机的速度和下降率也不断减小。为完成这个过程,操控人员应拉杆以增加迎角,使升力大于重力垂直分力,此两力之差为向心力,促使飞机向上做曲线运动,减小下降角。随着迎角增大,阻力也同时增大,且因下降角不断减小,重力水平分力也跟着减小,所以阻力大于重力分力,使飞行速度不断减小。可见飞机在拉平阶段中,下降角和下降速度都逐渐减小,同时高度不断降低。

操控人员应根据飞机的离地和下沉接近地面的情况,掌握好拉杆的分量和快慢,使之符合客观实际,才能做到正确地拉平。开始拉平的高度不宜过高,也不宜过低。

飞机结束拉平时的离地高度高于预定高度叫拉平高。拉平高的主要原因有:拉平开始前飞机下降角小、下降速度大或拉平开始高度高,仍按正常高度拉平,拉平过程降低的高度小,造成拉平高;收油门和拉杆动作不协调、先拉杆后收油门或拉杆时用力过大。当在拉平过程中发现有拉平高的趋势,应适当减慢或停止拉杆,使飞机仍在预定的高度上拉平。当拉平高度接近预定高度且速度小时,应稍微稳住杆,稍加油门,再根据高度、飞机姿态和下沉速度,相应地拉杆并控制油门,使飞机在正确的高度上拉成两点姿态接地。当拉平高度在预定高度以上且未能及时修正时,应立即复飞。

飞机拉平后的高度低于预定高度叫拉平低。拉平低时易使飞机接地速度大,甚至三点接地,严重时使飞机损坏。拉平低的主要原因与拉平高的原因相反,一般是由于视线太远、拉平开始晚,或拉杆动作太慢,或下降角大、拉平结束晚等引起的。发现要拉平低时,应适当加快拉杆动作,已经拉平低时,在不拉飘的前提下应柔和拉杆,以两点姿势接地,但在接地的瞬间应稳住杆。

（3）平　飘

飞机拉平后,速度仍然较大,不能立即接地,需要在离地 0.5～1 m 的高度上继续减小速度,这个拉平后继续减小速度的过程,就是平飘。

飞机转入平飘后,在阻力的作用下,速度逐渐减小,升力不断降低。为了使飞机升力与飞机重力近似相等,让飞机缓慢下沉接近地面,操控人员应不断地拉杆增大迎角,以提高升力,使飞机缓慢地降低高度。在离地约 0.15～0.25 m 的高度上将飞机拉成接地迎角姿态,升力稍小于重力,同时速度减至接地速度,使飞机轻柔飘落接地。

在平飘过程中,操控人员应根据飞机下沉和减速的情况相应地向后拉杆。一般来说,在平飘前段,需要的拉杆量较少。因为此时飞机的速度较大,在速度减小、升力减小时,只需稍稍拉杆增加少量的迎角,就能保持平飘所需的升力。如拉杆量过多,会使升力突增,飞机将会飘起。

在平飘后段,需要的拉杆量较多。因为此时飞机的速度较小,如拉杆量与前段相同,增加同样多迎角,升力增加小,飞机将迅速下行。此外随着迎角的增大,阻力增大,飞机减速快,也将使飞机迅速下沉。因此只有多拉杆,迎角增加多一些,才能得到所需的升力,使飞机下沉缓慢。

　　总之,在平飘中,拉杆的时机、分量和快慢,由飞机的速度和下沉情况来决定。飞机速度大,下沉慢,拉杆的动作应慢些;速度小,下沉快,拉杆的动作应适当加快。

　　此外,为了使飞机平稳地按预定方向接地,在平飘过程中,还须注意用舵保持好方向。如有倾斜,应立即以杆舵一致的动作修正。因为此时迎角大、速度小、副翼效用差,故应利用方向舵支援副翼,即向倾斜的反方向蹬舵,帮助副翼修正飞机的倾斜。

　　飞机在拉平后的平飘过程中向上飘起的现象叫拉飘,如图 4 - 34 所示。拉飘后,飞机速度迅速减小而易发生失速,易接地重而损坏飞机。拉飘的主要原因是拉杆过多。在拉平时,拉平低时粗猛地拉杆,导致飞机向上飘起;进入拉平时飞机速度太大,拉杆后升力大于重力,从而飘起;或速度正常,但拉杆用力过大;或视线太近,感觉飞机下沉快而急促拉杆;或飞机没下沉就拉杆等,都会引起飞机飘起。

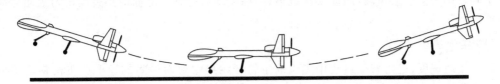

图 4 - 34　拉　飘

　　飞机出现拉飘后,迎角增加引起阻力增加,并且重力沿航迹方向的分力会使飞机速度迅速减小,易导致飞机失速,应根据拉飘程序相应地进行修正。当拉飘比较轻微时,此时飘起的高度不高,迎角也不大,应稳住杆,待飞机下沉时再相应拉杆,保持恒定的着陆姿态,让飞机逐渐减速并落回到跑道上面。如飘起高度较高,在最初应及时顶杆制止上飘,同时注意油门的控制。待飞机下沉再根据当时飞机的高度、姿态和下沉速度及时相应拉杆,使飞机在正常高度上成两点姿态接地。当拉飘过大时,如飘起高度超过 2 m 时,应该立即执行复飞,不要尝试着陆,在飞机进入失速状态之前必须增加功率。

　　(4) 接　地

　　飞机以规定接地姿态和接地速度,两主轮同时轻盈接地,即轻两点接地。应避免重接地和三点同时接地,以免产生弹跳现象。飞机在接地前会出现机头自动下俯的现象,这是因为飞机在下沉过程中,迎角要增大,俯仰稳定力矩使机头下俯。另外由于飞机接近地面,地面效应的影响增强,使下洗速度减小,水平有效迎角增大,产生向上的附加升力,对重心产生的力矩使机头下俯。故在接地前,还要继续向后带杆,飞机才能保持好所需的接地姿态。

　　为减小接地速度和增大滑跑中的阻力,以缩短着陆滑跑距离,接地时应有较大的迎角,故前三点式飞机以两主轮接地,而后三点式飞机通常以三轮同时接地。

　　接地时要让机头对准中心线。如果机头对不准中心线,此时的飞机起落架会受到严重的侧向载荷,从而损坏起落架。因此不要在飞机飘移的时候使飞机接地,一定要在确定飞行姿态平稳并且是沿着跑道中心线运动时接地。

　　(5) 着陆滑跑

　　着陆滑跑的中心问题是如何减速和保持滑跑方向。飞机接地后,为尽快减速,缩短着陆滑跑距离,必须在滑跑中增大飞机阻力。为了减小前轮和刹车装置的磨损,接地后一般要保持一段两点滑跑,这样飞机迎角大,可利用较大的气动阻力使飞机减速。故两点接地后,应继续带杆以保持两点滑跑。随着滑跑速度的减小,气动阻力逐渐减小,待机头自然下沉至前轮接地后,前推驾驶杆过中立位置,将飞机转为三点滑跑,此时滑跑中可使用刹车、减速板、发动机反推等方法继续增大飞机阻力使飞机减速,同时注意用舵保持好方向。

3. 着陆性能

飞机的着陆性能主要包括飞机的接地速度和着陆距离。从着陆进入安全高度开始,到飞机停止滑跑所经过的水平距离为着陆距离 L_L。如图 4 - 31 所示,着陆距离 L_L 等于着陆空中段距离 L_{LA}(从着陆进入安全高度到飞机接地所经过的水平距离)与着陆滑跑距离 L_{LR}(从接地到停止滑跑所经过的水平距离)之和,即

$$L_L = L_{LA} + L_{LR} \tag{4-40}$$

飞机的着陆过程可分为下滑、拉平、平飘、接地和地面滑跑五个阶段。因此,精确计算飞机的着陆性能,应按上述五个阶段分别考虑,最后相加来确定。在工程处理上,通常可把接地前的三个阶段作为空中减速段,用能量法近似计算;接地后的整个地面滑跑过程按匀减速运动进行估算。

(1) 接地速度

所谓接地速度,是指着陆过程中飞机的主轮开始接触地面瞬间的速度。飞机飘落接地瞬间的速度要比升力平衡重力所需速度略小一些,故接地速度 V_T 用下式计算:

$$V_T = k\sqrt{\frac{2G}{C_{LT}\rho S}} \tag{4-41}$$

式中,k 为速度修正系数,一般取 0.9~0.95。

着陆接地速度一般为失速速度的 1.15 倍,即

$$V_T = 1.15 \cdot \sqrt{\frac{2G}{C_{L\max}\rho S}} \tag{4-42}$$

接地升力系数取决于接地时的迎角和襟翼位置。放下襟翼或增大迎角,都会使飞机的升力系数增大,接地速度减小。但接地升力系数要受到防止抖振、避免护尾包碰地以及升降舵或平尾的最大上偏角三个条件的限制。为安全起见,取三者的最小值。

空气密度减小,升力减小,为了保持一定的升力使飞机轻轻接地,须相应地增大接地速度,所以,气温升高或在高原机场着陆,接地速度都要增大。飞机的着陆接地速度越小、着陆距离越短,着陆性能就越好,飞行安全性也越高。

(2) 着陆空中段距离

飞机从安全高度下滑减速至主轮接地的过程中,下滑角不大,可认为 $\cos\theta \approx 1$,即下滑减速段的水平距离近似等于所经过的路程。因发动机处于慢车工作状态,$P \approx 0$。同时假设在此过程中阻力变化不大,可用接地瞬间的阻力 D_T 和安全高度处的阻力 D_{saf} 的平均值 D_{av} 来代替,即

$$D_{av} = \frac{D_T + D_{saf}}{2} \tag{4-43}$$

按能量法有

$$\frac{G}{2g}V_{app}^2 + GH_{saf} = \frac{G}{2g}V_T^2 + D_{av}L_{LA} \tag{4-44}$$

由式(4-44)解得下滑减速段的水平距离为

$$L_{LA} = \frac{G}{D_{av}} \left(\frac{V_{app}^2 - V_T^2}{2g} + H_{saf} \right) \tag{4-45}$$

因设 $\cos \theta = 1$,则 $L = G$,故 $G/D_{av} = L/D_{av} = K_{av}$,因而式(4-45)也可写成

$$L_{LA} = K_{av} \left(\frac{V_{app}^2 - V_T^2}{2g} + H_{saf} \right) \tag{4-46}$$

式中, K_{av} 为平均升阻比,可用下式确定:

$$K_{av} = \frac{(K_{saf} + K_T)}{2} \tag{4-47}$$

式中, K_{saf} 和 K_T 分别为安全高度和接地时的升阻比。

(3) 着陆滑跑距离

飞机主轮接地后,先是无刹车保持两点着地自由滑跑,减速至一定程度前轮着地,并使用刹车,保持三点滑跑。因此,精确计算着陆滑跑距离与起飞相类似,也应分前轮接地前后两段进行数值积分。但实践表明,两点滑跑时间很短,考虑到在同样的速度下两点滑跑时迎角大,空气阻力系数也大,不使用刹车,地面摩擦系数小;而三点滑跑则迎角小,空气阻力系数小,使用刹车后地面摩擦系数大。故可认为从主轮接地到前轮接地一段时间内,两轮滑跑时的空气阻力和地面摩擦力之和与三轮滑跑的该两力之和近似相等。因此,可以把整个滑跑过程作为全部使用刹车的三点滑跑进行计算。若进一步假设滑跑过程为匀减速运动,则计算可以大大简化。

平均减加速度 a_{av} 可由下式近似计算得到:

$$\frac{a_{av} G}{g} = -(D + F)_{av} \tag{4-48}$$

式中, F 为三点滑跑使用刹车情况下的地面摩擦力;$(D+F)_{av}$ 可取接地瞬间和即将停止运动时的平均值。

运用类似于起飞滑跑作为匀加速运动的处理方法,可以得到

$$a_{av} = 0.5 \left(f + \frac{1}{K_T} \right) g \tag{4-49}$$

式中, f 为机轮对地面的摩擦系数,它仅取决于机轮和跑道表面状况及刹车情况;K_T 为接地瞬间飞机的升阻比,由着陆极曲线确定。根据匀减速运动公式,可得到着陆滑跑距离为

$$L_{LR} = -\frac{V_T^2}{2a_{av}} = \frac{V_T^2}{g \left(f + \frac{1}{K_T} \right)} \tag{4-50}$$

由式(4-50)可知,要缩短着陆滑跑距离,应尽量减小接地速度 V_T 和接地升阻比 K_T,并增大 f。完全打开襟翼和减速板,不仅增大接地时的升力系数,同时增加迎面阻力,因而既减小 V_T,也有利于减小 K_T;充分利用刹车,可加大 f。此外,有些高速无人机着陆时会使用减速板,计算中应加入以机翼面积为参考面积的减速板的阻力系数。

4. 着陆性能的影响因素

飞机的起飞过程是一个急剧加速的过程,而着陆过程则是一个减速过程。着陆滑跑距离取决于接地速度的大小和滑跑减速的快慢。如果接地速度小,滑跑中减速又快,则滑跑距离就短。着陆距离的长短不但取决于着陆滑跑距离的长短,而且还取决于空中段的距离,影响因素

很多,下面对此进行简要分析。

（1）进场速度与进场高度

进场速度大,飞机接地速度大,着陆滑跑距离和着陆距离增长,且大速度进场还易拉飘,进场高度越大,着陆空中距离越长,也使着陆滑跑距离和着陆距离增大。因此,正确着陆的前提是首先保证正确的进场高度和进场速度。

（2）接地姿态

接地姿态直接影响接地速度的大小,接地姿态大,则接地迎角大,升力系数大,接地速度小,着陆滑跑距离短。但接地姿态太大,会造成速度过小,可能导致飞机失速,也易造成飞机擦机尾。为缩短着陆滑跑距离,应使用规定的接地姿态接地。

（3）襟翼位置

放襟翼着陆,升力系数增加,使接地速度减小,升阻比减小,阻力系数增大,减速快,所以着陆距离和着陆滑跑距离缩短;不放襟翼着陆,着陆距离和着陆滑跑距离增长。因此,为缩短着陆距离和着陆滑跑距离,各型飞机一般均规定着陆时应将襟翼放到大角度襟翼着陆,即着陆位襟翼。

（4）着陆重量

着陆重量越大,接地时的升力增大,接地速度增大,着陆滑跑距离和着陆距离增长。飞机的实际着陆重量不能超过飞机的最大允许着陆重量。

（5）机场标高与气温

机场标高与气温越高,空气密度越小,若保持相同的表速接地,则接地真速增大,着陆距离和着陆滑跑距离增大。

（6）跑道表面质量

跑道表面光滑平坦,机轮与地面之间的摩擦力小,则着陆滑跑距离长;跑道表面粗糙柔软,则着陆滑跑距离短。

（7）刹车状况

刹车效率对着陆滑跑距离影响很大,跑道积水或积雪后,刹车效率很低,滑跑距离大大增长。跑道上的水会降低轮胎和地面之间的摩擦力,也会降低制动效率,使滑跑距离大大增长,冰雪跑道上的摩擦系数将减小更多。

（8）风向风速

在表速不变时,逆风着陆,地速和接地速度小,着陆距离和着陆滑跑距离减小;顺风着陆,着陆距离和着陆滑跑距离增大。风速越大,对着陆滑跑距离的影响越明显,如有可能,着陆方向应尽可能选择逆风方向进行。

（9）跑道坡度

与起飞滑跑的情况相似,上坡滑跑,重力沿航迹方向的分力起减速作用,飞机减速快,着陆滑跑距离短;下坡滑跑,则着陆滑跑距离长。

要缩短着陆距离和着陆滑跑距离,应严格控制好飞机在进场处的速度和接地速度。襟翼处于着陆位,尽可能向逆风和上坡着陆,滑跑中应及时、正确地使用刹车,使飞机尽快减速。

5. 目测着陆

为辅助无人机着陆,地面操控人员通常会通过无人机的前置摄像头观察无人机的进近着陆情况,以便操纵无人机按预定方向以规定速度降落在预定地点,这一过程称为着陆目测(简称目测)。飞机没有到达规定的着陆区域接地,称为目测低;超过规定着陆区域接地,称为目测高,如图 4 - 35 所示。

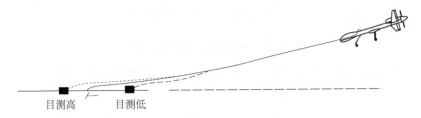

目测高　　　目测低

图 4 - 35　目测高与目测低示意图

目测高或目测低都不符合着陆要求。目测过高,飞机有可能冲出跑道,目测过低,则飞机有可能落不到跑道上,都会危及飞行安全。

着陆目测,实际上是从起落航线的第三转弯开始并贯穿于三、四转弯和五边下滑,直至接地全过程。本节着重介绍第五边目测的一般原理和目测的影响因素。

(1) 目测的一般原理与方法

飞机从四转弯改出后下滑至降落在着陆区域,其水平前进的距离可分为三个部分:一是下滑距离,二是拉平距离,三是平飘距离,如图 4 - 36 所示。

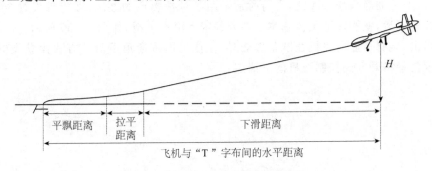

平飘距离　拉平距离　　　　　　下滑距离

飞机与“T”字布间的水平距离

图 4 - 36　下滑过程中的各种距离

要使飞机在着陆区域接地,只要操纵飞机使上述三部分实际飞行距离之和等于飞机四转弯改出位置距着陆接地点之间的实际水平距离即可。下滑距离的长短主要取决于下滑轨迹(称作下滑线)的陡或平;拉平距离与拉平速度有关,但一般变化不大;平飘距离主要取决于开始平飘的速度,而此速度又取决于下滑速度、收油门的时机和快慢。因此,做好目测,应保持好下滑线和下滑速度,掌握好收油门的时机和快慢。

1) 操纵飞机按预定的下滑线下滑

正常的下滑线是指飞机对准预定下滑点,下滑角正常时的下滑轨迹。按预定下滑线下滑,就保证了准确的下滑距离和拉平开始的位置,也是保持好下滑速度的条件。飞机在预定下滑线之上下滑,称为下滑线高,反之,称为下滑线低,如图 4 - 37 所示。

改出四转弯高度和位置,会影响下滑线的高低,如图 4 - 38 所示。要保持预定的下滑线,首先要求起落航线四转弯改出高度和位置正常,建立正常的高距比,然后是操纵飞机准确地向

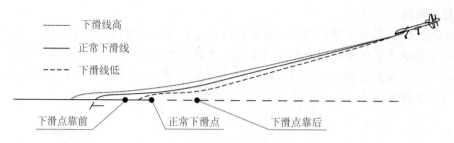

图 4 - 37　下滑线高低对目测的影响

预定下滑点(下滑轨迹与地面相交的一点)下滑,一直保持住预定的下滑线。

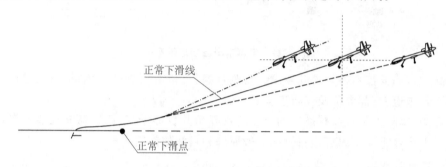

图 4 - 38　四转弯的高度、位置对下滑线的影响

　　向预定的下滑点下滑,对飞行员的判断能力要求比较高,尤其是在下滑的上段,飞机实际向哪点下滑,不易准确判断。因此,飞行时常采用参考投影点的办法,即将机头对准着陆区域后方某一位置下滑,就能保证飞机基本上向着预定下滑点下滑,如图 4 - 39 所示。

　　需要指出,装有平显的飞机在准备着陆时,往往采用按迎角下滑的方式操纵飞机,通过平显中的速度矢量符号准确控制飞机的下滑点。

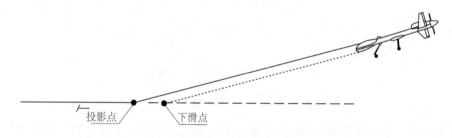

图 4 - 39　不放襟翼着陆下滑时的下滑点和投影点

　　2)按预定速度控制好下滑

　　下滑速度的大小关系到飞机转入平飘时速度的大小,从而影响平飘距离。飞机下滑速度大,转入平飘时的速度就大,使平飘距离增长,飞机将落到着陆接地点的前方,目测偏高。反之,则会使目测偏低。

　　3)掌握好收油门的时机和快慢

　　一般情况下,收油门动作是始于拉平开始,结束于平飘的开始。如果收油门时机过早或收油门动作过快,就会使飞机在拉平阶段减速过多,造成开始平飘速度小,使平飘距离缩短,飞机将落在着陆接地点的后方,出现目测低;反之,则会出现目测高。如果飞机转入平飘后还未收完油门,则还会使得平飘中减速慢,平飘距离进一步增长。

（2）影响着陆目测的因素

1）风

在大逆风中着陆，容易发生目测低，如图 4 - 40 所示。因为在大逆风中着陆，飞机在下滑、拉平和平飘各阶段都有一个与着陆方向相反的随风飘的速度，飞机的地速减小，相对地面的下滑角增大，下滑点后移，下滑线降低，空中各段距离缩短。

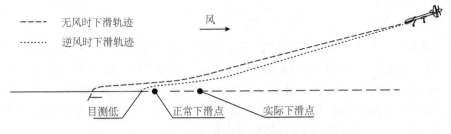

图 4 - 40　逆风对目测的影响

逆风着陆引起飞行员目测低的量值因风速 U 大小的不同而变化。从下滑到接地，目测受风的影响量 ΔL，可按 $\Delta L = UT$ 公式进行计算。

此外，飞行员用侧滑方法修正侧风影响时，除了有逆风因素使目测偏低外，还会由于侧滑时，空气阻力增大，升阻比减小，下滑角增大，实际下滑点靠后，容易造成目测低。

反之，在顺风中目测着陆，容易目测高。

2）气　温

冬季或早晚目测易低，夏季或中午目测易高。这种现象在冬季夜间飞行和夏季午后飞行最为明显。造成这种现象的原因是由于早晚（或冬季）、中午（或夏季）气温不同，空气密度不同。

（3）修正目测偏差的方法

通常改出四转弯高度和位置正常的情况下，修正由于气温高低、风速大小对目测影响的方法有两种，即改变下滑速度和调整投影点（下滑点）。

1）改变下滑速度

改出四转弯后，当逆风风速较大或气温较低时，应加大油门，保持投影点不变，使下滑速度逐渐增大。

增大速度的作用是增加升力，使下滑轨迹向上弯曲，减小或抵消由于逆风或气温低造成的实际下滑角增大的趋势，同时使下滑的平均地速等于无风时的平均地速，以修正逆风或气温低造成的飞机下滑距离和平飘距离缩短的影响。

当遇到顺风或气温较高时，修正方法相反。

2）调整投影点（下滑点）

四转弯改出后，如果逆风风速大或气温低，在增大油门的同时，将投影点适当前移，保持规定的下滑速度不变，使实际下滑角与无风时接近。这种修正方法会使飞机的下滑点和平飘点前移，抵消逆风或气温低使下滑点靠后和平飘距离缩短的影响。当遇到顺风或气温较高时，修正方法相反。

以上两种修正方法，在目测偏差不太大时可单独使用；在目测偏差较大时，就要结合起来运用。此外，还可以用增加或降低四转弯改出高度、缩短或延长四转弯改出位置至着陆接地点的距离的方法来修正目测低或目测高。

4.2.3　空滑迫降

当无人机发动机空中停车后,如果空中开车不成功,或者空中开车条件不具备,就需要实施空滑迫降。

1. 停车滑翔作用力

(1)停车附加阻力

飞机发动机空中停车后,增加的那部分阻力称为飞机的附加阻力,记为 ΔD_S ,如图 4-41 所示。停车后,飞机产生附加阻力的主要原因如下:一是空气流入进气道后受到阻滞,产生溢流阻力;二是尾喷口没有燃气喷出,形成一个涡流区,使机身前后压力差额外增大;三是涡轮处于自转状态,导致发动机内阻增加;四是采用螺旋桨的无人机,发动机空中停车后,螺旋桨在无人机前进形成的相对气流的作用下自转,形成负拉力。

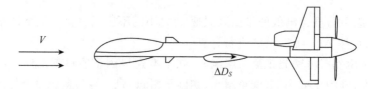

图 4-41　飞机停车后附加阻力的产生

发动机停车而引起的附加阻力系数增量 ΔC_{D_S} ,一般可以从该型飞机的技术说明书中查到,根据阻力系数增量,可以计算出飞机在一定条件下的附加阻力。

飞机停车后附加阻力系数增量 ΔC_{D_S} 基本上不随迎角变化。ΔC_{D_S} 增加导致飞机阻力增加,相当于飞机的极曲线向右移动了一段距离,如图 4-42 所示。所以在相同的迎角下,飞机停车滑翔时升阻比有所降低,相应地飞机的最大升阻比也要减小。例如,某低速飞机发动机工作时,有利迎角下的最大升阻比为 10.8,而发动机停车后,有利迎角下的最大升阻比则降低到 9.6(螺旋桨变大距时);某高速飞机在亚声速飞行时最大升阻比可以达到 12,发动机空中停车后滑翔比减小到 6.5~8。

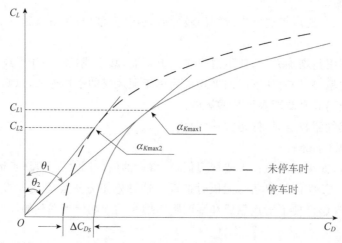

图 4-42　飞机停车时的极曲线

（2）停车滑翔作用力关系

飞机在停车滑翔中，发动机推力为零。这时，作用于飞机上的力有升力、重力和阻力（包括停车后的附加阻力），如图 4-43 所示。

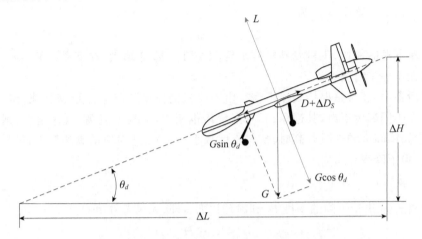

图 4-43　飞机停车滑翔的作用力及滑翔比关系

滑翔中，为了保持下滑角不变，升力应与重力第一分力相等；为了保持下滑速度不变，重力第二分力应与阻力相等，即

$$\begin{cases} G\cos\theta_d = L \\ G\sin\theta_d = D + \Delta D_s \end{cases} \qquad (4-51)$$

同时，绕各轴的力矩也需保持平衡。

2. 停车滑翔性能

发动机停车后飞机的滑翔性能主要包括停车滑翔比、下滑角、下降率和滑翔距离。

（1）停车滑翔比

发动机停车后，停车滑翔比 K_s 等于飞机下滑的水平投影距离 ΔL 与下降高度 ΔH 之比，即

$$K_s = \frac{\Delta L}{\Delta H} \qquad (4-52)$$

滑翔比大，降低同样高度，滑翔距离远，飞机的滑翔性能就好；反之，滑翔比小，飞机的滑翔性能就差。所有影响升力系数和阻力系数的因素都会影响滑翔比的大小，进而会影响飞机的滑翔性能。例如，飞机停车后，放下起落架或襟翼后，由于阻力系数增大较多，使滑翔比降低，滑翔性能变差。如某教练机在全放、只放起落架、只放 35°襟翼三种构型状态下，其滑翔比分别降低了 57%、38%和 52%。因此可以通过调整放起落架、襟翼的时机来修正下滑线。对于某螺旋桨飞机来说，螺旋桨变大距时，自转转速减慢，附加阻力减小，滑翔比略有增大。

（2）停车下滑角

由式（4-51）可得

$$\tan\theta_d = \frac{1}{K_s} \qquad (4-53)$$

式（4-53）表明，若用停车时的有利迎角下滑，因升阻比最大，停车滑翔比也最大，可得到

最小的下滑角。但由于发动机停车后,最大升阻比比未停车时要小,故发动机停车后的最小下滑角要比未停车下滑时的最小下滑角大。

(3) 停车下降率

飞机停车后的下降率 V_{dhs} 为

$$V_{dhs} = V_d \sin \theta_d \tag{4-54}$$

与不停车下滑时相比,飞机发动机停车后,由于其下滑角增大,在下滑速度相同的条件下,停车下降率比不停车时要大。

在停车滑翔中,通常是保持表速不变。由于飞机的停车下降率是根据真速计算的。若保持同一表速在不同高度下滑,其迎角相同,下滑角也相同,但高度越高,真速越大,则停车下降率也越大。另外,高度和气温升高时,空气密度减小,同一表速对应的真速增大,虽然滑翔比和下滑角不变,但下降率却增大。

(4) 停车滑翔距离

滑翔距离 L 取决于下降的高度 H 和滑翔比 K_s,即(无风条件下)

$$L = K_s \cdot H \tag{4-55}$$

由式(4-55)可知,在无风条件下,飞机停车滑翔距离的长短与滑翔比和下降高度成正比。下降高度一定,以有利速度下滑,升阻比最大,滑翔距离最远。放襟翼和起落架,升阻比减小,滑翔距离缩短。

3. 滑翔速度

飞机停车后,为了选择合适的迫降场地,并为飞机安全迫降创造有利条件,首要任务之一是需要争取最远的滑翔距离,而飞机停车后的滑翔距离与滑翔速度有关。

(1) 停车远滑速度

发动机停车后,能够获得最远滑翔距离的速度称为远滑速度 V_{fs}。飞机在闭油门下滑时,其远滑速度就是有利速度。但由于停车后同一升力系数对应的阻力系数增大,飞机极曲线右移,有利迎角增大,有利迎角对应的升力系数增大,所以,停车后的远滑速度比未停车的有利速度要小一些。

通过理论计算,某低速飞机在放下襟翼、起落架的情况下,闭油门时的有利速度为 150 km/h,停车时的远滑速度略小于 150 km/h;某高速飞机闭油门下滑的有利速度为 295 km/h,停车后的远滑速度为 270~290 km/h。

(2) 停车滑翔速度选择

在实际飞行中,为保证飞机具有良好的操稳特性,进而为成功实施空滑迫降创造条件,一般选择比远滑速度略大一些的速度作为滑翔速度进行空滑迫降。这样做是因为远滑速度是两个下滑速度范围的分界点,如图 4-44 所示。大于远滑速度为下滑第一范围,迎角小于有利迎角。此时,如果带杆增大迎角(图中 A 段),迎角向有利迎角靠近,滑翔比增大,滑翔距离增长,属于正常操纵范围。当滑翔速度小于远滑速度时,飞机进入下滑第二范围。此时,如果带杆增大迎角(图中 B 段),迎角将大于有利迎角,阻力系数增加快,滑翔比降低,滑翔距离缩短。而且,随着滑翔速度逐渐减小,迎角不断增大,阻力也增大,减速更快,下滑角也不断增大,越拉杆增大迎角,下降率却越大,操纵上出现反常操纵现象。因此,为了防止飞机进入下滑第二范围,飞机滑翔速度应比远滑速度稍大。如某低速飞机停车后,远滑速度为 270~290 km/h,但滑翔速度取 300 km/h,以保证飞机在下滑第一范围飞行。此时,滑翔比仍较大,且飞机的稳定性、操纵性较好。

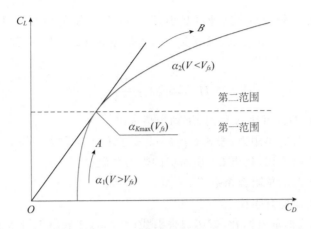

图 4 - 44　滑翔的两个范围

4. 滑翔转弯

飞机在滑向机场过程中,一般都要做滑翔转弯。发动机停车后的滑翔转弯实际上是等速盘旋下降的一部分,在转弯过程中要额外损失一定高度。通常要求滑翔转弯时损失的高度尽量少一些,以便有足够的高度争取较长的滑翔距离。无人机在实施迫降过程中,降低的高度不仅与转弯速度、升阻比有关,还与转弯坡度等因素有关。而且在不同条件下,要使得滑翔转弯中损失的高度最小,坡度选择是不同的。

（1）升力系数一定时坡度的选择

飞机停车后,盘旋下降一圈损失的高度 ΔH_r 可按下式计算：

$$\Delta H_r = \frac{2\pi V^2}{g \sin \phi} \left(\frac{C_{D0} + A_i C_L^2}{C_L} \right) \qquad (4-56)$$

如果在停车盘旋下降中,规定了升力系数 C_L,即规定了 α,则

$$\Delta H_r = \frac{8\pi G}{gS\rho \sin 2\phi} \left(\frac{C_{D0}}{C_L^2} + A_i \right) \qquad (4-57)$$

从式(4-57)可以看出,在规定 C_L 的条件下,要想使盘旋一圈下降损失高度最少,应采用 45°坡度做转弯。另外,如果采用尽可能大的升力系数,比如抖动升力系数 C_{Lbf},则可以使高度损失更少。

（2）速度一定时坡度的选择

如果在停车滑翔转弯中,规定了速度 V,由式(4-57),可以化简得出

$$\Delta H_r = \frac{4\pi G A_i}{gS\rho} \left(\frac{V}{V_{D\min}^4 \tan \phi} + \frac{2}{\sin 2\phi} \right) \qquad (4-58)$$

因速度 V 已规定,当 ΔH_r 对坡度的导数等于零时,ΔH_r 取得小值,从而可得

$$\tan \phi = \sqrt{1 + \frac{V^4}{V_{D\min}^4}} \qquad (4-59)$$

从式(4-59)可以看出,停车转弯的速度若规定为平飞有利速度 $V_{D\min}$,$\tan \phi = \sqrt{2}$,则保持 55°坡度盘旋一圈高度损失最小。若规定的速度大于平飞有利速度 $V_{D\min}$,则使损失高度最小

的坡度值应按式(4-59)计算所得。

（3）滑翔转弯坡度选择

停车转弯中，考虑到坡度过大或速度过小，不易准确操纵，通常要求速度不小于平飞有利速度，坡度通常不大于30°。在速度、坡度受限制的条件下，根据式(4-56)，飞机每盘旋一周所降低的高度，可按下式近似计算：

$$\Delta H_r = 0.64 \frac{V^2}{K_t \sin \phi} \tag{4-60}$$

式中，飞机停车转弯时的升阻比 K_t 可按下列步骤求出：

① 根据下滑转弯时的作用力，按式 $G \approx L\cos\phi$ 求出升力系数。

② 根据该型飞机极曲线，找出 C_L 所对应的阻力系数 C_D。

③ 求出飞机停车时的总阻力系数 $C_D + \Delta C_{D_S}$。

④ 求出停车转弯时的升阻比 K_t。

有了飞机停车转弯时的升阻比，就可以根据式(4-60)计算出飞机所选择的下滑速度，用不同的坡度进行转弯时所降低的高度。

实际实施迫降中，为了给修正转弯留有余地，通常使用的坡度都小于45°。例如，某飞机采用30°坡度转弯，有较大的机动余地。这样做可以用改变坡度的办法修正目测高低。目测低时，可以减小一些坡度，以便在滑翔转弯中少下降一些高度。

表4-2列出了某低速飞机以150 km/h的表速在不同坡度下滑翔转弯的下降高度。

表4-2　某低速飞机以150 km/h的表速在不同坡度下滑翔转弯的下降高度

转弯坡度/(°)	15	30	45	30(放起落架)
停车下降率/(m·s⁻¹)	4.4	4.5	5.3	6.5
转90°下降高度/m	125	64.9	45.7	68.5
转180°下降高度/m	249	129	91.5	136.5

表4-3列出了某高速飞机在不带外挂、标准大气、进入高度为5 000 m、坡度为30°的条件下，飞机转弯空滑一周所下降的高度和平均转弯半径。

表4-3　某高速飞机以30°坡度盘旋空滑一周所下降的高度和平均转弯半径

飞行表速/(km·h⁻¹)	260	280	300	320	340
下降高度/m	925	1 035	1 170	1 345	1 555
平均转弯半径/m	1 500	1 750	2 000	2 300	2 600

5. 影响空滑迫降目测的因素

（1）高　度

在发动机停车的情况下进行返场着陆，到达机场上空某一预定点时，高度完全合乎目测要求的情况很少，因此必须考虑进场高度不同对目测的影响。在四转弯改出速度正常，高度偏差为 ΔH 时，改变的下滑距离 ΔL 为

$$\Delta L = K_s \cdot \Delta H \tag{4-61}$$

例如，某型飞机襟翼和起落架全收，表速为450 km/h，滑翔比为6.5，当高度偏差为150 m时，改变的下滑距离为975 m；而在放起落架后，其滑翔比为3.5，同样的高度偏差，则飞机改变

的下滑距离为 525 m。

(2) 速　度

高度对目测的影响,一般都能注意修正。而速度对目测的影响,却易被忽视。在改出四转弯高度、位置正常的情况下,往往会给人以目测成功的假象,速度的偏差容易被忽视而不能得到及时的修正。飞行实践表明,不注意修正速度偏差是非常有害的,也是造成空滑迫降失败的重要原因之一,因为飞机四转弯改出后的速度大小将影响飞机减速下滑的距离和平飘距离的大小,从而直接影响正确的目测。计算表明,某型飞机放下襟翼、起落架时,拉平后的速度每增大 10 km/h,平飘距离约增大 100 m。

值得注意的是,飞机发动机停车后,在返场途中,如发现高度高了,不要用推杆增大下滑角的办法修正,因为这样做会导致下滑速度增大,不利于按规定的下滑速度返场着陆。

(3) 风

无风情况下迫降是很少见的,飞机在有风时滑翔,飞机的实际下滑轨迹由飞机的空速和风速的合速度决定。例如,逆风着陆时,由于地速减小,下滑角增大,滑翔距离要缩短,如图 4 - 45 所示。此外,因地速小,平飘距离会相应缩短,从而使目测偏低。反之,顺风着陆时,则容易形成目测高。

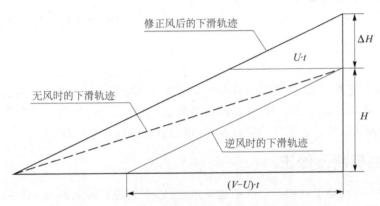

图 4 - 45　逆风对下滑距离的影响及四转弯高度的修正

风对目测的影响可以用改变四转弯后的高度来修正,其修正量 ΔH 可用下式近似计算:

$$\Delta H = \frac{U}{V \pm U} H \tag{4-62}$$

式中,U 为风速,顺风取"+",逆风取"−",m/s;H 为四转弯正常改出时的高度,m。

例如,某型飞机放下襟翼、起落架时,在无风情况下,进入四转弯的高度为 1 000 m,速度为 300 km/h。如在 5 m/s 的顺风中着陆,改出四转弯的高度应比无风时减少 57 m,目测才合适。否则,按当时的升阻比 3.775 计算,着陆距离将会增长约 215 m。

6. 空滑迫降航线修正目测的方法

发动机停车后,能不能返场迫降成功,取决于飞机能否滑回机场和返场后能否利用条件安全着陆。后者又包括迫降航线的建立以及如何修正目测偏差这两个方面。这些都是场内迫降成功的重要环节。

做好目测必须综合考虑飞机的位置、高度和速度。如前所述,空滑迫降往往容易飞行速度大,形成目测高。为防止这种错误,在发动机停车后,应首先使飞机减速至规定速度,并在加入迫降航线时准确地保持此速度。这样,就可以只根据飞机的位置保持相应的高度来做目测。

在发动机停车时,如果速度大于规定速度,应利用平飞或上升减速(如果当时飞机背向机场,应立即利用平飞或上升减速转弯对向机场),这样一方面可以把速度减小到规定速度,另一方面可以增长飞机的滑翔距离,以增大飞机滑回机场的可能性和留有更大的修正余地。如果速度小于规定速度,在判断飞机不能滑回机场的条件下,应就近选择备降场或平坦地面进行场外迫降。

保持好规定的速度后,应根据各检查点的高度,逐点修正目测的偏差。如各检查点的高度不正确,可用以下方法进行修正。

(1) 改变转弯点的位置

在迫降航线上,推迟一、三转弯时机,可修正目测高;反之,提前进行一、三转弯,可修正目测低。

(2) 调整放起落架的时机

调整放起落架的时机可以修正目测。如发现目测高,可适当提前放起落架,增大下滑角,缩短下滑距离;如发现目测低,则应延迟放起落架。

(3) 调整放襟翼的时机

如前所述,放襟翼对飞机的滑翔性能有很大影响,因此调整放襟翼的时机可以有效地修正目测。

(4) 其他方法

此外还可采用蛇形转弯、侧滑飞行以及放减速板等措施来修正目测高。综上所述,飞机停车迫降,修正目测高的方法比较多,也比较容易修正;而修正目测低的方法却不多,也不宜修正。但是,也不能认为停车迫降目测越高越好,以免目测过高,不好修正。

4.2.4 风的影响及修正

飞机在风中飞行,除了有相对空气的运动速度外,空气还相对地面有一个运动速度,所以空速与地速不相等。逆风飞行时,地速等于空速与风速之差;顺风飞行时,地速等于空速与风速之和。

1. 超低空湍流飞行

超低空大气气流混乱称大气湍流,主要是受地形、地物和温度变化的影响。这种湍流没有什么规律性,是"随机"的。在大气中可能有上下突风和左右突风,或者各种波长的气流混杂在一起,而且在一定的条件下,还会有强烈的"风切变",即随高度稍微增减,风速会有很大改变。所以在湍流中飞行,无人机与空气的相对速度、侧滑角和迎角都会突然发生变化,使无人机上下、左右颠簸起来,高度变化有时达几十米,甚至上百米。

弄清或至少概略地弄清湍流的特点,都是为了减少低空湍流造成的事故,同时也使操控人员遇到强烈湍流时能正确处置。而长期低空飞行,经常颠簸,对飞机的疲劳寿命也很不利。

(1) 垂直突风对无人机的影响

设无人机平飞速度为 V,迎角为 α,无人机重量为 G,机翼面积为 S。当无人机突然遇到垂直突风 u 时,机翼的迎角会突然变大(u 向上)或减小(u 向下),迎角的变化值是 $\Delta\alpha$。很明显,$\Delta\alpha$ 可用无人机速度及突风值按三角函数关系计算出来

$$\Delta \alpha = \arctan(u/V) \tag{4-63}$$

通常 $\Delta \alpha$ 较小，一般不超过 $10°$，因此式（4-63）可近似写为

$$\Delta \alpha = u/V \tag{4-64}$$

这时无人机的升力会突然增加（或减小）ΔL 值，引起无人机突然上升（或下降）。无人机法向过载的变化如用 Δn_z 表示，则

$$\Delta n_z = \Delta L/G = \sigma \rho_0 V^2 S C_{La} \Delta \alpha /(2G) \tag{4-65}$$

式中，σ 为飞行高度处的大气相对密度；ρ_0 为标准海平面大气密度；C_{La} 为机翼升力系数斜率。

从式（4-64）可以看到，无人机速度越小，遇到同样的突风后迎角的变化越大。无人机小速度飞行时，迎角本来就比较大，所以低空低速飞行如遇到湍流，首先要防止迎角过大，以免引起失速。因此穿过大气湍流区应增加速度，减少由于突风造成的迎角变化。

将式（4-64）带入式（4-65）可得

$$\Delta n_z = \Delta L/G = \sigma \rho_0 V S C_{La} u /(2G) \tag{4-66}$$

如果低空、超低空大速度飞行遇到强烈突风，则主要不是怕失速而是要防止突然增加或减少的过载超过无人机强度可以承受的范围。因为这时迎角变化值较低速来说小得多。但从式（4-66）看，突风过载增量与速度成比例，有的无人机在山区强湍流中飞行折断机翼就是这个缘故。这时，如将无人机的速度减小一些，突风影响可以减轻。

此外，随着迎角的变化，由于无人机俯仰稳定性的作用，故还会产生俯仰摆动。当迎角变大时，无人机稳定性会使无人机低头以减小迎角；反之，则使无人机抬头。

为进一步说明这些问题，可以做些具体计算。但公式（4-66）不宜直接应用，因为它假设突风非常突然产生，实际情况不是这样的。现在国际上较多采用的计算办法是在公式中乘上一个"突风缓和因子"来代表突风的真正作用过程，这个因子用 K_g 表示，它与无人机的大小、重量、大气密度、机翼展弦比等有关。将这些因素都考虑进去，突风缓和因子可用下式计算：

$$K_g = 0.88/(1 + 5.3/\mu_g) \tag{4-67}$$

式中，μ_g 为无人机质量参数，即

$$\mu_g = 2(G/S)/(\sigma \rho_0 c_A C_{La} \alpha) \tag{4-68}$$

式中，c_A 为机翼平均弦长，m；G/S 为机翼载荷，N/m^2。又因为

$$\Delta \alpha = u K_g /V \tag{4-69}$$

所以过载增量的公式可变为

$$\Delta n_z = \sigma \rho_0 V C_{La} u K_g /(2G/S) \tag{4-70}$$

从式（4-70）可以看到，在湍流中飞行，翼载大的无人机受影响较小；展弦比小的无人机 C_{La} 值小，但会使突风缓和因子变大，总的影响比较大。现代小/微型无人机一般选用小翼载、小展弦比，因此低空飞行时颠簸严重。

超低空飞行时，如果遇到强烈垂直突风，迎角可能增大到失速迎角。由此可见，在遇到强湍流时就不应该再用最小速度飞行，应该立即把速度加大。另一方面，遇到强烈湍流，无人机的颠簸过载可能超过飞机强度极限以至损坏。因此在低空湍流条件下飞行，无人机允许的最大飞行速度往往进一步受到限制，只有在气流比较平静的条件下，才可以飞到允许的最大速度。

至于无人机在湍流中飞行产生的俯仰摆动，可以用俯仰稳定力矩粗略估算。当突风引起迎角的变化为 $\Delta \alpha$ 时，无人机俯仰静稳定度为 C_{mC_L}，所以俯仰稳定力矩 M_s 为

$$M_s = \sigma \rho_0 V^2 S c_A C_{mC_L} C_{La} \Delta \alpha / 2 = \sigma \rho_0 V S c_A C_{mC_L} C_{La} u K_g / 2 \tag{4-71}$$

设无人机俯仰转动惯量为 I_y，遇到突风俯仰角加速度为 $\mathrm{d}\omega/\mathrm{d}t$，由 $M_s = I_y(\mathrm{d}\omega/\mathrm{d}t)$，可得

$$\mathrm{d}\omega/\mathrm{d}t = \sigma \rho_0 V S c_A C_{mC_L} C_{La} u K_g / (2 I_y) \tag{4-72}$$

从这个公式可看到，湍流中飞行速度越大，俯仰摆动时的初始角加速度也越大，摆动可能越厉害。同时，飞机俯仰稳定度越好（C_{mC_L} 绝对值大），俯仰摆动也越厉害。所以无人机如外挂导弹以后重心前移，俯仰稳定性增加，对湍流的俯仰反应反而比不挂弹时剧烈（但翼载加大会缓和突风反应）。反之，如果挂弹以后重心后移（仍在允许范围内），在湍流中飞行会平稳一些。

（2）侧向突风的作用

低空大气湍流并不只表现为垂直突风，还常常表现为左右侧向突风。侧向突风的作用相当于无人机一会儿有左侧滑角，一会儿又有右侧滑角，引起无人机的反复侧向过载，同时无人机的横航向稳定性会使飞机左右摇摆及摆头（偏转）。所以无人机在湍流大气中飞行，不但产生沿三轴的过载，而且有绕三轴的角加速度。计算突风产生的侧滑角大小及侧向过载值所用的方法与垂直突风的情况相似，各因素的影响也差不多。

根据以上分析可以得出以下三点看法：一是无人机在低空、超低空高速飞行遇到颠簸气流时，应适当减慢速度以减轻颠簸程度，但减慢以后的速度应比最小机动速度大一定值，以免引起失速；二是重心在允许范围内稍靠后可以减轻颠簸时的俯仰摆动程度；三是加大翼载可以减轻颠簸程度。

在垂直阵风和水平阵风的作用下，飞机就会出现各种颠簸状态。虽然垂直阵风和水平阵风都会引起飞机颠簸，但它们的作用大小却不可相提并论。计算表明，在垂直阵风风速和水平阵风风速大小相等的情况下，当飞机的迎角为 $10°$ 时，由垂直阵风引起的升力增量约为水平阵风的 3 倍；当飞机的迎角为 $2°$ 时，由垂直阵风引起的升力增量约为水平阵风的 14 倍。由此可见，垂直阵风对飞机形成的颠簸比水平阵风对飞机形成的颠簸要强烈得多，可以说垂直阵风的强度决定了飞机颠簸的强度。

2. 侧风的影响与修正

无人机经常在有风的条件下起飞和着陆，在起飞和着陆时，飞行的速度低，要更多地考虑风的影响。大多数无人机飞行速度低，在空中飞行时也要考虑侧风的影响。这里研究的是稳定风场的影响及修正。

（1）侧风对滑跑的影响及修正

在侧风中滑行时，虽然机轮的侧向摩擦力阻止飞机向侧方运动，飞机仍沿地速方向运动，但侧风使空速与飞机对称面不平行而形成侧滑。侧风方向、侧风速度和飞行速度都将影响侧滑角的大小，如图 4-46 所示。

侧滑所产生的航向稳定力矩使机头有向侧风方向偏转的趋势，侧滑所产生的横向稳定力矩使飞机有向侧风反方向倾斜的趋势。故不论是起飞滑跑还是着陆滑跑，为修正侧风的影响，都应向侧风方向压盘，以克服横向稳定力矩，防止飞机倾斜；向侧风的反方向抵住舵，以克服航向稳定力矩，保持直线滑行。

螺旋桨飞机在滑跑时，螺旋桨副作用也有使飞机偏转的趋势，不同的侧风可能会加剧或削弱这种影响。例如，右转螺旋桨飞机在左侧风中起飞，侧风和螺旋桨副作用所引起的偏转力矩相同，都向左，总的左偏力矩加大，必须加大蹬舵量。若在右侧风中起飞，两者所形成的偏转力

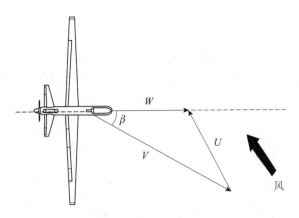

图 4 - 46　侧风对滑行的影响

矩相反,可以相互抵消一部分,总的偏转力矩减小,可以减小蹬舵量。因此对于螺旋桨飞机,起飞滑跑时,螺旋桨副作用和侧风的影响可能相互加强,也可能相互削弱,导致不同的盘舵修正量。

　　起飞滑跑时,随速度的增大,舵面效用增强,应相应地减小盘舵量。滑跑时,可适当顶杆以增大前轮摩擦力,以便保持方向。同时可适当增大抬前轮速度,以增加安全余度。

　　着陆滑跑则相反,随着滑跑速度的减小,须相应地增大盘舵量才能保持好滑跑方向。

　　(2) 侧风对空中飞行的影响

　　空中飞行时,侧风会使飞机出现偏流。比如,飞机在左侧风中起飞,在滑跑中,只会产生左侧滑。但当飞机离地后,侧向摩擦力消失,飞机在侧力的作用下向右产生加速度,逐渐形成向右的飘移速度。随着向右飘移速度的增大,飞机与侧风之间的相对运动速度逐渐减小,空速方向逐渐向飞机对称面靠近,左侧滑角逐渐减小,侧力逐渐减小,而地速方向则逐渐离开飞机对称面。当飞机向右飘移的速度等于左侧风速时,侧滑角减小为零,侧力消失。这时飞机相对地面的运动速度(地速)是由空速和随风飘移速度(等于风速)合成的,如图 4 - 47 所示。这种地速偏离空速(航向)的现象,称为偏流,地速与空速之间的夹角称为偏流角。

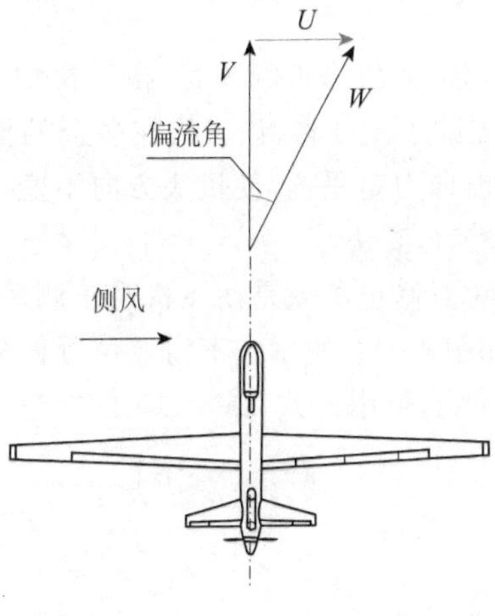

　　(3) 侧风修正原理

　　1) 航向法

图 4 - 47　偏流的产生

　　以下滑阶段修正左侧风为例。飞行员应杆舵一致地操纵飞机向左压坡度转弯,使空速方向和机头方向同时向左改变;当改变的航向角接近偏流角时,杆舵一致改出转弯,使改出转弯后改变的航向角等于偏流角。此时,地速方向正好与跑道方向一致,如图 4 - 48 所示。

　　若在起落航线(左航线)的第四转弯前知道有左侧风存在,则可采取推迟改出四转弯的方法,即让四转弯多转一个角度(大小等于修正角)直接形成航向修正角。

　　当飞机快接地时应蹬右舵,使机头方向对正跑道方向,防止飞机带偏流接地而损坏起落架;蹬舵的同时还应向左压杆,用横向操纵力矩平衡横向稳定力矩,保证飞机无坡度。

2)侧滑法

以下滑阶段修正左侧风为例。飞行员应向左压杆,使飞机形成左坡度,空速方向向左改变一个角度,同时蹬右舵,使机头方向仍与跑道方向一致,操纵飞机做左侧滑。当飞机的侧滑角等于偏流角时,地速方向就对正了跑道方向,如图 4-49 所示。

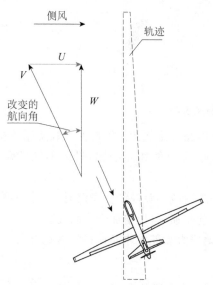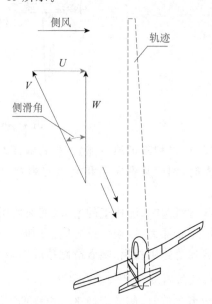

图 4-48　用航向法修正侧风影响　　　图 4-49　用侧滑法修正侧风影响

用侧滑法修正侧风时,在飞机快接地前需改平坡度,使两主轮同时接地。改出操纵原理是:先减小压杆量,让飞机在多余的横向稳定力矩作用下逐渐改平左坡度;随即适量回右舵,保持航向力矩平衡,使机头方向不变,仍与跑道方向一致。

3)位置法

位置修正法就是使飞机对正侧风来向一边的跑道平行线,改变下滑位置来修正侧风的影响,如图 4-50 所示。下滑点位置偏移多少 ΔS,则视侧风风速 U 的大小以及飞机下滑的时间 ΔT 而定,可用公式 $\Delta S = U \cdot \Delta T$ 进行估算。

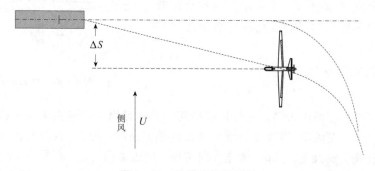

图 4-50　位置法修正侧风

4)侧滑法和航向法比较

侧滑法修正偏流时,飞机的航迹与机体纵轴一致,便于根据纵轴方向保持飞机的运动方向。缺点是飞机在侧滑中飞机升力减小,阻力增大,则升阻比减小,导致飞机气动性能变差。而且由于操控人员蹬满舵后,飞机所能达到的最大侧滑角是一定的,因此飞机做直线侧滑时如果侧风过大,飞机所能达到的最大侧滑角就可能小于所需要的侧滑角。此时只用侧滑法将无法完全修正侧风的影响。

航向法修正侧风时,飞机不带侧滑和坡度,升阻比大,没有气动性能损失。用改变航向修正侧风的影响时,一般不受侧风风速的限制。即使侧风很大,也能用改变航向法来修正偏流。但是航迹与纵轴不一致,操控人员不便于根据纵轴保持运动方向,且飞机接地前改出难度也较大。

总之,两种方法各有优缺点,可以单独使用,也可以结合使用。究竟采用哪种方法好,应视具体情况而定。一般而言,大型飞机一般在直至接地前的整个飞行过程中都使用航向法修正,在接地前蹬下风舵时飞机纵轴与跑道平行,同时用盘保持飞机不带坡度,改出航向法修正。小型无人机一般使用侧滑法修正偏流,接地前应操纵飞机改平坡度,改出侧滑法修正,使两主轮同时接地,同时用舵保持好机头方向。

3. 低空风切变的影响及避免

风切变是一种大气现象,是风矢量(风向、风速)在空中水平和(或)垂直距离上的变化。风切变按风向可分为水平风的水平切变、水平风的垂直切变和垂直风的切变。风切变可以出现在高空,也可以出现在低空。出现在 600 m 以下的称为低空风切变。低空风切变对无人机起飞和着陆安全威胁最大。

低空风切变对起飞上升和着陆下滑的影响,性质上是相同的。但是,由于起飞中遇到风切变时,飞机不断增速,高度不断增高,比着陆下滑中遇到风切变容易处理些,对飞行安全的威胁也相对小些,所以下面仅分析低空风切变对着陆下滑的影响及避免风切变危害的措施。

(1) 风切变的影响

1) 飞机着陆下滑遭遇顺风切变

飞机遭遇顺风切变时,空速会突然减小,升力突然下降,下滑角和下降率都会增大,如图 4 - 51 所示。

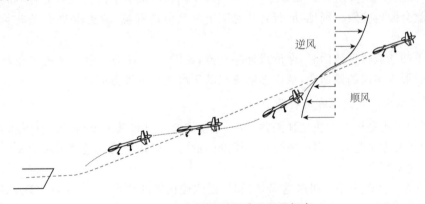

图 4 - 51　飞机着陆下滑遭遇顺风切变

如果高度足够,飞行员可进行往复修正。修正动作是:及时加油门并带杆减小下滑角,使飞机向正常下滑线靠近。当飞机接近正常下滑线以后,再松杆增大下滑角,并收小油门,沿正常下滑线下滑完成着陆。如果切变层的高度很低,无人机又来不及修正,就可能撞地,造成事故。

2）飞机着陆下滑遭遇逆风切变

着陆下滑时遇到逆风切变的情况如图 4-52 所示。此时,空速突然增大,升力增加,飞行员应及早收小油门,适量顶杆,使飞机的下滑线不要变化太多,并逐渐使下滑线恢复正常。还可利用侧滑或蹬碎舵方法来增大阻力,使空速迅速回降。待飞机的下滑线和下滑角接近正常时,再补些油门,带些杆,保持飞机正常下滑,完成着陆。

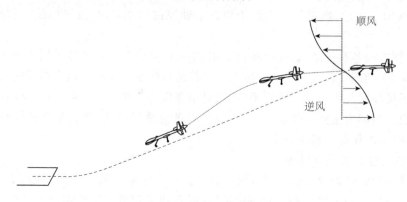

图 4-52　飞机着陆下滑遭遇逆风切变

3）飞机着陆下滑遭遇侧风切变

在着陆下滑时遇到侧风切变,飞机会产生侧滑,形成坡度,偏离预定下滑方向,飞行员要及时用杆、舵修正。如果侧风切变层的高度较低,飞行员又来不及修正,则飞机会带坡度和偏流接地,影响着陆滑跑方向。

4）飞机着陆下滑遭遇下冲气流

飞机在雷暴云下面进场着陆时,常会遇到强烈的下冲气流,并伴随其他形式的风切变。下冲气流会使飞机迎角减小,升力下降,迫使飞机急剧下降,如图 4-53(a)所示。若要保持飞行高度,只有加大油门,使飞机上升。只有当下冲气流速度小于飞机的上升率时,飞机才有可能爬升到安全高度,脱离危险区。如果上升率不够,飞机就会被迫下沉。飞机倘若不能及时飞出下冲气流,就会撞地坠毁。可见,能否有效克服下冲气流的影响,首先取决于飞机本身的上升性能。

另外,下冲气流接近地面时,会形成外冲气流,如图 4-53(b)所示。飞机飞经外冲气流的不同位置,会形成不同的风切变,从而影响飞机的下滑线和下滑方向。

（2）避免低空风切变危害的措施

应对风切变的最根本方法是预测并回避,这就需要建立和健全风切变的预测和通报系统。当前比较现实的方法是力争避免或减轻风切变的危害。风切变可以通过关注地面站的飞行参数的异常变化来判定。

① 空速表。空速表是飞机遭遇风切变时,反应最灵敏的仪表之一,一旦出现异常指示,即应警惕风切变的危害。波音公司规定空速表指示突然改变 15~20 kt,应视为风切变,不做进近着陆。

② 高度表。高度表指示的正常下滑高度是飞机进近着陆的重要数据。在下滑过程中,高度表短时间大幅偏离正常值时,必须立即采取措施复飞。

③ 升降速率表。升降速率表与高度表关系密切,在遭遇风切变时反应明显。波音公司建

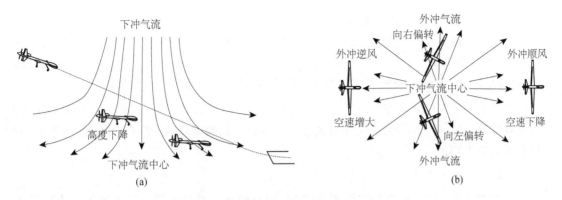

图 4-53　下冲气流和外冲气流

议在下降速度短时间内改变值达 500 ft/min(约 152 m/min),即认为遭遇强风切变,需要立即采取措施。

④ 俯仰姿态指示器。遭遇风切变时,俯仰角指示迅速发生变化,改变突然超过 5°时,即认为遭遇风切变,应中止进近。

为回避风切变的危害,应注意以下几点:

① 每次飞行都应备有足够的燃料,一旦遇到风切变情况,可在空中等待或改变降落地点,避免因为备油不足而被迫穿过风切变层着陆。

② 操控人员要养成仔细研究气象预报和天气形势报告(尤其是风和大气湍流)的习惯。随时注意气象通报,如发现风切变,应提高警惕,做好应变准备。

③ 飞机飞近雷暴、锋面和强逆温层时,飞过地形复杂区域(如海滨机场和山地机场)以及夜间飞行时(特别是下半夜)要特别警惕风切变。因为在这些地方和这样的时间段,风切变比较容易形成。

④ 飞行中如发现空速突然增加,机头突然上仰,飞机突然上升时,操控人员不要过急地收小油门、减小空速,以防止当风切变消失后,空速过小而造成操纵困难。为保证着陆安全,应留有一定的速度余量,以便补偿风切变的影响。当操纵困难时,最好复飞,不要勉强着陆。对于那些强度很大、区域较小的风切变,尽可能绕开,以保证安全。装有地速表的飞机,应保持一定的地速。

4.2.5　特殊情况下的起飞着陆

特殊情况下的起飞着陆是指在非正常情况下的起飞与着陆。例如在高温高原机场的起飞与着陆、在积水和冰雪跑道上的起飞与着陆、在短跑道上的起飞与着陆、在软道面上的起飞与着陆、着陆跳跃、起飞过程中的中断起飞决策等。在这些特殊的情况下要做到的就是尽可能地保持飞机的性能以达到所需的要求。例如保持飞机爬升与下降的速度、最佳爬升角、最佳爬升率,保持飞机高度等。

1. 不放襟翼着陆

无人机着陆中通常放大角度襟翼,这样飞机的升力和阻力同时增加,可以让飞机以更小的接地速度接地,同时在滑跑中帮助飞机减速,从而缩短滑跑距离。但在某些特殊情况下,如侧风过大、风切变、发动机发生故障、襟翼操纵系统故障等,为了保证飞机具有良好的操纵性,常常需要不放襟翼着陆,以增大进近速度。不放襟翼着陆与放襟翼着陆相比,有以下几个特点。

（1）飞机的下降角小，下降速度大

不放襟翼着陆时，相当于两机翼的相对弯度减小，飞机的升力和阻力相应减小。但飞机升阻比增大，下降角减小。为使飞机升力不变，飞机必须增大下降速度。下降速度增大，可以使飞机的稳定性和操纵性能提高，但也使飞机的着陆滑跑距离与着陆距离增加。

（2）开始拉平的高度稍低

不放襟翼着陆，飞机下降角小，下降速度大。因此飞机减速慢，拉平过程中高度降低少，所以拉平开始高度稍低。

（3）操纵动作应柔和

不放襟翼着陆，飞机下降速度大，舵面效应增强，操纵飞机就灵活。因此操纵动作应更加柔和，拉杆要适量。因为不放襟翼时飞机的下降角小，如果不注意其操纵特点，还像正常情况那样去操纵飞机，则可能稍一拉杆就将飞机拉平。

（4）易目测高

不放襟翼着陆，不仅升阻比大，下降角小，实际下降点前移，且阻力系数小，拉平阻力小，飞机减速慢；同时飞机升力系数小，下降速度大，所以拉平空中距离长，易目测高。

2. 高温高原机场上的起飞着陆

在高温高原机场，空气密度小，飞机性能降低。这种性能的降低包括两个方面，一方面，空气密度减小，使进入发动机内的气体质量减小，因此发动机产生的拉力或推力减小，发动机性能降低，使飞机增速慢；另一方面，空气密度减小，表速和真速的差异增大，在同样的抬前轮表速情况下，飞机的阻力不变，但抬前轮真速和地速增大，使加速到这一速度所需要的时间增长，结果使飞机的起飞和着陆性能都降低。

（1）起　飞

在高温高原机场起飞时，飞机加速慢，加速到同一表速时的真速大，滑跑距离和起飞距离都将增长，起飞后的初始上升阶段中上升梯度减小。因此应注意以下几点：

① 起飞前必须根据飞机的性能图表，确定飞机的起飞滑跑距离与起飞距离，确保飞机在该起飞重量下和预计起飞跑道上可以安全起飞，同时还须根据性能图表确定飞机的上升性能，确保飞机有能力越障。

② 尽可能利用所有对起飞性能有利的因素起飞，如满油门、逆风、下坡等。适当时可以减小飞机起飞重量。

③ 在同一表速时，若起飞真速或地速偏大，则应严格按照性能图表上确定的抬前轮表速抬轮。

（2）着　陆

在高温高原机场着陆时，同一表速接地，真速大，着陆距离和着陆滑跑距离都增加，因此应注意以下几点：

① 着陆前必须根据飞机的性能图表，确定飞机的着陆滑跑距离与着陆距离，确保飞机在预计着陆重量下和预计着陆跑道上可以安全着陆。

② 尽可能利用所有对着陆性能有力的因素着陆，如大角度襟翼、逆风、上坡、各种减速装置等。

③ 在同一表速时，进近与着陆真速或地速均增大，因此易形成目测高。拉平中应根据地

速大的特点修正目视感觉,应严格按照性能图表上确定的过跑道头速度操纵。

3. 短跑道上的起飞着陆

也许是由于地形的原因,也许是因为跑道周围净空环境恶劣,特别对于舰载无人机,由于受甲板长度限制,使得跑道长度短于正常跑道,这种跑道称为短跑道。在短跑道起飞着陆的关键是严格保持方向,尽可能缩短起飞、着陆滑跑距离。如果伴随净空条件差等问题,还需要考虑飞机起飞后能否安全越障的问题。在短跑道上着陆,如同在短跑道上起飞一样,要求飞机发挥其最大性能。

(1) 起　飞

在短跑道上起飞,首先必须确保跑道长度在飞机的极限起飞性能之内。根据飞行手册中的飞机性能图表,可以确定在特定情况下飞机的起飞距离与滑跑距离;根据经验对飞机的实际起飞性能进行判断和修正;根据机场净空条件,正确估算飞机离地后的上升能力,对飞机初始上升阶段进行越障分析,以确保飞机可以在特定条件下安全起飞;尽可能利用所有对起飞性能有利的因素,使用最大功率,逆风、下坡起飞并尽可能减小飞机起飞重量。

为了安全地获得最大起飞性能,操控人员必须熟悉如何有效利用飞机的陡升速度和快升速度。以陡升速度飞行时,上升角最大;而以快升速度飞行时,上升率最大。

从短跑道上起飞,要求飞机从跑道的最端点开始。在跑道头上将飞机对准预定起飞方向,在松刹车前,油门加至最大。起飞滑跑前,应将襟翼角度设为飞行手册中的推荐值,这样将使操控人员的注意力完全集中在起飞中的飞行技术和飞行性能上。在起飞滑跑过程中,对于前三点式飞机而言,其三点滑跑状态的总阻力最小,因此整个起飞滑跑过程中,都应保持三点滑跑,直至飞机加速至离地速度。为使飞机在离地后得到最陡的爬升和最好的越障,当加速滑跑至陡升速度时,应平稳坚定地向后带杆使飞机离地。离地后飞机加速增快,操纵飞机速度保持不变。一旦升空,应保持陡升速度进行直线爬升直到越障,如果没有障碍物时,应爬升到距起飞表面 15 m,然后适当减小姿态,加速并保持以快升速度状态上升。短道面起飞,由于发动机功率相对固定,因此速度的调整是通过姿态的调整实现的。任何提前升空或爬升过陡的尝试,都可能导致飞机重新接地或不能完全越障。在飞机已经越障并达到快升速度以后,可以开始收襟翼,通常建议分段收襟翼,以避免升力的突然减少。襟翼全部收完后,收起落架并调整起飞功率至正常上升功率。

(2) 着　陆

在正常的进近着陆中,飞机接地的精确地点往往是变动的。因为下降速度、下降角以及下降率、风等导致的飘移、姿态的变化以及拉平的飘飞等,都对接地点有较大的影响。然而,在短道面或限制区域内着陆时,操控人员必须对飞机的状态有一个精确的控制,以达到越障进近,实现无飘飞的拉平,然后在最短的距离内将飞机停止下来。进近时使用全襟翼,在距接地地区至少 152 m 高度上建立稳定的最后进近状态。飞行手册中没有指出时,应使用不超过 $1.3V_s$(着陆失速速度)的五边进近速度。进近速度过大,将导致接地点距跑道入口太远,并使滑跑距离超过可用的着陆距离。在放下起落架和全襟翼后,操控人员应调整飞机功率和俯仰姿态,以维持适当的下降角和下降速度。功率和姿态的调整应协调进行。如果飞机越障余度较大,接地点超过预定接地点而导致跑道长度不够时,应适当收油门,并顶杆增大下降角;如果下降角不足以安全越障,应适当加油门并带杆减小下降角。进近中应避免速度过低,如果速度过低将会导致失速。由于飞机下降角大,速度接近飞机的失速速度,因此必须精确控制飞机的拉平过程,以避免未拉平就接地或拉平过程中失速导致的下降撞地。下降速度正确时,应保持飞机拉平后没有飘飞,在可控状态下接地。接地速度应控制在飞机的最小可操纵速度附近,而接地姿态应保持在无功率失速俯仰姿态。飞机准备接地时,收油门不能过快,因为过快的收油门会导致飞机以较大的下降率接地而造成重接地。接地后,对于前三点式飞机,只要升降舵还继续有效,就应带杆保持这个姿态,这将导致较大的空气阻力以使飞机减速。一旦主轮接地,即可稳定地使用刹车减速,使滑跑距离达到最短。

4. 软道面上的起飞着陆

软道面包括草地、沙滩、泥泞地、雪地等道面。在软道面上起飞着陆时有以下一些特点:

① 摩擦力大,起飞滑跑增速慢,同时也使着陆滑跑减速快。

② 起飞或着陆滑跑时,抬前轮后俯仰姿态不易保持,比如飞机从土质硬的地方滑至土质软的地方,机轮摩擦力突然增大,下俯力矩突然增大,使飞机姿态降低;从土质软的地方滑至土质较硬的地方,机轮摩擦力突然减小,上仰力矩突然增大,使飞机姿态增加。

③ 滑跑方向不易保持。土质软硬不同将造成两轮摩擦力不相等,从而引起滑跑方向的改变。摩擦力大小的改变和道面不平造成的冲击,还将使机轮受到的载荷增加,高速滑行时,还可能使起落架结构受损。

④ 崎岖不平的场地还可能使飞机滑跑时产生跳跃。

(1) 起　飞

在软道面上起飞,要求飞机在可能的情况下尽快升空,以减小草地、软沙、泥泞、雪地等道面引起的阻力。在软道面上的起飞技术也同样适用于在粗糙不平的道面上起飞。软道面使飞机在起飞加速滑跑时阻力增加,如果使用正常起飞技术,飞机加速到正常起飞速度的时间要大大延长,有时甚至达不到。在软道面上的起飞程序有别于在坚硬、平滑的短道面上的起飞程序。

起飞前将襟翼放在起飞位置。飞机对正预定起飞方向后,平稳、快速地加油门至最大功率,对于前三点式飞机,向后带杆以减小前轮正压力。在起飞滑跑中,应尽可能早地使用升降舵,将飞机维持在一个较大的迎角或较高的姿态上进行两点滑跑。随着速度增加,升力增加,地面的摩擦阻力和冲击阻力随之减小。如果飞机的姿态得以很好地维持,飞机最后将以小速度升空。由于地面效应的存在,这个速度甚至小于飞机能安全爬升的速度。飞机离地后,应柔和地降低机头,使飞机维持在一个刚好离开地面的高度上飞行,平飞加速至快升速度。如果同时伴随着净空条件不好,则应加速至陡升速度。低高度平飞加速时,必须特别注意控制飞机,以防止飞机重新接地。由于地面效应只在接近地面飞行时才存在,因此,任何提前爬升的尝试都可能由于地面效应的减弱而导致飞机重新接地。待飞机建立确定的上升状态和飞机速度超过快升速度以后,再收起落架和襟翼。在起飞后就要越障的情况下,越障爬升应以陡升速度进行,越障后再加速至快升速度,然后收襟翼和起落架,同时减小发动机功率至正常上升状态。

(2) 着　陆

软道面着陆的要点是在着陆滑跑中控制飞机,使机翼升力在尽可能长的时间范围内支持飞机重量,减小机轮和道面间的正压力,以减小阻力和机轮受到的冲击。在较长的软道面上进近时使用的技术和正常进近的技术基本上是一样的。进近着陆时,其区别在于软道面着陆要求飞机接地前,尽可能保持在离地 0.3~0.6 m 的高度上飘飞减速,使飞机以最小的速度接地。

着陆时使用全襟翼,以减小接地速度。对于下单翼飞机,着陆时机轮上扬起的泥泞、石子和雪浆可能对襟翼造成损坏。尽管如此,不推荐在着陆滑跑过程中收起襟翼,因为着陆中维持对飞机的安全控制更为重要。对于前三点式飞机,主轮接地后,操控人员应带杆抬起前轮,直到用气动力不能保持两点滑跑时为止,然后再使前轮柔和地接地。

滑跑中应避免使用刹车,因为刹车的使用会导致前轮早接地或重接地,从而使前轮承受较大的载荷。滑跑中软道面本身就能提供足够的减速力。在较软的道面上滑跑或滑行时,可能需要带油门保持一定的速度,以使飞机不至于陷入道面。

5. 污染跑道上的起飞着陆

(1) 积水跑道上的滑跑

跑道上的积水情况取决于跑道表面的光滑度、降水速率、风和跑道纵向、横向坡度等因素。一般而言,雨下得越大,积水会越深。一般跑道都是中间高两侧低,有利于排水。但大侧风时,会阻止迎风一侧的水流下,而导致跑道积水深度增加。

在积水跑道上滑跑的主要问题是:产生流体冲击阻力和滑水。轮胎与地面的接触情况如图 4-54 所示,接触区可分为三个子区。

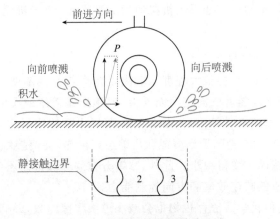

图 4-54　轮胎与地面接触的区域

当 1 区延伸到整个接触区时,全部轮胎载荷均由流体惯性产生的压力支撑,流体像一个楔子楔入轮胎与地面之间,此种滑水称为动力滑水。动力滑水时轮胎旋转速度会大为下降,有可能停转甚至反转。在未使用刹车时,发生动力滑水要求积水有一定的深度,并且飞机具有一定速度。

发生动力滑水的最浅积水深度由许多因素决定,例如,胎面和道面的情况等。在某些情况下,积水浅到 0.127 cm 时就有可能发生动力滑水,机轮刹车时,则可能更浅。

机轮转动和不转动时,产生动力滑水的临界滑水速度可分别用下述经验公式估算。

机轮转动:

$$V_p = 0.2 \sqrt{P_{ty}} \tag{4-73}$$

机轮不转动:

$$V_p = 0.173 \sqrt{P_{ty}} \tag{4-74}$$

式中,V_p 为刹车的机轮产生动力滑水的滑跑速度,km/h;P_{ty} 为轮胎充气压力,Pa。

当飞行速度大于临界滑水速度,就可能发生动力滑水。不论机轮刹车与否,动力滑水一旦产生就不易消失。大多数情况下,在机轮重新开始旋转起来之前,即使前进速度降到 85% V_p 以下,或者积水深度减小到最浅要求以下,也还会有部分动力滑水继续存在。由于动力滑水时,轮胎不直接在地面上,因此跑道表面结构对动力滑水没有影响。此外,动力滑水时,飞机还失去了方向控制能力。

黏性滑水是积水浅、飞行速度小于 V_p 时,出现摩擦力减小的现象。黏性滑水可以维持到比 V_p 低得多的速度,特别是当跑道表面光滑时更易发生。

此外还有一种橡胶熔化滑水。当轮胎较长时间不旋转,即"拖胎"时,如果跑道是干的,轮胎会擦伤或者爆破;如果跑道是湿的,轮胎和积水道面之间所产生的摩擦热可使温度升到 280 ℃左右,积水沸腾、橡胶熔化,变得多孔、脆弱和发黏,并形成密封层,延迟积水排开,蒸汽压力使轮胎脱离道面,同时把橡胶熔化为黑色有黏性的沉积物。在速度超过 37 km/h 就可能发生橡胶熔化滑水,导致轮胎的刹车摩擦因数降低到 0.05 左右,相当于在结冰道面上滑跑,使滑跑距离明显增长。

预防滑水最基本的方法是避开在积水道面上起飞和着陆。如因余油不多或其他原因不得不在大量积水的跑道上着陆,应尽可能地降低接地地速,充分利用空气制动装置,待地速减到临界滑水速度以下,再使用刹车。如果飞机接地后立即刹车,由于机轮停转,反而减小临界滑水速度,增长滑水过程。

（2）其他污染跑道上的滑跑

冰雪覆盖跑道的摩擦阻力,在很大程度上取决于跑道与空气温度之间的相互关系以及相对湿度。雪和冰的剪切强度随着气温变冷而增大,但跑道覆盖冰或雪时的摩擦因数很少能超过 0.2。特别是积雪和冰接近其熔点时,如果有一薄层水在冰或雪之上,摩擦因数可低到 0.03,而自由滚动时约为 0.02。轮胎受到摩擦和压缩会产生热,会使接触区的冰雪融化,从而形成水的薄膜,使机轮摩擦因数变得很小。此外,冰雪分布的分块特征还会扰乱刹车系统对机轮的控制,这也会降低飞机的减速效率和方向控制能力。

沙、脏物、烟灰或其他化学残渣存积物也会减小道面摩擦因数,影响到飞机的起飞着陆。

（3）跑道污染对起飞着陆性能的影响

跑道污染对起飞着陆性能的影响具有两重性。若滑水发生,地面摩擦力大大减小,对起飞加速有利,但对着陆和中断起飞不利。而在不发生滑水的情况下,流体冲击阻力又会降低飞机的加速能力,对起飞不利。

污染跑道对起飞滑跑距离、飞机的航向稳定性和操纵性影响很大,特别是在侧风情况下。跑道上积水、积雪时,飞机必须排水、犁雪前进,溅起的水、雪还会打在飞机上,这样产生的冲击阻力会显著增长飞机的起飞滑跑距离。由于跑道摩擦因数小,故保持滑跑方向比较困难。

由于起飞滑跑距离增长,故在积水跑道上起飞时,由场地长度和障碍限制的起飞重量必须减小,具体数据应遵循机型飞行指导手册及相关资料的规定。

跑道污染对着陆的影响主要是增长着陆滑跑距离。试飞结果表明:在湿跑道,特别是在覆冰跑道上,着陆距离成倍增加,不过只要操纵正确,仍能安全着陆。但若着陆速度大,下滑线高,特别是跑道覆冰条件下,要在规定的距离内停下来比较困难。污染跑道上的着陆滑跑距离增至干跑道上的着陆滑跑距离的 2～3 倍是常有的事。为了减小跑道湿滑时的着陆滑跑距离,飞机接地后应及时打开减速板或使用反推。

6. 中断起飞和继续起飞

在起飞滑跑过程中,当地面站出现告警信息或无人机出现轮胎爆破、侧偏过大等特殊情况时,都有一个继续起飞还是中断起飞的问题。特别是在高温高原机场短窄跑道起落,中断起飞和继续起飞是一个不容忽视的问题。

(1)中断起飞

在起飞滑跑过程中,由于某种特殊情况而中止起飞的过程称为中断起飞。能否保证中断起飞的安全,关键在于采取了一切可行的减速措施后,无人机能否在机场安全道之内停下来。

1)中断起飞距离和中断起飞可用距离

中断起飞距离 L_{AS} 就是无人机从起飞开始滑跑到最后停下来所经过的距离,如图 4-55 中的 OC 段所示,由以下三段组成:

第一段 L_1:从速度为零以全发推力加速到出现故障告警,无人机所经过的距离。故障告警瞬时的速度称为故障速度 V_{fw},即图中 A 点所对应的速度。

第二段 L_2:从故障告警到操控人员下决心中断起飞,收完油门并开始刹车为止,无人机所经过的距离。这段时间的长短随机型和操控人员决断水平而异,通常按 2~4 s 计算,这里暂且以 3 s 计算。在这段时间内,速度变化不大,在近似计算中,可以认为速度不变,约等于 V_{fw}。

第三段 L_3:从收完油门使用刹车等减速装置使无人机减速开始,到无人机完全停止下来所经过的距离。

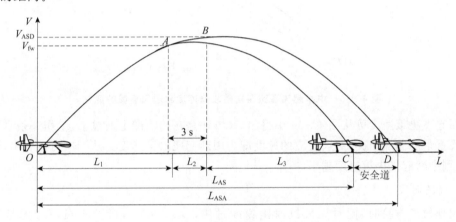

图 4-55　无人机中断起飞距离

把上述三段距离的计算公式相加,即得中断起飞距离的近似公式为

$$L_{AS} \approx \frac{V_{fw}^2}{2a_1} + 3V_{fw} + \frac{V_{fw}^2}{2a_3} \tag{4-75}$$

式中,a_1、a_3 分别为加速滑跑和减速滑跑过程中的平均加速度,m/s²。a_3 取绝对值。

影响中断起飞距离的因素与影响起飞着陆滑跑距离的因素相同,即 V_{fw} 大,L_{AS} 长;起飞重量大,L_{AS} 长;机场标高高或气温高,空气密度小,发动机推力小,L_{AS} 长;逆风风速大,L_{AS} 短。

中断起飞可用距离 L_{ASA} 是指起飞机场可供飞机中断起飞使用的距离,等于跑道长度与起飞方向一端安全道长度之和,如图 4-55 中的 OD 段所示。

若中断起飞距离小于或等于中断起飞可用距离,即 $L_{AS} \leqslant L_{ASA}$,则中断起飞是安全的,飞机能在安全道内停止滑跑。

2) 中断起飞决策速度

中断起飞过程中,能保证飞机正好在安全道头停下来的最大速度,称为中断起飞决策速度,也称为中断起飞最大速度,以 V_{ASD} 表示,即图 4-55 中 B 点所对应的速度。其大小取决于跑道可用长度、中断起飞前的加速度和中断起飞后的加速度。跑道长,中断起飞可用距离长,中断起飞决策速度可以大一些。中断起飞前的加速度和以后的加速度大,在同样 V_{fw} 的条件下,中断起飞距离短,中断起飞决策速度也可以大些。

$L_{AS}-V_{fw}$ 曲线如图 4-56 所示,从图中可以看出,在 V_{fw} 相同的条件下,起飞重量越大,需要的中断起飞滑跑可用距离越长。在起飞重量相同的条件下,V_{fw} 越小,需要的中断起飞滑跑可用距离越短。

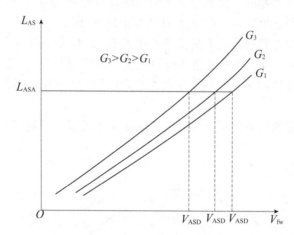

图 4-56　中断起飞滑跑距离随故障速度和起飞重量的变化

中断起飞决策速度可从图 4-56 中得出,其方法是在曲线图上通过 L_{ASA} 作一条水平线与相应起飞重量的曲线相交,交点对应的速度即为中断起飞决策速度。从图中可以看出,起飞重量越大,则中断起飞决策速度越小。

(2) 继续起飞

当出现故障告警时,此时无人机滑跑速度过快,$L_{AS} > L_{ASA}$,操控人员应考虑是否继续起飞。

1) 继续起飞距离

起飞滑跑过程中,当出现故障告警时,无人机从开始滑跑到起飞到安全高度同时增速达到起飞安全速度所经过的水平距离,称为继续起飞距离,以 L_{CTO} 表示,如图 4-57 所示。

图中的 L_1 是全发起飞滑跑长度;L_2 是出现故障告警后,继续起飞滑跑由 V_{fw} 到 V_{LOF} 时离地的长度(当发动机出现故障时,可能导致推力减小,平均加速度减小,相对于全发工作滑跑的长度增加,图中已显示出这一结果);L_3 是离地后爬升加速到安全高度 H_{saf} 上的速度 V_2 时飞过的起飞空中段水平长度,即 L_{TOA}。由 4.2.1 节可得

$$L_{CTO} = \frac{V_{fw}^2}{2a_1} + \frac{V_{LOF}^2 - V_{fw}^2}{2a_2} + \frac{G}{T-D}\left(\frac{V_2^2 - V_{LOF}^2}{2g} + H_{saf}\right) \tag{4-76}$$

式中,a_1、a_2 分别为相应滑跑段中的平均加速度。

L_{CTO} 的长短除取决于故障告警瞬时的无人机速度外，其他影响因素与起飞时相同。故障告警时的速度越大，说明加速的时间长，L_{CTO} 短。反之，故障速度越小，L_{CTO} 越长。起飞重量增大、机场海拔高、气温高以及顺风起飞，L_{CTO} 都将增长。

2）继续起飞决策速度

继续起飞决策速度是指在起飞滑跑过程中，出现故障告警后继续起飞，能保证无人机在跑道头离地的最小故障速度。若故障速度小于继续起飞决策速度，飞机在跑道头加速不到离地速度，完不成继续起飞。可见，只有故障速度大于或等于继续起飞决策速度，才能成功继续起飞。

继续起飞决策速度可用 $L_{CTO} - V_{fw}$ 曲线确定，如图 4 - 58 所示。其方法是在曲线图上作一条继续起飞可用距离 $L = L_{CTOA}$ 的水平线与相应起飞重量的 L_{CTO} 曲线相交，交点对应的速度即为继续起飞决策速度。从图中可以看出，起飞重量越大或继续起飞可用距离越短，则继续起飞决策速度越大。

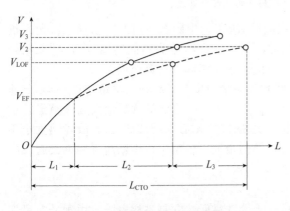

图 4 - 57　继续起飞距离的确定

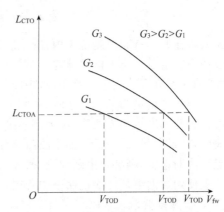

图 4 - 58　继续起飞距离随故障速度和起飞重量变化的曲线

3）最大起飞重量和起飞决断速度

最大起飞重量是指飞机在某机场以及当时大气条件下，允许中断起飞和继续起飞的最大重量。确定最大起飞重量的方法如下：

先将不同重量的 $L_{AS} - V_{fw}$ 曲线和 $L_{CTO} - V_{fw}$ 曲线绘于同一坐标上，如图 4 - 59 所示。

以中断起飞可用距离 L_{ASA} 作一水平线与 $L_{AS} - V_{fw}$ 曲线相交，交点对应的速度为相应重量的中断起飞决策速度；再以继续起飞可用距离 L_{CTOA} 作一水平线与 $L_{CTO} - V_{fw}$ 曲线相交，交点对应的速度为相应重量的继续起飞决策速度。

从图 4 - 59 中可以看出：起飞重量小，如图中 G_1，在 $V_{fw} < V_A$ 速度范围内出现故障告警，由于 $L_{AS} < L_{ASA}$，故可以中断起飞。在 $V_{fw} > V_B$ 的速度范围内出现故障告警，由于 $L_{CTO} < L_{CTOA}$，故可继续起飞，即在 $V_B \sim V_A$ 的速度范围内任意速度上出现故障，既可以继续起飞，也可以中断起飞，操控人员有选择的余地。这一范围内的中断起飞决策速度大于继续起飞决策速度。

起飞重量过大，如图中 G_3，在 $V_{fw} > V_C$ 的速度范围内出现故障，由于 $L_{CTO} < L_{CTOA}$，故可以继续起飞。在 $V_{fw} < V_D$ 的速度范围内出现故障，由于 $L_{AS} < L_{ASA}$，故可以中断起飞。这样当

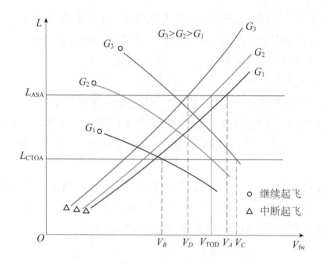

图 4 - 59　最大起飞重量和起飞临界速度

无人机在 $V_C \sim V_D$ 速度范围内任一速度上出现故障,既不能中断起飞(因 $L_{AS} > L_{ASA}$,无人机会冲出安全道),也不能继续起飞(因 $L_{CTO} > L_{CTOA}$,无人机在跑道头不能离地),出现"无法处置"的速度范围。在这一范围内,中断起飞决策速度小于继续起飞决策速度。

当起飞重量为某一重量时,如图中 G_2,中断起飞决策速度与继续起飞决策速度相等,此速度称为起飞决策临界速度,称为起飞决断速度 V_{TOD}。此时飞机的重量就是最大起飞重量。这表明,在最大起飞重量下,如果故障速度大于起飞决断速度,则必须继续起飞;若故障速度小于起飞决断速度,则必须中断起飞,操控人员没有选择的余地。各型飞机中断起飞和继续起飞的有关使用数据可从性能说明书中查得。

7. 着陆跳跃

着陆时,无人机接地后又跳离地面的现象,称为着陆跳跃。它是飞机着陆时由于低空风切变、飞控系统故障或操控人员操纵错误而发生的偏差。

(1) 产生原因

前三点飞机以两点姿势接地时,正常情况下不易发生跳跃。但是,无人机接地时如果由于某种原因使迎角增大,其升力与主轮的弹力之和仍大于重力,无人机就会跳离地面。

在操纵上,引起跳跃的原因主要有以下几个方面:

① 飞控系统没有把无人机拉成两点姿势,或遇到低空风切变,无人机以重三点接地。此时由于前三点起落架的构造特点,前起落架减振支柱伸长的弹力形成较大的上仰力矩,迫使机头上仰,增大迎角,以致升力与机轮的弹力之和大于重力,无人机跳离地面。

② 无人机完成两点接地姿势的高度太高或下降率过大,以重两点接地。此时,作用在主轮上的反作用力比较大,形成较大的下俯力矩,迫使前轮有力地撞击地面而弹起,以致迎角增大,无人机跳离地面。

③ 主轮接地时,操控人员向后拉杆过量致迎角增大,无人机跳离地面。

(2) 类　型

着陆跳跃的类型主要有大速度跳跃、小速度跳跃和连续跳跃。

1) 大速度跳跃

大速度跳跃是指大于正常接地速度所产生的跳跃。其特点如下:一是因为速度较大,同

样的迎角增量下,附加升力较大,无人机跳得高;二是跳起高度若与小速度跳起的高度一样,迎角自然较小,阻力也较小,无人机速度消失较慢,下沉也慢,在空中停留时间较长;三是无人机稳定性还比较好,对杆、舵操纵的反应比较快。

2)小速度跳跃

小速度跳跃是指小于或等于正常接地速度所产生的跳跃。其特点如下:一是因速度较小,在同样的迎角增量下,附加升力较小,无人机跳起高度较低;二是若跳起高度与大速度时相同,迎角增加量必然较多,迎角较大,阻力也大,速度消失较快,下沉快,无人机在空中停留的时间短,如果跳起时的迎角较大,有可能超过失速迎角,此时如果无人机带了舵,无人机会向带舵一边倾斜,形成"翼尖下坠";三是无人机稳定性和操纵性较差,对杆、舵操纵的反应迟缓。

3)连续跳跃

无论大速度跳跃还是小速度跳跃,都可能发展成为运动轨迹为波浪形的连续跳跃。无人机越跳越低,称为减幅跳跃;越跳越高,称为增幅跳跃。在一般情况下,机轮接地时,起落架缓冲器吸收一部分撞击能量。无人机在阻力作用下,速度越来越小,总能量也越来越小,无人机的连续跳跃总是表现为减幅跳跃。

引起增幅跳跃的原因主要是由于迎角发生了显著变化,引起升力在每次跳跃时不断递增。增幅跳跃是无人机或操控人员修正跳跃时犯了严重操纵错误而发生的。比如,无人机第一次跳起后,操控人员错过了修正的时机,或由于飞控系统的延迟,随着无人机速度降低,升力减小,必然下沉,如果操控人员没有预见,只看到机头较高,反而错误地向前顶杆,使无人机下俯,以至前轮粗猛撞地,引起无人机第二次猛烈跳起。如果此时操控人员没有及时稳住杆,甚至粗猛地向后拉杆,就会使无人机跳起的高度比第一次还高。如此反复,即形成增幅跳跃。在增幅跳跃中,机轮和起落架承受的力量很大,容易损坏;无人机还可能出现摇晃、倾斜、上仰、翼尖下坠等现象;迎角可能接近甚至超过失速迎角,严重威胁飞行安全。

(3)预防和修正方法

根据着陆跳跃的原因,只要无人机在着陆时,操纵无人机以正常的两点姿势接地,减小机轮对地面的撞击力,并在接地时保持规定姿势(迎角)不变,就可以避免发生着陆跳跃。

如果发生着陆跳跃,操控人员应首先判明无人机的上跃趋势、离地高度和下沉快慢,再进行适当处置。

修正大速度跳跃,如果上飘和缓,高度不超过 1 m 时,操控人员应稳住杆;若无人机继续上飘,应适当向前迎杆,制止无人机上仰。当无人机下沉时,应根据下沉速度的快慢,相应柔和地拉杆,让无人机缓慢而轻盈地接地。

修正小速度大仰角跳跃,操控人员一般不向前迎杆,而应稳住杆,等待无人机下沉,无人机下沉过程中,根据下沉速度快慢相应柔和拉杆。由于速度减小快,下沉比较快,加之舵面效用差,拉杆动作应当快一些,拉杆行程也要大一些。如果出现"翼尖下坠"现象,应及时用压反杆、蹬反舵的方法修正。

修正连续跳跃,基本方法和上述相同。主要应注意不要盲目顶杆或拉杆,掌握好修正动作时机。对于增幅性的连续跳跃,当无人机再次跳起时,应及时迎杆,制止无人机上飘过高。连续跳跃后段,速度较小,舵面效能较差,一般仰角也较大,无人机减速快,下沉也快,因此,当无人机开始下沉时,应及时增大带杆量。同时,操控人员应特别注意蹬平舵,防止无人机出现倾斜或失速状态,一旦出现倾斜,应及时反杆反舵修正,而且需要加大蹬舵量。

4.3 无人直升机起飞与着陆

4.3.1 起 飞

在直升机起飞的过程中,应根据场地面积、大气条件、周围障碍物的高度和起飞全重的不同,采用不同的起飞和增速方法。

1. 正常起飞

在正常起飞全重、场地净空条件较好时,直升机垂直离地 $1 \sim 2$ m 进行短时间悬停,然后带小上升角增速上升到一定高度和达到一定速度的过程,就是正常起飞,也称为垂直起飞增速,这是一种经常采用的起飞方法,如图 4 - 60 所示。

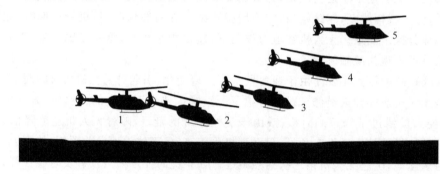

图 4 - 60　正常垂直起飞

图 4 - 60 中位置 1 表示性能检查,包括功率、平衡和操纵 3 个部分,例如剩余功率检查、悬停时的操控杆位置、操纵响应等,此时保持稳定悬停。

位置 2 表示开始增速阶段。从稳定悬停开始,向前柔和缓慢地顶杆,直升机开始向前移动。向前稳杆后,直升机桨盘旋转平面向前倾斜,旋翼会产生向前运动的水平分力,垂直升力减小,直升机易出现高度下降的趋势,故应稍向上提总距杆,保持高度不变,同时应抵舵,克服旋翼的反扭力矩,防止方向发生变化。

位置 3 表示过渡速度阶段。直升机增速上升时,由于受到瞬态升力效应,直升机的升力会突然增加,产生抬头力矩,使直升机机头上仰,所以用顶杆来克服,同时调整总距杆保持正常上升功率。

位置 4 和 5 表示小上升角爬高阶段。过渡速度结束后,在直升机增速的同时,以小上升角爬高,并保持好上升姿态。当直升机增至一定的速度后,柔和地向后稍松杆,转入正常上升。

最后,正常起飞应尽量选择逆风起飞增速;开始增速时向前稳杆动作不能粗猛;直升机稍有下降高度时,上提总距杆不宜过多;增速过程中禁止下放总距杆。

2. 滑跑起飞

从直升机的所需功率曲线图可知,在增速阶段随速度的增大,所需功率减小,旋翼拉力不断增大。当机场标高较高或气温较高,为了增大起飞重量,而不能进行垂直起飞增速时,安装机轮式起落架的直升机也可以采取地面滑跑增速的起飞方法,即滑跑起飞。这种方法起飞可以避免悬停状态,故直升机起飞重量大。

起飞前,首先将油门加到最大位置,并适当地上提油门总距杆(见图 4 - 61 中 1 位置),然后柔和地向前推操控杆,使旋翼锥体向前倾斜。在地面滑跑阶段,旋翼拉力的第二分力不断增大,克服起落架与地面之间的摩擦力和机身阻力,滑跑速度也不断加快。与此同时,旋翼拉力的第一分力不断增加,当增加到大于直升机的重力时,直升机就会离地升空(见图 4 - 61 中 2 位置)。在滑跑中,随着地面摩擦力的逐渐减小,直升机可能发生偏转,要用杆、舵及时进行修正(见图 4 - 61 中 3 位置)。为了充分利用地面效应,应在离地高度 1 m 以上,再柔和地前稳杆,保持直升机增速姿态,并沿较小的上升角继续增速到规定速度(见图 4 - 61 中 4 位置)。离地后在一定高度范围内,保持飞行状态,使旋翼拉力的第二分力继续增大,在速度达到规定数值后,就可以转入稳定上升。

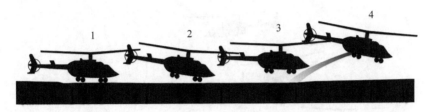

图 4 - 61　滑跑起飞

应当指出,在开始增速时,不宜大量或过粗地前推操控杆,应随速度的逐渐增大而柔和地顶杆;离地时,前飞速度不能太小;油门总距杆上提的位置不能过高,否则会使旋翼转速减小;在高原机场、气温高、载重量大和顺风起飞时,因起飞增速距离延长,必须保证有足够的起飞增速距离。

3. 最大功率起飞

最大功率起飞是在起飞路径上有一定高度障碍物的小场地上起飞,或称之为越障起飞,或最高性能起飞。越障起飞往往是在没有或较小的地面效应的高度上悬停和增速上升。利用这种方法起飞,直升机起飞重量会减小。

这种起飞方式需要直升机有足够的悬停功率,防止直升机功率不足而再次接地,而且要保证安全的越障高度,以保证直升机安全起飞,如图 4 - 62 所示。

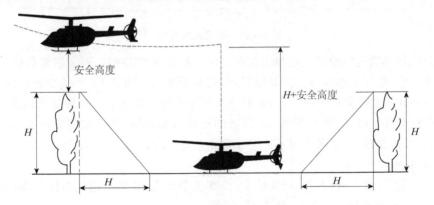

图 4 - 62　安全的越障高度

越障起飞的操纵原理与正常起飞相同,如图 4 - 63 所示。首先按照正常方法操纵直升机进入稳定悬停,如图 4 - 63 中位置 1 所示。悬停中检查直升机的功率,判明功率是否足够。位置 2 为直升机离地后稍向前稳杆增速,继续上提总距杆接近最大可用功率,直升机便以小前进速度和大上升角爬升。位置 3 表示继续上升，必要时用操控杆控制好飞行方向，直到越过障碍物。位置 4 为越过障碍物一定高度后，向前稳杆增速。位置 5 表示调整上升姿态和功率继续上升。直升机离地后顶杆不能过多，防止增速过快而爬升慢，造成无法超越障碍物。

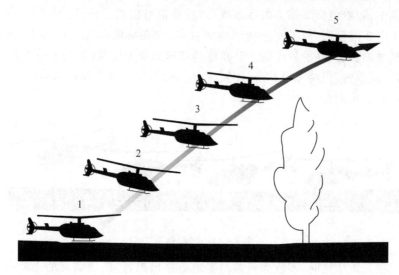

图 4 - 63　越障起飞

4. 利用地效起飞

如果起飞载重量较大，虽然场地净空条件较好，但又不适合滑跑起飞时，为了弥补发动机功率的不足，可利用地面效应起飞。利用地效起飞是一种在地面效应作用的范围内先离地再增速的起飞方法，如图 4 - 64 所示，目的是减少悬停和垂直升降所需功率，此时起飞重量比正常起飞的要大。

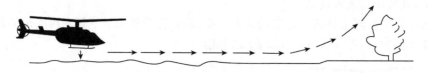

图 4 - 64　利用地效起飞

采用此法起飞增速的操纵原理与正常垂直起飞增速是相似的。但应注意的是，因直升机的备份功率较小，推杆增速时应注意离地高度，同时操纵动作要柔和，形成增速的俯角要更缓慢。为了充分利用地面效应增速，直升机起飞所需水平距离要增长。如果推杆动作过粗，则可能造成直升机下降高度，如果上提油门总距杆的动作过粗，则可能造成旋翼转速减小，拉力减小，引起直升机机轮触地，结果不但不能完成增速上升，反而危及飞行安全。

5. 无悬停起飞

当场地有积雪、尘土、沙石等，或在沙尘暴、废墟中起飞，普通的起飞方法已不能满足起飞要求时，可以采用无悬停起飞方式，如图 4 - 65 所示。

此时，确保发动机设定为最大起飞状态，然后柔和地上提总距杆，开始垂直上升。利用脚蹬协调控制，保持直升机方向，用操控杆修正爬升姿态。在脱离影响范围之后，转入正常上升操纵。无悬停起飞无需进行悬停检查，但要保证具有足够功率到达目的地。

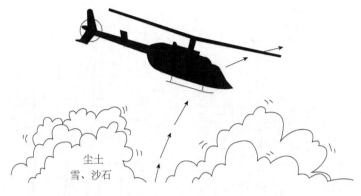

图 4 - 65　无悬停起飞

6. 影响起飞重量的主要因素

根据前面起飞方法的分析可知,对不同直升机来说,如果外界自然条件相同,垂直起飞的悬停高度、增速的运动轨迹以及所需水平距离的长短都与直升机当时起飞全重有关。影响起飞全重的主要因素包括机场标高、气象条件等。

(1) 机场标高、空气温度和湿度

起飞场地的标高和气温高,空气湿度大,则空气密度小,发动机功率降低;同时,在单位时间内流过旋翼的空气质量减小,旋翼的效能降低。因此,最大起飞重量要减小。

(2) 风速和风向

逆风起飞,旋翼相对气流速度增大,在单位时间内流过旋翼的空气质量多,旋翼产生拉力大,起飞全重就大。顺风起飞,为了避免尾桨打地,悬停高度较高,导致地面效应作用减弱,直升机的最大起飞重量减小。

顺侧风或逆侧风起飞,为了保持直升机的平衡和运动轨迹,还需要向侧风方向压杆,也同样对起飞最大重量有不同程度的影响,而且操纵变得复杂困难。因此,载重起飞一般要逆风进行。

起飞前,要根据情况认真计算起飞载重量,才能顺利完成起飞。根据起飞场地的标高、有无地效、温度、风速等主要因素确定起飞重量,可使用飞行手册提供的如图 4 - 66 所示类型的性能图表。如已知大气温度为 20 ℃,压力高度为 1 000 m,则由图 4 - 66(a)可知,无地效悬停重量为 1 680 kg,有地效悬停重量为 1 765 kg。已知大气温度为 30 ℃,压力高度为 100 m,则由图 4 - 66(b)可知,舰面最大起飞重量为 1 620 kg。

4.3.2　着　陆

直升机从一定的高度下滑,消速并降落于地面直至停止的运动过程为着陆。本节主要分析垂直着陆和滑跑着陆等几种方法。

1. 下滑消速

直升机一边下降高度一边减小速度的过程,叫下滑消速。直升机的下滑消速是一个过渡飞行状态。为便于分析,把消速过程分为两个阶段,如图 4 - 67 所示。从图中可以看出,选择消速时机在 A 点,向后拉操控杆使旋翼锥体后倾,使向后的拉力第二分力 T_2 与阻力 D 之和大于重力第二分力($T_2 + D > G_2$),直升机减速。此时旋翼迎角增大,拉力增大,下降率减小,

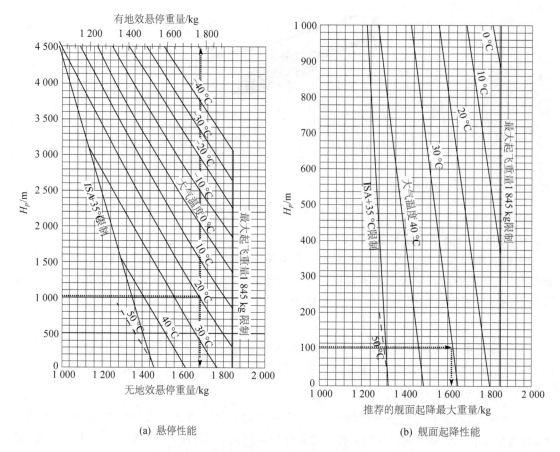

图中标注：

(a) 悬停性能

(b) 舰面起降性能

图 4 - 66　确定起飞全重的性能图表

为保持预定的下滑轨迹,要适当地下放油门总距杆。在下滑消速过程中,由于前飞速度减小,所需功率逐渐增大,此时要根据高度的变化,及时地上提油门总距杆。随着速度的减小和越接近 B 点,还应逐渐向前迎杆,最终使直升机在预定地点上空(B 点)保持预定的高度。在通过 B 点以后的接地飞行中逐渐地向前顶杆和稳杆,使直升机保持一定的仰角继续减速。因前飞速度还在继续减小,上提油门总距杆的量越来越多,在接近悬停位置 C 点时,使速度减至零。为保持在预定的高度上悬停,所需功率最大,上提油门总距杆的位置最高。在此过程中,要根据直升机姿态的变化情况,做到油门总距杆、舵、操控杆协调操纵,才能沿预定的轨迹下滑消速并降落在预定地点。

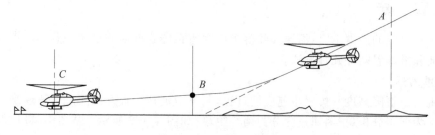

图 4 - 67　下滑消速过程

在正常运行中,如果让直升机尽快进入悬停状态,就要采用快速减速方法,如图 4 - 68 所示。

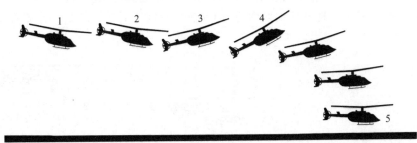

图 4 - 68　快速下滑消速

图中位置 1 表示改平状态,然后加速到理想的速度,见图中位置 2,这时距离地面高度为规定高度。从位置 3 开始带杆减速,同时下放总距杆。操纵动作要及时准确,否则,下放总距杆小的话,直升机会爬升,而下放总距杆大的话,会造成直升机下沉。同时,通过蹬舵来修正航向,调整油门保持旋翼转速。在位置 4 中直升机速度达到预定速度,机头开始下俯,直升机开始下滑到悬停高度。在位置 5 处直升机地速为零,总距杆、操控杆和舵协调一致地保持直升机在正常悬停高度悬停。

2. 垂直着陆

垂直着陆是经过下滑、消速,并在预定地点上空进行短时间悬停后的一种着陆方法。在预定地点上空悬停的高度与着陆场地面积和周围障碍物高低有关。下面分别研究正常垂直着陆和越障着陆的操纵原理。

(1) 正常垂直着陆

在净空条件较好的场地着陆,通常采用正常垂直着陆的方法,如图 4 - 69 所示。

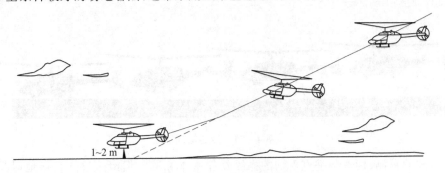

图 4 - 69　正常垂直着陆

直升机是在悬停的基础上进行垂直着陆的。在整个垂直下降的过程中,操控人员应把自己的注意力主要放在保持飞行状态上,保持各力和力矩不断地取得平衡,达到垂直下降和着陆的目的。其操纵原理与垂直下降基本相似,所不同的是随着直升机高度降低,受到地面效应的影响,下降率要减小,还应柔和地下放油门总距杆,在离地高度 1 m 以下时,保持 $0.1 \sim 0.2$ m/s 的下降率垂直接地。在垂直下降过程中,水平安定面所形成的低头力矩会使直升机有下俯趋势,此时应该适当向后拉杆。为使起落架同时接地,接地后总距杆要下放到底。

（2）越障着陆

在着陆场地小而周围又有障碍物的条件下，可以采用越障着陆方法。由于在此条件下，悬停高度较高，一般不能充分地利用地面效应，因此越障着陆所需功率增大。越障着陆运动状态如图 4 - 70 所示。

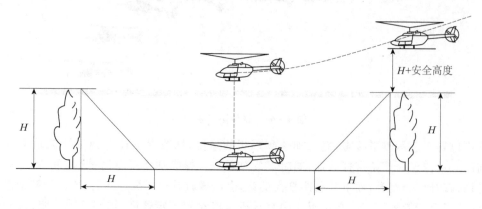

图 4 - 70　越障着陆

越障着陆过程中目测更要准确。越过障碍物时，要保持规定的安全高度。越过障碍物后要使尾桨与障碍物保持一定的安全距离。在垂直下降过程中，要严格保持垂直下降状态，不能有纵、横向大量的移动，以防止与障碍物相撞。

3. 滑跑着陆

直升机在高原高温机场，或载重量较大，因可用功率不足，无法进行垂直着陆时，可以与普通飞机一样在坚硬平坦的场地上进行滑跑着陆。其优缺点与起飞类同。

直升机经过下滑消速后，以一定的前飞速度在预定地点接地滑跑至停止的运动过程叫滑跑着陆，如图 4 - 71 所示。

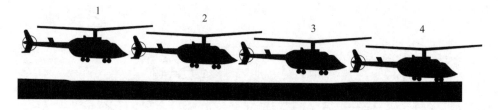

图 4 - 71　滑跑着陆

滑跑着陆的目测、消速与垂直着陆的操纵规律基本相同。但滑跑着陆在接地时具有一定速度，所以也有一定的特点，如下滑线稍低，消速时机稍晚，下滑点也要靠后一些，故进入接地飞行时的高度、速度和操纵动作要准确，保持好着陆方向。当速度减小到一定数值时，应及时向前顶杆，使直升机带较小的仰角缓慢地消速。随着前飞速度减小，必须上提油门总距杆，旋翼反作用力矩也随之增加，要及时用舵来修正。

经过目测、消速，直升机带很小的下降率轻轻接地，接地后柔和地下放总距杆，用舵保持好方向，做到协调一致。在摩擦阻力和空气阻力作用下，迅速减速直至停止滑跑。

直升机在起飞增速和着陆消速阶段，在某一飞行速度范围内，会出现明显抖动现象，这个出现抖动的范围，习惯上称为"过渡速度"。"过渡速度"的抖动是直升机所特有的一种现象，它实质上是一种强迫运动,是由于旋翼的激振力增大所引起的。

4.3.3 舰上起飞与着陆

1. 舰上起飞

直升机舰上起飞较舰上降落难度要低。起飞时的主要问题是升空离开甲板后应迅速避开甲板湍流流场的影响。

典型起飞过程如下:在发动机开车,旋翼达到规定转速后,操控人员选择舰艇运动的平息期,松开甲板固定装置,迅速提总距,操纵直升机升空稳定悬停,与舰艇航行速度同步,此时应保证直升机的起落架仍位于甲板的上空。如果需要,蹬脚蹬,使机头偏离舰船航向至迎风的方向,然后操控人员通过提总距,选择爬升功率建立向上的爬升率,转向前飞。当达到预定的高度与空速后,即完成起飞过程。

直升机亦可设置预定的起飞轨迹剖面,通过制导系统进行自主起飞。起飞过程在地面坐标系 Ox_gz_g 平面中的轨迹如图 4-72 所示。Ox_g 轴设置在海平面上,且与舰船行驶方向一致;Oz_g 轴设置在起飞平台的中间位置,与 Ox_g 轴垂直。

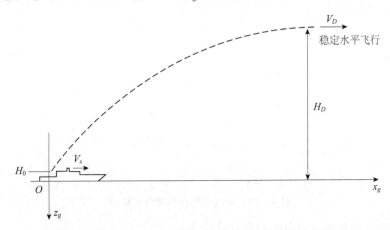

图 4-72 舰上起飞过程

图 4-72 中 H_0 为起始高度,H_D 为设置的最终水平飞行高度,V_s 为舰艇恒定速度,V_D 为要求的最终爬高后预设的飞行速度。假设整个起飞过程仅在 Ox_gz_g 平面内进行,起飞过程分为如下 3 个阶段:

① 开始阶段($t_0 \rightarrow t_1$):从甲板开始,垂直方向加速到要求的爬升率,水平方向加速至要求的水平加速度。

② 稳定上升阶段($t_1 \rightarrow t_2$):保持恒定的爬升率及恒定的水平加速度。

③ 终段($t_2 \rightarrow t_3$):将爬升率降为零,将水平加速度降到零,最后直升机保持在要求的高度 H_D 以预设飞行速度 V_D 做稳定水平飞行。

2. 着舰过程

直升机在运动着的舰船上着舰比在陆地上着陆困难得多。这是因为需面临如下恶劣的着舰环境:

① 由于受飞行甲板尺寸限制,要求直升机精确地降落在预定的着舰点,其偏差不大于 1.5 m(英国海军规范),以保证桨叶不会打到机库,起落架不落在船舷之外,以防止严重飞行

事故的发生。但精确着舰受到风浪、舰艇的甲板运动、大气湍流等因素的干扰。

② 舰艇的甲板运动包括舰艇的纵摇、横摇、偏摆、沉浮运动。由于着舰时舰艇的六自由度运动，使操控人员难以判断下降率及着舰位置，易造成直升机单侧粗暴着舰，撞击速度过大，或与甲板上层建筑相撞。

③ 着舰甲板区受到大气湍流、不稳定的相对风速等影响，从而造成直升机空气动力不稳定，增加了着舰的难度。

直升机着舰可分为两个阶段，第一阶段为直升机返航进场阶段，直升机从远离舰船的一点飞行到靠近舰船一侧位置，在一定高度上与舰船保持相对静止；第二阶段是降落阶段，直升机在保持与舰船同向同速飞行的同时，横向移动到降落台的上方并快速着舰。

(1) 返航进场阶段轨迹生成

直升机返航时从远离舰船的一点，在地面坐标系的垂直平面 $Ox_g z_g$ 内沿着恒定的下滑线进行减速下降，如图 4-73 所示。设定的边界条件如下：起始飞行速度 V_0、初始高度 H_0、离舰船的初始距离 ΔX_0、舰船速度 V_s、返航的最终高度 H_D。

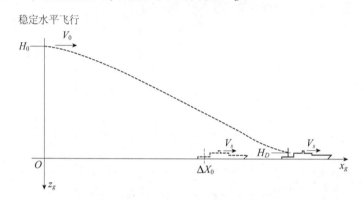

图 4-73 返航在垂直平面内的轨迹

返航进场阶段的轨迹生成分为以下 3 个阶段：

① 初始阶段：直升机初始状态为在一定高度 H_0 上做水平匀速 V_0 飞行，返航开始，在 Oz_g 轴上以一定的加速度下降，Ox_g 轴方向开始减速，以逐步达到设定的恒定水平加速度。

② 稳定下滑阶段：在 Oz_g 轴保持恒定的负加速度下滑，在 Ox_g 轴保持恒定的负加速度减速。

③ 终止阶段：Ox_g 轴和 Oz_g 轴方向的加速度为零，Oz_g 轴方向速度为零，直升机在固定的高度 H_D 以与舰船相同的速度 V_s 航向飞行。

(2) 降落段轨迹设计

直升机进场至舰艇的左舷或者右舷进行跟进悬停后，接着要按照第二阶段即降落阶段轨迹进行着舰，即横向移动到着舰点上方进行跟进悬停，然后下降着舰。这一阶段轨迹分为横向移动和下降着舰两部分。图 4-74 所示为该阶段直升机飞行几何。直升机速度为舰船速度 V_s，距离着舰点横向位移（沿 Oy_g 轴）为 s，距离着舰台的垂直高度为 h。

① 横向移动轨迹设计。如图 4-74 所示，设定整个横向移动所用时间为 t_1，直升机横向移动初始速度（沿 Oy_g 轴）为零，直升机在移动过程中首先横向加速，在 $t=0.5t_1$ 时速度达到最大值，然后开始减速，在到达着舰台正上方时，即 $t=t_1$ 时，速度减为 0。至此横向移动结束，

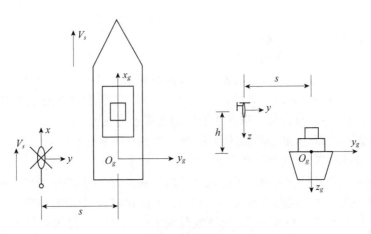

图 4 - 74　降落阶段着舰几何

直升机开始在着舰台上方跟进悬停,准备下降着舰。

② 跟进悬停。当直升机飞行到着舰台上方时,需要花费时间 t_s 进行调整,使直升机前向飞行速度等于舰艇航行速度,并使横向、垂向飞行速度为零,这个过程虽然只需要几秒钟时间,但却是不可缺少的。

③ 下降轨迹设计。直升机经过跟进悬停的稳定调整,开始加速下降。整个下降过程所用时间为 t_d,与横向移动相似,下降过程采用先加速再减速的方式,在 $t=0.5t_d$ 时达到最大下降速度,然后开始减速,快要接触降落平台时速度减为零,开始跟踪舰船着舰台的运动,然后伺机快速着舰。

本章小结

本章分析了无人机盘旋、起飞、着陆等机动飞行性能及其影响因素,介绍了固定翼无人机在发动机停车时的空滑迫降,分析了风对飞行,特别是对起飞着陆的影响及修正措施,探讨了不同条件下跑道上起飞着陆的特点及注意事项,重点分析了无人机的中断起飞和继续起飞特性,最后还介绍了无人直升机在舰上的起飞着陆过程。学习本章要注意分析总结影响无人机机动飞行性能的影响因素、影响机理和处置措施,注意对比固定翼和旋翼无人机机动飞行性能分析的异同。图 4 - 75 为本章的思维导图,供学习参考。

思考题

1. 解释载荷因数的物理意义及其对飞机和飞行的影响。
2. 画出盘旋的作用力图,并分析飞机保持稳定盘旋的条件。
3. 盘旋的载荷因数与什么因素有关?
4. 衡量飞机盘旋性能的主要指标是什么? 如何获得最小盘旋半径和最短盘旋时间?
5. 分析风对盘旋的影响及如何操纵才能保持等高等半径盘旋?
6. 盘旋中侧滑的种类有哪些? 并分析产生的原因。
7. 分析盘旋各阶段的操纵原理。
8. 直升机基本盘旋的条件有哪些? 在实际操控中应该关注哪些因素?

9. 直升机起飞分为哪几种不同的起飞方式？各有何特点？

10. 起飞的全过程分为哪几段？

11. 分析影响起飞滑跑距离的因素。

12. 着陆过程分为哪几个阶段？各阶段如何进行操纵？

13. 影响着陆滑跑距离的因素有哪些？怎样才能缩短飞机的着陆滑跑距离？

14. 起飞时,抬前轮的时机如何选择才能达到最佳起飞性能？

15. 着陆滑跑时,为取得最佳的减速效果,是采取推杆还是带杆？

16. 在高原机场驻训,起飞和着陆有什么特点？

17. 比较分析着陆下滑中三种修正侧风方法的优缺点,在飞行中应如何运用？

18. 在高速飞机上放减速板着陆与不放减速板着陆比较,对目测有何影响？

19. 某型飞机在海平面机场起飞,起飞重量为 65 000 kg,用最大转速起飞,离地速度为 270 km/h,求起飞滑跑距离。

20. 某型飞机在高原机场起飞,当场压为 510 mmHg,场温为 20 ℃,起飞重量为 6 500 kg 时,离地表速为 270 km/h,起飞滑跑距离为 3 542 m;以起飞重量计算,接地表速为 267.5 km/h,着陆滑跑距离为 2 194 m;跑道可用长度为 4 500 m。求中断起飞决策速度。

21. 发动机停车与不停车相比,为什么滑翔性能变差？

22. 发动机停车后,飞机做滑翔转弯所降低的高度与哪些因素有关？如何计算停车滑翔转弯降低的高度？

23. 发动机停车后应选择什么速度滑翔？为什么？

24. 影响空滑迫降目测的因素有哪些？为什么？

25. 空滑迫降时,可用哪些方法修正目测？简述其修正原理。

26. 某无人机飞行中突遇发动机停车,此时高度为 4 000 m,速度为 500 km/h,距离机场 6.7 km,背向机场,请问应该实施场内还是场外迫降？已知无人机停车后的有利速度为 350 km/h,停车后最大升阻比约为 5。

27. 迫降时,当飞机滑到机场上空时,若此时飞机速度大,怎么办？

28. 飞机发生停车时,高度不够,但速度较大,此时是否就决定做场外迫降？

29. 在积水跑道上着陆时,如何预防滑水现象？此时刹车会有何影响？

30. 阐述积水和冰雪跑道上的起飞着陆特点。

31. 总结思维导图,分析本章内容的逻辑关系。

32. 结合拓展阅读材料,分析飞机事故成因,应如何处置？有何启示？

拓展阅读——高度装定错误引发的灾难

1. 高度误听引起的悲剧

1993 年 11 月 13 日,北京首都国际机场,一架隶属于中国北方航空公司的麦道 MD - 82 飞机正在等待滑行指令,该机执飞的是从沈阳桃仙国际机场经北京首都国际机场飞往新疆乌鲁木齐地窝堡国际机场的 CJ6901 航班,早些时候该机顺利地执飞了本次航班从沈阳飞至北京的第一段航程,现在将执飞的是本次航班的第二段航程。这架飞机是 1985 年麦道公司授权上海飞机制造厂组装的 25 架麦道 82 型客机中的一架,1991 年出厂,已经飞行了约 2 670 h。飞机从沈阳起飞时机上搭载人数不详。在首都国际机场全体人员离机,部分乘客目的地为北京

就此离开,待飞机再起飞时机上搭载了 92 名乘客、3 名机组成员和 7 名乘务组成员。

当天下午,CJ6901 航班从北京首都国际机场顺利起飞,按照计划,该机将在 3 h 后顺利抵达乌鲁木齐地窝堡国际机场。经过 3 h 的飞行,CJ6901 航班距离地窝堡机场尚有15 km 的距离,此时机组已和机场塔台取得联系,当天能见度良好,因此机组轻而易举地就找到了跑道的正确方位并开始执行降落检查单程序,随后飞机进入了进近阶段的飞行。

此时地窝堡机场塔台告知 CJ6901 航班机组:"北方航空 6901,25 号跑道已经清空,允许你们在 25 号跑道降落。场压 947 hp,高度表正值 1024 hp。"

机组回复:"北航 6901 收到,在 25 号跑道降落。"

一切显得是那么的顺利,但接下来问题出现了:由于塔台空管指挥用语不规范,致使机组错误地将塔台所提供的用于参考修正海平面气压 QNH 值"1024 hp"理解成了地面场压 QFE值,并以这个错误的数值对显示高度数值的仪表进行了调整,致使此时机舱内的仪表数值高度要比实际高度高了近 650 m!

受这个错得离谱的数值影响,机组判定飞机此时距地过高,为了不影响降落,机组提前断开了自动驾驶仪,改由手动操作飞机下降高度。

因参考数值的偏差,飞机这一降就降到了危险进场高度之下,机舱内响起了"低于下滑道"警告声"glide slope,glide slope"。然而机组因为听不懂英语,对此至关重要的警告没人加以理会,副驾驶也专注于对准跑道和控制油门,根本没有注意到高度表的数值。

数秒钟后驾驶舱内又响起了"地形迫近"警告声"pull up,pull up,pull up,pull up",一共响了四声,但听不懂英语的机组依旧没有理会。副驾驶还开玩笑地问了一句:"这声音是啥玩意儿?"机长回复道:"我也不知道,pull up 是啥意思?"

当机长和副驾驶一脸懵的时候,随机工程师警惕性稍高,提醒了一句:"小心点",此时CJ6901 航班的飞行高度已经不足 100 m。

这时机长和副驾驶一看窗外方才如梦初醒,高度太低,随即立刻重新接通自动驾驶仪,设置 800 ft(约 244 m)每分钟的爬升率试图将飞机拉起。但机长情急之下忘记了轰油门,直接导致飞机失速,并向左侧倾斜下坠。

最终,CJ6901 航班 B-2141 号机撞上了地面的一座高压输电线铁塔,左侧一截机翼被铁塔切断,飞机瞬间失去平衡,坠毁在距离地窝堡机场跑道仅 2.2 km 处的一处农田中,随后爆炸起火并解体,此次坠机导致机上 8 名机组和乘务组成员以及 8 名乘客遇难,60 余人受伤。

事故原因调查结论:乌鲁木齐地窝堡国际机场塔台空管用语不规范导致机组误解了气压数值;机组根据错误的数值调整了高度表,导致飞机入场高度严重低于规定高度;机组英语水平接近于零,无法辨别英语警告,导致失去挽救机会,再发现高度过低时决定复飞又手忙脚乱忘记加油门,最终导致飞机失速坠毁,酿成机毁人亡的一级飞行事故。

此事故后,英语成为中国民航机组培训的必修课,不达标者不许上岗,血的教训!

2. 高度表转换失误引起的悲剧

1999 年 6 月 9 日下午 17 时 06 分,距离广东湛江机场 18.5 km 处,一架隶属于中国南方航空公司、执飞从广州白云国际机场至湛江机场 CZ8877 航班的波音 737-300 客机和湛江机场塔台取得联系,当时湛江上空大雨滂沱(湛江天气预报报道当日有中到大雨),乌云密布,天气情况较差,能见度不足 5 km,并不十分利于降落,但塔台还是同意了机组降落的请求。

17 时 12 分,当飞机距离湛江机场还有 8 km 左右的距离时,机组放下了起落架,此时湛江机场塔台指示飞机在第 34 号跑道降落,并告知机场能见度较差。

　　此时机组刚刚按照规定执行完着陆前检查单,但唯独漏掉了调节气压高度表的场压值这一项,导致气压高度表数值和实际高度产生偏差,但无线电高度表显示的数值准确无误。这给机组的认知和判读带来了不小的麻烦。

　　在这种混乱情况下,CZ8877 航班在进入下滑道阶段就高于规定的下滑道高度,副驾驶也没有按照民航守则规定的进场程序要求报出此时飞机的高度。

　　17 时 14 分,CZ8877 航班飞抵湛江机场第 34 号跑道起始头,但此时飞机距离跑道高度依然有 50 m,超过规定高度。发现这一情况的机组立刻下压操纵杆希望瞬时降低高度,但也使飞机的入场速度从 140 kt(约 259 km/h)猛增到了 160 kt(约 296 km/h),在飞机接地前的最后 5 s 时,飞机接地速度达 76 m/s,空速 162 kt(约 300 km/h),严重超过安全规定。

　　在飞越跑道起始点 420 m 后,飞机以 160 kt(约 296 km/h)的空速接地,由于接地过猛,第一次接地力达 4.71g,机身整个又被反作用力弹回空中约 9 m,机组赶紧向后拉杆以避免"海豚跳"现象,同时副驾驶将引擎推力降至怠速,飞机在向前平行"飘行"了 310 m 后第二次接地,此时依旧力道过大,已经经受一次重击的起落架再也支持不住第二次重击,右侧主起落架立刻折断,左侧主起落架也紧随其后发生折扭,最后瘦弱的前起落架根本无法支撑机身的重量,也很快变形。这一过程在极短的时间里发生,飞机顷刻间向右偏出跑道、冲入机场草坪,带着火星和飞扬的泥土又冲了 710 m 左右,才于 17 时 15 分在机舱内一片人仰马翻的惊呼中勉强停了下来。万幸的是,飞机上的 90 人除 2 人受轻伤外其余均安然无恙,但个个惊魂未定,形同惊弓之鸟。至于飞机本身则完全报废,毫无修复价值,此次事故为二级飞行事故。

　　最终调查结果指出:CZ8877 航班的机组没有严格执行降落前检查单程序,忘记调节气压高度表的场压值,导致飞机入场高度过高,之后机组又配合不佳,致使飞机在接地时力度过大导致飞机弹跳,最终使得右起落架折断让飞机向右偏出跑道,造成二等飞行事故。湛江机场塔台未能及时发现飞机进场姿势,也未能严令机组复飞,对此次事故负次要责任。

第 5 章　无人机的特殊飞行状态

5.1　固定翼无人机的特殊飞行

本节介绍固定翼无人机在飞行中可能遇到的一些特殊情况,主要包括失速、尾旋、积冰和尾流等。了解这些特殊情况对于保证无人机飞行安全有重大意义。

5.1.1　失速与尾旋

无人机的迎角超过了临界迎角就可能造成无人机失速。失速后,无人机除了会产生气动抖动外,还会出现飞行速度迅速降低、无人机下降、机头下沉等现象。失速会对无人机的飞行安全造成威胁,而造成失速的原因可能有很多种,如无人机的重量、风切变、无人机积冰、飞控系统出现故障、操控人员操作不当等。失速发生后,无人机会在一定程度上难以控制并且会大幅度地降低高度,如果处置方法不当,无人机可能进入更加危险的尾旋(螺旋)阶段,使无人机更难改出。失速与尾旋关系到飞行安全,操控人员应该清楚无人机的失速性能,这样才能防止无人机进入失速和尾旋,即使无人机误进入失速与尾旋,也能正确及时地改出,以保证飞行安全。

1. 失速

失速主要是由于无人机迎角达到失速迎角,引起机翼边界层大面积气流分离,出现非操纵的异常飞行现象。失速不是速度小,而是大迎角下的气流分离。因此,决定飞机是否失速的关键不是速度,而是迎角的大小。

飞机正迎角过大而失速,称为正迎角失速(正飞失速);飞机负迎角过大,也将失速,称为负迎角失速(倒飞失速)。

(1) 失速迎角

失速迎角,通常是指在给定的与飞机正常状态有关的构型、重量、重心位置和外挂组合下,最大可用升力系数所对应的迎角,即临界迎角。

飞机达到或超过失速迎角往往伴随着一些特殊的非操纵的异常现象,比如较强的抖动、摇晃、自动上仰、自动倾斜、自动偏头或升力系数下降等。在失速迎角附近,可能出现以上某一种现象,也可能同时伴随两种以上现象。因此在实际确定失速迎角时,可根据以上异常现象出现时的迎角进行综合确定。失速迎角取下列各迎角中的最小值。

1) 抖动迎角

抖动迎角是飞机开始出现警告性抖动时的迎角,记作 α_{bf},通常按升力系数曲线斜率开始下降的迎角或由试飞确定。

2) 自动上仰迎角

当 $C_{ma}=0$ 时,飞机处于迎角中立稳定,此时的迎角称为自动上仰迎角,记作 α_{pi}。超过此迎角后,飞机纵向失稳,即出现自动上仰。

3）横向发散迎角

当 $C_{la}=0$ 时，飞机处于横向中立稳定，此时的迎角称为横向中立稳定迎角，$C_{la}=0$ 时迎角最小者称为横向发散迎角，记作 α_{ard}。在正迎角范围内超过横向发散迎角时，$C_{la}>0$，飞机力图向侧滑方向滚转，扩大侧滑，即出现横向发散；在负迎角范围内超过横向发散迎角时，$C_{la}<0$，飞机力图向侧滑反方向滚转，扩大侧滑，即出现横向发散。

4）航向发散迎角

当 $C_{n\beta}=0$ 时，飞机处于航向中立稳定，此时的迎角称为航向中立稳定迎角，$C_{n\beta}=0$ 时迎角的最小值称为航向发散迎角，记作 α_{de}。超过此迎角时，$C_{n\beta}>0$，此时若飞机出现左侧滑，会产生航向不稳定力矩，使飞机向右偏转，进一步扩大左侧滑，即出现航向发散。

5）临界迎角

许多低速平直翼飞机从小迎角直到临界迎角 α_{cr} 之前都不会出现失速现象，所以把临界迎角作为失速迎角。

（2）失速速度

飞行中，迎角达到失速迎角时的飞行速度称为失速速度 V_s，其计算公式为

$$V_s=\sqrt{\frac{2L}{\rho SC_{Ls}}} \tag{5-1}$$

从式（5-1）可以看出：在高度一定时，失速速度与升力和失速升力系数有关。

1）平飞失速速度

平飞中，缓慢地将迎角增加到失速迎角，这种失速称为平飞失速，其对应的速度称为平飞失速速度，记作 V_{ls}。此时 $L=G$，则

$$V_{ls}=\sqrt{\frac{2G}{\rho SC_{Ls}}} \tag{5-2}$$

若将海平面标准大气密度值 ρ_0 代入式（5-2），则可求出平飞失速表速；若将失速升力系数换成抖动升力系数代入式（5-2），则可求出平飞抖动速度。

2）机动失速速度

机动飞行中，迎角增加到失速迎角所造成的失速称为机动失速，对应的速度称为机动失速速度，记作 V_{ms}。机动失速的主要特点是法向过载 n_z 不等于1。不考虑空气压缩性对失速升力系数的影响，机动失速速度可由下式求得：

$$V_{ms}=\sqrt{\frac{2n_zG}{\rho SC_{Ls}}} \tag{5-3}$$

若将海平面标准大气密度值 ρ_0 代入式（5-3），则可求出机动失速表速。在式（5-3）中，代入抖动升力系数，则可求出机动飞行时的抖动速度。为了防止飞机失速，有的飞机规定飞行速度不得小于抖动速度，以防止把飞机拉抖。

比较式（5-2）和式（5-3）可得平飞失速速度与机动失速速度之间的关系，即

$$V_{ms}=\sqrt{n_z}V_{ls} \tag{5-4}$$

式（5-4）表明，机动飞行中，相同速度下，飞机失速与否取决于过载大小。过载越大，失速速度越大，表明飞机越容易失速；过载越小，失速速度越小，表明飞机越不易失速。如无人机平飞失速速度为 110 km/h，而当过载为4时，失速速度变为 220 km/h。

（3）影响失速速度的因素

1）重　量

装载不同，飞机重量就会发生变化，其平飞失速速度就不同。重量增加，平飞失速速度增大。

2）飞行马赫数

随飞行马赫数增加，由于空气压缩性影响，机翼表面上的逆压梯度增大，气流提前分离；此外，局部激波与边界层相互干扰，使得逆压梯度增大，也会导致边界层提前分离。因此，当马赫数增大时，抖动迎角和失速迎角随之减小，平飞失速速度增大。

在亚声速阶段，由于舵面效能较高，飞行马赫数越大，飞机越容易进入失速。在超声速阶段，因为舵面效能降低，即使拉杆到底，飞机也达不到平飞失速迎角，但这并不等于飞机不会在超声速时进入失速。有些飞机随着马赫数增加，飞机航向稳定性和横向稳定性迅速下降，超过声速后，甚至出现航向不稳定，使侧滑角自动迅速增大，失速迎角降低，平飞失速速度增大。

3）构型与地面效应

飞机构型发生变化（如放下襟翼或打开缝翼），飞机近地面飞行时地面效应的影响都会导致失速升力系数的变化，进而影响平飞失速速度的大小。其变化情况可以根据飞机技术手册中的有关数据计算得到。

4）发动机状态

式（5-2）得到的平飞失速速度是在假设发动机处于慢车状态、不考虑推力影响的情况下得到的。如果发动机不处于慢车状态，由于迎角比较大，推力在垂直于飞行速度方向上的分量 $C_{l\delta r}=\partial C_l/\partial\delta_r$ 就不能忽略，它可以平衡掉一部分飞机重力。因此，在失速迎角不变的情况下，保持平飞所需的动压减小，平飞失速速度减小。

对于喷气式飞机，特别是头部进气的喷气式飞机，由于在大迎角下，流入进气道的高速气流对飞机产生一上仰力矩，减弱了飞机的纵向稳定性，从而使飞机的失速迎角减小，失速升力系数减小，失速速度增大。

对于螺旋桨飞机，滑流对飞机的平飞失速速度也有影响。大油门时，滑流的加速作用一方面使流过机翼的局部气流动压增加，平飞失速速度减小；另一方面使机翼的局部迎角减小，延缓了机翼的气流分离，失速升力系数增大，平飞失速速度减小。

5）侧滑与滚转

对于大多数平直翼飞机，侧滑仅使最大升力系数降低，而临界迎角基本不变；大后掠翼和三角翼飞机则不同，侧滑对飞机气流流态有很大影响，侧滑时，侧滑前翼有效后掠角减小，机翼有效的相对厚度大，气流易提前分离；三角翼的脱体涡涡核轴向速度减小，涡提前破裂。此外，三角翼和后掠翼侧滑后翼翼尖处边界层增厚，翼尖失速提前。所以，有侧滑时，三角翼和后掠翼气流分离时机提前，同一迎角下气流分离严重，失速迎角减小，失速速度增加。

飞机滚转时，下沉翼迎角增大，气流分离提前，分离程度加剧，最大升力系数下降。同时，升力系数曲线斜率提前大幅度降低，失速迎角减小，失速速度增加，这种现象随滚转角速度增加而加剧。

飞行手册中通常会提供无人机在特定重量下，不同飞行状态和不同襟翼位置时的失速速度，其中 V_{s1} 常用来表示特定构型（如襟翼放下）下的失速速度或最小稳定飞行速度；V_{s0} 常用来表示着陆状态下的失速速度或最小稳定飞行速度。

（4）失速判断

飞机失速与否，不能单纯依据速度的大小来判断，应根据造成失速的成因，也就是气流分离发展所引起的飞行现象来分析。

1）飞机抖动并左右摇晃

飞机迎角接近或达到失速迎角，机翼上表面已经有了局部或大面积的气流分离，从而产生了大量的涡流。气流的这种分离是周期性的，这些涡流时而被吹离机翼，时而又在机翼上产生。机翼表面的气流分离时而严重，时而缓和，使得机翼的升力时大时小，整个机翼升力的这种周期性变化促使无人机产生抖动。同一架飞机在不同飞行状态下抖动强度也有区别。通常机动飞行中失速的抖动比平飞失速时的抖动要强得多。

2）操纵变轻，飞机反应迟缓

机翼表面上的涡流周期性地流过副翼、尾翼等舵面，引起舵面抖动。由于涡流区的气流平均速度较小，偏转舵面时，作用在舵面上的力较小，产生的枢轴力矩和操纵力矩小，因此操纵变轻，飞机反应迟缓。

3）飞机出现非操纵的转动

不同飞机其飞行品质不一样，非操纵的转动特点也不同，但多半是绕一个轴的转动，如机翼下坠（"掉翼尖"）、机头上仰或下俯、俯仰振荡、偏机头等。具体出现哪种运动与飞机有关。

4）飞行速度迅速减小

飞机达到失速迎角，虽然升力系数大，但阻力系数增加得更多，阻力增加更快，因而飞行速度迅速减小。

上述失速现象并不是每个机型都能发生，且程度也不尽相同，判断时应根据各机型的具体动态特点进行判断。

随着机翼翼型设计的改进，流过机翼表面的气流分离大大推迟，即气流分离要在更大的迎角下才发生，这样无人机失速前的抖振、摇晃不很明显。当机翼迎角接近临界迎角时，迎角探测器（风标式失速传感器或压力传感器）被气流激活，电路接通，无人机会将失速警告传回地面站，提醒操控人员无人机将要进入失速状态，应该做出相应的措施预防无人机失速。

（5）失速改出

失速一般分为带动力（或无动力）失速和水平（或转弯）失速。带动力失速与起飞、离地的爬升状态有关，一般发生在起飞、爬升、平飞阶段；无动力失速与进近状态有关，一般发生在进近下降、落地拉平阶段；水平失速和转弯失速用于描述无人机开始失速时的飞行姿态。

无人机失速的根本原因是迎角超过临界迎角。因此，不管在什么飞行状态，只要判明无人机失速后，应立即减小迎角，使无人机机头下沉，直至无人机迎角减小到小于临界迎角后（一般以飞行速度大于 $1.3V_s$ 为准），柔和改出至平飞。还应该注意的是，在减小迎角的同时应调整方向舵，防止无人机进入尾旋。

值得注意的是，在使无人机迎角减小的时候，绝不可以单以无人机的俯仰姿态作为无人机是否改出失速的依据。因此向前推杆后，机头虽不高，甚至呈下俯状态，但由于无人机运动轨迹向下弯曲，无人机的迎角仍会大于临界迎角。若此时操控人员误认为无人机已经改出失速，过早地把无人机从不大的俯冲姿态中拉起，无人机必然重新增大迎角，而陷入二次失速，以致更难改出，甚至改不出来。所以掌握好从俯冲中改出的时机很重要，一方面要防止高度损失过多，速度太大；另一方面要避免改出动作过快，以致陷入二次失速。

2. 尾　旋

尾旋是指无人机失速后,产生的一种急剧滚转和偏转的运动,这种旋转运动以偏转为主。在尾旋中,飞机沿着一条小半径螺旋形轨迹急剧下降,并同时绕纵、立、横三轴不断旋转,还可能在俯仰、滚转和偏转方向上叠加有振荡。尾旋是一种非常危险的情况,在飞行中有时会出现无人机突然失去控制,一边下坠一边偏侧翻转。按正常的操纵方法操纵无人机,无人机非但没有反应,反而有恶化的趋势。

飞机的尾旋有两大类,一是正尾旋,即飞机基本在正常状态旋转;二是反尾旋,即飞机腹部朝天旋转。无人机后一种尾旋不多见。根据尾旋的特点,其又可分三种:一种是好像已失去正常操纵能力,基本上不由自主地做旋转运动,遥控操纵不产生正常的反应,如不用特殊操纵,动作改不出来;一种是用强迫操纵的方法保持的尾旋,只要把各舵面调回中立,尾旋就保持不了,有可能自动改出;还有一种尾旋是操纵完全失效的急剧旋转运动,称为平尾旋,利用无人机的操纵舵面无论如何也改不出来。

（1）尾旋的成因

飞机的尾旋是由于飞机超过临界迎角后机翼的自转引起的。在尾旋形成前,一定出现失速。失速是协调的机动飞行,因为两个机翼失速程度几乎相同,而尾旋则是两个机翼失速不一致的不协调的机动飞行。在这种情况下,完全失速的机翼常常先于另一个机翼下沉,机头朝机翼较低的一边偏转,从而飞机丧失横侧阻尼(如侧滑),形成机翼自转而进入尾旋。对于低速平直翼飞机,迎角超过临界迎角后,滚转阻尼力矩系数导数大于零,阻滚作用变成助滚作用,形成机翼自转。机翼自转是这类飞机进入尾旋的根本原因。

如图 5-1 所示,飞机迎角超过临界迎角以后,升力系数随迎角增大而减小。以进入右尾旋为例,在迎角超过临界迎角的情况下,出于某种原因飞机向右滚转时,下沉机翼迎角 α_r 增大,升力系数 C_{Lr} 反而减小;上扬机翼迎角 α_l 减小,升力系数 C_{Ll} 反而增加,这样两翼升力差构成力矩帮助飞机滚转,这种现象称为机翼自转。机翼自转中,两翼阻力差同时使飞机偏转,产生外侧滑,进一步帮助飞机滚转。

飞机进入向右的自转以后,其升力不仅减小,而且方向因飞机滚转而不断向右倾斜。这时升力在垂面内的分力小于飞机重力,飞机将迅速下降高度,运动轨迹将由水平方向逐渐转向垂直方向。升力在水平面内的分力起着向心力的作用,使飞机在下降过程中向右做小半径的圆周运动。同时由于气流方向不断改变,在稳定性的作用下,使飞机向右旋转,于是飞机便进入一面旋转,一面沿尾旋轨迹下降的右尾旋。

高速后掠翼或三角翼飞机,由于迎角超过临界迎角后,起初升力系数下降是平缓的,不易形成机翼自转,飞机不易进入尾旋,除非侧滑角较大时,才可形成机翼自转而进入尾旋。但是飞机往往在失速后,会出现方向发散,且出现侧滑,则侧滑角自动增大,继而形成机翼自转,而使飞机进入尾旋。

（2）尾旋的阶段

尾旋是一种非正常的飞行状态,它的特点是迎角大、旋转半径小、旋转角速度快和下降速度快。尾旋分为正尾旋和反尾旋。正尾旋指无人机正常飞行中失速并转入尾旋;反尾旋指无人机倒飞中失速并转为尾旋,如图 5-2 所示。由于无人机很少会进入反尾旋,因此这里主要探讨正尾旋。在轻型飞机上,完全的尾旋由三个阶段组成,即初始尾旋阶段、垂直阶段和改出阶段。初始尾旋阶段是指从飞机失速到尾旋全面形成的阶段。尾旋的全面形成是在旋转角速度、空速和垂直速度比较稳定,而且飞行路径接近垂直的阶段。尾旋的改出阶段是从施加制止尾旋的力开始,直至从尾旋中改出的阶段。

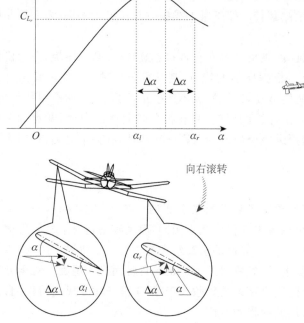

图 5-1 超过临界迎角时左右两翼升力的变化

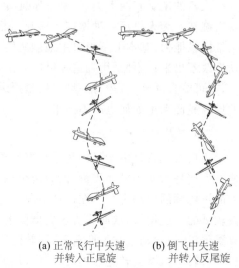

(a) 正常飞行中失速
并转入正尾旋

(b) 倒飞中失速
并转入反尾旋

图 5-2 尾旋的阶段

在尾旋垂直阶段,作用在无人机上的力如图 5-3 所示,其中 h_c 为无人机尾旋一圈下降的高度。通常飞机在进入尾旋后应收小油门,所以可认为发动机推力为零;假设飞机无侧滑,故作用力仅是空气动力 R 和重力 G。假定稳定尾旋中坡度为零(实际上坡度很小),故 R 和 G 同在铅垂面内。实验证明,在机翼上气流大部分分离的情况下,空气动力 R 基本上与翼弦垂直。由于飞机沿半径很小的陡螺旋线运动,可近似认为运动轨迹与地面垂直,因而迎角和俯角之和为 $90°$,即 $\alpha+\theta\approx90°$。这样,在稳态尾旋中,飞机重力由空气动力的垂直分力 D 来平衡,空气动力水平分力 L 则起向心力作用。

(3)尾旋的判断

飞机进入尾旋垂直阶段后,迎角很大,飞机阻力很大,阻力和重力平衡后,飞机一般都稳定在一个较小的速度上。不过由于飞机动态不是一成不变的,而是在一定范围内变化的,因而飞行速度也在一定范围内变化着。

1)周期性摇摆

试飞证明,有些飞机在尾旋进入三圈以后,会出现明

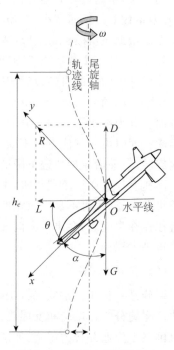

图 5-3 尾旋垂直段作用力

显的振荡现象,即坡度和侧滑角左右变换、滚偏时快时慢、机头时仰时俯的周期性摇摆现象。在摇摆中侧滑仪小球左右可能摆到尽头;坡度左右变化,坡度最大值能达 15°～20°甚至 30°。一般情况下,这种摇摆现象在一圈中会出现 2～3 次,周期 1.6～2 s,这种现象的产生主要是由于尾旋中航向静稳定性弱而横向静稳定性强造成的。高度增加,阻尼减小,周期性摇摆现象可能加剧。

2) 空速表指示有较大幅度摆动

尽管稳定尾旋中飞机速度会在小范围内发生变化,但空速表的指示却有较大幅度摆动,此时空速表并没有反映飞机的真实速度,这种摆动并不说明飞机实际速度也发生这么大的改变,而是由于尾旋中迎角和侧滑角的数值及变化比较大,空速管在大迎角和大侧滑角条件下,测量的全压又有很大的误差所引起的。飞机实际进入尾旋时,由于航向静稳定性减弱甚至丧失,而横向静稳定性很强,迎角和侧滑角会发生周期性变化,空速表误差也就随之周期性地变化,故空速表指针发生周期性摆动。

(4) 尾旋改出

1) 改出尾旋的基本原理

尾旋是飞机迎角大大超过失速迎角时的运动状态,改出尾旋必须使旋转停止,将迎角减至正常状态下,这是改出尾旋的最基本原则。实践证明,比较有效的方法是首先制止旋转。当制止了飞机旋转后,飞机的上仰惯性力矩即可消失,此时推杆,飞机即可在俯仰操纵力矩和稳定力矩作用下,迅速、有效地减小迎角,退出失速。相反,带着很大的旋转角速度推杆,推杆产生的下俯操纵力矩不足以克服较大的上仰惯性力矩,不仅迎角减小不下来,反而会因为推杆产生帮助滚、偏的惯性力矩,加快飞机旋转。通常制止飞机旋转是改出尾旋的第一步,至少也应制止旋转和推杆减小迎角同步进行。

改出尾旋、制止飞机旋转的关键在于制止偏转。一方面,大多数无人机失速进入尾旋后,航向静不稳定,出现航向发散,加上飞机绕立轴的转动惯量较大,偏转角速度不易消除,所以改出尾旋时主要应采取有力措施制止飞机偏转;另一方面,制止了偏转,会使飞机带内侧滑,产生横向稳定力矩,迅速制止飞机滚转。此外偏转角速度减小到零,必然使上仰惯性力矩减小为零,加之推杆作用,迎角会迅速减小,退出失速。

2) 各操纵面对尾旋改出的作用

① 方向舵

尾旋中,虽然垂直尾翼受到机翼和机身遮蔽,效能大大降低,但是方向舵总能产生气动制偏力矩,阻止飞机偏转。

尾旋改出中,一般用“平舵”或“反舵”。“平舵”可消除航向操纵力矩,而“反舵”甚至可消除外侧滑,形成内侧滑,产生横向稳定力矩,减小滚转角速度。

尾旋中,迎角很大,方向舵效能较小,因此要求做改出动作时,必须用力蹬平舵或蹬满反舵。有时为了加强方向舵作用,甚至先将方向舵顺尾旋方向偏置到底,然后迅猛蹬反舵,获得方向舵全行程偏转。

② 升降舵(全动平尾)

推杆可以产生下俯操纵力矩,帮助飞机减小迎角,退出失速,这是改出正尾旋的基本手段,而改出反尾旋则将升降舵(平尾)置于中立位置。转动惯量较小的低速飞机,推杆改正尾旋的时机对尾旋改出影响不大。无人机尾旋中推杆动作不宜过早,旋转没有减慢就推杆,会产生下俯操纵力矩,使飞机的上仰角速度减小,从而使偏转惯性力矩和滚转惯性力矩减小,反而加快了飞机的偏转和滚转,不利于尾旋的改出。因此,在尾旋改出中,应在旋转有所减慢时再实施推杆动作。

③ 副翼

尾旋改出中偏转副翼,一般是向滚转方向偏转副翼,即正尾旋中顺杆(与尾旋方向一致),反尾旋中反杆(与尾旋方向相反)。

尾旋中,飞机处于大迎角状态,但是副翼的操纵还是正常的,因而尾旋改出时压杆可以产生使滚转角速度增大的气动滚转力矩,同时产生逆尾旋方向的气动偏转力矩(即偏转副翼产生的航向气动力矩),起着制偏作用。

顺杆产生的航向惯性力矩,其作用大小因飞机而异,主要看绕纵轴和横轴转动惯量的大小。通常绕纵轴的转动惯量 I_x 与绕横轴的转动惯量 I_y 之间差值较小的飞机,压顺杆产生的惯性力矩较小,作用不大。无人机质量沿机体纵轴比较集中,$I_y - I_x$ 数值较大,产生的惯性力矩较大,制偏作用强。加之气动制偏力矩的作用,压顺杆制止偏转的作用比蹬反舵作用强。

总之,在尾旋的改出中,应首先蹬平舵(此时杆应在中立位置),制止飞机偏转;如果旋转并未减慢,则应考虑蹬反舵或压顺杆制止飞机偏转,具体措施或改出方案应根据不同机型,由试飞确定。当飞机的旋转角速度减小,甚至停转时,可推杆减小飞机迎角,退出失速。

5.1.2　积冰条件下的飞行

飞机积冰是指飞机机身表面某些部位聚集冰层的现象,该现象是由云中过冷水滴或降水中过冷雨滴碰到机体后冻结形成的,也可由水汽直接在机体表面凝华而成。

北约和美国军队在科索沃作战广泛使用无人机时发现,在山区寒冷天气,中空大气温度为 0 ℃左右,无人机结冰的可能性很大,而且很容易引起坠毁事故。实践表明,中小型无人机抗结冰能力比有人机低很多,当时为此损失了不少无人机。

由于这类无人机速度慢,雷诺数小,飞行中所用迎角比较大,而其机翼的临界迎角又比较小,因此翼面结冰后,尤其是水平尾翼前缘结冰后对空气动力性能影响明显增大。因此,中低空飞行的无人机对这个问题须作特别考虑。目前大中型无人机有的已装防冰系统,例如,美国"全球鹰"新安装的是高科技"闭环热管"式防冰系统,重 18.5 kg。

1. 积冰的机理

在大气中经常存在温度在 0 ℃以下仍未冻结的过冷水滴。这种过冷水滴多出现在 −20 ～ 0 ℃的云中。实践表明,过冷水滴的状态是不稳定的,稍受震动即冻结成冰。因此,当飞机在含有过冷水滴的云中飞行时,若机体表面温度低于 0 ℃,过冷水滴就会在机体表面某些部位冻结并聚集成冰层。冻结过程的快慢与过冷水滴含量和机体表面的温度有关,温度越低,冻结越快,过冷水滴越多,冰层越厚。

过冷水滴的含量、大小、温度和冻结的快慢不同,飞机积冰的结构、坚实程度和外观也各不相同。飞机积冰的种类大致可分为霜、明冰、雾凇和毛冰 4 种类型。

积冰的形状主要取决于冰的种类、飞行速度和气流绕过飞行器的不同部位的情况。积冰的形状一般分为槽状冰、楔形冰和混合冰,如图 5-4 所示。根据空勤人员获得的喷气式飞机积冰统计数据:槽状冰约占 30%,楔形冰约占 15%,而混合冰约占 55%。

云层温度是影响飞机积冰的主要参数之一,飞行在 0 ～ −40 ℃甚至更低的云温条件下,都有积冰可能。但根据有关积冰发生率的统计报告,可以得出下述结论:飞机积冰一般发生在 0

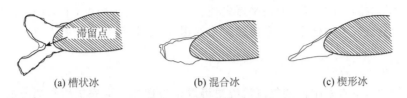

(a) 槽状冰　　　　　　　(b) 混合冰　　　　　　　(c) 楔形冰

图 5 - 4　冰层的常见类型

～-20 ℃的温度范围内,尤其在-2～-10 ℃温度范围内遭遇积冰的次数最多,而强烈的积冰主要发生在-2～-8 ℃的温度范围内。

飞行高度不同,飞机积冰频率也不同。冬季在 3 000 m 及以下各高度上飞行时,积冰几乎占 56%,在 6 000 m 以上高度上飞行时,积冰占 21%;而在夏季 3 000 m 以下高度上,积冰现象减少,几乎没有,在 6 000 m 以上,积冰占 62%。

2. 积冰的危害

飞行中,飞机积冰多发生在飞机外露突出的迎风部位。容易出现积冰的部位主要有机翼、尾翼、桨叶、发动机、空速管、天线等。

空速管积冰,会使大气机测量失真,甚至完全失效,会为飞控系统提供错误的信息。天线积冰可能会使无线电通信失效,中断联络,强烈积冰能使天线同机体相接,发生短路,造成无线电导航设备失灵。

机翼、尾翼、桨叶等部位的积冰会使飞机的空气动力性能变坏,影响飞机性能,其中尤以机翼、尾翼积冰的影响最为突出。机翼和尾翼积冰,使升力系数下降,阻力系数增加,并可引起飞机抖动,使操纵发生困难,严重时可造成事故。

(1) 尾翼积冰的影响

尾翼积冰除了使飞机阻力增加外,还会破坏飞机的力矩平衡,使飞机的稳定性和操纵性变差。

1) 水平尾翼积冰的影响

水平安定面对机翼的安装角一般是负值,有一定的负迎角。飞行中水平尾翼迎角如减小到一定程度,就会出现局部气流分离,使升降舵上气动力负荷的分布发生变化。由于很多无人机没有防冰系统,在积冰条件下飞行,一旦水平安定面的前缘积冰,冰瘤使水平安定面翼型前缘变形,水平尾翼临界迎角显著变小,这样,在靠近使用工作状态,会很快产生大面积气流分离现象,如图 5 - 5 所示。

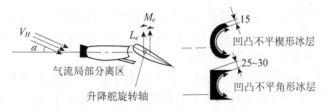

图 5 - 5　水平安定面前缘结冰的影响

平尾积冰会使同一迎角下平尾升力系数降低,造成平尾对全机的力矩贡献减小,飞机俯仰静稳定性变差。同时还会造成升降舵效能降低,杆力变轻。尤其在着陆进场阶段,飞机放下大角度襟翼,机翼升力系数增大,同时气流下洗角增大,流向平尾的气流更加向下倾斜,平尾负迎角很容易超过平尾的负临界迎角而使平尾失速。一旦出现这种情况,平尾产生的抬头力矩将会大大减小,使飞机失去俯仰平衡,升降舵失去效用,以致造成拉杆也无法制止飞机下俯的危险情况。

2)垂直尾翼积冰的影响

在飞机侧滑时,垂直安定面的气流流线图可以认为是和水平安定面相类似的。垂直安定面前缘积冰会改变气流特性,使得临界侧滑角变小。当侧滑角超过垂尾临界侧滑角时,垂直安定面上出现气流分离现象,垂尾侧力急剧减小,航向稳定性变坏,侧向操纵性变差,甚至出现反操纵。如某型飞机在进行垂直安定面积冰的试飞中,在大角度(超过 18°)偏转方向舵时,出现逆向变化和"超前"运动等反常现象。

因此,在垂尾积冰条件下操纵飞机时,侧滑角应有一定的限制。螺旋桨飞机由于螺旋桨扭转气流的影响,常使垂尾两侧积冰强度有着明显区别,迎扭转气流一侧积冰强,而背扭转气流侧积冰弱。这就造成飞机总是有向一边偏转的趋势,给航向的保持带来困难。

飞行中,操纵面积冰后,操纵杆力、操纵效能等都会发生变化。如果操纵面的缝隙有冰,不仅降低操纵效率,严重时还会出现卡死现象,使操纵性能完全失效。

(2)机翼积冰的影响

机翼积冰一般从前缘开始,而且比翼面上积冰影响大。机翼积冰既影响附面层内气流的流动,又改变了机翼原来的流线型形状,破坏机翼的流态,使升力系数减小,阻力系数增大,同一迎角下的升阻比变小,机翼的最大升阻比降低。图 5-6 是两种翼型试验的结果,结冰后翼型前缘阻力系数可能增加 78%。当然翼型不同,积冰的形状千变万化,具体数值会不一样。对于机翼来说,更大的问题是会引起翼面气流分离以至出现纵向或横侧不稳定。机翼积冰后,飞机将在更小的迎角下发生气流分离,致使临界迎角变小,最大升力系数随之降低,增加失速的可能性。带霜、雪或冰起飞和着陆的飞机对临界迎角减小更敏感,会造成事故。

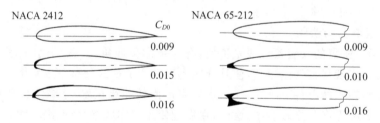

图 5-6　翼型前缘结冰后阻力大增

根据对某型飞机小速度飞行时机翼结冰问题进行的飞行试验,冰厚达 20 mm 时,同"清洁"机翼比较失速速度增加 15%。有些飞机机翼前缘积冰后,最大升力系数下降 30%。小型无人机的积冰肯定不需要那么厚就会出现问题。

积冰对机翼副翼的影响情况实质上同水平安定面一样,只是上下倒置。如果"清洁"机翼的飞机临界迎角是 17°~19°,则在机翼有冰的情况下,机翼上表面在副翼区域内产生气流分离时的迎角是 10°~11°。副翼翼弦上的空气动力载荷要重新分配,改变了铰链力矩,也就是副翼出现过度补偿。如果机翼和水平安定面同时积冰,出现的困难是两者要求完全相反。机翼积冰时,要增大迎角的储备量,但这样却使水平尾翼的迎角储备量减小。

3. 积冰对飞行性能的影响

飞机积冰后,阻力增大,平飞所需功率或所需拉力增加,加之发动机的可用功率或可用拉力减小,所以最大平飞速度、上升角、上升率和升限均减小。

飞机积冰后,最大升力系数降低,所以最小平飞速度(平飞失速速度)增大,平飞速度范围缩小。

在起飞中,机翼表面以及襟翼前缘结冰时,不仅飞机的空气阻力显著增大,且在同样迎角和速度下,飞机升力变小,使起飞滑跑过程中的摩擦阻力增大。其结果是飞机加速力减小,起飞滑跑距离大大增加。若保持同样的离地迎角,由于升力系数小,故离地速度就要增大;若保持同样的离地速度,则离地迎角就应增大,这又要导致机尾擦地。离地后,因飞机阻力增大,剩余功率或剩余拉力减小,飞机加速到安全速度的时间增长,起飞后的爬升梯度也减小,增加了越障的困难。巡航阶段,飞机的航程、航时都要减小;着陆阶段,着陆速度、着陆滑跑距离都增大,平尾配平困难。

积冰改变了翼型的气动外形,因而改变了翼型焦点的位置,对重心位置也有一定的影响,这都会改变飞机的纵向静稳定性;同时也使得飞机的纵向动稳定性发生变化,响应的时间、振幅都会变化。

4. 积冰条件下飞行的操纵特点

各型飞机在积冰条件下飞行,操作上各有其特点,各型飞机飞行手册中均有详细说明,操控人员应严格遵守执行。这里就一些共性的问题作一介绍。

飞行前应做好预防积冰的准备工作。飞行前认真研究航线天气及可能积冰的情况,仔细了解飞行区域的云、降水和气温分布情况,特别是−15~0 ℃等温线的位置,根据飞行速度、航线高度等条件,判明可能发生积冰的区域,确定避开积冰区域的方法;如必须通过积冰区域,就应提前打开防冰装置,选择积冰强度弱和通过积冰区最短的航线,并做好除冰等准备。当起飞前观察到或怀疑飞机上有冰、雪时,应该对机翼、尾翼进行检查、除冰。检查防冰装置,清除机面已有积冰、霜或雪。

飞行中遇到积冰时,应采取改变飞行高度和航线等方法避开积冰区。当飞机进入积冰区已开始积冰时,应利用除冰装置及时清除。如果积冰强度很弱,对飞行没有太大影响,飞行时间又不长,则可继续飞行;如果积冰强度较强,影响飞行的操纵时,则应迅速脱离积冰区。

在机翼、尾翼都积冰的情况下着陆时,应尽可能用防冰、除冰设备。若除不掉或来不及除掉时,只允许放小角度襟翼,以免造成拉杆也无法制止飞机下俯的危险情况。

如果不能准确判明飞机是否结冰,则仍按正常程序实施着陆。在放下襟翼后,飞机动态发生非操纵变化时,应立即将襟翼收上或只放小角度襟翼着陆。

5.1.3　尾流的影响

尾流是机翼在产生升力时的一种产物,它是影响飞机飞行安全的一个重要因素。尾流是湍流的一种形式,当飞机飞入前面飞机的尾流区域时,飞机会出现下降、抖动、发动机停车及飞行状态改变甚至飞机翻转等现象。当小型飞机跟随大型飞机起飞或着陆时,倘若进入前机尾流中,如果处置不当就会发生飞行事故。

1. 尾流的诱导速度和向下移动

飞行中当飞机机翼产生正升力时,就会在飞机机翼的后面形成两个很大的旋涡,称为翼尖涡,如图 5 - 7 所示。

在飞机尾流内部,空气绕中心线旋转,离涡流的涡心越远,速度就会越大。在飞机尾流外部,空气就会无旋流动,离飞机涡心越远,诱导速度则会越小。

　　飞机后面的两条比较集中的飞机尾流会各
自形成诱导速度。因此,飞机后部向下的气流速
度是两个尾流的诱导速度的叠加。根据对 C-5A
飞机的测定,在飞机后面 2.4 km 处或飞机通过
30 s 以后,向下的速度最大可达 18.3 m/s。飞机
尾流向下运动的速度与飞机质量成正比,而与飞
机的翼展、大气密度和飞行速度成反比。可见,
起飞着陆时,由于速度比较小,大型飞机的诱导
速度较大,这也是起落时要特别防止大型前机产
生尾流的一个原因。

图 5-7　飞机尾涡图

　　飞机尾流在离开飞机后就要向下移动。这
是由于两条飞机尾流之间互相受对方的诱导力
作用引起的。美国用波音 747 和波音 707 等运输机所做的飞行试验表明,大型机尾流大约以
2.0~2.5 m/s 的速度向下移动(小型飞机则按比例变小),但当飞机尾流下降到飞机运行轨迹
以下 210~270 m 的地方时,飞机尾流就会趋于水平,不再继续下降了,如图 5-8 所示。

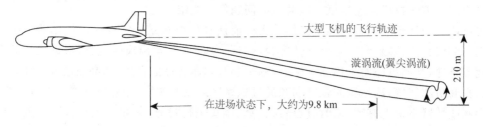

图 5-8　尾流的向下移动

2. 地面效应和侧风对尾涡的影响

　　尾流的地面效应和侧风对飞行的安全来讲也是一个重要影响因素。在无风的条件下,左
右两股尾流在接近地面时,受地面阻挡,大约在离地面半个飞机翼展至一个飞机翼展的高度
上,尾流就不再下降了,而逐渐变化成为横向移动,并以和尾流下移速度相同的速度分别向外
侧横移,相互远离,如图 5-9 所示。

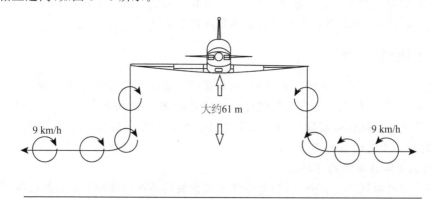

图 5-9　无风时近地面尾涡的移动

　　在有侧风的条件下,飞机尾流就会随风移动。当飞机尾流在接近地面时,一股尾流会在侧

风的影响下减小向外移动的速度,而另一股飞机尾流会随侧风而加快向外移动的速度。在一定风速下,一股飞机尾流可能会停留在地面上方不动,与地面之间的相互作用也将会导致其快速衰竭,如图 5-10 所示。

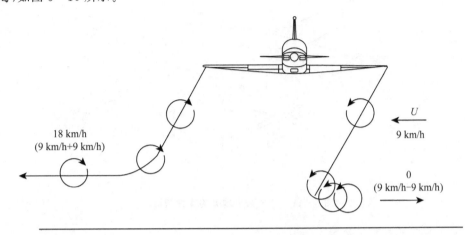

18 km/h
(9 km/h+9 km/h)

U
9 km/h

0
(9 km/h-9 km/h)

图 5-10　有侧风时近地面尾涡的移动

3. 尾流的衰退和消散

飞机尾流的消散类型基本上可以分为湍流消散、迸裂消散和连接消散三种类型。飞机尾涡外缘的切线速度很大,会带动空气中静止的且具有黏性的大气做旋转运动,因此能量就会不断扩散。此外,大幅度的温度变化和大气波动也会导致尾流很快消散。

美国曾经在地面拍摄波音 747 飞机在 1.5 km 高度的尾流消散情形。从拍摄的照片可知,当飞机飞越头顶后 10 s 时,两条飞机尾涡看得很清晰;在 90～100 s 后,两条飞机尾涡就会开始消散;在 130 s 之后,两条飞机尾涡会完全消失。如果放下襟翼或大气比较紊乱时,飞机尾流消散得会更快。在离地 1.5 km 以下,飞机尾涡寿命则完全取决于风速。风速越大,飞机尾涡的消散速度也就越快。

4. 前机尾流对后机的影响

(1) 横穿前机尾涡

横穿前面飞机的尾涡中心时,飞机运动会忽上忽下,出现颠簸,机身会承受很大的正、负载荷,如图 5-11 中飞机 1 所示。当开始进入飞机尾涡时,飞机会受到飞机尾涡向上速度的影响,从而会被吹起,飞行轨迹则出现向上弯曲。为此,如果操控人员顶杆使飞机发生下俯,此时飞机就有可能正好进入飞机尾涡速度向下移动的区域,飞行轨迹则会变得更加向下弯曲,而使飞机所能承受的负载荷增大。如果此时操控人员带杆修正,有可能飞机又正进入涡流速度向上移动的区域,而使飞机承受的正载荷增大,有可能超过最大使用载荷因数,使结构发生损坏。

飞机横穿前面飞机尾涡时,如果不是正好穿过了飞机尾涡的中心线,而是在中心线的上方或下方横穿而过,那么飞机所承受的载荷因数要比经尾涡中心线穿过小得多。这就是当飞机横穿飞机尾涡时很少出现结构损坏而发生飞行安全事故的原因。

实际上,当飞机横穿飞机尾涡流时,飞机尾涡的作用像冲击载荷一样,使飞机出现颠簸现象。但由于它逗留的时间只有十分之一秒到几秒,在此时间间隔内飞机的运动参数还来不及发生变化,所以对飞机的飞行安全构不成很大的威胁。

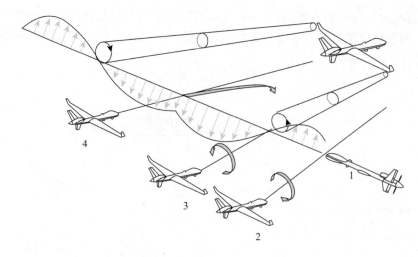

图 5 - 11　进入前机尾流的 4 种情形

（2）从正后方进入前机尾涡

当飞机从前面飞机的正后方进入其尾涡时,受到飞机尾涡向下移动的影响,会出现上升率降低、下降率增大、飞机颠簸等现象。如果在进场时进入尾涡,若操控人员不注意,在接近地面上空时,飞机会突然降低高度,而此时给操控人员脱离尾涡的时间又很短,就有可能导致事故,如图 5 - 11 中飞机 4 所示。

（3）从正后方进入前机的尾涡中心

从前面飞机的正后方进入其尾涡中心,飞机一边的机翼会遭遇上升的气流,另一边的机翼会遭遇下降的气流,两机翼的迎角会相差很大,因此飞机会承受很大的滚动力矩而使其产生急剧带坡度或滚转等现象,如图 5 - 11 中飞机 2、3 所示。

例如,利尔喷气机和塞斯纳 210 飞机在 C - 5A 飞机后 9～11 km 时,受尾涡的影响,坡度会突然超过 90°,滚转速度也超过 90°/s。进入 C - 5A 飞机尾涡中心时,飞机显然是很危险的;若在起飞着陆时规定坡度不大于 30°,则后机与前机的距离不得小于 15 km 才能保证飞行安全。飞机后机翼展长短对进入前机尾涡中心承受的滚转反应强弱具有重要影响。后机翼展越长,进入前机尾涡中心的滚转反应越弱。

5. 预防进入前机尾流的措施

现将目前一些国家预防进入前机尾流的措施归纳如下:

① 在机场附近采用仪表飞行时,距离应保持 5 nmile(9 260 m)以上,大型飞机(质量超过 136 t 的飞机)距离也应保持 3 nmile(5 556 m)以上,高度差最少要保持 305 m。

② 在同一机场附近采用目视飞行时,应最少保持 2 min 的时间间隔,相当于相距 5 nmile。

③ 在同一空域飞行时,应保持 5 nmile 的距离和 305 m 的高度差。

④ 中、小型飞机应在大型飞机起飞离地点之后 915 m 处开始离地,在大型飞机着陆接地点之后 763 m 处着陆接地。

⑤ 中、小型飞机与大型飞机的飞行轨迹的上、下距离不得少于 305 m,并保持在大型飞机飞行轨迹的上风。

5.2 无人直升机的特殊飞行

直升机飞行中会遇到一些危险的特殊飞行状态。如在外界风的作用下或操纵不当时,桨尖处会进入失速状态,造成旋翼失速或尾桨失速;如果发动机空中停车,则必须依靠旋翼自转来维持旋翼转速,以保持直升机飞行直至着陆。再者,通过旋翼的气流有时会形成一种特殊的流动,即涡环状态,这是直升机所特有的空气动力学现象,也是关系飞行安全的重要问题。

5.2.1 旋翼失速

与常规固定翼飞机失速往往会在低速情况下发生相反,直升机的失速往往在高速的情况下发生,称为旋翼失速。旋翼失速现象包括前行桨叶失速和后行桨叶失速。在旋翼后行桨叶上会出现大迎角引起的动态失速,在前行桨叶上则会出现因为激波诱导前缘分离引起的激波失速,这都会影响直升机的飞行性能和操纵。

1. 前行桨叶失速

当飞行状态发生改变时,如直升机前飞,前行桨叶上的相对气流是桨叶旋转所产生的相对气流与直升机前飞所引起的相对气流矢量之和,桨叶转到不同方位,相对气流速度大小和方向就不同,图 5-12 所示为前飞状态的速度分布。

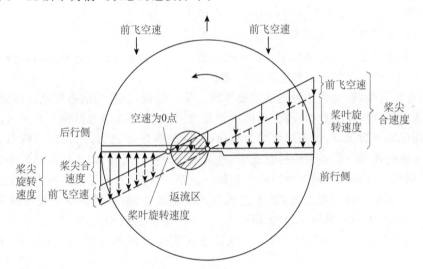

图 5-12 前飞状态的速度分布

如果旋翼转速固定,当直升机增加前飞空速时,后行桨叶的合成空速越来越小,前行桨叶的合成空速越来越大。当合成速度超过临界马赫数或声速后,前行桨叶翼面会出现局部超声速区和局部激波,从而使空气动力特性发生很大变化。在局部激波后,压力突然升高,逆压梯度增大,引起附面层分离。当激波强度增大到一定程度时,会导致严重的气流分离,阻力系数急剧增大,升力迅速下降,进入激波失速状态。所以,前行桨叶的临界马赫数是产生激波失速的一个重要标志。

前行桨叶进入失速状态后,激波会作用在桨叶和机身上,从而产生振动,严重的话会造成机构破坏。由于临界马赫数和阻力发散是不可忽略的,所以空气压缩性和桨尖失速成为制约直升机性能提升的重大障碍。故前行桨叶失速是限制直升机最大前飞速度的因素之一。

2. 后行桨叶失速

前飞中,前行桨叶的相对气流速度大,产生的拉力大,从而使桨叶角减小,桨叶向上挥舞,并产生向下的相对气流,使桨叶有效迎角减小;后行桨叶的相对气流速度小,产生的拉力小,从而使桨叶角增大,桨叶向下挥舞,产生向上的相对气流,使桨叶有效迎角增大。

从本质上讲,后行桨叶失速与普通飞机机翼失速的原因是一样的,都是迎角过大导致的失速。只是固定翼飞机只要迎角超过临界迎角就可能进入失速,即静态失速;而后行桨叶还需要更大迎角(动态临界迎角)才会进入动态失速,故桨叶发生动态失速时,迎角超过常规静态失速迎角。

动态失速是指翼型迎角或来流条件急剧变化,由附面层分离而带来的一种非定常流动现象。旋翼风洞实验证明,随着桨叶迎角的增加,在翼型上表面伴随有从前缘产生,不断向后缘发展的动态失速涡,只要涡从翼型上方经过,升力就没有失速而是继续增加,翼型的最大升力也可以显著提高,产生明显的增升效应,如图 5 − 13 所示。

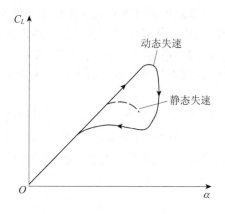

图 5 − 13　动态失速和静态失速

动态失速具有时变和动态的特性,引起迟滞效应和失速颤振现象。动态失速可以分成 3 个阶段。第一阶段,超过静态失速迎角后,在逆压梯度作用下,以及涡流和层流的不稳定性,使气流延迟分离,如图 5 − 14 中 1 点所示。非定常运动减小了桨叶翼型的有效迎角,这是失速延迟的主要原因。第二阶段,从翼型前缘气流分离到涡流形成和发展,由于涡流停留在上翼面,故会提供额外升力,如图 5 − 14 中 2 点和 3 点所示,在某些情况下,主要在低马赫数下,与静态最大升力相比,可以提高升力 50% ~ 100%。然而,涡流是不稳定的,在来流的作用下涡流很快掠过翼面,这会使压力中心后移,产生很大的低头力矩,增加桨叶的扭转载荷。这是桨叶动态失速的不利特征。第三阶段,升力系数突然中断上升,这发生在大迎角下,当涡流经过翼型后缘,被吸进翼型的湍敛流中时,上翼面气流发展成完全分离。在此阶段,升力突然丧失,压差阻力达到最大值,产生最大的低头力矩,如图 5 − 14 中 4 点所示。当翼型迎角重新减小到足够小时,气流又重新附着在翼型上翼面,如图 5 − 14 中 5 点所示。

直升机的前飞速度越大,后行桨叶的迎角增加越多。另外,后行桨叶在向下挥舞的过程中,向下挥舞的速度从桨根到桨尖是逐渐增大的,即桨尖向下挥舞的速度大,迎角增加的也多,当前飞速度增大到一定速度时,首先发生桨尖失速。如果前飞速度继续增大,失速就会向桨根发展,失速区的范围就会扩大,如图 5 − 15 所示。通过图 5 − 15 所示的桨叶展向迎角分布来看,在约为 14° 迎角出现失速,图中阴影区就是失速区。后行桨叶桨尖的迎角最大,从返流区到旋翼外侧的迎角迅速增加,而前行侧的迎角保持在较低的范围。也就是说,后行桨叶失速是限制直升机最大前飞速度的另一个因素。

后行桨叶进入失速状态后,前行侧和后行侧的桨叶拉力不对称,造成直升机向后行侧倾斜,即右旋旋翼直升机向左倾斜,由于旋翼进动作用,滚转运动滞后 90° 后出现在机头方位。带有铰外伸量的铰链会使机身尽量贴近桨毂旋转平面,如果旋翼安装在尾桨上方,则促使机头上

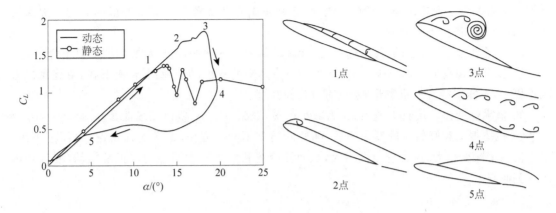

图 5 - 14　动态失速中的气流流动

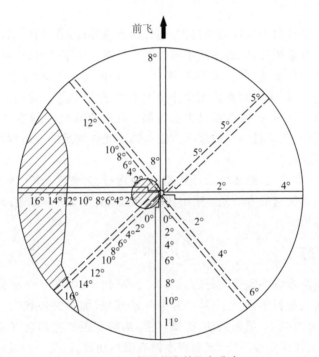

图 5 - 15　起飞状态的迎角分布

仰或拉起。因此,后行桨叶失速造成直升机抬头,且向后行侧倾斜。

　　在给定的条件下,每片桨叶在旋翼桨叶后行侧进入失速区。在刚进入这个区域时,只有桨尖受到失速影响,并且桨尖也是最后脱离失速区的。桨叶经过失速区中的不同相位,由于桨叶所产生的阻力不同,故引起桨叶振动,产生旋翼噪声。

3. 旋翼失速改出

　　旋翼失速后,直升机通常会有明显的振动,紧接着带有倾斜和俯仰趋势。如果操控人员继续前推操控杆,而不减小总距,势必造成这种趋势加重,使振动加剧和操纵变差。操控人员应及时意识到旋翼失速,根据失速原因及时采取改出措施。

（1）旋翼失速现象

　　在某特定条件下,即使桨叶低速旋转也会发生失速;而在另一条件下,桨叶即使高速旋转也不会发生失速。要想正确处置旋翼失速，必须正确判断旋翼失速后直升机的表现。旋翼失速后，直升机会产生下述现象：

① 旋翼转速下降。因旋翼失速后，桨叶旋转阻力急剧增加，所以旋翼转速明显下降。

② 直升机掉高度。旋翼失速后，产生的拉力本来就减小，加上旋翼转速下降，使旋翼拉力减小更多，不能支持直升机重量，所以直升机掉高度。

③ 操纵性变差。旋翼失速后，拉力减小很多，操纵力矩小，所以操纵性变差。

④ 机体振动和倾斜。旋翼失速后，随桨叶转到不同的方位，旋翼时而失速，时而不失速，空气流动情况变化大，拉力差也会增大，从而使旋翼和机体发生明显的非正常振动，使直升机向一侧倾斜。

（2）旋翼失速的改出

由于在大速度下发生旋翼失速很正常，故在某些飞行情况下，操控人员必须比正常情况飞得慢些。

既然后行桨叶失速是由于桨叶迎角过大，超过动态临界迎角而引起的，所以改出旋翼失速的方法主要是适当下放总距杆，以迅速减小桨叶迎角。在转速下降时，应加油门制止旋翼转速下降和迎角增大。从理论上讲，增加旋翼转速是另一种失速改出方法，目的是减小返流区大小，从而减小桨叶迎角。但由于旋翼转速变化范围不大，故限制了失速改出方法的实际应用。

当旋翼出现严重失速时，操控人员已失去控制。此时直升机会剧烈抬头且往旋翼后行侧倾斜（右旋旋翼为左侧），正确且唯一的改出方法是继续完成指示的改出程序，尽量缩短失速持续时间，重新获得操纵权。

总而言之，在桨叶载荷大（总重大）、低转速、高空飞行、大坡度盘旋、湍流等情况下，旋翼会很容易失速。改出旋翼失速的方法是：减小功率，下放总距杆；减小空速；减小操纵过载因数；增加转速到最大额定值。

5.2.2　涡环状态

直升机做垂直下降或以小空速飞行时，如果下降率较大，则向上气流会阻碍滑流运动，其中一部分空气重新吸入旋翼中，产生一种特殊的气动现象，即为涡环状态。涡环状态出现后，将会造成气流分离、升力减小、低频振动、挥舞过度、周期变距的控制余度减小、产生额外噪声等现象，此时操控系统操纵功效下降，或者根本没有操纵功效，这是一种危险的现象。显然，操控人员要提早发现涡环征候并能有效安全地改出，避免出现这种危险的飞行状态。

直升机在涡环状态中飞行，此时发动机仍然处在工作中，即使采用发动机全功率，直升机仍然保持下沉，所以也可以采用"大功率下沉"这个术语来描述这种特殊飞行状态。

1. 涡环的形成

直升机下降中，一方面，旋翼将锥体上面的空气吸入排压后向下流去，如图 5 - 16(a)所示；另一方面，直升机的相对气流自下而上流向桨盘。两个相反方向的气流相遇，由于旋翼上下面有压力差，在旋翼边缘上就有少部分空气从旋翼下面高压区绕过桨尖，自下而上地向旋翼上面低压区流动，如图 5 - 16(b)所示。这样，有一部分空气被重新吸入和排出，通过旋翼多次循环，就形成了涡流，即桨尖涡流。这类似于固定翼飞机的翼尖涡现象，涡环就是强化的桨尖涡流。桨尖涡流是形成涡环状态的内因，而直升机的垂直下降则是形成涡环状态的外因。如果下降率增大并超过一定值，因为旋翼上面的空气压力比大气压力低，向上流动的这部分空气重新被吸入旋翼锥体中,又被旋翼排向下方,这样就使原来的涡流区扩大,从而形成如图 5-16(c)所示的涡环,此时旋翼上下表面的压力差减小,产生的升力减小。部分空气被往复吸入和排出,发动机要多消耗一部分功率,直升机变得不易操作。

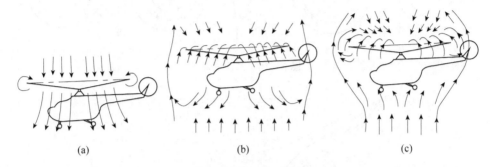

(a)　　　　　　　　　　(b)　　　　　　　　　　(c)

图 5-16　涡环状态的形成

当直升机下降率过大时,直升机下降所形成的相对气流速度很大,而旋翼向下排压的气流速度很小,涡环将被自下而上的相对气流吹掉,从而形不成涡环状态。所以,在低下降率和高下降率之间,直升机下降容易产生涡环状态。

直升机以不同的下降率下降,涡环状态如图 5-17 所示。图(a)中直升机以低下降率垂直飞行;图(b)中直升机下降率增加,涡环的大部分出现在桨盘上侧;图(c)中下降率继续增加,涡环消失,取代为桨盘上面的湍流;图(d)是下降率很高的情况,通过旋翼向下的滑流速度减慢,这种情况称为风车刹车状态。此时能量由空气传递到旋翼,桨尖涡流消失,滑流从旋翼下面流到上面。

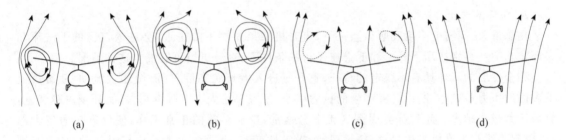

(a)　　　　　　(b)　　　　　　(c)　　　　　　(d)

图 5-17　垂直下降中的涡环状态

特别在图 5-17(c)中直升机下降比较快,导致桨叶内侧部位的诱导气流向上流动,也就是说桨根部位的气流相对于桨盘向上流动,上升气流克服了桨叶旋转引起的下洗流,在桨尖翼尖涡流内侧产生二次涡环。二次涡环使桨叶上气流方向改变为由桨盘下部流向桨盘上部,如图 5-18 所示。结果是桨盘大部分面积上产生不稳定湍流,造成旋翼效率损失。

以某经典型号的直升机为例,图 5-19 中给出了直升机下降过程中的水平速度和下降速度的关系。从左上角引出的直线代表固定下降角,重叠在这些网格上的是直升机的飞行状态区。

从图中可以得到关于涡环状态的几个结论:

① 在任何速度下,下降角小于 30°可以避免涡环状态;

② 对于陡峭进近,即下降角比较大时,减小下降速度或增大前飞速度可以避免涡环状态。

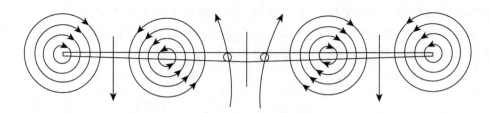

图 5 - 18   二次涡环

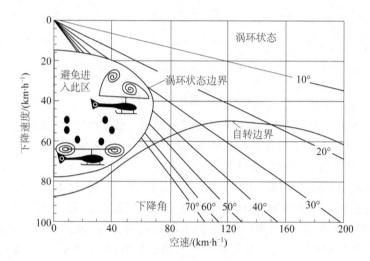

图 5 - 19   下降前飞中的涡环状态

2. 涡环的改出

在总重大、高密度高度和顺风条件下,直升机如果急剧下降进近,会进入自己的下洗流和涡环状态中。特别在高下降率和低空速飞行的条件下,直升机极可能发生这种情况。

完全发展的涡环具有不稳定的特征,直升机进入涡环状态后,气流做环状流动,使旋翼上下表面的压力差减小,所以旋翼产生的拉力减小,下降率增大。下降率越大,涡环现象越严重,旋翼拉力减小越多。此时旋翼周围气流十分紊乱,影响旋翼的正常工作,使旋翼拉力忽大忽小,引起旋翼和直升机发生抖动、摇晃现象,操纵性变差,严重时可能造成操纵失效,所以必须改出涡环状态。

根据图 5 - 19 可知,当直升机下降率高时,充分利用剩余可用功率产生大的前飞速度,直升机就可以脱离涡环状态。所以,在这种情况下,操控系统通过快速操纵周期变距杆,获得前飞速度,可以从涡环状态中改出。值得注意的是,如果没有足够的可用功率改出,则这种行为会加重功率下降,产生严重的湍流和更高的下降率。

总而言之,涡环状态的改出方法如下:

① 如果发现直升机垂直下降率增大是由于发动机功率不足引起的,则应及时地上提总距杆,迅速增大发动机功率,以制止下降率继续增大。

② 如果上提总距杆也不能制止下降率继续增大,在一定的高度以上则应迅速地前推操纵杆,使直升机产生前飞速度,把涡环吹掉,脱离涡环状态。在操纵操控杆没有异常感觉时,这种措施对改出涡环最为有效,损失高度较少。

③ 如果操纵效能已降低或失效,推杆也无法增大前飞速度,则应迅速地下放总距杆,增大

下降率,使自下而上的相对气流速度增大,把绕着旋翼转动的环流向旋翼上方吹掉,然后再推操控杆增大前飞速度,改出涡环状态。这种方法损失高度较多,只有在高度较高或迫不得已时才采用。

直升机进入涡环状态后,可以根据情况采取上述 3 种方法来处理,但最好还是尽量避免此种现象。要防止进入涡环状态,飞行中应注意如下几点:

① 如无特殊需要,特别是高度在 $10\sim200$ m 时,不要做垂直下降,宜做带空速的下降。

② 做垂直下降或小速度下降时,下降率不要太大。

③ 在剩余功率较小的情况下(如载重大、海拔高度高或气温高等),不要勉强做悬停或垂直上升。

除了旋翼可以形成涡环状态,尾桨也会形成涡环状态,两者形成的原因相似。直升机尾桨涡环形成与偏转角速度有关,直升机向某一方向悬停转弯角速度过快时,尾桨也可能陷入涡环状态。转弯飞行时,偏转角速度超过一定值后,涡流区扩大形成涡环。此时,尾桨的效能明显下降,直升机还会出现抖动现象,这也是直升机在悬停转弯的过程中,角速度不能过大的原因之一。

5.2.3　自转状态

直升机在有动力飞行过程中,旋翼旋转动力来源于发动机。当发动机失效或人为停车时,此时单向离合器将旋翼系统与发动机脱开,允许旋翼自由旋转。此时直升机在下降过程中,利用旋翼原有的旋转动能和直升机所储备的势能,操纵直升机的垂直下降率达到规定值,旋翼不再需要发动机驱动而能够维持旋翼转速,其动力来源于流过旋翼的气流产生的总空气动力向前的分力;旋翼稳定旋转产生较大的拉力,阻止直升机下降,保持直升机飞行直至缓冲接地,这种现象就是自转下降。也就是说,当直升机的垂直下降率达到某一值时,就可以形成自转下降的飞行状态。

自转状态是一种直升机降低高度的特殊飞行状态,在下列情况下,直升机应做自转飞行:

① 发动机发生故障,如空中停车或因发动机振动太大而被迫关车,操控人员应以自转飞行方式来寻找迫降地点;

② 尾桨由于某种原因失效,不能平衡反扭矩,此时,为了避免反扭矩,需要断开旋翼与发动机的连接,操控人员应关闭发动机,进入自转飞行并着陆;

③ 直升机需陡降,为快速下降高度而不致陷入涡环状态。

1. 垂直自转下降

大部分直升机自转状态都带有前飞空速,但为了简化分析,下面首先分析无风情况下不带前飞速度的自转下降。

旋翼在发动机停车或人为关车后,在其旋转惯性作用下,虽然仍能沿原来方向继续旋转,但受旋翼阻力的作用,其转速和拉力会很快减小。在重力作用下,直升机开始下降高度。这时,旋翼垂直方向的相对气流方向发生变化,作用在桨叶上的相对气流合速度 w 是旋翼旋转产生的相对气流速度 $u=\Omega r$ 和下降时产生的向上相对气流速度 v 相加而成。合成相对气流 w 吹向桨叶,在桨叶上产生桨叶升力 L,其方向沿 OO' 垂直于 w,产生的桨叶阻力 D 沿 w 方向,桨叶总空气动力为 R,性质角为 θ,其大小与桨叶迎角有关,由桨叶极曲线可知,随桨叶迎角增大,性质角先减小后增大。桨叶的入流角 ε 大小由 u 和 v 决定,对自转下降过程而言,其由正值变为负值。如图 5-20 所示,升力与旋转轴的夹角 $O'OA$ 大小等于入流角。当性质角大于入流角时,桨叶总空气动力 R 向后倾斜,在旋转轴右侧,总空气动力 R 在旋转平面内的分力 Q 会阻止旋翼旋转,使旋翼转速下降,如图 5-20(a) 所示;当性质角等于入流角时,桨叶总空气动力 R 与旋转轴平行,总空气动力 R 在旋转平面内的分力 Q 为零,从而使旋翼稳定等速旋转,如图 5-20(b) 所示;当性质角小于入流角时,桨叶总空气动力 R 向前倾斜,在旋转轴左侧,总空气动力 R 在旋转平面内的分力 Q 会驱动旋翼旋转,使旋翼转速增加,如图 5-20(c) 所示。三种情况下,总空气动力 R 在旋转轴方向的分力 T 起到阻止直升机下降的作用。由此可见,只有直升机垂直下降率、桨叶旋转速度、桨距合适时,旋翼才能保持稳定自转。

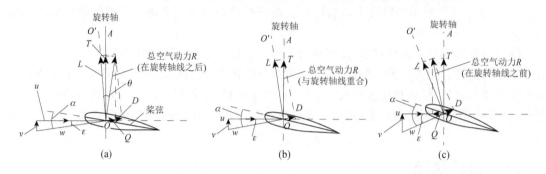

图 5-20 自转下降时的力矢量

在垂直自转下降过程中,当入流 v 自下而上流过旋翼时,与旋转相对气流合成,沿着桨叶每一点上产生不同的合成气流,从而产生不同的气动合力,因此可将桨盘分为 3 个区,如图 5-21 所示。

① 制动区:靠近桨尖,约处在 70% 旋翼半径位置。此处旋转速度 Ωr 大,在下降速度 v 不变的情况下,入流角 ε(为负)绝对值小,加之桨距 φ 小,则桨叶迎角 α 小,空气动力合力方向偏向旋翼旋转轴后侧,产生的阻力减缓桨叶的旋转,形成反自转力,如图 5-22(a) 所示。

② 驱动区:也叫自转区,处在 25%~70% 旋翼半径范围内。此处桨叶旋转速度相对小,入流角 ε(为负)绝对值变大,加之此处桨距 φ 相对桨尖位置大,因此桨叶迎角 α 增大,此时空气动力合力方向偏向旋翼旋转轴前侧,其分量提供驱动力,使旋翼加速旋转,形成自转力,如图 5-22(c) 所示。在制动区和驱动区之间,空气动力合力方向沿旋翼旋转轴方向,

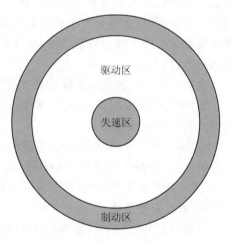

图 5-21 自转下降中桨盘分区

在垂直旋转轴方向分力为 0,此时空气动力既不提供制动也不提供驱动,如图 5-22(b) 所示。

③ 失速区:靠近旋翼轴的内侧区域,约占 25% 旋翼半径。此处桨叶旋转速度更小,入流角 ε(为负)绝对值变大,加之此处桨距 φ 更大,此区域的桨叶迎角 α 会超过临界迎角,产生的阻力使桨叶旋转减慢,也会形成反自转力,如图 5-22(d) 所示。图 5-22 给出了桨叶的制动区 A、驱动区 B 和失速区 C 以及 3 个区的叶素受力情况。各个区的大小与桨距大小、下降率和旋翼转速有关。

在制动区、失速区和驱动区之间存在平衡区,其实就是一些点连成的曲线,如图 5-22 中

D 和 E 曲线所示。在这些点上,空气动力合力与旋翼旋转轴方向一致。虽然也存在升力和阻力,但不存在影响旋翼转速的加速力和减速力。

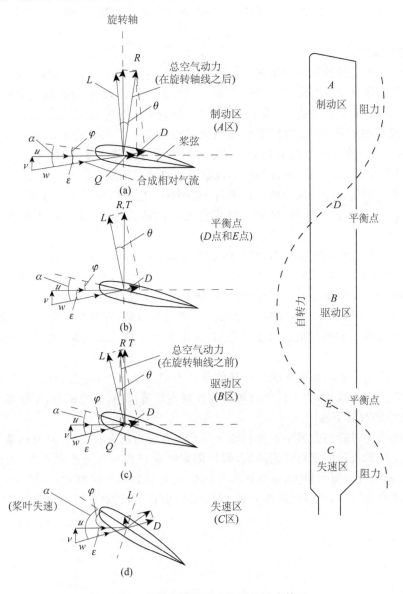

图 5 - 22　垂直自转下降中桨叶的受力情况

可以看出,如桨距过小,下降率大,桨叶的负来流角大,桨叶总空气动力方向前倾,在旋转平面的分力指向翼型前缘,扭矩增加,旋翼转速增加;如桨距大,桨叶总空气动力在旋转平面的分力指向翼型后缘,当桨距增加超过最大桨距时,旋翼转速减小;只有当桨距适当时,桨叶总空气动力在旋转平面的分力等于零,旋翼才能稳定自转。当桨叶有正桨叶角时,可以存在自转平衡状态。

在任何旋转的旋翼系统中,都存在自转和反自转力。当所有作用力包括自转力和反自转力都得到平衡时,旋翼就处在自转平衡状态。

所以操控人员可以控制驱动区、制动区和失速区大小来保证自转转速大小。当上提总距杆时,所有区域的桨叶角增加,导致平衡区 D 向桨尖移动,制动区 A 减小,失速区 C 变大。当驱动区 B 中的加速力平衡于制动区和失速区的减速力之和时,旋翼获得固定转速。当继续上提总距杆时,桨叶总阻力增加,转速下降,如果旋翼转速低于操纵限制转速,直升机就会发生灾难性后果。

2. 自转范围曲线

从图 5-22 所示的旋翼自转下降中的叶素受力情况分析中可看出,性质角 θ 等于入流角 ε,当桨叶角大于迎角与性质角之差,即 $\varphi > \alpha - \theta$ 时,旋转阻力为正,旋翼减速旋转;当 $\varphi < \alpha - \theta$ 时,旋转阻力为负,旋翼加速旋转;当 $\varphi = \alpha - \theta$ 时,旋转阻力为零,旋翼稳定旋转。

只要知道翼型的极曲线,由翼型极曲线就可得出每一个桨叶迎角 α 所对应的性质角 θ。这样,就可算出每一个桨叶迎角 α 所对应的 $\alpha - \theta$ 角,再画出桨叶翼型的 $\alpha - \theta$ 角与桨叶迎角 α 的关系曲线,如图 5-23 所示,此曲线称为该翼型的自转范围曲线。

如果以某桨距值通过纵坐标画一条平行于横坐标的直线,如图 5-23 所示,这样,当桨叶以同一桨距 φ、不同迎角工作时,就可以确定何处是加速旋转,何处是减速旋转,何处是稳定旋转。

从图 5-23 中的曲线可以看出,当桨距 φ 为 4°时,桨叶以 7°迎角旋转,则 $\varphi = \alpha - \theta$,旋翼保持稳定自转,如图中的 A_1 点所示;如桨叶以小于 7°迎角旋转,则 $\varphi > \alpha - \theta$,旋翼减速旋转,如图中的 D 点所示;若桨叶以大于 7°迎角旋转,则 $\varphi < \alpha - \theta$,旋翼加速旋转,如图中的 C 点所示。图中 B 点所对应的迎角为临界迎角,此时的 $\alpha - \theta$ 为极限值,保持此桨距工作,旋翼还能以最小转速做稳定旋转。如果桨距 φ 高于极限值,无论桨叶保持什么迎角,旋翼都会减速旋转,甚至反转。

旋翼转速的大小还与高度有关。在其他条件不变的情况下,高度升高,空气密度减小,旋翼拉力和旋转阻力均减小,为了保持自转转速在规定的范围内,高度越高,桨距也相应地增大。

3. 前飞中的自转下降

直升机前飞中自转与无风中垂直自转下降产生自转力的方式一样,直升机前飞过程中,前飞速度改变了旋翼旋转的相对气流速度,前行侧桨叶旋转相对气流速度增大,入流角减小,与此相反,后行侧桨叶入流角增大,驱动区和失速区往桨盘的后行侧移动,如图 5-24 所示。由于前行侧桨叶迎角减小,更多桨叶部分进入驱动区,而在后行侧,桨叶更多部分进入失速区。

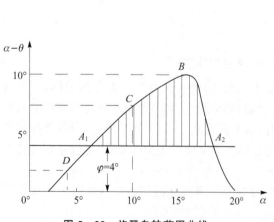

图 5-23　旋翼自转范围曲线

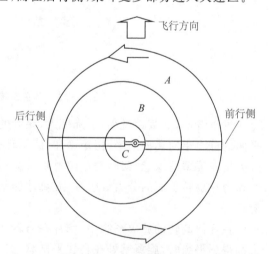

图 5-24　前飞中的桨盘分区

　　自转可以分为 3 个阶段：进入自转阶段、稳定下降阶段和加速接地阶段，每个阶段的空气动力不同。发动机失去动力后进入自转阶段，表现为转速下降和失去平衡。图 5 - 25(a)所示是直升机高速前飞示意图，此时桨叶微元受力情况如图 5 - 25(b)所示。在平常工作状态下，直升机大迎角运行时，由于旋翼吸入空气向下排出而产生升力 L，发动机提供的动力克服阻力 D，升阻气动合力 R 指向后上方。但如果发动机动力消失，直升机想保持既定速度前飞，桨叶就需要调定为高桨距，此时升阻合力更偏向垂直参考线后侧，并产生自转反力使旋翼减速，甚至降到运行速度范围以下。

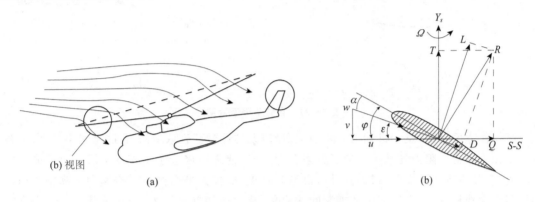

图 5 - 25　高速前飞示意图

　　如果直升机的总距调定得比较高，发动机停车进入自转后，则旋翼转速下降比较快。在仅仅几秒钟后，转速就接近最低安全边界，直升机会产生危险的后果。为了阻止这种情况，操控人员必须快速下放总距杆，目的是减小阻力，同时让气动合力前倾。

　　总距杆已下放，但直升机还没有开始下降的阶段为稳定下降阶段。图 5 - 26 显示的是发动机失去动力，总距杆已下放到桨距最小位置的情况。在这个阶段，直升机从有动力飞行转变到无动力自转过程，升力和阻力都减小，气动合力更加前倾。这是因为升阻合力不仅大小发生了变化，而且方向也改变了，更接近垂直参考线。

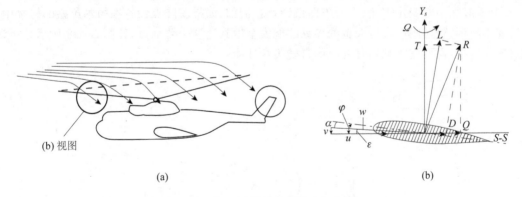

图 5 - 26　无动力低桨距前飞示意图

　　直升机以某一前飞空速自转下降，如图 5 - 27 所示。相对气流(入流)向上吹过旋翼，结合旋转相对气流，改变桨距使其变大，随之升力增加，气动合力也增加，同时方向向前倾斜，直到达到平衡。此时升力值比刚刚下放总距杆和自转前的都要大，升力方向向前倾斜，使自转力大小增加。下降率和转速处于稳定后，直升机以固定桨叶角下降，最终旋翼转速稳定地接近自转转速,此时,旋翼自转转速比正常运行转速高一些。

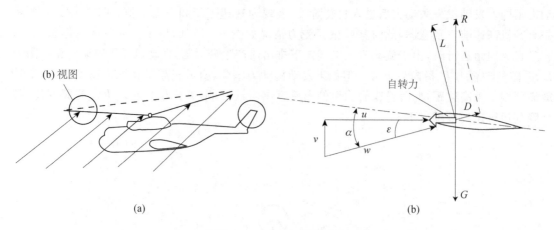

图 5 - 27　自转下降示意图

　　从操作方面上讲,发动机动力一旦消失,操控人员就要下放总距杆,目的是减小升力,更重要的是减小阻力。阻力的减小改变了升阻合力方向,使之更接近于垂直参考线。为了成功地自转着陆,在直升机接地前,根据直升机机型和总重,操控人员必须减小空速和下降率。通过向后移动操控杆,改变空气流以增加桨叶的迎角,从而增加旋翼拉力,减小下降率。气动合力增加使转速增加,由此增加的桨叶动能也有助于缓冲接地。

　　综上所述,直升机前飞中自转下降接地的操纵方式为:下放总距杆,进入自转下降;后拉操控杆,让前飞速度减小到安全接地速度;当直升机处在着陆高度时,以适当的空速下降,使旋翼转速稳定地靠近自转转速;当直升机距离地面越来越近时,后拉操控杆,由此拉平旋翼;最后操纵总距杆让直升机缓冲接地。

4. 巡航中的自转下降

　　直升机为了达到最小下降率进行自转下降,一般按照推荐速度来操纵直升机。然而,在紧急情况下,按照这个空速直升机不会降落到指定地点。在实际紧急条件下,为了着陆到指定地点,直升机必须不断变化空速、飞行方向或转弯。例如,如果着陆点设置在树木茂盛的树林中,就需要不断调整直升机,进行大量的操纵才能安全地到达这个着陆点,如图 5 - 28 所示。所以在自转飞行中,需要充分利用直升机的自转飞行性能。

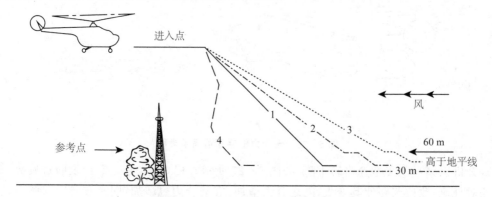

图 5 - 28　不同航程的自转下降

（1）最大航程自转下降

巡航中自转下降,可以根据选择的着陆点进行航程自转下降,例如最大航程自转下降。许多直升机制造厂商在飞行手册中给出了最大航程自转速度。

最大航程自转下降的操纵方法如下:

① 调整操控杆,设定空速为最大航程,利用脚蹬保持平衡。

② 时时检查旋翼转速,特别在转弯时,调整总距杆以保持旋翼转速在规定范围之内。

③ 始终保持航程速度直到确定着陆点,然后减小空速到最小下降率速度。

④ 拉平保持水平姿态,最后着陆接地。

（2）减小航程自转下降

如果需要减小航程来进行自转下降,可以采取减小空速和转弯飞行两种方法。

1）减小空速

当直升机进入自转后,后拉操控杆减小空速。这种方法的优点是便于辨认着陆点。旋翼在低速旋转时,可以允许地速为负值,但决不允许空速为负值,所以要确保直升机保持某一指示空速飞行。在空速为零时也能执行自转,但下降率会增加很快,并产生偏转,直升机变得难以控制。

在这种类型的自转中,其下降率比最小下降率要大得多。到达指定接地点就要增加空速,以获得最小下降率,这很重要,即严格遵循 $H-V$ 图来操纵,保证空速增加到最小下降率速度。

2）转弯飞行

另一种方法是通过转弯来缩短航程。直升机转弯会增加桨盘载荷,使旋翼转速快速增加。但要保证旋翼转速不要超过限制,必要时稍微上提总距杆来防止旋转超速。虽然转弯会缩短自转航程,但也会大大增加下降率。直升机离着陆点一定距离时,例如图 5-29 中 A 点,就要转入正常飞行,准备着陆。

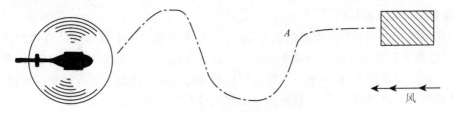

图 5-29　通过转弯来缩短航程

当操控人员在判断直升机到理想接地点的距离时,也要判断采用何种操纵方式能让直升机安全到达着陆点。图 5-30 给出了代表转弯自转下降的 3 种典型方式,分别是 90°、180°和 360°转弯自转下降。

由于直升机具有自转下降的性能,而且能够在着陆前通过“瞬时增距”,利用旋翼所储备的旋转动能来操纵直升机,因此,当直升机一旦发生空中停车故障而需要迫降时,可以在很大范围内调整下降角,着陆后可以不需要或只需要很短的滑跑距离就能停下来。从这个意义上讲,直升机的着陆安全性比固定翼飞机要好,因为后者要求有足够长而平坦的迫降场,而这种场地并不是随处可以找到的。

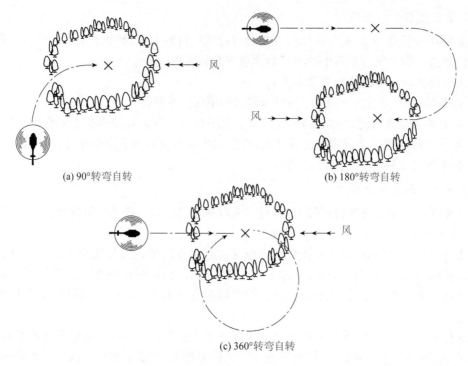

(a) 90°转弯自转　　　(b) 180°转弯自转

(c) 360°转弯自转

图 5 - 30　转弯自转下降

5.2.4　尾桨失效

由于尾桨与旋翼的工作特点一样,所以也存在尾桨失速。除了尾桨失速,还会发生尾桨失效的情况。

1. 尾桨失效的飞行特性

直升机尾桨失效也称为丧失尾桨效应,这是直升机在最后进近着陆或贴近地面飞行时的低高度、低空速飞行状态下发生的紧急情况。此时直升机会发生非指令的快速偏转,并且不会自动改出。在多数情况下,操控系统不当或较迟的修正措施可能加剧不可控制的偏转,导致直升机失去控制。所以,操控人员必须能预见尾桨失效并及时改出。

尾桨失效现象与直升机的机械系统没有联系,即直升机此时没有发生机械故障。旋翼旋转时产生的桨尖涡流以及自然风都会对尾桨拉力产生影响,尾桨不能提供适当的拉力保持航向,就有可能发生尾桨失效现象。

（1）旋翼桨尖涡干扰区

风从左前方以 $10\sim30$ kt(约 $19\sim56$ km/h)的速度吹来,会把旋翼桨尖涡吹进尾桨,使尾桨工作在强烈的涡流环境中。此时相对风处在旋翼桨尖干扰区内,大概为 $285°\sim315°$,如图 5-31 所示。

右旋旋翼直升机右转弯时,尾桨由于进入旋翼桨尖涡干扰区域而改变了流场。最初,旋翼桨尖涡增加尾桨桨叶的迎角,从而增加尾桨的拉力。此时,为了保持固定的转弯角速度,应该蹬右舵减小尾桨拉力,以保持相同的偏转速率。当旋翼桨尖涡通过尾桨时,尾桨桨叶迎角减小,导致尾桨拉力减小,直升机将加速右转。

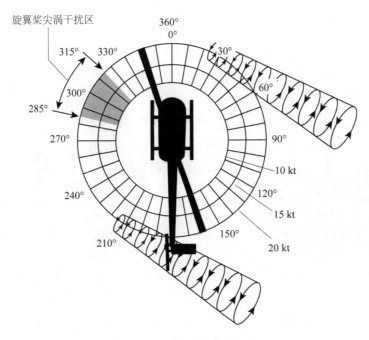

图 5 - 31　旋翼桨尖涡干扰区

由于操控人员最初是加右舵量才能保持向右转弯速率,随后,尾桨拉力的减小是突然发生的,如果不及时修正,会发展成为不可控的绕轴快速旋转,最终导致尾桨失效。当相对风处在旋翼桨尖涡干扰区内时,要意识到尾桨拉力可能突然减小,做好蹬左舵改出的准备。

（2）风标效应区

当相对风处在风标效应区内,相对风会使直升机产生风标效应,机头将转向迎风方向,如图 5 - 32 所示,风标效应区大概为 120°～240°。如果不进行修正,直升机将会自动缓慢地旋转,其方向取决于风向。如果操控人员允许直升机以一定的角速度旋转,尾部进入此区域,则偏航角速度会突然增加。为了防止直升机在这种顺风情况下发生尾桨失效,飞行时必须密切注意直升机的状态,主动控制偏转速率,并集中注意力驾驶直升机。

（3）尾桨涡环状态区

如果风从 210°～330°吹来,风会引起尾桨产生涡环状态,如图 5 - 33 所示。此时尾桨处于变化的、不稳定的流场之中,导致尾桨拉力摆动。左侧风悬停时,必须进行快速、连续的蹬舵修正以补偿尾桨拉力的快速变化。这种情况下,精确地保持航向将十分困难,但只要修正动作及时,就不会产生严重问题。

如果从左侧风（由于侧滑需要大量蹬右舵）转向顺风时,操控人员回舵不及时,将导致失去控制,直升机将至少旋转 360°才会停下来。

左侧风悬停时,必须及时蹬舵修正航向,防止直升机产生不受控制的右偏航。如果直升机一直右偏航,就会进入风标效应的区域,即右偏航角速度会突然增加。当尾桨处于涡环状态时,操控人员的工作负担很重,应尽量避免在这种情况下飞行。

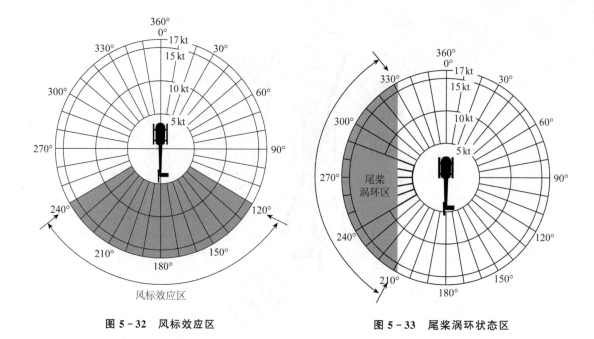

图 5 - 32　风标效应区　　　　　　　　图 5 - 33　尾桨涡环状态区

2. 尾桨失效的改出方法

以右旋旋翼为例,当发现直升机不受控制地快速向右偏航时,必须马上采取改出动作。如果动作迟缓或错误,可能导致偏航角速度增加太快而无法改出。

如果直升机发生突然的右偏转,操控人员应该做如下处置:

① 将左舵蹬到底,同时推杆增速。如果高度允许,可以减小功率。

② 如果改出动作有效,调整直升机进入正常飞行。

③ 如果尾桨故障或不能停止直升机偏转,应立即进入直升机自转来停止旋转。

减少总距可以明显减小偏航角速度,但如果此时直升机已处于下降状态,总距的减少将大大增加下降率。如果为了防止撞地或撞障碍物,快速和大量地增加总距将加剧偏航现象,并导致旋翼转速降低、超出允许扭矩、超温等情况。因此,只有在高度足够保证改出的情况下,才可以减小总距。应根据以下因素确定总距减小量,即离地面或障碍物的高度、直升机的重量以及当前的大气状况。

如果无法制止旋转,直升机即将撞地,自转是最好的选择。此时应一直保持将左舵蹬到底,直到直升机停止向右旋转,然后稳住航向迫降。

关注风的变化和它对直升机的影响,将会明显减少尾桨失效的发生。对于确定的脚蹬位置,不同的风向可能产生不同的转弯角速度。操控人员应当记住最重要的一点是:尾桨并没有失速。修正动作应当是向旋转反方向蹬舵。

当遇到尾桨失效时,有的操控人员会认为是尾桨传动机构故障,并采取相应措施。实际上,机械故障往往伴随巨大的声音、振动或其他类似现象,而尾桨失效发生时,除了可能有低转速和快速向右旋转并随之下降之外,没有任何其他迹象。

对于右旋旋翼直升机,在巡航飞行时,若尾桨失效并开始做有动力进近着陆时,在接地前如果直升机向右偏转,操控人员应适当减小油门才能减弱机头右偏的趋势;反之,如果在着陆接地前直升机左偏,操控人员应采取在接地前适当使用油门使机头右偏的措施,才能使直升机对准跑道。

本章小结

本章探讨了固定翼无人机的失速与尾旋特性、积冰对飞行安全的影响、无人机尾流对其他无人机的影响,分析了无人直升机所独有的旋翼失速、涡环状态、自转状态和尾桨失效的机理和处置方式。学习本章要注意综合应用无人机空气动力学知识和前面所学的飞行力学知识,学会运用已学知识分析判断无人机特殊飞行状态的成因、对飞行安全的影响及处置方式,特别要学会通过无人机地面站的监控参数判断特殊飞行状态,以便及时做出处置。图 5 - 34 为本章的思维导图,供学习参考。

思考题

1. 飞机产生失速的根本原因是什么? 失速后如何处置?
2. 飞机尾旋的原因和呈现形式是什么? 进入尾旋后如何改出?
3. 飞机迎角一超过临界迎角就会发生机翼失速吗? 为什么?
4. 飞机积冰对气动性能、飞行性能有何影响? 积冰飞行的操纵特点是什么?
5. 试分析无人直升机可能的积冰成因及对飞行性能的影响。
6. 前机尾流对后机有何影响? 侧风对尾流有何影响? 如何预防?
7. 直升机旋翼静态失速和动态失速的本质区别有哪些?
8. 前行桨叶失速和后行桨叶失速的机理有何区别?
9. 如何进行旋翼失速改出?
10. 分析直升机自转和自转操纵原理。
11. 分析直升机涡环状态产生机理、对飞行的影响及改出方法。
12. 解释直升机尾桨失效特性及改出方法。
13. 总结思维导图,分析本章内容的逻辑关系。
14. 分析拓展阅读材料中涉及的特殊飞行状态的关联关系,如何处置和预防?

拓展阅读——积冰的危害

1. 积霜(冰)引起的失速

(1) 事件回放

2004 年 11 月 21 日 8 时 21 分,某航空公司的 CRJ - 200 机型 B - 3072 号飞机执行包头飞往上海的 MU5210 航班任务,飞机在刚刚起飞离地时,突然出现异常的左右横向快速滚转,飞机难以控制。起飞后不久在包头机场附近坠毁,造成 55 人(其中 47 名乘客、6 名机组人员和 2 名地面人员)遇难,直接经济损失 1.8 亿元。

B - 3072 号飞机当日飞行过程如下:

08:15:43,机组请求开车,管制员同意开车。

08:21:41,机组加油门,飞机开始起飞滑跑。

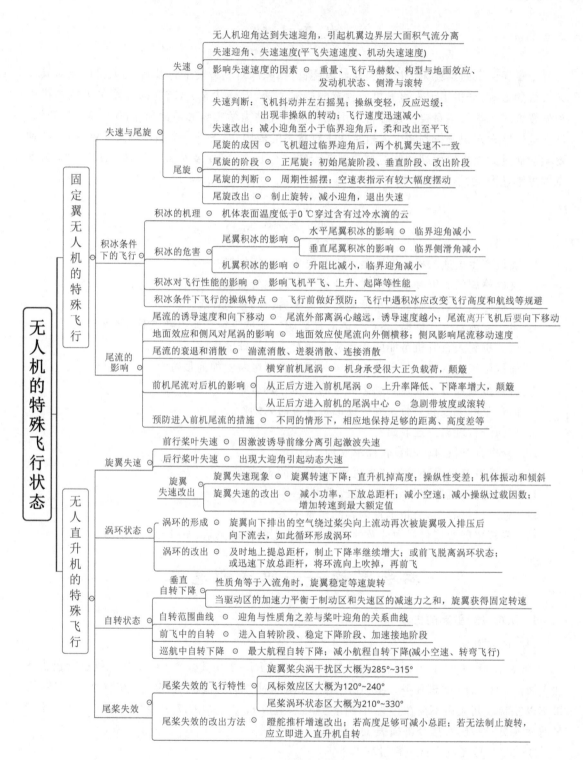

图 5 - 34　思维导图

08：22：12，飞机前轮离地，空速 152 kt。

08：22：17，飞机主轮离地后 1 s，驾驶盘向右达到 6.8°，飞机俯仰角 10°，迎角 9.5°，右坡度 0.7°，空速 163 kt，无线电高度 5 ft，航向 133°。

离地后 2 s，驾驶盘向右达到 30.3°，飞机左坡度 9.6°，俯仰角 12.6°，迎角 10.2°。

离地后 2.5 s，飞机出现失速抖杆警告，空速 165 kt，左坡度 19.3°，无线电高度 22.5 ft，俯仰角 13.2°，迎角 9.9°。驾驶盘向右压满至 32.5°，方向舵脚蹬向右蹬至 2.88°。

离地后 3 s，方向舵脚蹬向右进一步蹬至 4.75°，飞机空速 166 kt，无线电高度 35 ft，航向 126°，俯仰角 13.7°，迎角 11.5°，左坡度 26°。机组加油门。

离地后 3.5 s，飞机推杆器开始工作，驾驶盘向右保持在 32.5°，空速 166 kt，俯仰角 15.5°，迎角 12.7°增至 14.6°后开始减小，左坡度 29.8°。

（2）事故原因分析

飞机失事原因是失速。由于升力减小，小于重力，飞机迅速掉高度，机头下沉，飞机不能保持正常飞行。

飞机的临界迎角除和机翼翼型有关外，还受机翼表面粗糙度的影响。机翼表面有污染，则粗糙度较大，气流更容易分离，飞机的临界迎角将减小。CRJ-200 飞机机翼前缘存在相当于 40 号砂纸粗糙度的污染，可使失速迎角比未污染的机翼降低 7°之多；80 号砂纸粗糙度的污染，可使失速迎角比未污染的机翼降低 5°。此外飞机离地时的地面效应也会使失速临界迎角降低。

飞机机翼结冰、结霜会使机翼表面粗糙化，特别是机翼的前缘如果结冰，飞机的临界迎角减小，飞机更容易失速。

飞机在包头机场过夜时存在结霜的天气条件，机翼污染物的最大可能是霜，而飞机虽然有除霜除冰装置，但在起飞前没有进行除霜（冰）。飞机起飞过程中，由于机翼未除霜，表面粗糙使机翼失速临界迎角减小。

CRJ-200 型飞机 8°襟翼清洁机翼的失速迎角为 16°左右，由于机翼污染和地面效应，使临界迎角减小 6.5°，实际失速迎角为 9.5°；脱离地面效应后飞机失速迎角约为 11.5°。

而失事飞机刚起飞只有 200～300 m 的高度，速度较小，处于低空低速状态，飞机迎角较大，容易使飞机处于失速状态。

事实上，飞机离地后，左侧机翼即失速，左侧升力大大降低，飞机升力不对称，飞机开始向左滚转。机组没有意识到飞机处于失速状态，本能地操纵飞机（向右压杆）试图控制滚转，但机组采取的压盘、蹬舵操作动作不能使飞机改出失速。改出失速的有效方法是推杆减小迎角，使机翼气动力恢复正常，消除升力不平衡产生的滚转力矩，并使副翼恢复效能，有效控制滚转。

由于机翼失速和飞机坡度大造成升力损失使飞机下沉，为防止飞机撞地，机组本能地向后拉杆，引起俯仰角和迎角的增加，从而使推杆器工作而改出失速的飞机再次进入失速，最后导致飞机坠毁。飞机晃荡了几下后，就一头栽到湖里。

（3）事故结论

飞机在包头机场过夜时存在结霜的天气条件，机翼污染物的最大可能是霜。飞机起飞前没有进行除霜（冰），飞机起飞过程中，由于机翼污染使机翼失速临界迎角减小。当飞机刚刚离地后，在没有出现警告的情况下飞机失速，飞行员未能从失速状态中改出，直至飞机坠毁。

2. 未对结冰风险有效控制的后果

2021年3月1日下午,江西省气象局租用的某通用航空公司B-10GD型号飞机,在江西吉安县上空执行人工增雨任务时突然坠落。飞机失事时在空中盘旋了几下,随后头朝下,伴随着不断的响声,坠入了三栋民房后发生爆炸。一村民因为爆炸后引发的大火受伤,被送到医院治疗。

事故发生后,民航华东地区管理局成立事故调查组调查。调查报告显示,事故发生前2 min,机长判断飞机速度减小,结冰很严重。1 min后,飞机自动驾驶仪突然断开,急剧左滚转并俯冲,进入尾旋状态,机长随即要求申请降低高度,然而1 min后,飞机失速,随即消失在雷达中。

事故发生37 min后,南昌区调接井冈山机场塔台报告:井冈山市政府通报发现飞机坠毁,坠毁地点吉安市吉安县澧田镇。飞机撞击房屋后解体燃烧,零部件散落在房屋及巷内,事故造成机上5人死亡,其中2名为飞行机组,3名为气象作业人员,另外造成1名当地居民体表10%以下烧伤,认定为轻伤。

根据江西气象局提供的资料显示,在飞行航线以及周边170 km范围内的4~5 km高度上,存在积冰可能性大区域;垂直方向每300 m约有2 m/s的风切变会导致飞机发生轻度颠簸。

调查组对比事发飞机平飞阶段功率与速度关系发现,发动机功率不断增加,而空速却在不断减小,发动机性能持续下降。考虑机组开启发动机防冰后对发动机性能的影响,这种性能衰减更符合积冰情况对飞机空气动力和螺旋桨拉力的影响。

调查组认定,飞机在严重结冰条件下大功率爬升过程中,出现姿态增大、空速下降、横侧摇摆、高度损失等现象的时候,机长未能意识到飞机处于临界失速状态,没有第一时间选择改变飞机姿态、下高度、增加功率等改变飞机性能的动作,而是先让副驾驶要航向,继续作业。另外,机长决定下高度时机偏晚,且指令不明确,在副驾驶向管制员申请下高度时飞机已经失速。

此外,调查组还认为,紧急情况时,飞机的通话和操作可以由机长一人完成,来保证通信效率。失速前,机长仍然指挥副驾驶通信,且指令不明确,客观上浪费了处置的时间,说明机长在失速前,一直未意识到飞机当时积冰的严重程度及可能带来的危害。相关数据也显示,机组在进入失速及尾旋状态后,未按照《飞机飞行手册》推荐的尾旋改出操作动作进行改出。在机长培训记录中,也未发现当事机长接受过尾旋的进入与改出的训练记录。

调查组综合了各类情况,认定了事故原因:事发飞机在实施人工增雨作业过程中长时间在结冰条件下飞行,出现机翼和螺旋桨严重结冰,机组未能对飞机结冰风险进行有效控制,进而飞机失速并进入尾旋,最终坠地起火。根据人员伤亡和飞机受损情况,该事件构成一起机组原因的通用航空较大事故。

3. 结冰造成的典型飞行事故

① 1989年3月10日,安大略航空公司一架福克28飞机在雪暴中等待起飞30 min后未除冰,翼面结冰造成飞机坠毁。

航空公司的驾驶员显然认为飞机外部6~13 mm厚的积雪在飞机起飞时会被吹掉,而福克28飞机的低温适应油箱造成机翼上的湿雪结冰。

② 1990年2月17日,瑞安国际航空公司一架DC-9-10飞机在雪暴天气中装载邮件35 min后未除冰,导致飞机失事。

机组人员没有认识到干燥的高吹雪是一种威胁,DC-9飞机飞行中机翼防冰系统产生的热融化了机翼上的雪,装载邮件的 35 min 后,机翼冷却,融化的积雪又重新结成了冰。

③ 1991 年 12 月 27 日,北欧航空公司一架麦道-81 飞机在结冰天气条件下停放了一夜,机翼表面靠近机身处的薄冰破碎后被吸入发动机。

麦道-81 飞机在机场停放一夜,虽然进行了除冰,但是没有注意到低温造成内翼油箱上结的透明的冰。飞机起飞前抬前轮时,透明的冰马上破裂并被吸入尾部发动机。

④ 1992 年 3 月 22 日,合众国航空公司一架福克 28 飞机在雪暴中起飞失事,联邦航空局认为是结冰造成的。

福克 28 飞机起飞前曾在拉瓜迪亚机场两次除冰。在第二次除冰后,又在雪暴中排队等候 30 min 才起飞,使用的除冰液有效时间没有这么长。

⑤ 1993 年 3 月 5 日,马其顿航空公司一架福克 100 飞机起飞后爬升失速坠地。经过调查,当时温度低,湿度大,下着中雪,飞机起飞前未除冰。

⑥ 1994 年 10 月 31 日,美利坚鹰航空公司一架 ATR72 飞机在结冰气象条件下等待批准下降高度 37 min。向机场接近时,机翼除冰设备后面形成冰脊造成飞机急速滚转坠毁。

第6章　无人机的稳定与控制

前面讨论了无人机的静稳定和静操纵性,即无人机的静品质问题。但是,为了保证无人机的飞行安全和良好的飞行品质,仅仅研究无人机的静态特性是不够的,必须在此基础上研究无人机的动态特性。

研究无人机的动态特性,首先必须建立反映无人机运动规律的无人机运动方程。从动力学观点来看,动态特性是研究无人机在外力或外力矩(外界扰动或操控人员操纵)作用下,各个运动参数随时间的变化规律,也就是求解无人机的运动方程,并在此基础上,对动态特性做进一步定量分析。

本章首先应用牛顿力学原理,推导出固定翼无人机在一定假设条件下的刚体运动一般方程;然后根据求解需要,在小扰动前提下将方程组线性化和无因次化;最后利用简化假设将无人机一般运动方程组分成纵向运动和横航向运动两组相互独立的方程组,从纵向和横航向分析无人机运动的稳定和控制。要说明的是,无人直升机的稳定与控制建模和分析思路与固定翼的相同,只是由于二者受力特性、稳定性和操纵性不同,控制律设计时会有不同。

6.1　无人机的飞行运动方程

建立无人机的一般运动方程的目的是研究无人机在外力作用下飞机状态参数(飞机速度、高度、姿态角)随时间的变化规律,以便确定其基本性能,从而为改善无人机的稳定性、提高飞行品质及实现自动飞行控制奠定基础。无人机的运动方程通常以微分方程的形式来描述,包括动力学方程和质心运动学方程两部分。

当无人机在大气中飞行时,其上作用着重力、发动机的推力以及空气动力和气动力矩,会导致无人机发生弹性变形和空气动力学特性的变化,而弹性变形的影响将会叠加到无人机的空间运动中。此外,地球是一个旋转的球体,不但存在着离心加速度和哥氏加速度,而且重力加速度也随高度而变化。所以作用于无人机外部的力和力矩与无人机的几何形状、飞行状态参数等因素呈现非常复杂的函数关系。考虑到大部分无人机均在稠密大气层内飞行,飞行高度有限,为了简化问题的复杂性,在建立无人机运动方程时有必要对某些次要因素进行简化处理。为此,进行下列合理的假设:

① 无人机为刚体,且质量为常数。

② 忽略地球曲率,即采用所谓的"平板地球假设"。

③ 认为地面坐标系为惯性坐标系。

④ 重力加速度不随飞行高度而变化。

⑤ 对于面对称布局的无人机,机体坐标系的 Oxz 平面为无人机的对称平面,无人机不仅几何外形对称,而且内部质量分布也对称,即惯性积 $I_{xy}=I_{zy}=0$。

6.1.1　动力学方程

在地面坐标系中应用牛顿第二定律可以建立起无人机在合外力 F 作用下的线运动方程

和外力矩 M 作用下的角运动方程。

1. 线运动方程组

无人机在合外力作用下的线运动方程为

$$\sum F = \frac{\mathrm{d}}{\mathrm{d}t}(mV) = m\frac{\mathrm{d}V}{\mathrm{d}t} \tag{6-1}$$

式中，m 为无人机的质量；V 为无人机重心的速度矢量。

具体研究无人机重心运动规律时，由于矢量形式的方程使用不太方便，故常用在机体坐标系投影的标量形式来表示。设 Ω 为机体坐标系 $Oxyz$ 相对于地面坐标系 $Ox_gy_gz_g$ 的角速度矢量。

将速度 V 和角速度 Ω 分别投影在机体坐标系上，则有

$$\begin{cases} V = iu + jv + kw \\ \Omega = ip + jq + kr \end{cases} \tag{6-2}$$

式中，i,j,k 为机体坐标系的单位矢量，由于 Ω 存在，其方向将随时间变化。无人机在惯性坐标系（地面系）中的绝对加速度为

$$\frac{\mathrm{d}V}{\mathrm{d}t} = i\frac{\mathrm{d}u}{\mathrm{d}t} + j\frac{\mathrm{d}v}{\mathrm{d}t} + k\frac{\mathrm{d}w}{\mathrm{d}t} + u\frac{\mathrm{d}i}{\mathrm{d}t} + v\frac{\mathrm{d}j}{\mathrm{d}t} + w\frac{\mathrm{d}k}{\mathrm{d}t} \tag{6-3}$$

式中，单位矢量导数 $\mathrm{d}i/\mathrm{d}t$ 为矢量端点 i 的线速度，而某一瞬时机体坐标系的角速度为 Ω，根据线速度和角速度的关系可得

$$\frac{\mathrm{d}i}{\mathrm{d}t} = \Omega \times i \tag{6-4}$$

同理，有

$$\frac{\mathrm{d}j}{\mathrm{d}t} = \Omega \times j, \quad \frac{\mathrm{d}k}{\mathrm{d}t} = \Omega \times k \tag{6-5}$$

把上述关系代入式(6-3)，则重心的绝对加速度可表示为

$$\frac{\mathrm{d}V}{\mathrm{d}t} = i\frac{\mathrm{d}u}{\mathrm{d}t} + j\frac{\mathrm{d}v}{\mathrm{d}t} + k\frac{\mathrm{d}w}{\mathrm{d}t} + \Omega \times V = \frac{\partial V}{\partial t} + \Omega \times V \tag{6-6}$$

式中，$\dfrac{\partial V}{\partial t}$ 为无人机在动坐标系（机体系）的相对加速度，表示 $\Omega = 0$ 时的加速度，即相当于观察者站在无人机上所观察到的重心加速度。$\Omega \times V$ 为由于存在角速度 Ω 导致 V 相对于机体坐标系的方向发生变化而产生的加速度。其具体表达式为

$$\Omega \times V = \begin{vmatrix} i & j & k \\ p & q & r \\ u & v & w \end{vmatrix} = i(wq - vr) + j(ur - wp) + k(vp - uq) \tag{6-7}$$

将合力 $\sum F$ 在机体坐标系内分解为

$$\sum F = iX + jY + kZ \tag{6-8}$$

将式(6-6)、式(6-7)、式(6-8)代入式(6-1)，可得无人机线运动方程为

$$\begin{cases} X = m(\dot{u} + wq - vr) \\ Y = m(\dot{v} + ur - wp) \\ Z = m(\dot{w} + vp - uq) \end{cases} \tag{6-9}$$

合力 $\sum \boldsymbol{F}$ 由总空气动力 $\boldsymbol{R}$、发动机推力 $\boldsymbol{T}$ 和重力 $G=mg$ 组成。将 $\boldsymbol{R}$ 和 $\boldsymbol{T}$ 的合力在机体坐标系内分解为 $[F_x \quad F_y \quad F_z]^{\mathrm{T}}$,式(6-9)可改写为

$$\begin{cases} \dot{u} = vr - wq - g\sin\theta + \dfrac{F_x}{m} \\[2mm] \dot{v} = wp - ur + g\cos\theta\sin\phi + \dfrac{F_y}{m} \\[2mm] \dot{w} = uq - vp + g\cos\theta\cos\phi + \dfrac{F_z}{m} \end{cases} \quad (6-10)$$

1.1.4 节式(1-11)给出了由机体坐标系到气流坐标系的转换矩阵 $\boldsymbol{S}_{\alpha\beta}$,则 R 和 T 的合力在机体坐标系下分解的表达式为

$$\begin{bmatrix} F_x \\ F_y \\ F_z \end{bmatrix} = \boldsymbol{S}_{\alpha\beta}^{\mathrm{T}} \begin{bmatrix} -D \\ C \\ -L \end{bmatrix} + \begin{bmatrix} T_x \\ T_y \\ T_z \end{bmatrix} \quad (6-11)$$

式中,$[T_x \quad T_y \quad T_z]^{\mathrm{T}}$ 为发动机推力在机体坐标系下的分解,若发动机的安装角为零,则有 $T_x = T, T_y = 0, T_z = 0$。

2. 角运动方程组

无人机在合外力矩作用下的角运动方程为

$$\sum \boldsymbol{M} = \frac{\mathrm{d}\boldsymbol{H}}{\mathrm{d}t} \quad (6-12)$$

式中,$\boldsymbol{H}$ 为动量矩。与式(6-6)类似,式(6-12)可以写为

$$\sum M = \frac{\mathrm{d}\boldsymbol{H}}{\mathrm{d}t} = \boldsymbol{i}\frac{\mathrm{d}H_x}{\mathrm{d}t} + \boldsymbol{j}\frac{\mathrm{d}H_y}{\mathrm{d}t} + \boldsymbol{k}\frac{\mathrm{d}H_z}{\mathrm{d}t} + \boldsymbol{\Omega} \times \boldsymbol{H} = \frac{\partial \boldsymbol{H}}{\partial t} + \boldsymbol{\Omega} \times \boldsymbol{H} \quad (6-13)$$

根据假设⑤中 $I_{xy} = I_{zy} = 0$,则 $\boldsymbol{H}$ 在机体坐标系内的分量为

$$\begin{cases} H_x = pI_x - rI_{xz} \\ H_y = qI_y \\ H_z = rI_z - pI_{xz} \end{cases} \quad (6-14)$$

由假设①可知,惯性矩和惯性积对时间的变化率为零,式(6-14)可写为

$$\begin{cases} \dfrac{\mathrm{d}H_x}{\mathrm{d}t} = \dot{p}I_x - \dot{r}I_{xz} \\[2mm] \dfrac{\mathrm{d}H_y}{\mathrm{d}t} = \dot{q}I_y \\[2mm] \dfrac{\mathrm{d}H_z}{\mathrm{d}t} = \dot{r}I_z - \dot{p}I_{xz} \end{cases} \quad (6-15)$$

而

$$\boldsymbol{\Omega} \times \boldsymbol{H} = \begin{vmatrix} \boldsymbol{i} & \boldsymbol{j} & \boldsymbol{k} \\ p & q & r \\ H_x & H_y & H_z \end{vmatrix} = \boldsymbol{i}(qH_z - rH_y) + \boldsymbol{j}(rH_x - pH_z) + \boldsymbol{k}(pH_y - H_xq)$$

$$(6-16)$$

外力矩 $\sum \boldsymbol{M}$ 在机体坐标系上的分量为

$$\sum \boldsymbol{M} = \boldsymbol{i}M_x + \boldsymbol{j}M_y + \boldsymbol{k}M_z \tag{6-17}$$

将式(6-15)、式(6-16)、式(6-17)代入式(6-13)可得

$$\begin{cases} M_x = \dot{p}I_x - \dot{r}I_{xz} + qr(I_z - I_y) - pqI_{xz} \\ M_y = \dot{q}I_y + pr(I_x - I_z) + (p^2 - r^2)I_{xz} \\ M_z = \dot{r}I_z - \dot{p}I_{xz} + pq(I_y - I_x) + qrI_{xz} \end{cases} \tag{6-18}$$

对式(6-18)进行整理,可以得到下列力矩方程组:

$$\begin{cases} \dot{p} = (c_1 r + c_2 p)q + c_3 M_x + c_4 M_z \\ \dot{q} = c_5 pr - c_6(p^2 - r^2) + c_7 M_y \\ \dot{r} = (c_8 p - c_2 r)q + c_4 M_x + c_9 M_z \end{cases} \tag{6-19}$$

其中,$c_1 \sim c_9$ 的定义如下:

$$\begin{cases} \Gamma = I_x I_z - I_{xz}^2 \\ c_1 = (I_y I_z - I_z^2 - I_{xz}^2)/\Gamma \\ c_2 = (I_x - I_y + I_z)I_{xz}/\Gamma \\ c_3 = I_z/\Gamma \\ c_4 = I_{xz}/\Gamma \\ c_5 = (I_z - I_x)/I_y \\ c_6 = I_{xz}/I_y \\ c_7 = 1/I_y \\ c_8 = (I_x^2 - I_x I_y + I_{xz}^2)/\Gamma \\ c_9 = I_x/\Gamma \end{cases} \tag{6-20}$$

重力的作用点在重心,不产生任何力矩,因此外力矩 $\sum \boldsymbol{M}$ 主要由气动力矩和发动机推力产生的力矩组成,即有

$$\begin{bmatrix} M_x \\ M_y \\ M_z \end{bmatrix} = \begin{bmatrix} \bar{L} \\ M \\ N \end{bmatrix} + \begin{bmatrix} M_{Tx} \\ M_{Ty} \\ M_{Tz} \end{bmatrix} \tag{6-21}$$

式中,$[M_{Tx} \quad M_{Ty} \quad M_{Tz}]^T$ 为发动机推力产生的力矩,主要是由于发动机推力线不经过重心造成的。

6.1.2　运动学方程

本节分析描述无人机相对于惯性系的运动学方程。首先讨论无人机绕重心的旋转运动,即角运动,包括俯仰角运动、偏航角运动和滚转角运动。根据机体系与地轴系之间的几何关系,如图 6-1 所示,可以得到无人机绕机体系转动的三个角速度分量(p,q,r)和三个姿态角速率($\dot{\phi},\dot{\theta},\dot{\psi}$)之间的关系为

$$\begin{cases} p = \dot{\phi} - \dot{\psi}\sin\theta \\ q = \dot{\theta}\cos\phi + \dot{\psi}\cos\theta\sin\phi \\ r = -\dot{\theta}\sin\phi + \dot{\psi}\cos\theta\cos\phi \end{cases} \tag{6-22}$$

由上式可求出

$$
\begin{cases}
\dot{\phi} = p + (r\cos\phi + q\sin\phi)\tan\theta \\
\dot{\theta} = q\cos\phi - r\sin\phi \\
\dot{\psi} = (r\cos\phi + q\sin\phi)/\cos\theta
\end{cases}
\tag{6-23}
$$

需要指出的是，(p,q,r) 和 $(\dot{\phi},\dot{\theta},\dot{\psi})$ 分别是 $\boldsymbol{\Omega}$ 在机体系和地轴系中的分量。因此，三个姿态角速度和三个转动角速度都能合成 $\boldsymbol{\Omega}$。不同的是，(p,q,r) 相互正交，$(\dot{\phi},\dot{\theta},\dot{\psi})$ 在一般情况下却不是相互垂直的正交矢量。

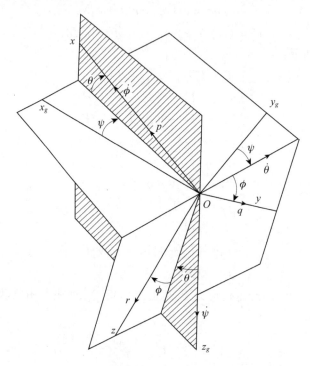

图 6-1　角速度与姿态角速率之间的几何关系图

下面讨论无人机重心的位移运动，即线运动，包括前后平移、升降运动和侧移运动。可以通过地面坐标系与机体坐标系的转换关系建立无人机重心的位移方程组。由于无人机飞行高度的正向与 z_g 相反，这样可设无人机重心位移运动在地面坐标系内的三个分量为 $\begin{bmatrix}\dot{x}_g & \dot{y}_g & -\dot{h}\end{bmatrix}^{\mathrm{T}}$，而其在机体坐标系内的分量为 $\begin{bmatrix}u & v & w\end{bmatrix}^{\mathrm{T}}$，根据地面坐标系和机体坐标系之间的转换关系可得

$$
\begin{bmatrix}
\dot{x}_g \\
\dot{y}_g \\
-\dot{h}
\end{bmatrix}
= \boldsymbol{S}_{\theta\psi\varphi}^{\mathrm{T}}
\begin{bmatrix}
u \\
v \\
w
\end{bmatrix}
\tag{6-24}
$$

展开以后，可得

$$
\begin{cases}
\dot{x}_g = u\cos\theta\cos\psi + v(\sin\phi\sin\theta\cos\psi - \cos\phi\sin\psi) + w(\sin\phi\sin\psi + \cos\phi\sin\theta\cos\psi) \\
\dot{y}_g = u\cos\theta\sin\psi + v(\sin\phi\sin\theta\sin\psi + \cos\phi\cos\psi) + w(-\sin\phi\cos\psi + \cos\phi\sin\theta\sin\psi) \\
\dot{h} = u\sin\theta - v\sin\phi\cos\theta - w\cos\phi\cos\theta
\end{cases}
$$

$$(6-25)$$

将无人机地速在地面坐标系内投影,由地速与航迹角之间的关系,可得

$$
\begin{cases}
\dot{x}_g = V\cos\theta_k\cos\psi_k \\
\dot{y}_g = V\cos\theta_k\sin\psi_k \\
\dot{h} = V\sin\theta_k
\end{cases}
$$

$$(6-26)$$

综合上述推导结论,得到了由式(6-10)、式(6-19)、式(6-23)和式(6-26)组成的无人机在锁舵情况下的飞行运动方程组,共 12 个一阶微分方程。该方程组确定了状态向量 $\boldsymbol{X} = \begin{bmatrix} u & v & w & \phi & \theta & \psi & p & q & r & x_g & y_g & h \end{bmatrix}^{\mathrm{T}}$ 与控制向量 $\begin{bmatrix} \delta_T & \delta_e & \delta_a & \delta_r \end{bmatrix}^{\mathrm{T}}$ 之间的非线性函数关系,其中前 6 个为动力学方程,后 6 个为运动学方程。

由于在飞行过程中无人机所受到的气动力与飞行速度 V、迎角 α 和侧滑角 β 密切相关,因此,通常用状态变量 (V,α,β) 取代上述方程中的 (u,v,w)。根据 1.1.4 节的坐标系转换关系可得

$$
\begin{bmatrix} u \\ v \\ w \end{bmatrix} = \boldsymbol{S}_{\alpha\beta}^{\mathrm{T}} \begin{bmatrix} V \\ 0 \\ 0 \end{bmatrix} = \begin{bmatrix} V\cos\alpha\cos\beta \\ V\sin\beta \\ V\sin\alpha\cos\beta \end{bmatrix}
$$

$$(6-27)$$

$$
\begin{cases}
\tan\alpha = \dfrac{w}{u} \\
\sin\beta = \dfrac{v}{V} \\
V = \sqrt{u^2 + v^2 + w^2}
\end{cases}
$$

$$(6-28)$$

由式(6-27)可得

$$
\begin{cases}
\dot{u} = \dot{V}\cos\alpha\cos\beta - \dot{\alpha}\cdot V\sin\alpha\cos\beta - \dot{\beta}\cdot V\cos\alpha\sin\beta \\
\dot{v} = \dot{V}\sin\beta + \dot{\beta}\cdot V\cos\beta \\
\dot{w} = \dot{V}\sin\alpha\cos\beta + \dot{\alpha}\cdot V\cos\alpha\cos\beta - \dot{\beta}\cdot V\sin\alpha\sin\beta
\end{cases}
$$

$$(6-29)$$

联立式(6-28)和式(6-29)得

$$
\begin{cases}
\dot{V} = \dfrac{u\dot{u} + v\dot{v} + w\dot{w}}{V} \\
\dot{\alpha} = \dfrac{u\dot{w} - w\dot{u}}{u^2 + w^2} \\
\dot{\beta} = \dfrac{\dot{v}V - v\dot{V}}{V^2\cos\beta}
\end{cases}
$$

$$(6-30)$$

根据上述结果改写运动学方程中的线运动方程组,将合力在航迹系中分解可得

$$\begin{cases} m\dot{V} = T\cos\alpha\cos\beta - D - mg\sin\theta_k \\ mV\cos\beta\dot{\alpha} = -T\sin\alpha - L + mV(-p\cos\alpha\sin\beta + q\cos\beta - r\sin\alpha\sin\beta) + mg\cos\theta_k\sin\psi_k \\ mV\dot{\beta} = -T\cos\alpha\sin\beta + C - mV(-p\sin\alpha + r\cos\alpha) + mg\cos\theta_k\cos\psi_k \end{cases}$$

$$(6-31)$$

　　需要说明的是,以机体坐标轴系的速度分量(u,v,w)作为状态量建立的运动方程和以速度V、迎角α和侧滑角β作为状态量建立的运动方程是等价的。当滚转角和侧滑角满足条件$\phi=\beta=0$时,存在着代数关系

$$\theta = \theta_k + \alpha \tag{6-32}$$

　　此时,无人机进行无滚转和无侧滑的飞行运动。当俯仰角、滚转角、航迹俯仰角和迎角满足条件$\theta=\phi=\theta_k=\alpha=0$时,存在代数关系

$$\psi = \psi_k + \beta \tag{6-33}$$

6.2　运动方程的小扰动线性化

　　无人机的运动方程是运动参数的非线性函数,用解析法求解是非常困难的,通常只能用数值积分法求解。运动方程的解析解对于分析无人机的构型参数与飞行稳定性和操纵性之间的关系更加方便有效,也更具有普遍意义。因此,需要对非线性的运动方程进行线性化处理,希望获得线性的飞行运动方程。而且,线性化的运动方程也更适合于以成熟的线性控制系统理论为基础的飞行控制系统的设计,而非线性运动方程多用于对所设计的控制律进行仿真验证。小扰动法是非线性方程线性化的一种典型方法,本节即使用小扰动线性化方法建立线性化的无人机飞行运动方程。

6.2.1　小扰动线性化原理

　　小扰动线性化是相对于基准运动进行的。通常选取"定常直线无侧滑飞行"为无人机的基准运动,定常表示无人机的飞行速度和状态量随时间变化较小,直线无侧滑飞行可包括直线平飞、直线爬升和下滑等状态。若无人机的扰动运动与基准运动之间的差别较小,则称为小扰动运动。一般来讲,小扰动限制不太严格,用小扰动原理简化的运动方程在大多数情况下能够满足工程上的精度要求。

　　设运动方程组的某一方程为

$$f(x_1, x_2, \cdots, x_n) = 0 \tag{6-34}$$

式中,变量$x_i(i=1,2,\cdots,n)$可以是运动参数或其导数。在某一时刻,变量x_i可以表示为基准运动的参数x_{i0}与偏离量Δx_i之和,即有

$$x_i = x_{i0} + \Delta x_i \tag{6-35}$$

　　无论是基准运动还是扰动运动,都应该满足运动方程$f(x_1, x_2, \cdots, x_n) = 0$,因此有

$$\begin{cases} f(x_{10}, x_{20}, \cdots, x_{n0}) = 0 \\ f(x_{10} + \Delta x_1, x_{20} + \Delta x_2, \cdots, x_{n0} + \Delta x_n) = 0 \end{cases} \tag{6-36}$$

　　将扰动方程等号左边展开成泰勒级数,在小扰动假设前提下,可以忽略二阶和二阶以上的高阶小量,可得

$$f(x_{10}+\Delta x_1,x_{20}+\Delta x_2,\cdots,x_{n0}+\Delta x_n)\approx$$

$$f(x_{10},x_{20},\cdots,x_{n0})+\left(\frac{\partial f}{\partial x_1}\right)_0\Delta x_1+\left(\frac{\partial f}{\partial x_2}\right)_0\Delta x_2+\cdots+\left(\frac{\partial f}{\partial x_n}\right)_0\Delta x_n=0 \quad (6-37)$$

从式(6-37)中减去基准运动,则得

$$\left(\frac{\partial f}{\partial x_1}\right)_0\Delta x_1+\left(\frac{\partial f}{\partial x_2}\right)_0\Delta x_2+\cdots+\left(\frac{\partial f}{\partial x_n}\right)_0\Delta x_n=0 \quad (6-38)$$

这就是线性化的小扰动运动方程,式中系数$(\partial f/\partial x_1)_0,\cdots,(\partial f/\partial x_n)_0$是已知的。

6.2.2　运动方程的线性化处理

选取定常直线无侧滑飞行为无人机的基准运动,其状态参数为

$$\begin{cases}\beta_0=p_0=q_0=r_0=\phi_0=\psi_0=y_{g0}=0\\\theta_{k0}=C\end{cases} \quad (6-39)$$

此时无人机受到的合外力和力矩分别为

$$\begin{cases}\sum X_0=\sum Y_0=\sum Z_0=0\\\sum M_{x0}=\sum M_{y0}=\sum M_{z0}=0\end{cases} \quad (6-40)$$

根据小扰动原理,扰动运动的状态参数由基准运动参数附加小扰动量来表示,即有

$$\begin{cases}V=V_0+\Delta V\\\phi=\Delta\phi,\alpha=\alpha_0+\Delta\alpha,\beta=\Delta\beta,\psi=\Delta\psi,\theta_k=\theta_{k0}+\Delta\theta_k\\p=\Delta p,q=\Delta q,r=\Delta r\\x_g=x_{g0}+\Delta x_g,y_g=\Delta y_g,h=h_0+\Delta h\end{cases} \quad (6-41)$$

将上述状态量代入无人机的 12 个运动方程中进行泰勒级数展开,并减掉基准运动,即可得到无人机的线性化小扰动运动方程。以式(6-31)中的第一式为例进行小扰动线性化分析。由于基准运动为定常直线无侧滑飞行,则 $\cos\beta_0=1$,写出基准运动方程为

$$m\frac{\mathrm{d}V_0}{\mathrm{d}t}=T_0\cos\alpha_0\cos\beta_0-D_0-mg\sin\theta_{k0} \quad (6-42)$$

则小扰动条件下的运动方程为

$$m\frac{\mathrm{d}(V_0+\Delta V)}{\mathrm{d}t}=(T_0+\Delta T)\cos(\alpha_0+\Delta\alpha)\cos\Delta\beta-(D_0+\Delta D)-mg\sin(\theta_{k0}+\Delta\theta_k)$$

$$(6-43)$$

因为 $\Delta\alpha$ 为小量,故取 $\cos\Delta\alpha\approx1,\sin\Delta\alpha\approx\Delta\alpha$。同样有 $\cos\theta_k\approx1,\sin\theta_k\approx\theta_k,\cos\Delta\beta\approx1$,$\sin\Delta\beta\approx\Delta\beta$,运用三角公式展开式(6-43),减去基准运动,忽略高阶小量得

$$m\Delta\dot{V}=-T_0\sin\alpha_0\cdot\Delta\alpha+\cos\alpha_0\cdot\Delta T-\Delta D-mg\cos\theta_{k0}\cdot\Delta\theta_k \quad (6-44)$$

通常,推力 $T=f(V,\delta_T)$,阻力 $D=f(V,\alpha,\delta_e)$,将其展开为泰勒级数,并仅取一阶导数项,可得

$$\begin{cases}T=T_0+\left(\frac{\partial T}{\partial V}\right)_0\Delta V+\left(\frac{\partial T}{\partial\delta_T}\right)_0\Delta\delta_T\\D=D_0+\left(\frac{\partial D}{\partial V}\right)_0\Delta V+\left(\frac{\partial D}{\partial\alpha}\right)_0\Delta\alpha+\left(\frac{\partial D}{\partial\delta_e}\right)_0\Delta\delta_e\end{cases} \quad (6-45)$$

在式(6-45)中减去基准运动下无人机所受到的推力和阻力,得

$$\begin{cases} \Delta T = \left(\dfrac{\partial T}{\partial V}\right)_0 \Delta V + \left(\dfrac{\partial T}{\partial \delta_T}\right)_0 \Delta \delta_T \\ \Delta D = \left(\dfrac{\partial D}{\partial V}\right)_0 \Delta V + \left(\dfrac{\partial D}{\partial \alpha}\right)_0 \Delta \alpha + \left(\dfrac{\partial D}{\partial \delta_e}\right)_0 \Delta \delta_e \end{cases} \quad (6-46)$$

代入式(6-44)可得

$$\Delta \dot V = -\frac{T_0}{m}\sin \alpha_0 \cdot \Delta \alpha + \frac{1}{m}\left(\frac{\partial T}{\partial V}\right)_0 \cos \alpha_0 \cdot \Delta V + \frac{1}{m}\left(\frac{\partial T}{\partial \delta_T}\right)_0 \cos \alpha_0 \cdot \Delta \delta_T -$$

$$\frac{1}{m}\left(\frac{\partial D}{\partial V}\right)_0 \cdot \Delta V - \frac{1}{m}\left(\frac{\partial D}{\partial \alpha}\right)_0 \cdot \Delta \alpha - \frac{1}{m}\left(\frac{\partial D}{\partial \delta_e}\right)_0 \cdot \Delta \delta_e - g\cos\theta_{k0} \cdot \Delta\theta_k \quad (6-47)$$

小扰动情况下航迹俯仰角与俯仰角和迎角之间的关系满足 $\Delta\theta_k = \Delta\theta - \alpha$，故

$$\Delta \dot V = \frac{1}{m}\left[\left(\frac{\partial T}{\partial V}\right)_0 \cos\alpha_0 - \left(\frac{\partial D}{\partial V}\right)_0\right] \cdot \Delta V + \frac{1}{m}\left[-T_0\sin\alpha_0 - \left(\frac{\partial D}{\partial \alpha}\right)_0 + g\cos\theta_{k0}\right] \cdot \Delta\alpha +$$

$$\frac{1}{m}\left(\frac{\partial T}{\partial \delta_T}\right)_0 \cos\alpha_0 \cdot \Delta\delta_T - \frac{1}{m}\left(\frac{\partial D}{\partial \delta_e}\right)_0 \cdot \Delta\delta_e - g\cos\theta_{k0} \cdot \Delta\theta \quad (6-48)$$

取

$$\begin{cases} X_V = -\dfrac{1}{m}\left(\dfrac{\partial D}{\partial V}\right)_0 \\[2mm] X_{TV} = \dfrac{1}{m}\left(\dfrac{\partial T}{\partial V}\right)_0 \\[2mm] X_\alpha = \dfrac{1}{m}\left[-T_0\sin\alpha_0 - \left(\dfrac{\partial D}{\partial \alpha}\right)_0 + g\cos\theta_{k0}\right] \\[2mm] X_{\delta_T} = \dfrac{1}{m}\left(\dfrac{\partial T}{\partial \delta_T}\right)_0 \\[2mm] X_{\delta_e} = -\dfrac{1}{m}\left(\dfrac{\partial D}{\partial \delta_e}\right)_0 \end{cases} \quad (6-49)$$

则有

$$\Delta \dot V = (X_{TV}\cos\alpha_0 + X_V) \cdot \Delta V + X_\alpha \cdot \Delta\alpha + X_{\delta_T}\cos\alpha_0 \cdot \Delta\delta_T + X_{\delta_e} \cdot \Delta\delta_e - g\cos\theta_{k0} \cdot \Delta\theta$$

$$(6-50)$$

可以看出,上述运动方程中再没有横航向的状态量出现。对其他的 11 个方程采用类似的方法进行处理,共可以得到 12 个基于小扰动变化量的无人机线性化运动方程,这就是小扰动线性化的无人机飞行运动方程。分析这 12 个线性化方程可以发现,这些运动方程可分解为两组相对独立的微分方程,组内各方程间气动力交联较强,组间交联很弱。为此,将其重新排列成式(6-51)和式(6-52)的两组方程,即

$$\begin{cases} m\Delta\dot V = (-T_0\sin\alpha_0 + mg\cos\theta_{k0}) \cdot \Delta\alpha + \cos\alpha_0 \cdot \Delta T - \Delta D - mg\cos\theta_{k0} \cdot \Delta\theta \\ mV_0\Delta\dot\alpha = (-T_0\cos\alpha_0 + mg\sin\theta_{k0}) \cdot \Delta\alpha + \sin\alpha_0 \cdot \Delta T - \Delta L + mV_0 \cdot \Delta q - mg\sin\theta_{k0} \cdot \Delta\theta \\ \Delta\dot q = \Delta M/I_y \\ \Delta\dot\theta = q \\ \Delta\dot x_g = \cos\theta_{k0} \cdot \Delta V - V_0\sin\theta_{k0} \cdot (\Delta\theta - \Delta\alpha) \\ \Delta\dot h = \sin\theta_{k0} \cdot \Delta V + V_0\cos\theta_{k0} \cdot (\Delta\theta - \Delta\alpha) \end{cases}$$

$$(6-51)$$

$$\begin{cases} mV_0\Delta\dot{\beta} = \Delta C - \sin\alpha_0 \cdot \Delta p + \cos\alpha_0 \cdot \Delta r \\[2mm] \Delta\dot{p} = c_3 \cdot \Delta\bar{L} + c_4 \cdot \Delta N \\[2mm] \Delta\dot{r} = c_4 \cdot \Delta\bar{L} + c_9 \cdot \Delta N \\[2mm] \Delta\dot{\phi} = \Delta p + \tan\theta_0 \cdot \Delta r \\[2mm] \Delta\dot{\psi} = \Delta r/\cos\theta_0 \\[2mm] \Delta\dot{y}_g = V_0 \cdot \Delta\psi_k \end{cases} \tag{6-52}$$

其中

$$\begin{cases} \Delta T = \left(\dfrac{\partial T}{\partial V}\right)_0 \Delta V + \left(\dfrac{\partial T}{\partial\delta_T}\right)_0 \Delta\delta_T \\[3mm] \Delta D = \left(\dfrac{\partial D}{\partial V}\right)_0 \Delta V + \left(\dfrac{\partial D}{\partial\alpha}\right)_0 \Delta\alpha + \left(\dfrac{\partial D}{\partial\delta_e}\right)_0 \Delta\delta_e \\[3mm] \Delta L = \left(\dfrac{\partial L}{\partial V}\right)_0 \Delta V + \left(\dfrac{\partial L}{\partial\alpha}\right)_0 \Delta\alpha + \left(\dfrac{\partial L}{\partial q}\right)_0 \Delta q + \left(\dfrac{\partial L}{\partial\delta_T}\right)_0 \Delta\delta_T + \left(\dfrac{\partial L}{\partial\delta_e}\right)_0 \Delta\delta_e \\[3mm] \Delta M = \left(\dfrac{\partial M}{\partial V}\right)_0 \Delta V + \left(\dfrac{\partial M}{\partial\alpha}\right)_0 \Delta\alpha + \left(\dfrac{\partial M}{\partial q}\right)_0 \Delta q + \left(\dfrac{\partial M}{\partial\delta_e}\right)_0 \Delta\delta_e \end{cases} \tag{6-53}$$

$$\begin{cases} \Delta C = \left(\dfrac{\partial C}{\partial\beta}\right)_0 \Delta\beta + \left(\dfrac{\partial C}{\partial p}\right)_0 \Delta p + \left(\dfrac{\partial C}{\partial r}\right)_0 \Delta r + \left(\dfrac{\partial C}{\partial\delta_a}\right)_0 \Delta\delta_a + \left(\dfrac{\partial C}{\partial\delta_r}\right)_0 \Delta\delta_r \\[3mm] \Delta\bar{L} = \left(\dfrac{\partial\bar{L}}{\partial\beta}\right)_0 \Delta\beta + \left(\dfrac{\partial\bar{L}}{\partial p}\right)_0 \Delta p + \left(\dfrac{\partial\bar{L}}{\partial r}\right)_0 \Delta r + \left(\dfrac{\partial\bar{L}}{\partial\delta_a}\right)_0 \Delta\delta_a + \left(\dfrac{\partial\bar{L}}{\partial\delta_r}\right)_0 \Delta\delta_r \\[3mm] \Delta N = \left(\dfrac{\partial N}{\partial\beta}\right)_0 \Delta\beta + \left(\dfrac{\partial N}{\partial p}\right)_0 \Delta p + \left(\dfrac{\partial N}{\partial r}\right)_0 \Delta r + \left(\dfrac{\partial N}{\partial\delta_a}\right)_0 \Delta\delta_a + \left(\dfrac{\partial N}{\partial\delta_r}\right)_0 \Delta\delta_r \end{cases} \tag{6-54}$$

式(6-51)中包含的状态变量为 $\Delta V, \Delta\alpha, \Delta q, \Delta\theta, \Delta x_g, \Delta h$，恰好是在无人机的对称平面 Oxz 内运动的变量，即为纵向运动的状态量，包括前后平移、上下升降和俯仰。式(6-52)中所包含的变量为 $\Delta\beta, \Delta p, \Delta r, \Delta\phi, \Delta\psi, \Delta y_g$，恰好是横航向运动的状态变量，包括左右侧移、横滚和偏航。这样就可以将无人机的运动方程分为纵向运动方程组和横航向运动方程组。以上两式的结论说明无人机的运动方程可以实现解耦，这就给研究无人机的运动规律带来很大的方便。需要强调的是，这种解耦适用于以无人机的定常直线无侧滑飞行作为基准运动的情况。若基准运动不是这种情况，则无人机的纵向运动和横航向运动之间必然存在一定的耦合。例如：当侧滑角 $\beta_0 \neq 0$ 时，由式(6-31)可知，侧滑角的变化必然会引起飞行速度和迎角的变化，纵向运动和横航向运动之间就存在一定的耦合。

6.2.3 无人机的线性状态方程组

无人机是典型的多变量系统，为表述和分析方便，将微分方程形式的飞行运动方程式(6-51)和式(6-52)写成下列状态方程的形式：

$$E\dot{X} = AX + BU \tag{6-55}$$

选择纵向运动方程的状态量为 $X = [\Delta V \quad \Delta\alpha \quad \Delta q \quad \Delta\theta]^T$，输入 $U = [\Delta\delta_T \quad \Delta\delta_e]^T$，无人机纵向线性状态方程的雅可比矩阵 E、A、B 分别为

$$E = \begin{bmatrix} 1 & 0 & 0 & 0 \\ 0 & V_0 & 0 & 0 \\ 0 & 0 & 1 & 0 \\ 0 & 0 & 0 & 1 \end{bmatrix}, \quad A = \begin{bmatrix} X_V + X_{TV}\cos\alpha_0 & X_a & 0 & -g\cos\theta_{k0} \\ Z_V - X_{TV}\cos\alpha_0 & Z_a & V + Z_q & -g\sin\theta_{k0} \\ M_V + M_{TV} & M_a & M_q & 0 \\ 0 & 0 & 1 & 0 \end{bmatrix},$$

$$B = \begin{bmatrix} X_{\delta_T}\cos\alpha_0 & X_{\delta_e} \\ -X_{\delta_T}\sin\alpha_0 & Z_{\delta_e} \\ M_{\delta_T} & M_{\delta_e} \\ 0 & 0 \end{bmatrix} \tag{6-56}$$

选取横航向运动方程的状态量为 $X = \begin{bmatrix} \Delta\beta & \Delta p & \Delta r & \Delta\phi \end{bmatrix}^{\mathrm{T}}$,输入 $U = \begin{bmatrix} \Delta\delta_a & \Delta\delta_r \end{bmatrix}^{\mathrm{T}}$,无人机横航向运动的雅可比矩阵分别为

$$E = \begin{bmatrix} V_0 & 0 & 0 & 0 \\ 0 & 1 & 0 & 0 \\ 0 & 0 & 1 & 0 \\ 0 & 0 & 0 & 1 \end{bmatrix}, \quad A = \begin{bmatrix} Y_\beta & Y_p & Y_r - V & g\cos\theta_{k0} \\ L_\beta^* & L_p^* & L_r^* & 0 \\ N_\beta^* & N_p^* & N_r^* & 0 \\ 0 & \dfrac{\cos\theta_{k0}}{\cos\theta_0} & \dfrac{\sin\theta_{k0}}{\cos\theta_0} & 0 \end{bmatrix}, \quad B = \begin{bmatrix} Y_{\delta_a} & Y_{\delta_r} \\ L_{\delta_a}^* & L_{\delta_r}^* \\ N_{\delta_a}^* & N_{\delta_r}^* \\ 0 & 0 \end{bmatrix} \tag{6-57}$$

式中

$$L_\beta^* = c_3\bar{L}_\beta + c_3 N_\beta, \quad L_p^* = c_3\bar{L}_p + c_4 N_p, \quad L_r^* = c_3\bar{L}_r + c_4 N_r$$

$$N_\beta^* = c_4\bar{L}_\beta + c_9 N_\beta, \quad N_p^* = c_4\bar{L}_p + c_9 N_p, \quad N_r^* = c_4\bar{L}_r + c_9 N_r$$

这些雅可比矩阵中的元素均为无人机受到的力或力矩对某一状态量的偏导数,通常称为气动导数。气动导数对于无人机及其控制律的设计是非常重要的,通常通过对风洞试验获取的数据进行处理获得。

6.2.4　无人机的线性运动方程示例

为结合实践说明无人机建模与控制律的设计方法,本书后续将以图 6-2 所示的小型无人机为例,介绍纵向和横航向控制律的设计原理。为此,本节根据前述的无人机建模方法,建立该无人机的运动方程,作为后面控制律设计分析的模型用例。

该无人机采用倒 V 式的气动布局,它结合了升降舵和方向舵的功能,可以有效地减小机体重量,但在进行控制律的分析和设计时,仍可以将升降舵和方向舵分别当作独立的控制输入。无人机的飞行高度为 0～800 m,飞行速度的范围为 22～35 m/s。无人机的主要构造参数如表 6-1 所列。

图 6-2　无人机的气动布局

表 6 - 1　无人机的主要构造参数

质量	17 kg	机翼面积	1.353 6 m²
翼展	3.2 m	平均气动弦长	0.423 m
x 轴转动惯量	$I_x=1.71$ kg·m²	y 轴转动惯量	$I_y=3.74$ kg·m²
z 轴转动惯量	$I_z=5.13$ kg·m²	交叉轴转动惯量	$I_{zx}=-0.15$ kg·m²
巡航速度	27 m/s	配平迎角	3.35°
速度调节范围	(22~35)m/s	滚转角调节范围	±20°

取该无人机的基准运动参数为：$h_0=500$ m，$V_0=27.6$ m/s，$V_{i0}=27$ m/s；迎角 α_0 为 1.72°，$\theta_0=1.72°$；发动机油门开度 δ_T 为 42%；平衡迎角产生的俯仰力矩所需的升降舵面的偏转值 δ_e 为 -0.26°；初始无侧滑、滚转和偏航，$\beta_0=\phi_0=\psi_0=0°$；$p_0=q_0=r_0=0$；$\dot{x}_{g0}=V_0$，$y_{g0}=0$。

此时无人机的输入量为

$$[\delta_{T0}\quad \delta_{e0}\quad \delta_{a0}\quad \delta_{v0}]=[0.42\quad -0.26\quad 0\quad 0]$$

根据前述的无人机建模方法，可得到该无人机的纵向小扰动线性运动方程为

$$\begin{bmatrix}\Delta\dot{V}\\\Delta\dot{\alpha}\\\Delta\dot{q}\\\Delta\dot{\theta}\end{bmatrix}=\begin{bmatrix}-0.068\,8 & 5.699 & 0 & -9.8\\-0.024\,3 & -5.780\,8 & 0.951\,8 & 0\\0.024\,9 & -22.343 & -2.932 & 0\\0 & 0 & 1 & 0\end{bmatrix}\begin{bmatrix}\Delta V\\\Delta\alpha\\\Delta q\\\Delta\theta\end{bmatrix}+\begin{bmatrix}6.018 & 0\\-0.006 & -0.008\\0.738 & -0.464\\0 & 0\end{bmatrix}\begin{bmatrix}\Delta\delta_T\\\Delta\delta_e\end{bmatrix}$$

$$(6-58)$$

$$\begin{bmatrix}\Delta\dot{\beta}\\\Delta\dot{p}\\\Delta\dot{r}\\\Delta\dot{\phi}\end{bmatrix}=\begin{bmatrix}-0.687\,3 & 0.032\,5 & -0.969\,7 & 0.345\,6\\-132.84 & -11.199 & 0.757\,5 & 0\\20.374 & 0.198\,8 & -1.059\,9 & 0\\0 & 1 & 0 & 0\end{bmatrix}\begin{bmatrix}\Delta\beta\\\Delta p\\\Delta r\\\Delta\varphi\end{bmatrix}+$$

$$\begin{bmatrix}0.000\,4 & 0.003\\-1.364\,4 & 0.074\,1\\0.023\,5 & -0.139\,4\\0 & 0\end{bmatrix}\begin{bmatrix}\Delta\delta_a\\\Delta\delta_r\end{bmatrix}$$

$$(6-59)$$

6.3　无人机纵向运动的稳定与控制

通过对无人机运动的建模已经知道，无人机的空间运动可以分解为纵向运动与横航向运动，本节将侧重讨论无人机纵向运动的稳定和控制问题。通常，无人机运动的控制包括两部分，首先是控制无人机的角运动，使其飞行姿态发生变化，而后才能控制重心轨迹发生变化，所以，控制角运动是首要的。本节将在分析无人机纵向运动模态的基础上，首先将无人机看作刚体，对其绕机体系 y 轴的纵向俯仰运动进行控制。之后，讨论并控制其重心的纵向平移运动。控制律的设计和分析将以 6.2.4 节给出的无人机为用例对象。

6.3.1　无人机纵向运动特性分析

无人机在瞬时外部干扰的作用下,其纵向受扰运动随时间变化的基本特性可由纵向运动响应的模态来说明。根据自动控制原理的知识,模态对应于系统的特征方程的特征根。由前面建立的无人机纵向运动的线性状态方程,可以得到无人机纵向运动的传递函数和特征根。结合用例无人机的特征方程和特征根,可以得出无人机纵向运动的两种典型运动模态,即短周期运动模态和长周期运动模态。

1. 纵向特征方程与模态

6.2.3 节以"定常水平无侧滑直线飞行"作为基准运动,建立了无人机的纵向线性化运动方程(6 - 55)和方程(6 - 56)。由于基准航迹俯仰角 $\theta_{k0} = 0$,因此 $\cos \theta_{k0} = 1$,$\sin \theta_{k0} = 1$,由此无人机的纵向线性化运动方程(6 - 55)和方程(6 - 56)可写为

$$\begin{bmatrix} 1 & 0 & 0 & 0 \\ 0 & V_0 & 0 & 0 \\ 0 & 0 & 1 & 0 \\ 0 & 0 & 0 & 1 \end{bmatrix} \begin{bmatrix} \Delta \dot{V} \\ \Delta \dot{\alpha} \\ \Delta \dot{q} \\ \Delta \dot{\theta} \end{bmatrix} = \begin{bmatrix} X_V + X_{TV} \cos \alpha_0 & X_\alpha & 0 & -g \\ Z_V - X_{TV} \sin \alpha_0 & Z_\alpha & V + Z_q & 0 \\ M_V + M_{TV} & M_\alpha & M_q & 0 \\ 0 & 0 & 1 & 0 \end{bmatrix} \begin{bmatrix} \Delta V \\ \Delta \alpha \\ \Delta q \\ \Delta \theta \end{bmatrix} +$$

$$\begin{bmatrix} X_{\delta_T} \cos \alpha_0 & X_{\delta_e} \\ -X_{\delta_T} \sin \alpha_0 & Z_{\delta_e} \\ M_{\delta_T} & M_{\delta_e} \\ 0 & 0 \end{bmatrix} \begin{bmatrix} \Delta \delta_T \\ \Delta \delta_e \end{bmatrix} \tag{6 - 60}$$

纵向运动方程(6 - 60)的特征行列式为

$$\Delta_L = |s\boldsymbol{E} - \boldsymbol{A}| = \begin{vmatrix} s - (X_V + X_{TV} \cos \alpha_0) & -X_\alpha & 0 & -g \\ -(Z_V - X_{TV} \sin \alpha_0) & V_0 s - Z_\alpha & -(V + Z_q) & 0 \\ -(M_V + M_{TV}) & -M_\alpha & s - M_q & 0 \\ 0 & 0 & -1 & 0 \end{vmatrix} \tag{6 - 61}$$

将式(6 - 61)展开,令 $\Delta_L = 0$ 即可得到无人机纵向运动的特征方程为

$$\Delta_L = s^4 + a_1 s^3 + a_2 s^2 + a_3 s + a_4 = 0 \tag{6 - 62}$$

纵向运动的特征方程描述了无人机纵向运动的固有稳定性,其结构和系数完全取决于无人机本身的构造参数、气动参数和飞行状态,而与初始扰动条件无关。当纵向运动方程组的输入量为零时,即在无操纵和无控制输入的情况下,特征方程的根可以描述无人机纵向扰动运动的特点。一般来说,上述无人机的纵向运动特征多项式 Δ_L 具有两个二次因式之积的形式,可以得到两对共轭复根形式的特征根,它们分别代表了无人机纵向运动的两种典型运动模态,即短周期运动模态和长周期运动模态。根据控制系统运动响应的基本知识可知,实部较小的一对共轭复根将会引起一种长周期的运动模态,其特点是振荡周期长、衰减较慢。而实部较大的一对共轭复根则对应着一种短周期运动模态,特点是振荡周期很短、衰减很快。无人机的纵向扰动运动即为长周期模态和短周期模态的叠加。

以 6.2.4 节给出的无人机为例,具体分析该用例无人机的特征根和运动模态。式(6 - 58)所给出的无人机纵向小扰动线性运动方程对应的特征多项式为

$$\Delta_L = s^4 + 8.782 s^3 + 39.570 s^2 + 3.187 s + 6.892 = 0 \tag{6 - 63}$$

特征根为

$$\lambda_{1,2}=-4.370\pm4.460j,\quad \lambda_{3,4}=-0.021\pm0.421j \qquad (6-64)$$

这两个特征根分别对应无人机的两种扰动运动模态,$\lambda_{1,2}$ 对应短周期运动模态,具有振荡周期短和衰减快的特点,$\lambda_{3,4}$ 对应长周期运动模态,具有振荡周期长和衰减慢的特点。

为了更好地考察所得线性系统的长周期模态和短周期模态的特性,对纵向模型的零输入响应进行仿真。假设无人机在基准飞行运动条件下受到外界俯仰力矩的干扰,飞行迎角产生了 2°的扰动,即 $\Delta\alpha=2°$,考察该扰动作用使无人机产生的运动响应情况。此时,初始的扰动运动条件为 $\Delta V=0$ m/s,$\Delta\theta=0°$,$\Delta\alpha=2°$,$\Delta p=0°/s$。

应用 MATLAB 编制仿真程序,得到在此条件下纵向扰动运动的过渡曲线,如图 6-3 所示。

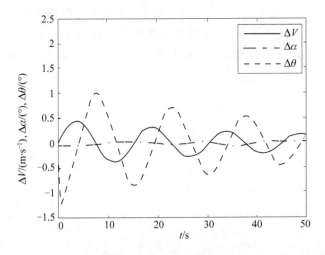

图 6-3　ΔV、$\Delta\theta$、$\Delta\alpha$ 过渡过程曲线

从图中可以看出,迎角 V_h 在扰动运动的开始阶段变化剧烈,之后则变化不大,因此迎角的扰动运动主要体现的是短周期运动模态。速度 ΔV 在开始阶段基本不变,以后则做缓慢变化,故飞行速度的扰动运动主要体现的是长周期运动模态。俯仰角 $\Delta\theta$ 开始变化很剧烈,随后进入缓慢变化的周期运动,因此 $\Delta\theta$ 的扰动运动中长、短周期运动均占一定的分量。实际上,在外界扰动作用下,无人机的各运动参数随时间变化的规律均是这两种典型运动模态的叠加。

2. 纵向运动的传递函数

基于无人机的纵向小扰动线性化状态方程,可以得到以 $\Delta\delta_e$ 为输入,以 ΔV、$\Delta\theta$、$\Delta\alpha$ 为输出的无人机的纵向运动传递函数分别为

$$\begin{cases}\dfrac{\Delta V}{\Delta\delta_e}=\dfrac{-0.045(s-52.12)(s+10.35)}{(s^2+0.042s+0.177)(s^2+8.74s+39.02)}\\[3mm]\dfrac{\Delta\alpha}{\Delta\delta_e}=\dfrac{-0.457(s+58.36)(s^2+0.065s+0.242)}{(s^2+0.042s+0.177)(s^2+8.74s+39.02)}\\[3mm]\dfrac{\Delta\theta}{\Delta\delta_e}=\dfrac{-26.61(s+5.359)(s+0.095)}{(s^2+0.042s+0.177)(s^2+8.74s+39.02)}\end{cases} \qquad (6-65)$$

画出上述传递函数对应的幅频特性曲线和相频特性曲线,如图 6-4 所示。根据自动控制原理的知识,频率特性是控制系统的单位脉冲响应的傅里叶变换。根据无人机纵向运动的频

率特性,可以分析纵向运动各状态量的单位脉冲响应的特点。由图 6 - 4 可知,无人机的短周期固有频率 $\omega_s=6.25\ \mathrm{rad/s}$,阻尼比为 $\xi_s=0.7$;长周期固有频率 $\omega_p=0.42\ \mathrm{rad/s}$,阻尼比为 $\xi_s=0.5$。

从图 6 - 4 中的 $\Delta V/\Delta\delta_e$ 曲线可看出,在短周期固有频率 $\omega_s=6.25\ \mathrm{rad/s}$ 处的 $\Delta V/\Delta\delta_e$ 远远小于在长周期固有频率 $\omega_p=0.42\ \mathrm{rad/s}$ 处的 $\Delta V/\Delta\delta_e$,相差约 70 dB,说明无人机在短周期运动期间速度的变化很小。

分析 $\Delta\alpha/\Delta\delta_e$ 的频率特性可以看出,在短周期频率范围内,$\Delta\alpha$ 的频率特性非常接近二阶振荡环节的频率特性,说明 $\Delta\alpha$ 主要反映短周期的频率特性,基本上没有反映长周期的频率特性。这主要是因为位于分母上的 $\Delta\alpha/\Delta\delta_e$ 的长周期二次因式与分子上的二次因式比较相近,几近于相互抵消,使得 $\Delta\alpha/\Delta\delta_e$ 的特性近似于一个典型的二阶系统模型,这是由无人机本身的物理特性决定的。所以,在图 6 - 4 中也可以看出 $\Delta\alpha$ 的过渡过程中长周期振荡并不明显。

在 $\Delta\theta/\Delta\delta_e$ 的频率特性曲线中,长周期和短周期的固有频率的 $\Delta\theta/\Delta\delta_e$ 均有相当的数值,说明无论是长周期运动还是短周期运动的过程中,$\Delta\theta$ 均会产生较大的变化。

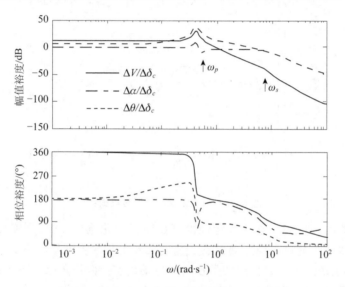

图 6 - 4　无人机纵向运动的幅频和相频伯德图

6.3.2　纵向姿态的稳定与控制

纵向姿态的稳定与控制就是对无人机俯仰角的稳定与控制。稳定是指使无人机不受外部干扰的影响而始终保持期望运动状态的过程。控制则是指使无人机响应给定的控制指令,由原先的运动状态转移到新的期望运动状态的过程。这两种过程的控制原理是一致的,都是扰动条件下的负反馈控制原理。在平飞时,通过对俯仰角运动的控制,无人机的俯仰姿态发生变化,进而可以稳定和控制无人机的飞行高度。在爬升或下滑时,通过对角运动的控制,可以改变无人机的轨迹角,改变重力在飞行速度方向上的投影,从而达到控制速度的目的。因此,俯仰姿态的控制是高度控制和速度控制等纵向轨迹控制的内回路。

1. 俯仰角的控制原理

对无人机来说,俯仰姿态的稳定与控制是由机载自控系统自动完成的,其原理与飞行员操纵飞机保持俯仰姿态稳定的原理一致,都是负反馈控制原理。假设在飞行过程中,由于某种干扰因素的作用,使飞机的俯仰角增加了 $\Delta\theta$。飞行员通过座舱仪表板上的地平仪发现飞机抬头,于是推驾驶杆,使升降舵偏转角从 δ_{e0} 的位置下偏 $\Delta\delta_e$,此时,总的升降舵偏转角为 $\delta_e = \delta_{e0} + \Delta\delta_e$。$\Delta\delta_e$ 会使飞机产生低头力矩,在该力矩的作用下使飞机的俯仰角逐渐回到 θ_0 位置。在此过程中,飞行员逐渐收回驾驶杆,直到 $\theta = \theta_0$,$\Delta\delta_e = 0$,$\delta_e = \delta_{e0}$,飞机又恢复到扰动发生前的基准飞行状态。如果要操纵飞机爬升,就需要俯仰角在 θ_0 的基础上增大 $\Delta\theta$。为此,飞行员会拉驾驶杆使升降舵上偏 $\Delta\delta_e$,使飞机产生一个抬头力矩。在抬头力矩的作用下,飞机的俯仰角会逐渐增大,飞行员根据地平仪的指示逐渐收回驾驶杆。当飞机的姿态角达到 $\theta = \theta_0 + \Delta\theta$ 时,舵面又回到起始的 δ_{e0} 位置,此时,飞机以新的基准按 $\theta = \theta_0 + \Delta\theta$ 爬升。为补偿由于爬升所造成的速度损失,还必须推油门。如图 6-5 所示。

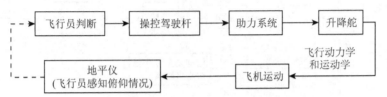

图 6-5　飞行员操控飞机控制俯仰姿态的原理

　　无人机俯仰姿态的稳定与控制也是通过升降舵的偏转来实现的。但此时升降舵的偏转角增量 $\Delta\delta_e$ 必须要由飞行控制计算机给出,而不是依靠飞行员的操控。其原理如图 6-6 所示,是由自动控制装置代替飞行员实现的闭环反馈控制系统。为此,需要用三类装置实现飞行员的眼、脑、手的功能,分别就是传感器、控制器和执行机构,这些部件和装置的总和就构成了无人机的自动驾驶仪。当无人机俯仰姿态发生变化时,俯仰姿态传感器将无人机的实际俯仰角测出并传送给控制器,由控制器根据俯仰角基准和俯仰控制律计算出俯仰控制信号,再经过执行机构放大产生升降舵偏转角信号,驱动升降舵产生期望的偏转,使无人机的姿态发生期望的变化。由于整个系统是按负反馈原理工作的,其结果是使无人机趋向原始状态。当无人机回到原始状态时,传感器输出信号为零,舵机和升降舵也回到原位,无人机重新按原始状态飞行。所以说,无人机俯仰姿态控制的基本原理就是负反馈控制原理,核心控制功能由俯仰姿态控制律实现,任务就是给出 $\Delta\delta_e$ 的表达式,使无人机能够按照预定的状态飞行。其中,δ_e 可以通过对无人机非线性数学模型进行配平获得。根据无人机的俯仰操控原理,要使无人机的俯仰角增加,即使无人机抬头,$\Delta\delta_e$ 必须为负,以产生所需的抬头力矩。反之,若要使无人机低头,俯仰角减小,则 $\Delta\delta_e$ 必须为正,以使无人机产生所需的低头力矩。

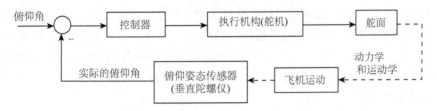

图 6-6　俯仰姿态的自动控制原理示意图

　　在进行控制参数的设计时,通常将舵回路看作一阶环节。它相当于低通滤波器,即只有当控制系统的信号在一定频率范围内才能通过,防止设计的控制参数过大舵机响应不过来而导致系统发散。

2. 俯仰角控制律设计

在俯仰姿态稳定与控制问题中,俯仰角是被控量,升降舵偏转角为控制量。若无人机飞行在基准状态,没有任何干扰力或力矩,则使用基准状态下的升降舵偏转角 δ_{e0} 和油门 δ_{T0} 就可以保持无人机稳定飞行。但由于建模误差或者环境干扰,无人机会偏离基准运动状态,为保持无人机的姿态和速度,需要在 δ_{e0} 和 δ_{T0} 的基础上根据负反馈的原理产生一个增量,使得无人机能够保持在基准状态飞行。为实现俯仰角的自动调整,应当以实际俯仰角的负反馈值与期望俯仰角进行比较,求得两者的偏差,根据偏差信号形成控制量,即可实现对俯仰姿态的自动稳定与控制,如图 6-7 所示。

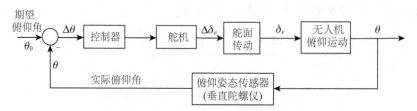

图 6-7　俯仰角稳定与控制原理框图

对于控制律的设计和分析来说,通常将舵机的运动特性用一个惯性环节来描述。直观上理解,在进行姿态控制时,$\Delta\delta_e$ 应该跟无人机实际的俯仰角与期望俯仰角之间的误差有关,可以假设它们之间满足一定的比例关系。根据自动控制原理可知,这种控制器为最简单的比例式控制。从后面的分析可知,这种控制器存在一定的问题,从而引出更加复杂的控制结构。首先,画出采用比例式控制的俯仰角控制通道的传递函数方框图,如图 6-8 所示。

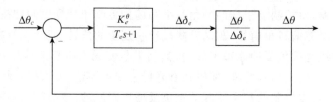

图 6-8　俯仰角控制通道传递函数方框图

根据图 6-8 可以得到俯仰角控制律为

$$\Delta\delta_e = \frac{K_e^{\theta}}{T_e s + 1}(\Delta\theta - \Delta\theta_c) \tag{6-66}$$

式中,K_e^{θ} 为俯仰角到升降舵偏转角之间的传递系数,称为俯仰角传动比;T_e 为舵回路的时间常数。在控制系统设计时,一般要适当选择舵回路的时间常数 T_e,使舵回路的带宽比无人机短周期运动的自然频率 ω_d 大 3~5 倍。这样,就可以在分析俯仰角控制通道的基本性能时,忽略掉舵回路时间常数的影响,从而可以大大简化控制律分析和设计的复杂度。所以,俯仰角的比例式控制律为

$$\Delta\delta_e = K_e^{\theta}(\Delta\theta - \Delta\theta_c) \tag{6-67}$$

式(6-67)的控制律也称为硬反馈式俯仰控制律。其工作原理是:设无人机处于等速水平直线飞行状态,$\theta = \theta_0$,$\Delta\theta = \Delta\theta_c = 0$。假设在飞行过程中受到俯仰干扰力矩作用使无人机抬头,俯仰姿态偏离基准状态,出现俯仰角偏差 $\Delta\theta - \Delta\theta_c > 0$,则控制器输出与俯仰角偏差 $\Delta\theta$ 成比例的控制信号,$\Delta\delta_e = K_e^{\theta}(\Delta\theta - \Delta\theta_c) > 0$,升降舵向下偏转产生低头力矩,使无人机的俯仰角

逐渐回到 θ_0 的位置,同时,$\Delta\delta_e \to 0$。这一过程体现了自动驾驶仪产生稳定力矩的作用。同理,若 $\Delta\theta_c > 0$,即希望增加无人机的俯仰角,此时有 $\Delta\theta - \Delta\theta_c < 0$,$\Delta\delta_e < 0$,升降舵向上偏转产生抬头力矩,当俯仰角增加到期望值后,则有 $\Delta\delta_e \to 0$,这一过程体现了自动驾驶仪产生控制力矩的作用。

在无人机飞行控制律的设计实践中,比例式控制律对于低空低速状态下的飞行控制还是可行的。但如果增大俯仰角传动比 K_e^θ,则会降低系统的短周期运动的阻尼比,严重时会使俯仰角的控制过程出现较大的振荡。通常,在稳定和控制俯仰角的过程中,无人机在自动驾驶仪的稳定力矩与自身稳定力矩的共同作用下,迅速向减小偏离的方向运动,使俯仰角恢复到基准值,同时会产生较大的俯仰角速度 $q = \dot\theta$。当俯仰角回到原位时,升降舵偏转角也趋于零。此时,若无人机自身的阻尼较小,且 K_e^θ 取得过大,则无人机的俯仰角虽能很快地回复到基准值,但由于无人机的俯仰运动惯性过大,俯仰角会冲过基准值,导致俯仰角的调整过程发生振荡。这一过程可用俯仰角在扰动作用下的零输入响应曲线来说明,由于考虑零输入响应,$\Delta\theta_c = 0$,故有 $\Delta\delta_e = K_e^\theta\Delta\theta$,对应的曲线如图 6-9 所示。在不考虑舵回路惯性的条件下,$\Delta\delta_e$ 跟随 $\Delta\theta_c$ 的变化,其相位与 $\Delta\theta$ 一致,不能阻尼飞机的运动。增大 K_e^θ 只能使振荡过程中 t_1 时间减小,但振荡次数和过渡过程时间 t_3 反而增加。另外,对于高空高速飞行的无人机,其短周期运动的自然阻尼比不足,比例式控制律难以保证系统具有良好的飞行控制性能。

为克服上述问题,可在俯仰角控制律中引入俯仰角速率的补偿项,得到比例微分形式(PD)的俯仰角控制律为

$$\Delta\delta_e = K_e^q\Delta q + K_e^\theta(\Delta\theta - \Delta\theta_e) \tag{6-68}$$

引入俯仰角速度信号后,会产生一个附加的舵偏角控制项,形成附加操纵力矩。此力矩与俯仰角速度方向相反,对飞机运动起阻尼作用。在式(6-68)中,令 $\Delta\delta_{e1} = K_e^\theta\Delta\theta$,$\Delta\delta_{e2} = K_e^q\Delta q$,根据俯仰角在扰动作用下的零输入响应,分别做出相应的舵偏角 $\Delta\delta_{e1}$、$\Delta\delta_{e1}$ 及 $\Delta\delta_e$ 的曲线,如图 6-10 所示。由图可知,$\Delta\theta$ 在由正值减小的过程中,由于 $\Delta q = \dot\theta$ 为负值,它所产生的舵偏角 $\Delta\delta_{e2}$ 亦为负值,因而在 t_2 时刻 $\Delta\theta$ 还处于正值,升降舵就提前回到基准位置,即 $\Delta\delta_e = 0$。而在 t_2 时刻 $\Delta\theta = 0$ 时,增量舵偏角已为负值,产生抬头力矩,阻止飞机继续向下俯冲,这就相当于增加了人工阻尼。由于速度陀螺所提供的微分信号,使升降舵偏转角增量的相位超前于俯仰角信号 $\Delta\theta$,故称为"提前反舵"。这就是在俯仰角控制系统中引入俯仰角速度信号增加系统阻尼、抑制俯仰角振荡的物理本质。

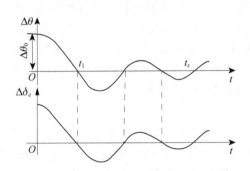

图 6-9　比例控制的俯仰角响应曲线

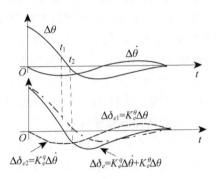

图 6-10　角速率信号产生的阻尼作用

但是,式(6-68)给出的控制律(即 PD 控制)也存在一定的问题。无人机的纵向运动主要

体现为短周期模态和长周期模态,因此系统的型别较低,俯仰角的阶跃响应会存在一定的误差。更重要的是,当有常值干扰力矩 M_f(干扰力矩可能来自于建模误差、风的干扰等因素)存在时,PD 控制也会使俯仰角产生一定的稳态误差,从而使无人机偏离设定的基准状态。设飞机做水平直线飞行,突然受到常值干扰力矩 M_f 而抬头,出现正的 $\Delta\theta$,由于此时的 $\Delta\theta_0$ 保持不变,则根据式(6-68)的俯仰角控制律,必然出现正的 $\Delta\delta_e$。在稳定过程结束后,$\Delta\delta_e$ 不再为零,以抵消干扰力矩的影响。最终的平衡条件为

$$M_y^{\delta_e}\Delta\delta_e + M_f = 0 \qquad (6-69)$$

式中,$M_y^{\delta_e} = C_{m\delta_e}QS_W c_A$。得到抵消常值干扰力矩 M 的升降舵偏转角为

$$\Delta\delta_e = \frac{-M_f}{C_{m\delta_e}QS_W c_A} \qquad (6-70)$$

将控制律 $\Delta\delta_e = K_e^\theta(\Delta\theta - \Delta\theta_c)$ 代入式(6-70),可求出俯仰角稳态误差为

$$\Delta\theta - \Delta\theta_c = -\frac{M_f}{C_{m\delta_e}QS_W c_A K_e^\theta} \neq 0 \qquad (6-71)$$

根据俯仰角静差的表达式,可以得出这样的结论:一是当存在常值干扰力矩 M_f 时,硬反馈式的俯仰角控制存在静差,这是因为需要由俯仰角控制的静差来提供克服常值干扰力矩所需的升降舵偏转角;二是常值干扰力矩 M_f 造成的俯仰角静差与常值干扰力矩同极性($C_{m\delta_e}<0$)且成正比,并与反馈增益 K_e^θ 成反比;三是增大反馈增益 K_e^θ 可以减小俯仰角的静差,但过大的反馈增益 K_e^θ 会导致升降舵偏转角 δ_e 过大,易引发俯仰角的振荡。

为了解决上述问题,提高俯仰角控制的精度,可在控制律中增加积分环节,构成软反馈式俯仰角控制律,即

$$\Delta\delta_e = K_e^q\Delta q + K_e^\theta(\Delta\theta - \Delta\theta_e) + K_e^{I\theta}\int(\Delta\theta - \Delta\theta_c)\mathrm{d}t \qquad (6-72)$$

按照自动控制原理的稳态误差理论,在控制律中引入的积分环节相当于在俯仰角控制通道的开环传递函数中增加了一个位于零点的极点,增加了开环系统的型别,有利于消除常值俯仰干扰力矩 M_f 引起的稳态误差,此时,克服 M_f 所需的升降舵偏转角不再需要由俯仰角的静差提供,而是由积分环节提供。但是积分会使闭环系统的特征根向右半平面移动,会降低系统的相对稳定性,尤其是进行高度控制时,通常在控制回路中还要引入高度误差的积分,会使得控制系统的型别进一步增加,容易导致系统不稳定。

总的来说,俯仰角控制律按照负反馈控制原理设计,分为硬反馈和软反馈两种形式。引入俯仰角偏离信号 $\Delta\theta$ 增大了系统的稳定力矩,其增加值与 K_e^θ 成正比,增大 K_e^θ 可以提高俯仰角阶跃响应的快速性。引入俯仰角速率信号 Δq 可以增加纵向运动的阻尼力矩,抑制俯仰角的振荡,阻尼力矩的增加与 K_e^q 成正比。引入俯仰角的积分可以消除俯仰角的静差,但会影响系统的稳定性。控制律的设计应根据实际需要确定使用哪种控制律。

3. 俯仰角控制律增益设计

上面讨论了两种俯仰角控制律,即硬反馈式和软反馈式俯仰角控制律。两种控制律各有特点,但不论采用哪种控制律,一个重要的任务就是合理地确定控制律中的各项增益系数,使无人机具有良好的动态和稳态性能。这里采用软反馈式俯仰角控制律,相应的控制结构如图 6-11 所示。

图 6-11 中的限幅环节是为了限制积分产生的舵偏量,防止舵面饱和。积分环节会增加

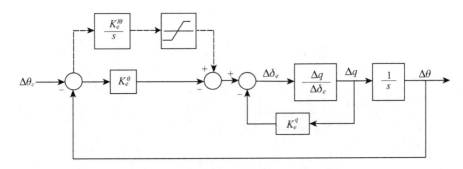

图 6 - 11　软反馈式俯仰角控制系统结构图

系统的型别,当接入高度控制等外回路时会使得系统的稳定裕度下降。因此,在接入高度控制回路的时候,可以断开俯仰角的积分环节。下面将结合本章用例的无人机,简要阐述如何合理地选择增益系数 K_e^θ、K_e^q 和 $K_e^{I\theta}$。基本的思路是遵循由内向外的设计原则,即先设计由俯仰角速率反馈构成的回路,称为俯仰角速率回路、内回路或阻尼回路,确定俯仰角速率增益 K_e^q 的取值。然后设计由俯仰角反馈构成的回路,称为外回路或俯仰角稳定回路,确定俯仰角比例增益 K_e^θ。最后,还需要进一步确定积分增益 $K_e^{I\theta}$ 的取值。

(1) 俯仰角速率增益的选取

对于无人机,虽然在配平情况下的短周期运动阻尼较好,$\xi_s = 0.7$,但仍需要引入俯仰角速率反馈提高阻尼,以克服模型建立时的不确定性带来的影响。根据前文的分析,图 6 - 9 中控制结构对应的以升降舵为输入、以俯仰角速率为输出的开环传递函数为

$$\frac{\Delta q}{\Delta \delta_e} = \frac{-26.601(s+5.359)(s+0.095)K_e^q}{(s^2+0.042s+0.177)(s^2+8.74s+39.02)} \tag{6-73}$$

依据式(6-73),可计算出 $K_e^q = 0$ 时的俯仰角速率通道的长周期和短周期模态的特征根、阻尼比等特征参量,如表 6 - 2 所列。

表 6 - 2　$K_e^q = 0$ 时的俯仰角速率通道的特征参量

模态	特征根	阻尼比	自然频率/Hz
长周期模态	$-0.021 \pm 0.421j$	0.05	0.42
短周期模态	$-4.370 \pm 4.460j$	0.70	6.25

通过俯仰角的初值扰动响应曲线,可以进一步了解俯仰角的运动特性。图 6 - 12 是存在初值扰动,$\Delta \theta = 20°$ 时俯仰角的变化曲线,从 $K_e^q = 0$ 对应的响应曲线看,此时的俯仰角阶跃响应仍然有着较大的振荡。为此,可以通过俯仰角速率反馈来增大阻尼,减小振荡。

利用 MATLAB 控制系统工具箱,做出式(6-73)对应的闭环系统的根轨迹,如图 6 - 13 所示。根据根轨迹的指示,取 $K_e^q = 0.2$,此时的俯仰角速率通道的特征参量如表 6 - 3 所列。

表 6 - 3　$K_e^q = 0.2$ 时的俯仰角速率通道的特征参量

模态	特征根	阻尼比	自然频率/Hz
长周期模态	$-0.03 \pm 0.32j$	0.10	0.32
短周期模态	$-7.01 \pm 4.28j$	0.854	8.21

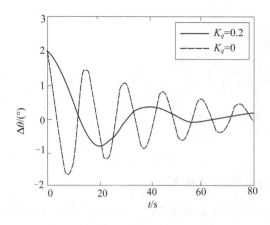
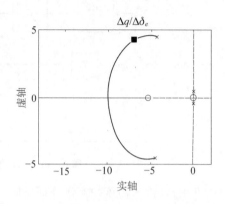

图 6-12　俯仰角初值扰动响应曲线　　　图 6-13　俯仰角控制系统内回路的根轨迹

从表 6-3 中可以看出,俯仰角速率反馈的引入,可以明显提高短周期运动的阻尼比,从而改善系统的振荡特性。这一点可从图 6-12 中 $K_e^q = 0.2$ 对应的俯仰角阶跃扰动响应曲线看出,俯仰角对初值扰动的调节过程中振荡次数及过渡时间均明显减小,这是系统阻尼增加的结果。需要指出的是,按物理概念似乎 K_e^q 越大,阻尼效果越明显。但这是有前提的,即不考虑舵回路的惯性,将其看成传递函数为 1 的理想环节。若考虑舵回路的惯性,当 K_e^q 增大至一定值时,阻尼性能会开始恶化。另外,从表 6-2 和表 6-3 中的参量对比可以看出,俯仰角速率反馈对长周期运动的影响不大。改善长周期模态的运动情况,需要俯仰角反馈。

（2）俯仰角反馈增益的选取

在确定了俯仰角速率增益后,下面来选取确定俯仰角稳定回路的增益系数 K_e^θ。由于此时尚未接入积分环节,所以有 $\Delta\delta_e = K_e^q \Delta q + K_e^\theta (\Delta\theta - \Delta\theta_c)$。从图 6-14 可知,设计完 K_e^q 后,在设计俯仰角比例控制回路时,新的开环传递函数应为接入俯仰角速率反馈后所得的闭环传递函数,俯仰角控制回路的结构图可以简化成图 6-14。

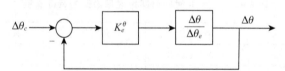

图 6-14　引入角速率反馈后俯仰角控制回路简化结构图

图 6-14 的控制回路中,以 $\Delta\theta_c$ 为输入、以 $\Delta\theta$ 为输出的开环传递函数可以由式(6-68)中的开环传递函数,并结合 $K_e^q = 0.2$ 的反馈系数求得,即

$$\frac{\Delta\theta}{\Delta\theta_c} = \frac{42.314(s+4.994)(s+1.258)K_e^\theta}{(s^2+0.066s+0.102)(s^2+14.04s+67.56)} \quad (6-74)$$

式(6-74)对应的闭环系统的根轨迹如图 6-15 所示。

为了同时照顾无人机纵向长周期和短周期的运动性能,按照根轨迹图的指示,可以取 $K_e^\theta = 0.6$,此时,系统对应的长周期和短周期运动的特征参量如表 6-4 所列。可见,通过引入 $K_e^\theta = 0.6$ 的俯仰角稳定回路,系统长周期运动模态具有了两个负实根 $s_1 = -1.15$、$s_2 = -0.196$,而且阻尼比 $\zeta = 1$。根据系统时域响应的知识可知,此时的俯仰角长周期运动将不会出现明显的振荡问题。图 6-16 是引入俯仰角稳定回路后的俯仰角的阶跃响应曲线,其中峰

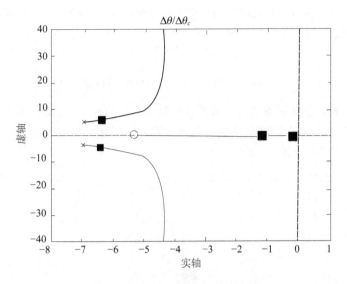

图 6-15 俯仰角控制回路根轨迹图

值为 0.894°,峰值时刻 2.49 s,超调 $\sigma = 65.1\%$,稳定时刻 21.1 s。从图中可以看出,系统的振荡已经被有效抑制。

表 6-4 $K_e^\theta = 0.6$ 时的系统闭环特征参量

模态	特征根	阻尼比	自然频率/Hz
长周期模态	$s_1 = -1.15, s_2 = -0.196$	1	1.15,0.196
短周期模态	$-6.38 \pm 5.15j$	0.78	8.2

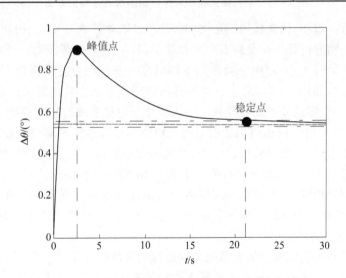

图 6-16 引入稳定回路后的俯仰角阶跃响应曲线

(3) 积分环节增益的选取

俯仰角的阶跃响应曲线虽然已经说明在引入 $K_e^\theta = 0.6$ 的俯仰角稳定回路后,系统呈现出良好的动态性能,但是,从该响应曲线也可以看出,俯仰角的控制存在稳态误差,这就是硬反馈式俯仰角控制律存在静差的固有缺陷。前面已经对此问题进行了分析,如果要消除俯仰角的静差,则可以在控制律的构成中引入俯仰角误差的积分,即采用软反馈式的控制方式,控制律表达式为

$$\Delta \delta_e = K_e^q \Delta q + K_e^\theta (\Delta \theta - \Delta \theta_e) + K_e^{I\theta} \int (\Delta \theta - \Delta \theta_c) \mathrm{d}t \qquad (6-75)$$

为此,需要选取确定积分环节的反馈增益系数 $K_e^{I\theta}$。同样的方法,借助根轨迹来确定积分增益系数。利用 MATLAB 的控制系统工具箱,可以很方便地绘制出引入积分环节后的系统的根轨迹和开环伯德图,如图 6-17 所示。

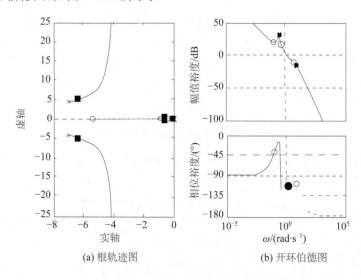

(a) 根轨迹图　　　　　　　　　(b) 开环伯德图

图 6-17　软反馈式俯仰角控制回路根轨迹和伯德图

随着反馈增益的增加,代表长周期运动的特征根往右半平面移动,长周期运动阻尼急剧变差。代表短周期运动的特征根先是向右半平面移动,后向左半平面移动。因此,$K_e^{I\theta}$ 不能取得太大,反之,若 $K_e^{I\theta}$ 取得太小,则积分的作用不够明显。选取积分反馈系数 $K_e^{I\theta}=0.3$,对应的俯仰角运动的特征根如图 6-17(a) 中方块点标示的部分所示。从该图可以看出,加入积分环节后,系统增加了一个靠近原点的特征根。引入积分会使得系统的稳定裕度下降,因此不同于之前的根轨迹图,图 6-17(b) 通过伯德图对引入积分环节后系统的幅值裕度和相位裕度进行考察。从图 6-17(b) 上方的图片可以看出,系统的幅值裕度为无穷大,相位裕度为 67.7°,满足系统的幅值裕度应大于 6 dB,相位裕度应不小于 45° 的稳定性要求。

根据自动控制原理的知识,由积分环节引入的接近原点的特征根可以有效消除系统的静差,图 6-18 中俯仰角的阶跃响应曲线也说明了这一点,其中峰值为 1.12°,峰值时刻 2.33 s,超调 $\sigma = 11.7\%$,稳定时刻 25.7 s。

软反馈式俯仰角控制结构能够有效地消除俯仰角阶跃响应中的误差,同时对建模误差(如气动结构的不对称性带来的误差、重心位置不确定带来的误差等)和垂直气流扰动等外部环境变化带来的扰动力矩对俯仰角控制精度带来的影响具有抑制作用。特别适合于起飞、爬升等俯仰角控制精度要求较高的飞行阶段。但引入俯仰角积分会减小系统的稳定裕度,因此在进行高度控制时通常要切断积分环节。

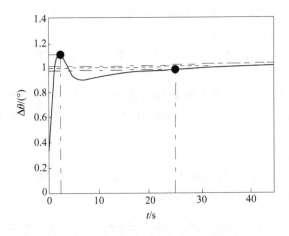

图 6 - 18　软反馈式控制方式下俯仰角阶跃响应

6.3.3　飞行高度的稳定与控制

1. 飞行高度控制原理

飞行控制的最终目的是使无人机以足够的准确度保持或跟踪预定的飞行轨迹,对于纵向运动主要是飞行高度的稳定与控制。无人机在执行编队飞行、巡航以及着陆时的初始阶段均需要对飞行高度进行精确控制。角稳定控制回路虽然能够在俯仰干扰力矩存在时保持俯仰角的稳定,当飞行速度变化时,例如无人机加速时,此时基准状态的飞行迎角将变小,若仅保持俯仰角不变,则无人机必然存在一定的航迹俯仰角(无人机飞行在配平得到的基准状态时,有 $\theta_k = \theta + \alpha$),从而导致高度偏移,所以不能直接应用于飞行高度的稳定和控制系统中。

飞行高度的稳定与控制系统中需要使用高度传感器直接测量飞行高度。根据无人机的动力学方程可知,飞行高度变化率 $\dot{h}$ 与航迹俯仰角的关系为

$$\dot{h} = V \sin \theta_k \tag{6-76}$$

可以看出,理论上,无人机的飞行高度可以通过航迹俯仰角 θ_k 来控制。但实际上 θ_k 很难通过测量获得,因而不易构成反馈控制回路,所以直接对航迹俯仰角进行控制比较困难。通常将高度差信息输入俯仰角控制系统,通过改变俯仰角的方式间接地改变无人机的航迹俯仰角。假设无人机的飞行迎角不变,则俯仰角的变化将会引起飞行高度的变化,从而达到控制无人机飞行高度的目的。因此,一般的高度稳定与控制系统组成如图 6 - 19 所示。

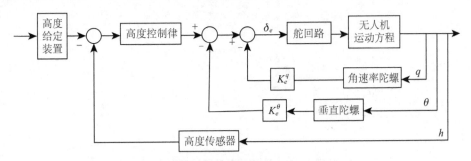

图 6 - 19　高度稳定与控制系统的一般组成

图 6 - 19 中,高度给定装置负责给出高度参考信号,通常这一信号来自预先装订的航路。从原理上讲,也可通过控制发动机推力的大小来控制飞行高度,但是在改变推力使飞行速度发生变化之后,高度才开始发生变化。无人机的飞行速度变化比较慢,因此通过发动机控制高度变化的过渡过程也十分缓慢。

单独进行姿态控制时,应将高度差测量装置断开。为便于转换飞行状态,设计高度稳定系统时通常不改变已设计完成的俯仰角控制系统,但如果采用软反馈式控制律,则需要断开俯仰角的积分环节。

2. 飞行高度控制律设计

通常采用高度比例积分(PI)控制作为无人机的高度控制律,如式(6 - 77)所示。俯仰角控制为高度控制的内回路,为其提供足够的阻尼。

$$\Delta\delta_e = K_e^q \Delta q + K_e^\theta(\Delta\theta - \Delta\theta_c) + K_e^h(\Delta h - \Delta h_c) + K_e^{Ih}\int(\Delta h - \Delta h_c)\mathrm{d}t \qquad (6 - 77)$$

式中,K_e^h 表示 1 m 高度误差所产生的升降舵偏转角,若无人机的飞行高度低于预定高度,即 $\Delta h - \Delta h_c < 0$,则产生的升降舵偏转角为负,舵面上偏,无人机爬升到达预定高度。因此上述控制律中反馈系数的极性是符合控制要求的。通常,在高度误差较大时,并不接入高度误差的积分,目的是防止积分过快饱和,增加高度调节的相应时间。只有当高度误差到达一定范围之后才接入积分环节,保证无人机在要求的高度飞行。

以高度控制系统的阶跃响应过程为例,进一步分析高度控制律中反馈信号的作用,图 6 - 20 所示即为高度控制系统的阶跃响应过程。假设在初始时刻,无人机在当前高度上以基准状态飞行,若期望无人机最终在新的高度上仍以基准状态平稳地飞行,假设无人机需要进行爬升,则有 $\Delta\theta_c = 0,\Delta h_c > 0$。由于飞行高度的变化主要受长周期模态的支配,因此在初始时刻,飞行高度来不及变化,即 $\Delta h_c = 0$,则 $\Delta h - \Delta h_c < 0$。此时,式(6 - 77)中的控制律将变为

$$\Delta\delta_e = K_e^q \Delta q + K_e^\theta \Delta\theta + K_e^h(\Delta h - \Delta h_c) + K_e^{Ih}\int(\Delta h - \Delta h_c)\mathrm{d}t \qquad (6 - 78)$$

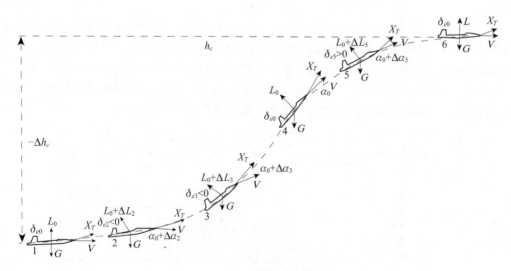

图 6 - 20　高度控制阶跃响应过程

将无人机的初始升降舵偏转角记为 δ_{e0},初始迎角记为 α_0,对应的升力记为 L_0。每一个阶

段由式(6-78)产生的升降舵偏转角增量记为 $\Delta\delta_{ei}$,i 为每一阶段的下标,迎角和升力的增量也是如此。整个高度控制阶跃响应过程主要包括以下 6 个阶段:

阶段 1:在初始时刻,$\Delta h-\Delta h_c<0$,无人机以配平迎角 $\alpha=\alpha_0$ 做水平飞行,其升力等于重力,升降舵偏转角为 δ_{e0}。

阶段 2:高度偏差信号使升降舵上偏,故 $\delta_{e2}<0$,它与高度差 $\Delta h-\Delta h_c$ 成正比,从而使得迎角增加 $\Delta\alpha_2$,升力也伴随着增加 ΔL_2。

阶段 3:在 ΔL_2 的作用下,产生正的航迹俯仰角速度 $\Delta\dot\theta_k$,使飞行轨迹向上弯曲。随着 $\Delta\theta_k$ 的增加,俯仰角也逐渐增加,$\Delta\theta>0$,将会产生正的升降舵偏转角增量,体现了俯仰角控制作为高度控制内回路的阻尼作用。由控制律可知,由于 $\Delta\theta$ 的增加和高度误差的减小,升降舵偏转角也随之减小,与阶段 2 相比,迎角增量、升力增量均减小。

阶段 4:系统中的俯仰角偏离信号与高度差信号相平衡,升降舵回到 δ_{e0} 的位置,此时 $\alpha=\alpha_0$,$\Delta L=0$,但由于俯仰角的增加使得航迹俯仰角 $\theta_k\neq0$,无人机以一定的航迹俯仰角 θ_k 爬升。

阶段 5:高度差信号小于俯仰角偏离信号,使舵回路的输入信号极性反号,舵面向下偏转,即 $\Delta\delta_{e5}>0$,从而使迎角增量 $\Delta\alpha_5$、升力增量 ΔL_5、航迹俯仰角速度增量 $\Delta\dot\theta_k$ 均出现负值,飞机的轨迹逐渐向下弯曲。

阶段 6:当高度误差到达一定的范围之后,接通积分环节,使得高度误差最终变成零,无人机的俯仰角增量也为零,舵面又回到 δ_{e0} 位置,无人机在新的给定高度上以基准状态进行飞行。

由上述控制过程可以看出,相对于给定高度的偏差信号,俯仰角偏离信号是十分重要的。若控制律中无俯仰角偏离信号 $\Delta\theta$,则在高度稳定过程中升降舵总是向上偏转,导致升力增量为正,轨迹向上弯曲。当飞机达到给定高度时,由于速度向量不在水平位置而是向上使飞机越过给定高度,故出现正 Δh,这时升降舵才下偏。这样就不可避免地出现无人机在给定高度上振荡。引入俯仰角偏离信号 $\Delta\theta$ 后,无人机在未达到给定高度时,就提前收回舵面,即阶段 4 和 5,也是起到一种"提前返舵"的阻尼作用,从而减小了无人机的上升率,对高度控制系统起阻尼作用。所以高度控制通常在俯仰角控制系统的基础上形成。

对于某些无人机,在高度控制回路中,仅靠俯仰角控制系统不能提供足够的阻尼,因为 K_e^θ 在设计姿态稳定系统时就已经确定了,不宜再变。此时,可以引入高度微分信号 $\Delta\dot H$ 以增加系统的阻尼。

3. 高度控制律增益设计

进行高度控制回路的设计时,通常不改变俯仰角控制回路的反馈增益,即 $K_e^q=0.2$,$K_e^\theta=0.6$。反馈增益设计的基础是小扰动线性化得到的纵向运动方程,接入姿态控制内回路后,根据图 6-21 中的控制系统结构图,首先结合现代控制理论的知识将虚线框内的系统简化为一个新的系统,然后可以得到高度控制系统的开环传递函数,以进行反馈增益的设计。

按照图 6-21 的控制结构,接入姿态控制内回路后,可得到高度控制回路的开环传递函数为

$$\frac{\Delta h}{\Delta\delta_e}=\frac{-0.226(s+17.78)(s-17.64)(s+0.05)}{s(s+1.144)(s+0.196)(s^2+12.76s+67.22)}\left(\frac{K_e^h(s+K_e^{Ih}/K_e^h)}{s}\right)\quad(6-79)$$

与俯仰角控制回路的积分环节和比例环节的反馈增益的设计方法不同,通常将高度的比例项和积分项的反馈系数一起设计,即写成 $K_e^h(s+K_e^{Ih}/K_e^h)/s$ 的形式,相当于在高度控制回路根

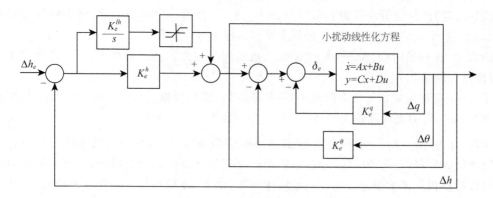

图 6 - 21　高度控制结构图

轨迹图上增加了一个零点和一个极点。式(6 - 79)对应的闭环系统的根轨迹和伯德图如图 6 - 22 所示。

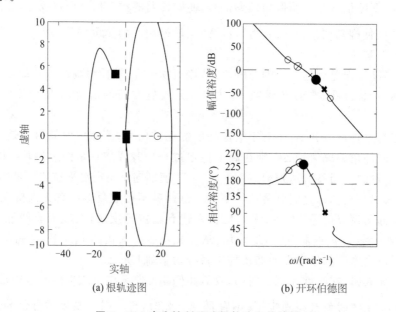

(a) 根轨迹图　　　　　　　　(b) 开环伯德图

图 6 - 22　高度控制回路根轨迹和伯德图

　　随着反馈增益的增大,闭环系统的特征根将向右半平面的零点 $s=17.64$ 移动,系统的稳定性下降。当高度反馈增益达到一定值时,根轨迹穿过虚轴向右半平面延伸,当 $K_e^h > 5$ 时,系统将变得不稳定。若新增的零点在开环根轨迹的左半平面的两个零点之间,其对根轨迹的改善作用较明显。零点向左半平面移动时,高度阶跃响应的超调量增加,调节时间减小;反之,则超调量减小,调节时间增加。综合考虑高度控制的要求,取 $K_e^{lh}=0.08$, $K_e^h=0.4$。此时幅值裕度为 22.8 dB,相位裕度为 60.4°,满足系统的幅值裕度应大于 6 dB,相位裕度应不小于 45°的要求。此时无人机高度的阶跃响应曲线如图 6 - 23 所示,其中峰值为 1.11°,峰值时刻7.5 s,超调 $\sigma=11.3\%$,稳定时刻 40.7 s。

　　从图 6 - 23 中可以看出,在配平状态发生变化时,高度阶跃响应的超调量约为 11%,调节时间约为 40 s,因此,反馈增益的设计较为合理。

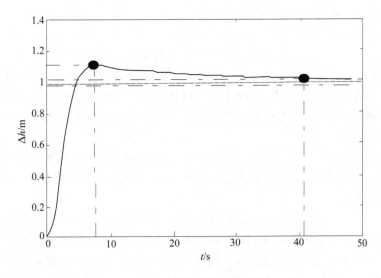

图 6 - 23 高度阶跃响应曲线

4. 自动着陆段的纵向控制方案

前面介绍了俯仰角控制回路和高度控制回路的控制原理和反馈增益设计方法,无人机之所以能够稳定地飞行,除了有赖于上述反馈增益之外,控制指令的选取、积分的断开与接入时机、积分限幅的设计也是功不可没的。下面以自动着陆段的控制方案为例进行介绍,以加深对控制系统作用原理的理解。

自动着陆段纵向控制机构主要有升降舵和油门。升降舵用于控制无人机的飞行高度;油门用于提供维持飞行速度所需的推力。无人机典型的着陆参考数据如下:

① 无人机在着陆前,先在 $300 \sim 500$ m 的上空做定高飞行;

② 当捕获到下滑轨迹线后,按照一定的航迹俯仰角(一般为 $-5° \sim -2.5°$)稳定下滑;

③ 一般规定的接地时的高度变化率为 $-1 \sim -0.5$ m/s,而在直线下滑段的高度变化率较大,因此需要末端拉起段通过增加无人机姿态角的方式减小高度变化率。

不同于稳定飞行时的情况,着陆过程中各个阶段的控制需求不同,纵向的控制策略也不尽相同。通常无人机自动着陆段纵向控制方案如图 6 - 24 所示。进场平飞段纵向采用高度控制,以保持无人机的飞行高度;轨迹捕获段纵向采用俯仰角比例控制,使无人机由平飞转为下滑,进入直线下滑段。

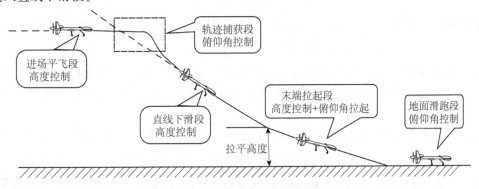

图 6 - 24 自动着陆纵向控制方案

直线下滑段纵向采用高度跟踪控制。不同于空中平飞阶段,下滑段的高度给定为斜坡信号,需要采用较高的反馈增益,以提高高度跟踪的精度。通常无人机在直线下滑段前油门开度较小,能够调节的范围不大,因此不对下滑线上的飞行速度进行闭环控制。

末端拉起段纵向仍然采用高度控制,同时不断增大内回路俯仰角指令,从而减小无人机的飞行速度,同时拉起无人机的姿态角,使无人机以合适的速度和姿态接地。由于飞行速度逐渐减小,控制能力越来越差,故高度控制律只能保证无人机具有沿轨迹剖面下滑的趋势,不能保证精确地跟踪高度剖面。

随着飞行速度的减小,重力将大于升力,无人机将与地面接触。在触地后,纵向改为姿态控制,切断高度控制回路,同时将俯仰角指令设置为0°,并通过刹车来降低无人机的滑行速度,以减小着陆滑跑距离。

纵向的高度控制几乎贯穿整个自动着陆过程,其控制精度直接决定了无人机能否精确地降落在预定的着陆点。可以通过两个方面保证自动着陆段的高度跟踪控制精度。

首先,需要对下滑轨迹线的航迹俯仰角进行合理的设计,从而减小着陆质量不确定性带来的影响。一般无人机的下滑速度不大,升阻比较大,因此通常采用相对简单并且易于实现的"直线下滑段＋末端拉起段"的着陆轨迹线,而且直线下滑段航迹俯仰角 θ_k 不大。以色列"苍鹭"无人机直线下滑段的斜率为 $-3° \sim -5°$,根据无人机在着陆时的油量或搭载的任务设备不同而不同。下滑轨迹线的设计是一个寻优的过程,需要根据非线性仿真的结果和实际的试飞数据进行修正。

其次,选择较大的高度差积分反馈增益可以提高高度控制的精度。高度差积分可以有效地克服俯仰干扰力矩对高度跟踪控制的影响,将无人机的飞行高度稳定在相应的指令上。假设俯仰干扰力矩体现为一个抬头力矩,最终需要升降舵在平衡舵面 δ_{e0} 的基础上有一个正的增量 $\Delta\delta_e$,产生用于克服干扰所需的低头力矩。高度差积分可以在保持高度跟踪误差为零的同时,通过积分的保持作用提供这一舵面。

6.3.4　飞行速度的稳定与控制

1. 飞行速度控制原理

无人机纵向运动的控制量有两个,即升降舵和油门。为进一步说明速度与两个控制舵面的关系,选取速度增量变化率 ΔV 与其他变量和输入量的关系式

$$[s - (X_V + X_{TV}\cos\alpha_0)]\Delta V - X_\alpha\Delta\alpha + g\cos\theta_{k0}\Delta\theta = X_{\delta_T}\cos\alpha_0\Delta\delta_T + X_{\delta_e}\Delta\delta_e$$

$$(6-80)$$

选择基准运动条件 $\alpha_0 \approx 0, \theta_{k0} = 0$,由此可以得到纵向运动的切向力方程为

$$\Delta\dot{V} - (X_V + X_{TV})\Delta V + (g - X_\alpha)\Delta\alpha = X_{\delta_T}\cos\alpha_0\Delta\delta_T + X_{\delta_e}\Delta\delta_e \qquad (6-81)$$

可以看出,油门和升降舵均可以对无人机的飞行速度进行控制,因而导致了飞行速度控制的两种常见方案:通过控制升降舵来控制无人机的飞行速度;通过控制油门大小来改变无人机的飞行速度。

假定在恒定飞行速度的情况下,高度变化率与飞行速度和航迹俯仰角的关系如下式所示:

$$\dot{h} = V\sin\theta_k \qquad (6-82)$$

可以看出,若不能保持无人机的航迹俯仰角为零,则飞行速度的变化会引起飞行高度的变化。假设无人机的质量不变,故平飞时所需的升力与重力相等。根据升力的表达式可知,当无

人机的飞行速度增加时,若要保持升力不变,则升力系数必然要减小,故迎角将减小。因此,如要增加无人机的飞行速度($\Delta V > 0$),又要保持飞行高度不变化($\Delta \theta_k = 0$),则必须减小飞行迎角($\Delta \alpha < 0$)。所以,在平飞时,若要通过改变油门大小的方法来增加无人机的飞行速度,必须要通过升降舵使无人机低头,以减小飞行迎角,否则无人机的飞行轨迹必将向上发生弯曲,即 $\Delta \dot{\theta}_k > 0$。

下面分析升降舵对速度的控制作用。若要求无人机的飞行迎角不发生改变($\Delta \alpha = 0$),并令 $\bar{X}_V = (X_V + X_{TV})$,单独考虑升降舵为控制舵面,则式(6-81)变为

$$\Delta \dot{V} - \bar{X}_V \Delta V = X_{\delta_e} \Delta \delta_e \qquad (6-83)$$

当无人机由基准运动转向爬升或下滑时,通常需要断开高度回路,用升降舵控制无人机的俯仰角,将式(6-68)所示的硬反馈式控制规律代入式(6-83),可得

$$\Delta \dot{V} - \bar{X}_V \Delta V = X_{\delta_e} \left[K_e^q \Delta q + K_e^\theta (\Delta \theta - \Delta \theta_c) \right] \qquad (6-84)$$

式中,X_{δ_e} 表示升降舵产生的阻力,其值相对较小。因此式(6-84)中揭示了一个重要的物理概念,即升降舵对速度的调节作用不是靠其产生的阻力来实现的,而主要是靠改变无人机的俯仰角来产生相应的控制作用。改变俯仰角将使得无人机的航迹俯仰角发生变化,从而改变重力在飞行方向上的投影,导致飞行速度的变化。可以看出,采用升降舵控制飞行速度时,航迹俯仰角必然发生变化,无人机必然不能保持现有高度。因此,通过升降舵改变俯仰角从而实现速度控制的方法常用于爬升、下滑等不要求对飞行高度进行精确控制的飞行阶段。

现有的速度控制方法通常采用同时调整油门和升降舵的方式来控制飞行速度,即所谓的自动油门系统,本节也将重点介绍这种方法。

2. 飞行速度控制律设计

无人机的速度控制律通常比较简单,在某些无人机上甚至并不对速度进行闭环控制。但是,有一个概念必须要建立,即速度控制回路必须要建立在高度控制回路基础之上。这一点在前面的速度控制原理中已经指出。为了定量地说明上述关系,为飞行速度的控制律设计奠定基础,下面将采用数字仿真的方式对这一现象进行形象地说明。

考虑不接入高度控制的情况下。根据小扰动线性化方程,可得以油门为输入、以飞行速度变化量为输出的传递函数为

$$\frac{\Delta V}{\Delta \delta_T} = \frac{6.018(s - 0.183)(s^2 + 8.888s + 39.88)}{(s^2 + 0.042s + 0.176)(s^2 + 8.74s + 39.02)} \qquad (6-85)$$

考虑油门变化 10% 时速度的阶跃响应曲线,如图 6-25 所示。

由图中相应曲线可知,当油门变化 10% 时,飞行速度仅变化了约 0.5 m/s,飞行迎角变化了 0.15°,但俯仰角变化了 4°,无人机的飞行高度大概以 1.8 m/s 的速度增加。仿真结果表明,仅对油门进行控制不能达到控制无人机飞行速度的效果,反而会使飞行姿态和高度发生不希望的变化。

考虑接入高度控制的情况。在接入高度控制回路之后,以油门为输入、以飞行速度的变化量为输出的传递函数变为

$$\frac{\Delta V}{\Delta \delta_T} = \frac{6.018(s + 0.65)(s^2 + 0.418s + 0.128)(s^2 + 12.96s + 68.45)}{(s + 0.205)(s + 0.06)(s^2 + 0.989s + 0.349)(s^2 + 12.85s + 67.74)}$$

$$\qquad (6-86)$$

考虑油门增加 10% 时速度的阶跃响应曲线,如图 6-26 所示。

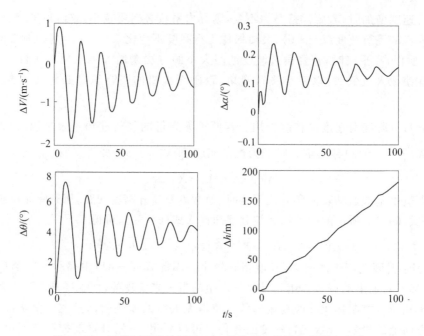

图 6 - 25　不接入高度控制时 $\Delta\delta_T$ 做阶跃变化引起的纵向响应

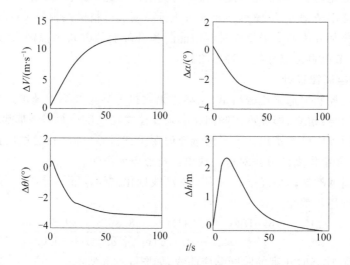

图 6 - 26　接入高度控制时 $\Delta\delta_T$ 做阶跃变化引起的纵向响应

可以看出,在接入高度控制后,油门做阶跃变化时无人机的飞行高度在稳态时不再发生改变,油门的增加最终导致了飞行速度的增加。具体来说,油门增加 10% 时,飞行速度增加了约 12 m/s,飞行迎角变化量 $\Delta\alpha \approx -3.2°$,无人机的纵向静稳定系数为负,负的迎角增量将产生抬头力矩 $+\Delta M$,由气动数据可以算得,为了平衡该力矩,需要升降舵下偏 $\Delta\delta_e \approx 3.6°$。由于飞行高度不变,$\Delta\theta_k = 0$,俯仰角变化量 $\Delta\theta = -3.2°$,此时俯仰角指令不变,$\Delta\theta_c = 0$,因此比例环节产生的升降舵偏转角增量为 $\Delta\delta = -1.92°$,在调节过程结束后有 $\Delta h - \Delta h_c = 0$。根据式(6 - 78)可知,其余的升降舵偏转角需要由高度差的积分提供。此时升降舵偏转角的分配情况如图 6 - 27 所示。

建立了上述概念之后,给出典型的速度控制律如下:

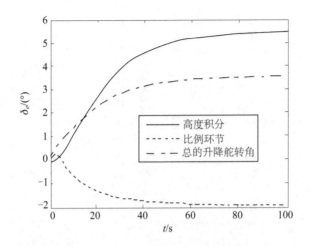

图 6 - 27　升降舵偏转角分配情况

$$\Delta\delta_T = K_T^V(\Delta V_C - \Delta V) \tag{6-87}$$

当 $\Delta V_c - \Delta V < 0$ 时,需要增大油门,因此 $K_T^V > 0$。通常,油门舵机的带宽较小,无人机对速度控制的精度要求不高。但有一点需要明确,即飞行速度控制系统总是同飞行高度控制系统一起工作的。

3. 速度控制律增益设计

结合前面的内容,飞行速度控制律的典型结构图如图 6 - 28 所示。

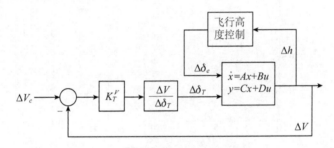

图 6 - 28　飞行速度控制结构图

根据图 6 - 28 中控制结构,在接入高度控制律之后,以油门为输入、以飞行速度为输出的开环传递函数如下式所示:

$$\frac{\Delta V}{\Delta\delta_T} = \frac{6.018(s+0.65)(s^2+0.418s+0.128)(s^2+12.96s+68.45)K_T^V}{(s+0.205)(s+0.06)(s^2+0.989s+0.349)(s^2+12.85s+67.74)}$$

$$\tag{6-88}$$

式(6-88)对应的根轨迹和伯德图如图 6 - 29 所示。

选择反馈系数 $K_T^V = 0.2$,方形的点为对应的特征根,此时飞行速度的阶跃响应如图 6 - 30 所示,其中峰值为 $0.995°$,峰值时刻 10.1 s,超调 $\sigma = 3.58\%$,稳定时刻 13.7 s。

采用式(6-87)所示的控制律对油门舵机的要求较高,因此,有些无人机上采用开环的油门控制,即只根据不同巡航速度、巡航高度下的配平结果给出发动机的油门开度。

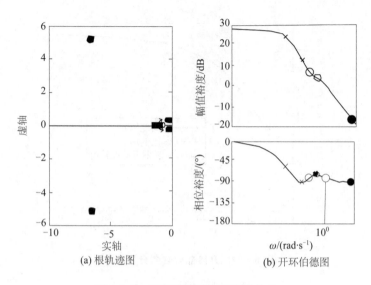

(a) 根轨迹图　　　　　　　　(b) 开环伯德图

图 6 - 29　飞行速度控制系统的轨迹

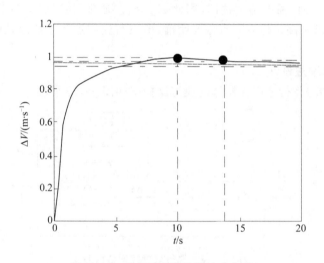

图 6 - 30　飞行速度的阶跃响应曲线

6.4　无人机横航向运动的稳定与控制

　　横航向运动包括无人机绕两个轴的转动,即滚转运动和偏航运动。由于滚转角速度会产生偏航力矩,偏航角速度也会引起滚转力矩,因此,无人机本身的航向与滚转运动是交联的。同时,横航向运动的控制是通过副翼和方向舵两个控制舵面实现的,使得滚转和偏航的操纵也是交联的。所以严格意义上讲,无人机的横航向运动系统不能再看作单输入单输出的系统,它应该是一个多变量控制系统。但为了易于阐述和理解,仍将横航向系统简化为单输入单输出系统,采用经典方法来研究。横航向运动主要有三种模态,即荷兰滚模态、快速滚转模态和螺旋模态。控制的目的就是针对不同的模态采取相应的措施来保证无人机的横航向运动性能,如提高螺旋运动的稳定性、提高荷兰滚运动的阻尼等。

6.4.1　无人机横航向运动特性分析

1. 横航向特征方程与模态

以本章的用例无人机为对象,具体分析横航向运动的特征根和运动模态。仍选取"定常水平无侧滑直线飞行"作为基准运动。由于基准运动为"水平"飞行,因此 $\theta_k = 0$,横航向线性化运动方程 $E\dot{X} = AX + BU$ 如下:

$$\begin{bmatrix} V_0 & 0 & 0 & 0 \\ 0 & 1 & 0 & 0 \\ 0 & 0 & 1 & 0 \\ 0 & 0 & 0 & 1 \end{bmatrix} \begin{bmatrix} \Delta\dot{\beta} \\ \Delta\dot{p} \\ \Delta\dot{r} \\ \Delta\dot{\phi} \end{bmatrix} = \begin{bmatrix} Y_\beta & Y_p & Y_v - V & g \\ L_\beta^* & L_p^* & L_r^* & 0 \\ N_\beta^* & N_p^* & N_r^* & 0 \\ 0 & \dfrac{1}{\cos\theta_0} & 0 & 0 \end{bmatrix} \begin{bmatrix} \Delta\beta \\ \Delta p \\ \Delta r \\ \Delta\phi \end{bmatrix} + \begin{bmatrix} Y_{\delta_a} & Y_{\delta_r} \\ L_{\delta_a}^* & L_{\delta_r}^* \\ N_{\delta_a}^* & N_{\delta_r}^* \end{bmatrix} \begin{bmatrix} \Delta\delta_a \\ \Delta\delta_r \end{bmatrix} \tag{6-89}$$

该线性方程的特征行列式 $\Delta_L = |sE - A|$ 为

$$\Delta_L = |sE - A| = \begin{vmatrix} V_0 s - Y_\beta & -Y_p & -(Y_v - V) & -g \\ -L_\beta^* & s - L_p^* & -L_r^* & 0 \\ -N_\beta^* & -N_p^* & s - N_r^* & 0 \\ 0 & -\dfrac{1}{\cos\theta_0} & 0 & s \end{vmatrix} \tag{6-90}$$

控制矩阵为

$$B = \begin{bmatrix} Y_{\delta_a} & Y_{\delta_r} \\ L_{\delta_a}^* & L_{\delta_r}^* \\ N_{\delta_a}^* & N_{\delta_r}^* \\ 0 & 0 \end{bmatrix} \tag{6-91}$$

按照本章用例无人机的建模条件,在理想状态下,作用在无人机上的横航向力和力矩均为零,因此基准运动下的副翼和方向舵偏角均为零。根据前面用例无人机在基准点上的小扰动线性化结果,得到该无人机的横航向线性运动方程为

$$\begin{bmatrix} \Delta\dot{\beta} \\ \Delta\dot{p} \\ \Delta\dot{r} \\ \Delta\dot{\phi} \end{bmatrix} = \begin{bmatrix} -0.687\,3 & 0.032\,5 & -0.969\,7 & 0.345\,6 \\ -132.84 & -11.199 & 0.757\,5 & 0 \\ 20.374 & 0.198\,8 & -1.059\,9 & 0 \\ 0 & 1 & 0 & 0 \end{bmatrix} \begin{bmatrix} \Delta\beta \\ \Delta p \\ \Delta r \\ \Delta\phi \end{bmatrix} +$$

$$\begin{bmatrix} 0.000\,4 & 0.003 \\ -1.364\,4 & 0.074\,1 \\ 0.023\,5 & -0.139\,4 \\ 0 & 0 \end{bmatrix} \begin{bmatrix} \Delta\delta_a \\ \Delta\delta_r \end{bmatrix} \tag{6-92}$$

其对应的特征多项式为

$$\Delta_L = s^4 + 12.94 s^3 + 44.23 s^2 + 253.4 s + 45.35 = 0 \tag{6-93}$$

特征根为

$$\begin{cases} \lambda_1 = -10.98 \\ \lambda_2 = -0.193 \\ \lambda_{3,4} = -0.884 \pm 4.656j \end{cases} \tag{6-94}$$

可见,无人机的横航向运动通常由两个非周期的运动模态和一个振荡模态组成。大的负实根对应于滚转运动模态,衰减很快;小的实根对应于螺旋模态,这种运动比较缓慢,是一种大时间常数的"弱"模态。这个小实根可能为正,也可能为负,所以螺旋模态可以是稳定的,也可以是不稳定的。如果具有小的正实根,则对应于缓慢发散的不稳定螺旋模态。共轭负根所对应的是一种振荡运动模态,称为荷兰滚模态。下面详细分析各个典型模态的物理本质。

（1）滚转模态

一般来说,在扰动运动的初期,大负实根起主要作用,无人机滚转角速度和滚转角在非常短的时间内达到稳定状态,而其他参数,如侧滑角、偏航角速度变化很小。这主要是由于滚转转动惯量 I_x 比偏航转动惯量 I_z 小得多(用例无人机的 $I_x=1.71\ \mathrm{kg \cdot m^2}$, $I_z=5.13\ \mathrm{kg \cdot m^2}$),因此在外部干扰作用下,无人机容易产生滚转运动而不易产生偏航运动。同时,无人机的滚转阻尼通常较强(用例无人机的 $C_{lp}=-0.525\ 7$, $C_{nr}=-0.158\ 4$),滚转运动过程能够很快衰减。因此,飞机在扰动运动初期表现为迅速衰减的滚转运动。

（2）荷兰滚模态

滚转阻尼运动基本结束后,共轭复根的作用变得明显起来,滚转角、偏航角和侧滑角随时间做周期性变化。如果 $|C_{l\beta}|$ 远大于 $|C_{n\beta}|$,无人机就会比较突出地表现出荷兰滚运动。若无人机受到侧向扰动而向右滚转,则升力的分量 $L=\sin\phi$ 指向无人机的右侧,成为无人机转弯的向心力,使得飞行速度向量转向无人机右侧,从而形成右侧滑($\beta>0$)。侧滑角将产生滚转稳定力矩和偏航稳定力矩两个力矩。由第2章的分析可知 $C_{l\beta}<0$, $C_{n\beta}>0$,当 $\beta>0$ 时会引起负的滚转稳定力矩,使得无人机向左滚转,以减小扰动引起的滚转角。与此同时,$\beta>0$ 引起正的偏航力矩,使得无人机向右偏航以减小侧滑角。由于 $|C_{l\beta}|>|C_{n\beta}|$,并且 $I_x<I_z$,因此滚转角的调节过程要比侧滑角快,当滚转角 $\phi=0$ 时,仍然存在正的侧滑角。由此形成的负的滚转力矩会使无人机继续向左滚转,并开始向左倾斜 $\phi<0$。这时向心力 $L=\sin\phi$ 指向无人机的左侧,速度向量又转向左侧,形成左侧滑。另外,在调节过程的初期无人机开始右侧滑时,机头向右偏转 $r>0$,因为存在交叉力矩且 $C_{lr}>0$,将产生使无人机向右滚转的力矩,与侧滑角产生的稳定力矩方向相反,但是该力矩比较小,无人机仍向右滚转。

综上所述,无人机右倾斜引起右侧滑,形成左滚转和右偏航,进而引起左侧滑,又形成右滚转和左偏航,进而又形成右倾斜引起右侧滑,周而复始。这使得无人机的飞行轨迹呈 S 形,很像荷兰人滑冰的动作,故称荷兰滚模态,如图 6-31 所示。

无人机的 $C_{l\beta}=0.009\ 68$、$C_{n\beta}=0.009\ 0$,差别不大,因此两个共轭复根对应的阻尼较大,荷兰滚运动体现得不是很明显。但是对于 $|C_{l\beta}|$ 远大于 $|C_{n\beta}|$ 的无人机,例如无尾翼的无人机,将表现出比较明显的荷兰滚运动。

（3）螺旋模态

小实根的作用在扰动运动的后期才会明显地表现出来,且往往首先表现为偏航角,其次是滚转角单调而缓慢的变化。若小实根为正,则在不加控制的情况下无人机最终将进入尾旋。当 $|C_{l\beta}|$ 较小,而 $|C_{n\beta}|$ 较大时,容易产生不稳定的螺旋模态。若无人机受到侧向扰动而向右滚

转,则升力的分量 $L=\sin\phi$ 指向无人机的右侧,成为无人机转弯的向心力,使得飞行速度向量转向无人机右侧,从而形成右侧滑($\beta>0$)。由此形成的偏航稳定力矩较大,无人机向右偏转以减小侧滑,产生正的偏航角速率 r。由于 $C_{lr}>0$,正的偏航角速率将产生正的滚转力矩,由于 $|C_{l\beta}|$ 较小,产生的滚转恢复力矩较小,因此无人机将继续向右滚转。此时,升力在垂直方向上的分量 $L=\cos\phi$ 小于无人机的重力,飞行高度也将缓慢下降,无人机最终沿着螺旋下降的轨迹运动。

若 $|C_{n\beta}|$ 很大,则上述过程会继续发展,无人机滚转角越来越大,使 ϕ 减小的负滚转力矩较小,而 $|C_{l\beta}|$ 较大使得偏航角速度 r 的值较大,交叉力矩导数 $C_{lr}>0$,产生较大的正滚转力矩。当负滚转力矩小于正滚转力矩时,无人机继续向右滚转,升力的垂直分量 $L=\cos\phi$ 逐渐减小,轨迹向心力 $L=\sin\phi$ 逐渐增大,致使盘旋半径越来越小,高度不断下降,无人机最终将进入尾旋,如图 6-32 所示。

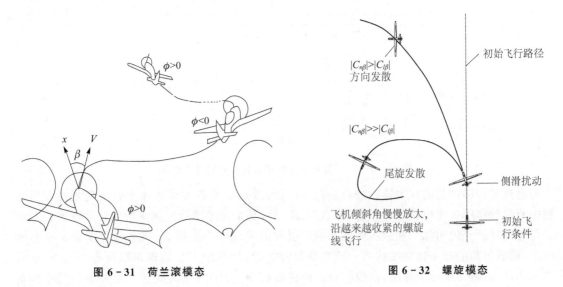

图 6-31　荷兰滚模态　　　　　　　　　　　　图 6-32　螺旋模态

螺旋模态不稳定对应小实根为正值。若小实根为负值,则螺旋模态是稳定的,此时不形成发散的螺旋飞行轨迹,但仍称它为螺旋模态。

综上所述,当 $|C_{l\beta}|$ 较大、$|C_{n\beta}|$ 较小时,荷兰滚模态体现得较为明显;而当 $|C_{l\beta}|$ 较小、$|C_{n\beta}|$ 较大时,螺旋模态体现得较为明显。根据第 2 章的分析可知,$|C_{l\beta}|$ 主要与机翼和垂尾的几何参数有关,$|C_{n\beta}|$ 主要与垂尾和机身的几何参数有关。总的来说,垂尾尺寸越大,$|C_{l\beta}|$ 越小、$|C_{n\beta}|$ 越大,螺旋模态越容易不稳定。因而现有的飞行器,特别是隐身飞机的垂尾都较小(当然也是出于隐身性能的考虑)。反之,则荷兰滚模态越明显。因此在进行无人机的气动设计的初期就可以对其运动模态进行分析,从而改进设计,这就是所谓的随控布局。

无人机受到横航向干扰后,横航向运动变量的变化是由滚转、荷兰滚和螺旋三种典型模态叠加而成的。对于不同的横航向状态变量,各运动模态的比重是不同的。

2. 横航向运动的传递函数

无人机以副翼为输入的横航向传递函数为

$$\begin{cases} \dfrac{\Delta\beta}{\Delta\delta_a} = \dfrac{0.021(s-177.6)(s+6.531)(s+1.223)}{(s+10.98)(s+0.193\,2)(s^2+1.767s+22.36)} \\[3mm] \dfrac{\Delta\phi}{\Delta\delta_a} = \dfrac{78.178\,6(s^2+1.766s+18.28)}{(s+10.98)(s+0.193\,2)(s^2+1.767s+22.36)} \\[3mm] \dfrac{\Delta r}{\Delta\delta_a} = \dfrac{1.349\,7(s-8.26)(s^2+8.888s+43.7)}{(s+10.98)(s+0.193\,2)(s^2+1.767s+22.36)} \end{cases} \tag{6-95}$$

上述传递函数的幅频特性曲线和相频特性伯德图如图 6-33 所示。

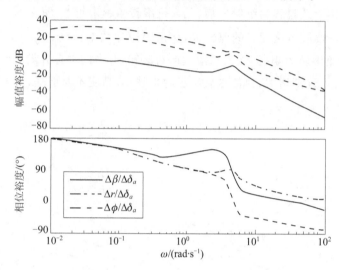

图 6-33　以副翼为输入的横航向频率特性伯德图

通过对传递函数的频率特性进行分析,可以大致地了解各种模态在横航向变量的调节过程中所起的作用。考虑荷兰滚模态,除 $\Delta\phi/\Delta\delta_a$ 外,其余传递函数的频率特性均出现比较明显的荷兰滚峰值。说明除了在副翼做脉冲偏转引起的响应中,$\Delta\beta$ 和 Δr 将表现出明显的荷兰滚模态,而滚转角的频率特性曲线与一阶系统非常类似,故其中主要体现滚转模态。另外,从式(6-95)中的第二式可以看出,在滚转角的传递函数中,分子的二次式基本上可与分母中的荷兰滚二次式抵消,即复数的零点和极点非常接近,这种偶极子效应也使得荷兰滚模态在副翼脉冲偏转所引起的滚转角的响应中的比重很小。这也是许多文献中均采用一阶惯性环节对 $\Delta\phi/\Delta\delta_a$ 进行近似的原因。

用例无人机以方向舵为输入的横航向传递函数为

$$\begin{cases} \dfrac{\Delta\beta}{\Delta\delta_r} = \dfrac{0.188(s+43.19)(s+11.04)(s-0.009)}{(s+10.98)(s+0.184\,6)(s^2+1.776s+22.37)} \\[3mm] \dfrac{\Delta\phi}{\Delta\delta_r} = \dfrac{4.007(s-19.2)(s+12.63)}{(s+10.98)(s+0.184\,6)(s^2+1.776s+22.37)} \\[3mm] \dfrac{\Delta r}{\Delta\delta_r} = \dfrac{-7.99(s+11.02)(s^2+0.281\,2s+3.822)}{(s+10.98)(s+0.184\,6)(s^2+1.776s+22.37)} \end{cases} \tag{6-96}$$

式(6-96)中传递函数的幅频特性曲线和相频特性伯德图如图 6-34 所示。

由图 6-34 可以看出,方向舵做脉冲偏转时,将导致横航向状态量出现荷兰滚峰值。图 6-35 给出了无人机的一组脉冲响应。

综上所述,一般来说方向舵偏转主要引起荷兰滚模态,对滚转模态的影响不是很明显;副

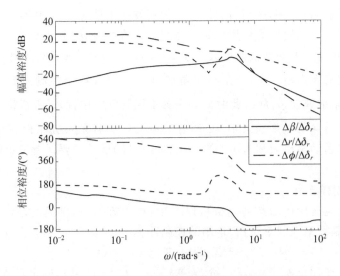

图 6 - 34　以方向舵为输入的横航向频率特性伯德图

翼偏转主要引起滚转模态,但对荷兰滚模态有较大影响。从图 6 - 35 中可形象地看出上述结论。

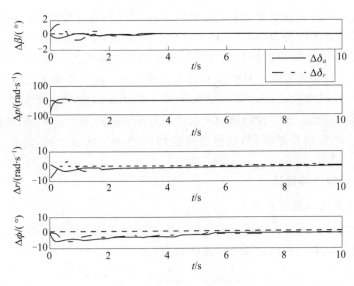

图 6 - 35　横航向脉冲响应

6.4.2　滚转角的稳定与控制

1. 滚转角的控制原理

当无人机做直线飞行时,要求滚转角 $\phi = 0$。滚转稳定回路在外界干扰力矩作用下,力图保持无人机的滚转角为零。当需要改变无人机的航向角或做盘旋转弯时,一般借助于滚转角控制系统,输入给定的控制信号 ϕ_c 使无人机发生滚转,由滚转导致的升力在水平面内的分量 $L \sin \phi$ 可以作为圆周运动的向心力,从而改变航迹偏转角,达到改变无人机航向角的目的。

滚转角的控制原理与俯仰角的控制原理非常类似,但也存在一定的区别,这主要是由无人机的纵向运动和横航向运动的区别引起的。当副翼发生正偏转 $\delta_a > 0$（即左副翼向上，右副翼向下）时，无人机因左右两翼压力差形成滚转力矩而向左加速滚转，滚转角速度产生滚转阻尼力矩，其大小随滚转角速度的增大而增大。在加速滚转过程中，只要侧滑角 $\beta = 0$，就不会有滚转稳定力矩和偏航稳定力矩产生，于是滚转角加速度 $\dot{p}$ 仅取决于控制力矩和阻尼力矩之差，直到二者平衡时，角加速度 $\dot{p}$ 为 0，此时如果副翼不回到中立位置，无人机将继续做等速滚转，即当无人机处于横航向的平衡位置时，必然有 $\dot{p} = 0$、$\delta_a = 0$，无人机保持一定的滚转角飞行。而当无人机的纵向运动满足力和力矩的平衡条件时，升降舵一般要保持一定的角度，以抵消迎角产生的低头力矩。

2. 滚转角控制律设计

由上面横航向运动传递函数的分析可以看出，相比方向舵，副翼对滚转角的操纵作用较强，因此通常采用副翼来控制滚转角，常用的控制律为

$$\Delta \delta_a = K_a^p \Delta p + K_a^\phi (\Delta \phi - \Delta \phi_c) \tag{6-97}$$

根据小扰动原理，$\phi = \phi_0 + \Delta\phi$，$\delta_a = \delta_{a0} + \Delta\delta_a$，$p = p_0 + \Delta p$，而以"定常水平无侧滑直线飞行"为小扰动运动的基准运动时，有 $\phi_0 = 0$，$\delta_{a0} = 0$，$p_0 = 0$。因此在横航向控制系统中，$\phi = \Delta\phi$，$\delta_a = \Delta\delta_a$，$p = \Delta p$，即偏差量和全量没有区别，但为了同纵向运动的控制保持一致，这里不省略增量符号"Δ"。

由第 1 章的内容可知，左副翼向上右副翼向下偏转时的舵偏量 δ_a 为正，正的舵偏将产生负的控制力矩，形成负的滚转角 $\phi < 0$。同样，正的干扰力矩会引起正的滚转角，相当于负 δ_a 的作用结果。所以干扰力矩可以折算为副翼的偏转角加到无人机上，这些干扰力矩可能来自于建模误差、无人机气动外形的不对称或者是载荷的影响。为了平衡干扰力矩的作用，无人机的副翼必须偏转一定的角度。由此可以看出，补偿干扰力矩所需的副翼偏转角必须由无人机的常值滚转角提供。因此，如果控制律中不包含滚转角误差的积分信号，则必然会产生滚转角控制的稳态误差。与纵向控制类似，在进行横航向控制参数的设计时，仍然采用由内到外的原则。

3. 滚转角控制律增益设计

（1）滚转角速率反馈增益的设计

式（6-97）对应的控制结构如图 6-36 所示。按照图 6-36 所示的控制结构，无人机以副翼为输入、以滚转角速率为输出的开环传递函数为

$$\frac{\Delta p}{\Delta \delta_a} = \frac{-1\,172.4s(s^2 + 1.766s + 18.28)K_a^p}{(s + 10.98)(s + 15)(s + 0.193\,2)(s^2 + 1.767s + 22.36)} \tag{6-98}$$

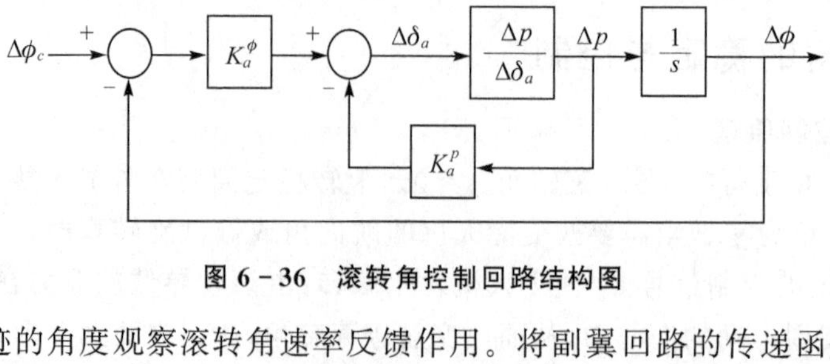

图 6-36　滚转角控制回路结构图

下面从根轨迹的角度观察滚转角速率反馈作用。将副翼回路的传递函数看作惯性环节，其时间常数设置为 $\tau = 1/15 \approx 0.067$。令 $K_a^p = 0$，式（6-98）对应的闭环传递函数的根轨迹如

图 6-37(a)所示;取 $K_a^p=0.4$,对应的根轨迹如图 6-37(b)所示。

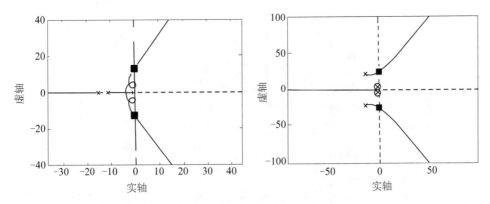

图 6-37 K_a^p 对滚转角控制回路根轨迹的影响

从图 6-37 中可以看出,当 $K_a^p=0$,$K_a^\phi=3.71$ 时,系统将变得临界稳定;当 $K_a^p=0.4$,$K_a^\phi=14.2$ 时,系统才变得临界稳定。较大的滚转角反馈系数可以提高滚转角响应的快速性,有利于减小稳态误差。因此,引入滚转角速率反馈提高了系统的振荡阻尼,从而允许较大的滚转角反馈增益以改变滚转角响应的动态特性,这与俯仰角速率反馈的作用类似。通过根轨迹的设计,取滚转角速率的反馈系数 $K_a^p=0.4$。

(2)滚转角反馈增益的设计

从图 6-36 可知,设计完 K_a^p 后,在设计滚转角信号的反馈系数时,新的开环传递函数应为接入滚转角速率反馈后所得的闭环传递函数,俯仰角控制回路可以简化成图 6-38 所示的结构图。

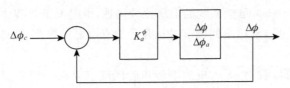

图 6-38 引入角速率反馈后滚转角控制回路简化结构图

根据图 6-38 所示的控制结构,以 $\Delta\phi_c$ 为输入、以 $\Delta\phi$ 为输出的开环传递函数可以由式(6-98)中的开环传递函数,并结合 $K_a^p=0.4$ 的反馈系数,根据自动控制原理中结构图的等效变换方法求得,其结果为

$$\frac{\Delta\phi}{\Delta\phi_a}=\frac{1\ 172.4(s^2+1.767s+18.31)K_a^\phi}{(s+0.048)(s^2+1.895s+19.36)(s^2+26s+637.5)} \qquad (6-99)$$

式(6-99)对应的闭环传递函数的根轨迹和伯德图如图 6-39 所示。

没有接入滚转角反馈之前开环系统的特征根为

$$\begin{cases} \lambda_1=-13\pm21.6\mathrm{j}, & \omega=25.2,\xi=0.515 \\ \lambda_1=-0.048, & \omega=0.048,\xi=1 \\ \lambda_1=-0.947\pm4.3\mathrm{j}, & \omega=4.4,\xi=0.214 \end{cases} \qquad (6-100)$$

图 6-39 中的方块部分是 $K_a^\phi=0.8$ 时系统的特征根,具体如下:

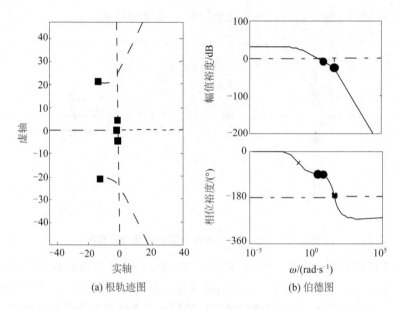

(a) 根轨迹图　　　　　　　　　(b) 伯德图

图 6 - 39　滚转角控制回路根轨迹和伯德图($K_a^p = 0.4$)

$$\begin{cases} \lambda_1 = -12.2 \pm 21.2\mathrm{j}, & \omega = 24.5, \xi = 0.499 \\ \lambda_1 = -1.54, & \omega = 1.54, \xi = 1 \\ \lambda_1 = -0.99 \pm 4.27\mathrm{j}, & \omega = 4.39, \xi = 0.226 \end{cases} \quad (6-101)$$

可以看出,引入俯仰角反馈会减小滚转运动的阻尼。虽然当 K_a^ϕ 取值较大时,可以增加系统响应的快速性并减小稳态误差,但会使系统的稳定裕度下降。考察此时的滚转角响应,图 6 - 40 给出了 $K_a^p = 0$、$K_a^\phi = 0.8$ 和 $K_a^p = 0.4$、$K_a^\phi = 0.8$ 两组参数对应的滚转角阶跃响应曲线。可以看出,当 $K_a^p = 0$ 时,虽然系统的响应比较迅速,但是调节过程中存在明显的振荡。在接入滚转角反馈回路之后,滚转角的调节过程几乎没有明显的振荡,这体现了滚转角速率的增稳作用。

从图 6 - 40 中还可以看出,无人机的滚转角阶跃响应存在一定的稳态误差。为了消除稳

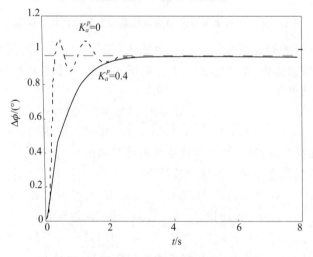

图 6 - 40　滚转角阶跃响应

态误差,可以引入滚转角的积分,其控制规律变为

$$\Delta\delta_a = K_a^p \Delta q + K_a^{\phi}(\Delta\phi - \Delta\phi_c) + K_a^{I\phi}\int(\Delta\phi - \Delta\phi_c)\mathrm{d}t \qquad (6-102)$$

设计反馈系数 $K_a^{I\phi}$ 时,可以不改变已经设计好的 K_a^{ϕ},通过根轨迹进行增益选择,最终取 $K_a^{I\phi}=0.08$,$K_a^{\phi}=0.8$,系统的幅值裕度为 25 dB,相位裕度为 84.5°。滚转角的阶跃响应如图 6-41 所示,其中峰值为 1.03°,峰值时刻 4.5 s,超调 $\sigma=2.68\%$,稳定时刻 7.86 s。

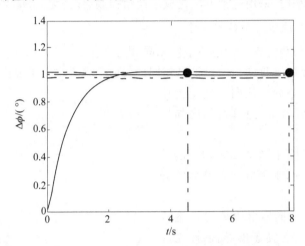

图 6-41　引入积分后滚转角阶跃响应

无人机的滚转角控制回路是横航向控制的基础,由于升力的分量 $L\sin\phi$ 的存在,可以形成圆周运动的向心力,从而完成无人机的航向角以及与航线的侧向偏差的调整。

6.4.3　航向角的稳定与控制

1. 航向角控制原理

航向角稳定与控制回路的目的是保持或改变无人机的航向角。无人机飞行速度与正北方向的夹角为航迹方位角 ψ_k。ψ_k 可由惯性导航系统或卫星导航系统得到,当无人机停放在地面时,由于没有运动速度,ψ_k 的值将在 0~360°范围内不停地变化。无人机的滚转角为零时,ψ_k 和 ψ 之间的关系为 $\psi_k=\psi-\beta$。当侧滑角为零时,改变无人机纵轴的方向就意味着改变无人机飞行速度的方向。为了让无人机纵轴在水平面内的转动能够尽快地跟上飞行速度在水平面内的转动,使航向角的调节过程尽量平滑,要求转弯的过程中尽量减小侧滑角,实现协调转弯。可以看出,无人机在改变航向角时,飞行速度和无人机的纵轴都要发生转动。飞行速度的变化可由升力的分量引起,而纵轴在水平面内的转动只能由偏航力矩引起。根据在转弯过程中产生侧力的方法不同,无人机航向角的控制方法大致可以分为平转弯和协调转弯两种。下面将分别介绍这两种方法的控制原理。

（1）基于平转弯的航向角控制原理

早期的自动驾驶仪主要采用这种方式完成飞行器的航向角控制。具体来说,由垂直陀螺感受飞行器的滚转角,将此信号加入副翼通道,构成滚转稳定回路,其作用是保持飞行器的机翼在水平位置。采用航向角陀螺感受飞机纵轴相对于给定航向角 ψ_c 的偏离,并将此信号加入方向舵通道,构成飞行器航向角稳定与控制回路。为了增加横航向运动的阻尼,在各自的回路

里加入角速率信号,其控制规律为

$$\begin{cases} \Delta\delta_a = K_a^p \Delta p + K_a^\phi \Delta\phi \\ \Delta\delta_r = K_r^r \Delta r + K_a^\psi (\Delta\psi - \Delta\psi_c) \end{cases} \quad (6-103)$$

在这种控制方式下,由于机翼保持水平,因此转弯所需的侧力和偏航力矩均由侧滑角提供,所以这种方法在航向角的调节过程中必然存在较大的侧滑角,因而现在较少使用,只有在自动着陆段的机翼改平时,采用这种方法完成航向角控制,保证无人机的机头对准跑道。

(2) 基于协调转弯的航向角控制原理

协调转弯的条件与稳定正常盘旋的条件相同,即:

① 侧滑角始终为0,速度向量与纵轴以相同的偏航角速率在水平面内转动;

② 由于无人机重心处的侧向加速度正比于侧滑角,所以当协调转弯飞行时,侧向加速度 $a_y = 0$;

③ 做协调转弯飞行时,在垂直方向上的升力分量与重力分量平衡,水平方向上升力的分量与离心力平衡。

基于上述分析不难推导出协调转弯飞行时无人机的平衡方程。为便于推导,假设无人机的俯仰角 $\theta = 0$。这样,协调转弯时无人机的受力情况如图 6-42 所示。

由图 6-42 可以得出,无人机在水平和垂直方向上的力平衡方程为

$$\begin{cases} mg = L\cos\phi \\ mV\omega = L\sin\phi \end{cases} \quad (6-104)$$

式(6-104)表明,在协调转弯时,升力在垂直方向上的分力与重力平衡,以保持无人机在水面内飞行,即不掉高;升力在水平方向上的分力与无人机转弯时的离心力平衡。

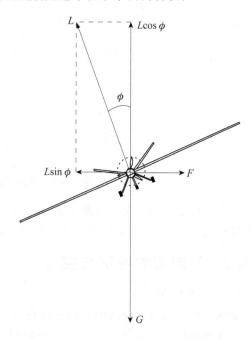

图 6-42 协调转弯时无人机的受力情况

这样,无人机将以恒定的转弯角速度 ω 在水平面内做圆周运动。将式(6-104)中的上下两式相除,可得

$$\omega = g\tan\phi / V \quad (6-105)$$

可以看出,若保持在转弯过程中无人机的飞行速度不变,则基于协调转弯的航向角控制方法为采用副翼控制无人机发生滚转,滚转导致的升力分量提供转弯过程中所需的侧向力。

总的来说,第一种控制方法是采用方向舵完成无人机航向角的稳定和控制,第二种方法是采用副翼完成无人机航向角的稳定和控制。后者在航向角调节的过程中存在的侧滑角较小或为零,因而整个调节过程更为快速、平稳。

2. 航向角控制律设计

基于协调转弯的航向角控制方法中副翼用于提供转弯所需的侧向力;无人机纵轴转动所需的侧向力矩可由侧滑角产生的偏航稳定力矩产生,也可将无人机相对于给定航向角的偏离信号反馈到方向舵,由方向舵提供所需的偏航力矩。后者假设转弯过程中的侧滑角为零。控

制侧滑角最有效的方法是直接将其反馈到方向舵,如下式所示:

$$\Delta \delta_r = K_r^{\beta} \Delta \beta \tag{6-106}$$

式中,$K_r^{\beta}<0$,当 $\beta>0$ 时,将产生正的偏航力矩以加速无人机纵轴在水平面内的旋转。但是用于测量飞行迎角和侧滑角的传感器通常比较昂贵,而且精度不高,这种控制律很少在无人机上使用,因此无人机通常利用侧滑角产生的偏航稳定力矩提供转弯所需的偏航力矩,此时方向舵可以用来提高荷兰滚振荡的阻尼。航向角的控制律为

$$\begin{cases} \Delta \delta_a = K_a^p \Delta p + K_a^{\phi}(\Delta \phi - \Delta \phi_c) + K_a^{I\phi} \int (\Delta \phi - \Delta \phi_c) \mathrm{d}t \\ \Delta \phi_c = K_{\phi}^{\psi}(\Delta \psi - \Delta \psi_c) \\ \Delta \delta_r = K_r^r \Delta r \end{cases} \tag{6-107}$$

可以看出,由于将航向角的偏差作为滚转角指令,只要存在航向角偏差,无人机就进行滚转,产生的侧力使得无人机的飞行速度在水平面内转动,从而改变其航迹方位角,在此过程中,方向舵仅起阻尼与协调作用。另一种常见的控制方法是将航向角误差直接反馈到副翼,其控制律的表达式为

$$\begin{cases} \Delta \delta_a = K_a^p \Delta p + K_a^{\phi}(\Delta \phi - \Delta \phi_c) + K_a^{\psi}(\Delta \psi - \Delta \psi_c) + K_a^{I\psi} \int (\Delta \psi - \Delta \psi_c) \mathrm{d}t \\ \Delta \delta_r = K_r^r \Delta r \end{cases} \tag{6-108}$$

两种控制方式的效果类似,式(6-107)中的航向角误差直接反馈到内回路,因此对传感器精度、滚转角的控制精度要求相对较高;式(6-108)中的控制律对反馈系数的取值相对较为敏感。这里主要介绍式(6-107)所示的控制律的设计。

当进行等高度协调转弯飞行时,偏航角速率是垂直于地面的。为了平衡重力,无人机必须存在一定的飞行迎角;若要保持平飞,无人机必须存在一定的俯仰角。在协调转弯的初期,刚发生滚转时,升力大小来不及变化,但是在垂直方向上的分量变为 $L\cos \phi$,不足以平衡无人机的重力,因此会出现飞行高度下降的情况,这也体现了无人机横航向运动和纵向运动的耦合。为了使无人机在转弯的过程中保持高度不掉,需要改变纵向控制律,加入滚转角反馈环节,无人机纵向控制律变为

$$\Delta \delta_e = K_e^q \Delta q + K_e^{\theta}(\Delta \theta - \Delta \theta_c) + K_e^h(\Delta h - \Delta h_c) + K_e^{Ih} \int (\Delta h - \Delta h_c) \mathrm{d}t + K_e^{\phi} |\phi|$$

$$\tag{6-109}$$

无人机一旦出现滚转角,必然会引起飞行高度的下降,因此 $K_e^{\phi}<0$,以便在滚转时使升降舵产生负舵,由此形成抬头力矩使无人机的飞行迎角增加,从而弥补滚转角造成的升力损失。K_e^{ϕ} 很难通过根轨迹来进行选择,通常先设计一个较小的反馈值,并通过仿真或飞行实验最终确定一个合适的值。

综上所示,采用基于协调转弯的航向角控制方法时,需要同时对无人机的升降舵、副翼和方向舵进行控制。

3. 航向角控制律增益设计

将滚转角控制回路作为航向角控制的内回路,式(6-107)中控制律对应的控制结构如图 6-43 所示。

接入滚转角控制内回路后,根据图 6-43 中的控制系统结构图,首先将虚线框内的系统简化为一个新的系统,然后可以得到航向角控制系统的开环传递函数,以进行反馈增益的设计。

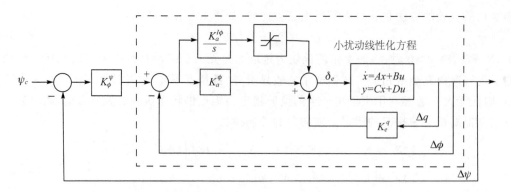

图 6 - 43　航向角控制回路结构图

按照设计原则,不改变内回路的反馈系数,仍取 $K_a^p = 0.4$, $K_a^\phi = 0.8$, $K_a^{I\phi} = 0.08$。根据图 6 - 43 的控制结构,可以测出以 $\Delta\psi_c$ 指令为输入、以 $\Delta\psi$ 为输出的开环传递函数为

$$\frac{\Delta\psi}{\Delta\psi_c} = \frac{16.204(s - 8.26)(s + 0.1)(s^2 + 8.88s + 4.37)K_\phi^\psi}{s(s + 1.429)(s + 0.104\,2)(s^2 + 1.981s + 19.25)(s^2 + 24.43s + 599.2)}$$

$$(6 - 110)$$

假设航向角的误差 $\Delta\psi - \Delta\psi_c > 0$,即无人机重心的运动速度在给定航向角的右侧。若 $K_\phi^\psi < 0$,则 $K_\phi^\psi(\Delta\psi - \Delta\psi_c)$ 得到的滚转角指令小于零,无人机将向左滚转,升力在平面内的分量 $L\sin\phi < 0$,无人机的飞行速度向量先于纵轴向左转动,以减小与给定航向角的误差。当 $\Delta\phi - \Delta\psi_c = 0$ 时,滚转角指令为零,副翼为零,无人机沿着给定航向角飞行。因此反馈系数 K_ϕ^ψ 应小于零。式(6 - 110)对应的闭环系统的根轨迹和伯德图如图 6 - 44 所示。

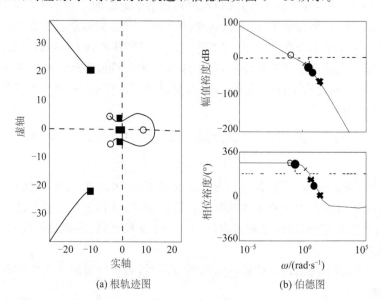

　　(a) 根轨迹图　　　　　　　　(b) 伯德图

图 6 - 44　航向角控制回路根轨迹和伯德图

从根轨迹上可以看出,当 $K_\phi^\psi = -12.4$ 时,系统将变得不稳定。选择 $K_\phi^\psi = -0.6$,系统的幅值裕度为 25.8 dB,相位裕度为 81.8°,满足幅值稳定裕度和相位稳定裕度的要求。航向角的阶跃响应如图 6 - 45 所示。

K_ϕ^ψ 取得较大时,虽然响应速度变快,但从根轨迹可以看出,系统的稳定性变差。一般来说,为了防止出现失速,无人机通常都有最大滚转角的限制,无人机的滚转角工作范围通常为 $\phi_{\max} = \pm 20°$,若 K_ϕ^ψ 取得太大,则很容易使得滚转角指令饱和,起不到实际的调节作用。

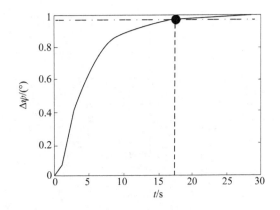

图 6 - 45　航向角的阶跃响应

4. 荷兰滚阻尼器

荷兰滚阻尼器,也称偏航阻尼器,用来提高荷兰滚运动的阻尼,使无人机的航向角调节过程尽可能的平滑。实践表明,通过修改无人机的气动外形来提高荷兰滚阻尼是非常困难的。例如,将垂直尾翼的面积增大一倍,可以有效地增加航向静稳定力矩系数 C_n^β,从而提高荷兰滚运动的阻尼。但是无人机的飞行阻力和结构重量会大大增加,并且对侧风的反应也大为加剧,反而降低了无人机的飞行性能。

无人机上常将偏航角速率反馈到方向舵,以达到提高荷兰滚阻尼的目的,相应的控制律为

$$\Delta \delta_r = K_r^r \Delta r \tag{6-111}$$

式中,K_r^r 表示 Δr 到 $\Delta \delta_r$ 之间的传递系数。假设无人机受到正的偏航力矩,则 $\Delta r > 0$,若 $K_r^r > 0$,则产生正的方向舵,由此产生的负的偏航力矩即为阻尼力矩。由于方向舵偏转角与 Δr 成比例,因此产生的附加力矩与无人机的运动方向相反,阻止无人机的偏航运动,因此属于偏航阻尼力矩。式(6-111)对应的控制结构图如图 6-46 所示。

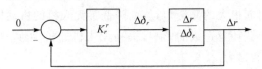

图 6 - 46　荷兰滚阻尼器结构图

为说明偏航角速率的荷兰滚阻尼作用,考虑无人机横航向在开环情况下,以方向舵为输入、以偏航角速率为输出的开环传递函数为

$$\frac{\Delta r}{\Delta \delta_r} = \frac{-7.99(s + 11.02)(s^2 + 0.281\ 2s + 3.822)K_r^r}{(s + 10.98)(s + 0.184\ 6)(s^2 + 1.776s + 22.37)} \tag{6-112}$$

式(6-112)对应的闭环传递函数的根轨迹如图 6-47 所示。

在没有接入偏航角速率反馈之前,开环系统的特征根为

$$\begin{cases} \lambda_1 = -10.98, & \omega = 10.9, \quad \xi = 1 \\ \lambda_1 = -0.19, & \omega = 1.56, \quad \xi = 1 \\ \lambda_1 = -0.884 \pm 4.656\mathrm{j}, & \omega = 4.72, \quad \xi = 0.19 \end{cases} \tag{6-113}$$

取 $K_r^r = 0.65$ 时,从图 6-47 中的根轨迹图上可以得出,系统的特征根变为

$$\begin{cases} \lambda_1 = -10.9, & \omega = 10.9, \quad \xi = 1 \\ \lambda_1 = -1.56, & \omega = 1.56, \quad \xi = 1 \\ \lambda_1 = -2.81 \pm 2.74\mathrm{j}, & \omega = 3.93, \quad \xi = 0.72 \end{cases} \tag{6-114}$$

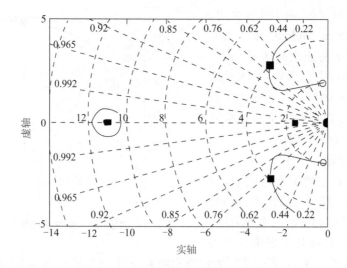

图 6 - 47　荷兰滚阻尼器回路根轨迹图

可以看出,增加 K_r^r 对滚转模态(大实根)和螺旋模态(小实根)的影响不大,但是对荷兰滚模态的阻尼比有较大的影响,即引入偏航角速率反馈可以有效地增加系统的阻尼。但是,上述控制律中采用的反馈信号来自角速率陀螺,其测量的信号为无人机绕着各机体轴旋转的角速率。而在稳态转弯时,无人机的转弯角速率 ω 在无人机 Oz 轴上必然存在一个稳定的分量 $r_b = \omega \cos\theta \cos\phi$,于是荷兰滚阻尼器将产生一个恒定的方向舵偏转角

$$\Delta \delta_r = K_r^r \omega \cos\theta \cos\phi \qquad (6-115)$$

在稳态转弯时,这个附加的方向舵会产生稳定的偏航力矩,阻止无人机的机头偏转,导致在协调转弯的过程中会引起很大的侧滑角,从而降低了无人机的机动性,这是所不希望的。为了减小荷兰滚阻尼器对协调转弯造成的影响,提高无人机的机动性,通常需要引入清洗网络,此时,荷兰滚阻尼器的控制律为

$$\Delta \delta_r = K_r^r \frac{\tau s}{\tau s + 1} \Delta r \qquad (6-116)$$

式中,清洗网络的实质是一个高通滤波器,可以滤除偏航角速率的稳态值,其时间常数可以由系统的频率特性来确定,对于无人机可取 $\tau = 0.5$。

最后,对引入荷兰滚阻尼器的航向角控制阶跃响应进行考察,令 $\Delta \phi_c = 10°$,航向角的阶跃响应以及在航向角调节过程中的侧滑角变化情况如图 6 - 48 所示。

从图 6 - 48 可以看出,接入清洗网络之后,无人机在转弯过程中的侧滑角峰值明显减小,并且能够在较短的时间内收敛到零,能够实现协调转弯。

6.4.4　侧向偏离的稳定与控制

飞行控制的最终目的是使无人机以足够的准确度保持在预定的航迹上。这一控制目的可以分解为沿垂直方向(高度)与航迹切线方向(速度)的自动控制以及侧向偏离的自动控制。实际上,侧向偏离控制与高度控制在原理上有许多相似之处。高度控制以俯仰角控制为内回路,侧向偏离的自动控制以偏航角以及滚转角的控制为内回路,即无人机采用倾斜转弯的方式来达到修正和控制侧向偏离的目的。

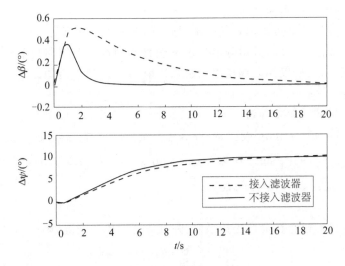

图 6 - 48　航向角阶跃响应

1. 侧向偏离控制原理

与航向角控制类似,根据转弯方式的不同,可以将侧向偏离控制律的方案分为两大类:

① 利用协调转弯的方式,主要以副翼完成侧向偏离的控制,起阻尼与协调作用;

② 通过水平转弯的方式,主要以方向舵完成侧向偏离的控制。

水平转弯的方式通常应用在具有轴对称布局的导弹中,而大多数具有面对称布局的无人机和巡航导弹都采用协调转弯的形式来进行侧向偏离控制。本节探讨采用协调转弯形式的侧向偏离控制方案。

与其他状态量不同,测向偏离信号无法直接测量,只能通过解算获得。假设在某一时刻,无人机和预定航线之间的几何关系如图 6 - 49 所示。

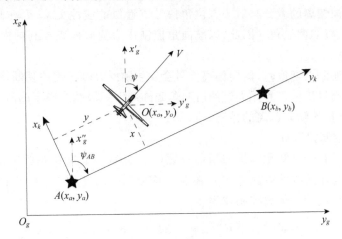

图 6 - 49　侧向偏离的解算

其中(x_0,y_0)表示无人机在水平面的位置,(x_a,y_a)表示上一航路点 A 的位置,ψ_{AB} 为 A 和 B 之间的航路的航向角。则侧向偏离的计算方法为

$$y = -(x_0 - x_a)\sin\psi_{AB} + (y_0 - y_a)\cos\psi_{AB} \qquad (6-117)$$

侧向偏离的符号规定为:无人机重心在航线 AB 之下(右偏离)的实时侧向偏离 y 为正。

因此,图 6 - 49 中的侧向偏离为负。

为了使侧向偏离的调节过程尽量的平滑,增加侧向偏离振荡阻尼,需要引入侧向偏离的微分信号。同侧向偏离信号一样,其微分信号也不能直接测量。但航向角信号与侧向偏离微分信号成近似的比例关系,所以侧向偏离控制必须以航向角控制为内回路。下面对这一近似的比例关系进行推导。

首先给出无人机的导航方程组

$$
\begin{cases}
\dot{x}_g = u\cos\theta\cos\psi + v(\sin\phi\sin\theta\cos\psi - \cos\phi\sin\psi) + w(\sin\phi\sin\psi + \cos\phi\sin\theta\cos\psi) \\
\dot{y}_g = u\cos\theta\sin\psi + v(\sin\phi\sin\theta\cos\psi + \cos\phi\sin\psi) + w(-\sin\phi\cos\psi + \cos\phi\sin\theta\sin\psi) \\
\dot{h} = u\sin\theta - v\sin\phi\cos\theta - w\cos\phi\cos\theta
\end{cases}
$$

$$(6 - 118)$$

若将方程(6 - 118)投影在地面坐标系内,并且考虑无风的情况,则有

$$
\begin{cases}
\dot{x}_g = V\cos\theta_k\cos\psi_k \\
\dot{y}_g = V\cos\theta_k\sin\psi_k \\
\dot{h} = V\sin\theta_k
\end{cases}
$$

$$(6 - 119)$$

其次,考虑无人机在基准状态下飞行时,$\theta_{k0}=0$,仿照小扰动线性化过程,忽略两阶以上的小量,得

$$\Delta\dot{y}_g = V_0\cos\psi_{k0} \cdot \Delta\psi_k + \sin\psi_{k0} \cdot \Delta V \qquad (6 - 120)$$

在引入速度控制之后,可认为 $\Delta V \approx 0$,所以 $\Delta\dot{y}_g \approx V_0\cos\psi_{k0} \cdot \Delta\psi_k$。其中 $\Delta\psi_k$ 的单位应为弧度。注意,Δy_g 为无人机相对于正北方向的侧向偏差。若假设 $\psi_{k0}=0$,即在初始时刻,无人机沿着预定的航线飞行,则有

$$\Delta\dot{y}_g \approx \frac{V}{53.7}\Delta\psi_k \qquad (6 - 121)$$

可以看出,侧向偏离的微分与航迹方位角信号成近似的线性关系,而在侧滑角为零时,航迹方位角等于无人机的偏航角。因此,以航向角控制作为侧向偏离控制的内回路可以增加侧向偏离振荡的阻尼。

注意,在进行航路点切换时,侧向偏离信号会发生跳跃,此时,需要切断侧向偏离的控制回路,采用航向角控制尽快地调整无人机的航向角瞄准到下一段航线确定的航向,当航向误差满足一定范围之后再接入侧向偏离的控制。

2. 侧向偏离控制律设计

由式(6 - 117)知,若已知无人机的当前位置 (x_0, y_0)(导航定位系统给出)和当前航段信息 (x_a, y_a)、(x_b, y_b)(预装的航路给出),在航向角控制律的基础上,增加侧向偏离的反馈信息,即可得到无人机的侧向偏离控制律为

$$
\begin{cases}
\Delta\delta_a = K_a^p \Delta p + K_a^\phi(\Delta\phi - \Delta\phi_c) + K_a^{I\phi}\displaystyle\int(\Delta\phi - \Delta\phi_c)\mathrm{d}t \\
\Delta\phi_c = K_\phi^\psi(\Delta\psi - \Delta\psi_c) + K_\phi^y(\Delta y - \Delta y_c) \\
\Delta\delta_r = K_r^r \dfrac{\tau s}{\tau s + 1}\Delta r
\end{cases}
$$

$$(6 - 122)$$

若要求无人机沿着预定的航线飞行,则侧向偏离给定值 $y_c = 0$。当无人机的侧向偏离为正,即 $y - y_c > 0$ 时,无人机要向左滚转进行修正,因此,$K_\phi^y < 0$。

　　图 6-50 给出了无人机同时存在航向角误差和侧向偏离时的航迹稳定过程。假设在图 6-50(a)时刻接通侧向偏离控制。此时，$\Delta y_c=0$，无人机在航线的右侧，因而 $\Delta y>0$，且由于 $K_\phi^y<0$，因此侧向偏差将产生负的滚转角指令；由于 $\Delta \psi_c=0$，$\Delta \psi>0$，且 $K_\phi^\psi<0$，故航向角偏差也将产生负的滚转角指令，无人机会向左侧滚转。

　　在图 6-50(b)时刻，左侧滚转角将导致无人机的 ψ 变小，而侧向偏离的调节过程较慢，当 $\psi<0$ 时，仍然存在正的侧向偏离。此时，航向角偏差将产生正的滚转角指令，无人机的滚转角有所减小，这体现了偏航角控制对侧向偏离控制的阻尼作用。

　　随着侧向偏离的继续减小，偏航角产生的滚转角指令将大于侧向偏离产生的滚转角指令，无人机开始向左侧滚转，如图 6-50(c)时刻所示。

　　在图 6-50(d)时刻，无人机侧偏为零，航向角偏差也为零，此时的滚转角指令为零，无人机将沿着新的航线做直线飞行。

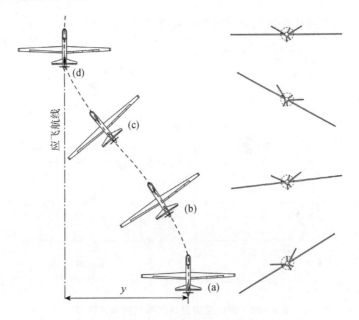

图 6-50　侧向偏离的修正过程

　　可以看出，在整个调节过程中，侧向偏离产生的滚转角全部为负，而在调节的初期，当侧向偏离较大时，航向角也产生负的滚转角，加速无人机的转弯；当侧向偏离较小时，航向角产生正的滚转角，体现出较强的阻尼作用。

3. 侧向偏离控制律增益设计

　　进行侧向偏离控制时，通常不改变航向角控制和滚转角控制回路的反馈增益。即有 $K_a^p=0.4$，$K_a^\phi=0.8$，$K_a^{I\phi}=0.08$，$K_\phi^\psi=0.6$，$K_r^r=0.65$，$\tau=0.5$。式(6-122)对应的控制系统结构图如图 6-51 所示。

　　根据图 6-51 中的控制结构，可以得到以滚转角为输入、以侧向偏离为输出的开环传递函数为

$$\frac{\Delta y}{\Delta \phi}=\frac{-0.125\,3(s+41.57)(s-29.67)(s+5.762)(s+0.1)(s^2+2.545s+6.495)K_\phi^y}{(s+6.07)(s+0.91)(s+0.29)(s+0.09)(s^2+3.22s+7.31)(s^2+24.53s+600.3)}$$

$$(6-123)$$

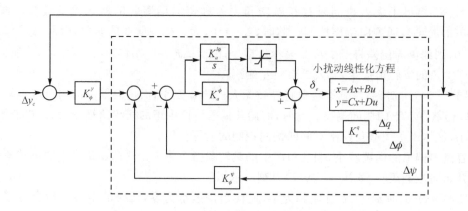

图 6 - 51　侧向偏离控制结构

式(6 - 123)对应的闭环系统的根轨迹和伯德图如图 6 - 52 所示。

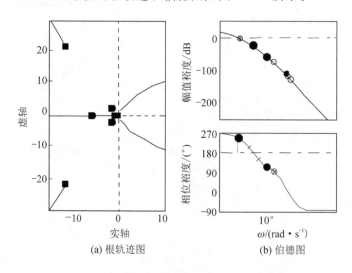

(a) 根轨迹图　　　　　　(b) 伯德图

图 6 - 52　侧偏控制回路的根轨迹和伯德图

　　从根轨迹上可以看出,当 $K_\phi^y = -1.2$ 时,系统将变得不稳定。选择 $K_\phi^y = -0.1$,系统的幅值裕度为 22.7 dB,相位裕度为 69°。侧向偏离的阶跃响应如图 6 - 53 所示,可以看出,取上述控制参数时,侧向偏离的过渡过程较为平滑,控制效果良好。

　　由于 $K_\phi^y = -0.1$,$K_a^\phi = 0.8$,所以从侧向偏离到副翼的增益为 $K = -0.08$,这意味着 1°的副翼对应 12.5 m 的侧向偏离。

　　虽然增大 K_ϕ^y 会使得侧向偏离阶跃响应的快速性增加,但是可能会导致系统的发散。由于航向角是侧向偏离控制的内回路,所以适当地增加航向角控制回路的反馈增益可以增加系统的阻尼,从而允许较大的 K_ϕ^y。

4. 自动着陆段的横航向控制

　　前面介绍了横航向姿态控制和侧向偏离控制原理及相应的反馈增益设计方法。无人机在不同的飞行阶段需要控制的横航向变量不同,有时需要按照预设的航线飞行,有时需要滚转角保持为零等。无人机在自动着陆段的横航向控制最为复杂,需要在不同的控制回路间进行切换。因此这里以自动着陆段的横航向控制为例,介绍横航向姿态控制以及侧向偏离控制的应

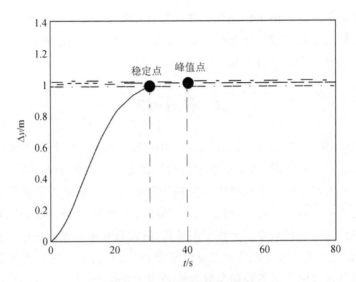

图 6 - 53　侧向偏离阶跃响应

用时机。

　　自动着陆段横航向控制机构主要有副翼和方向舵,在地面滑跑段还有主轮的点刹等。航迹控制主要通过副翼来完成;方向舵用于增加荷兰滚运动的阻尼;点刹用于减小滑跑过程中无人机与跑道中心线的侧向偏差。通常情况下,无人机自动着陆横航向控制方案如图 6 - 54 所示。

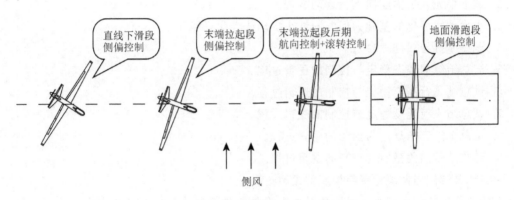

图 6 - 54　自动着陆横航向控制方案

　　进场平飞段、航迹获取段和直线下滑段这三个阶段横航向均采用侧偏控制,目的是将无人机引导至跑道上空,减小无人机与跑道之间的侧向偏差,保证地速的方向对准跑道。进入末端拉起段后,横航向仍采用侧偏控制。

　　当下降至一定高度时(通常为 15 m),切断侧偏控制,通过方向舵对无人机进行航向控制,进行反偏航机动以纠正侧风等干扰引起的机头相对于跑道中心线的偏航角,防止无人机在触地后滑出跑道。同时采用滚转控制,使用副翼控制滚转角保持为零,防止接地时无人机的翼尖触地。

　　当无人机触地后,副翼仍采用滚转控制,保持机翼处于水平状态;方向舵控制航向角,当滑行速度减至一定值后,使用主轮差动刹车减小无人机与跑道中心线的侧向偏差。

　　由此可知,横航向的侧向偏离控制几乎贯穿了无人机自动着陆的整个过程,由于跑道的宽度有限,若不能将侧向偏离控制在合理的范围内,无人机将落在跑道外面,这是很危险的。因此,侧向偏离的控制对无人机来说非常重要。

本章小结

　　本章在分析静稳定性和操纵性的基础上,介绍了无人机动态稳定和操纵特性。首先介绍了无控状态下无人机动力学方程和运动学方程的构建方法。为便于计算,对运动方程进行了小扰动线性化处理,给出了用于本章稳定与控制计算所用的用例无人机数据模型。从纵向运动角度,分析了无人机纵向运动特性,给出了纵向姿态、飞行高度和速度的控制律,并对控制性能进行了分析。对横航向运动,重点分析了滚转角、航向角和侧向偏离的稳定和控制特性。学习本章要重点体会无人机飞行运动方程建立的思路,对比分析静稳定性和动稳定性的区别联系,认知无人机飞行过程中常用的控制参数和控制律设计思路。图 6-55 为本章的思维导图,供学习参考。

思考题

　　1. 总结无人机飞行运动方程构建的思路,为何要采用不同的坐标系?
　　2. 试推导无人机横航向飞行运动方程。
　　3. 小扰动线性化的基础为何? 归纳小扰动线性化思路。
　　4. 试完整推导式(6-51)。
　　5. 试总结纵向姿态稳定与控制的逻辑过程。
　　6. 试总结飞行高度稳定与控制的逻辑过程。
　　7. 试总结飞行速度稳定与控制的逻辑过程。
　　8. 试总结滚转角稳定与控制的逻辑过程。
　　9. 试总结航向角稳定与控制的逻辑过程。
　　10. 试总结侧向偏离稳定与控制的逻辑过程。
　　11. 试分析如何实现无人机着陆过程中绝对高度和相对高度的软化过渡。
　　12. 归纳无人机横航向运动三种模态的影响机理,如何消除?
　　13. 试分析闭环和开环控制对无人机控制稳定的影响。
　　14. 总结增益在无人机稳定控制中的作用和选择原则。
　　15. 归纳比例、积分、微分环节在无人机稳定控制中的作用。
　　16. 对比分析无人机起飞爬升和下滑着陆过程中稳定控制的参数和原因。
　　17. 总结思维导图,分析本章内容的逻辑关系。
　　18. 结合拓展阅读材料,分析造成飞机飘摆和波状飞行的诱因,从使用操作和设计角度分析如何避免飘摆和波状飞行。

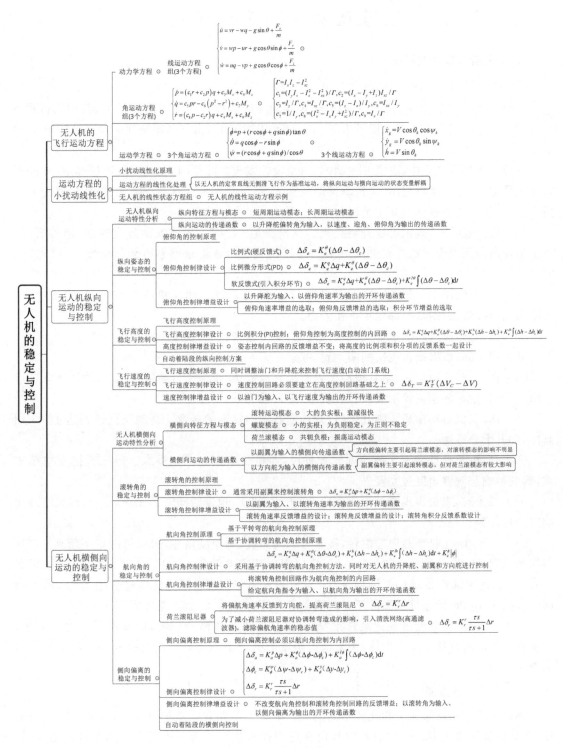

图 6 - 55 思维导图

拓展阅读——飞机飘摆

1. 插头错插造成的飘摆

（1）事件回放

1994年6月6日上午，某航空公司的WH2303航班执行西安至广州任务，其中飞行员5人，乘务员9人，旅客146人。机型为图-154M型B2610号，由苏联图波列夫航空设计局1986年制造。

飞机起飞爬升过程中，飞机开始飘摆，机组没能发现故障原因，在处理故障过程中，飞机姿态变化异常，飞行员难以控制，飞机飘摆继续加大，终于在左坡度急剧下降的过程中，超过飞机强度极限，飞机空中解体。具体情况如下：

08：13，该航班从咸阳机场升空起飞。飞机离地24 s后，机体发生异常飘摆，幅度很大。机组随即向地面报告飞机摆动并有异响。通过驾驶舱语音记录明显听到机体发出"嗯嗯"的响声。

08：15，机组用400 km/h的速度保持爬升，争取高度。此时机体左右摇摆，幅度增大。机组向地面报告正、副驾驶都稳定不住姿态。

08：16：24，机组再次报告飞机难以控制，响声越来越大，摆幅瞬时达到20°。

08：16：58，机组报告飞机摆幅达到30°。

08：18：06，机组见正、副驾驶均无力改出异常姿态，接通了自动驾驶仪，试图让飞机自行改出。5 s后发现摇摆持续增大，机组随即断开自动驾驶。

08：19，飞机自动偏离了爬升航路，开始向右做不规则的转弯。此时飞机已到达4 717 m高度，爬升十分缓慢。

08：21，机长教员辛天才替换副驾驶杨民，与机长李刚强共同操纵。但飞机摇摆持续加重，驾驶舱响起倾斜角度过大警告。

08：22：27，飞机出现自动抬头现象，迎角达到20°，速度瞬间降到380 km/h，驾驶舱持续响起失速告警。

08：22：30，飞机突然向左滚转，接着进入大角度、高速度俯冲，俯仰角由0°下俯到−65°，侧倾角达到66.8°，速率到达747 km/h，超速警告响彻驾驶舱。飞机在12 s中，从气压高度4 717 m急速下降到2 884 m，平均每秒下降150 m，严重过载，最大法向过载达2.7g，最大侧向过载达1.4g，远远超过了飞机额定的承受能力，飞机航向由250°左转到110°。

08：22：42，驾驶舱语音记录传来"哐！哐！"两声机体断裂巨响，随即黑匣子停止记录。飞机在2 884 m高度上空中解体，失事地点距咸阳机场49 km处。机上乘客146人和机组14人全部罹难。

（2）事故原因分析

飞机失事原因源于两个相互插错的插头。维修人员在进行维护更换时，将倾斜阻尼插头Ⅱ7和航向阻尼插头Ⅱ8接错插口，并且没有仔细检查核对。由于操纵系统的维修差错故障，造成飞机空中严重飘摆，机组未能恰当改出，致使飞机在空中解体。

1）操纵系统的维修差错故障造成飞机空中严重飘摆

事故发生的前两日，飞机飞行后，在更换ⅡKA－31安装架时，地面维护人员将倾斜阻尼插头 II7 和航向阻尼插头 II8 相互错插,由于错插后地面通电试验检查不出故障(事故发生前两日维修后未检查出,当日起飞前检查不出),从而导致事故当日带着错插故障起飞。

6 月 6 日飞机带着 II7、II8 错插毛病起飞。正常的阻尼插头的功用是:倾斜阻尼陀螺感受到的倾斜角速率信号应传送给副翼舵机,航向阻尼陀螺感受到的偏航角速率信号应传送给方向舵舵机。但是由于 II7、II8 插头错插,造成倾斜阻尼陀螺感受到的倾斜角速率信号传给了方向舵舵机,而航向阻尼陀螺感受到的偏航角速率信号传给了副翼舵机。

因此在起飞滑跑的后段,飞行员蹬舵拟保持航向,产生偏航角速率信号,这一信号传给了副翼舵机,从而使副翼偏转,此时由于地面的限制,飞行员并未感到飞机有倾斜。但飞机离地后,很快形成明显倾斜。飞行员为修正姿态而压驾驶盘,产生的倾斜角速率信号却传给了方向舵舵机,使方向舵偏转,导致飞机姿态发生异常的变化,飞行员感到无法控制,因而进行反复修正,这又使飞机飘摆不断加大,最后造成飞机急剧盘旋下降,表速和侧向过载都超过飞机强度极限,导致飞机解体。

2)飞机设计没有防错插措施

图-154M 型飞机 IIKA-31 安装架和 ABCY 系统的设计没有防错插措施,II7、II8 插头相邻,几何尺寸相同,插头的线数相同,仅用色标来表示其差别,容易错插。在事故调查组访问外方期间,了解到外方也曾多次发生类似的错插现象。同时 ABCY 控制系统的故障搜索系统通过内检和自检程序无法检查出错插故障。相应的维护规程及快速检查单也不完善。

3)飞行员未按飞行手册操作

按飞行手册的规定,排除飘摆故障必须同时关断航向和倾斜阻尼器,从飞行试验结果看关断阻尼器后飞机仍然是可操纵的,但是从舱音记录器听到飞行员没有按照这一要求去做。

4)模拟机飞行训练大纲中没有针对排除飘摆故障进行训练的科目

模拟机飞行训练大纲中没有针对排除飘摆故障进行训练的科目,飞行员在赴外方的实际飞行训练中,也没有接受过按照飞行手册同时关掉航向和倾斜两个通道、排除有关 ABCY 系统出现侧向周期性摆动的训练。这对横侧稳定性差的图-154M 型飞机飞行员应急处置能力的培养来说是一个重大缺陷。

(3)事故结论

这一事故的直接原因是地面维修人员在更换 IIKA-31 安装架时,将 II7、II8 插头相互错插,导致飞机操纵性异常,使动稳定性变坏,最后失去控制,造成飞机空中解体失事。

2. 动稳定性波状飞行

波状飞行就是无人机在飞行时,轨迹成波浪形,一会抬头上升,一会又低头下滑,如此反复进行,飞行高度迅速降低,最后触地为止。这是没调整好的无人机常见的一种动稳定性不良现象。在空气动力学上正式名称为"长周期振动"。靠遥控操纵克服这种摆动,如操纵不当有可能产生"诱发振荡"使问题更为严重,因此需要特别注意加以防止。

常见的波状飞行有两种:一种是尖顶波状飞行,另一种是圆顶波状飞行,如图 6-56 所示。如果无人机在飞行中受外界影响较小,本身俯仰动稳定性又较好,将出现圆顶波状飞行。

如果外界的影响大,引起无人机俯仰姿态变化剧烈,无人机的静稳定性又较差,或根本就没有平衡好,机翼失速迎角也较小,则当无人机因不平衡或受干扰而抬头时,很快超过了临界迎角,使无人机失速下坠。这时若水平尾翼没有失速,在水平尾翼的作用下,会使无人机低头进入俯冲。以后随着速度增大和水平尾翼的作用,无人机机头又逐渐上抬直到再次失速,结果

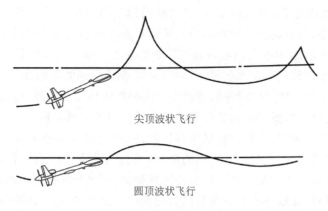

尖顶波状飞行

圆顶波状飞行

图 6 - 56　两种类型的波状飞行

形成尖顶的波状飞行。

(1) 一次严重的无人机波状飞行事故

2003 年 6 月 26 日，一架美国高空无人机"太阳神"在空中出现长周期振动散架失事。当时该机正用来测试一种新的燃油电池能源。原机机翼长方形，飞翼式布局，没有尾翼，翼展 75.3 m，弦长 2.4 m，展弦比高达 31.3，翼面积 181 m²，翼下有 5 个扁平的设备舱，起飞重量 720 kg，如图 6 - 57 所示。这次改装试飞是将当中设备舱加长加宽，重为 236.4 kg，内装功率 18.5 kW 的氢/空气燃油电池。在靠近翼尖部位左右各装一个流线型燃油箱，每个重 75 kg，共可装液氢 13.6 kg。最终飞机重量达到 1 054.5 kg，增重 46%，整架飞机的重量分布、转动惯量都有很大变化。这种无人机研制时为减轻重量，结构十分单薄，全部采用复合材料，机翼弹性变形很大。停在地面，外翼有 10° 上反角，正常飞行机翼翼尖会上翘 4.5 m。这次改装后造成了结构、气动力和气动弹性变形等多方面的交叉影响，但试飞前多次评审认为问题不大，只是稳定性可能差一些。2003 年 6 月第一次高空试飞，高度 15 000 m，大气平稳，飞行 15 h 很顺利，而出事那天大气有湍流，情况就完全不同了。

当天无人机起飞后正常上升，15 min 到达 850 m 高度，伴随监视无人机的飞行员报告气流有紊乱迹象。3 min 后无人机翼尖上翘达 9 m，开始出现两次俯仰振荡，间隔 1.5 min，但操控员没有意识到危险，如图 6 - 58 所示。随后又出现大上反角，翼尖上翘再次达到 9 m，飞机开始俯仰振荡，翼尖瞬间上翘最高值达 12 m。这时操控员错误地将无人机速度增加 0.3 m/s，达到 11.6 m/s，企图减轻俯仰振荡。上反角翼尖弯度曾经降到 4.5 m，但波状飞行反而更严重。很快地，5 s 后翼尖又上翘到 15 m。空速在 ±3 m/s 之间变化并且是发散的，俯仰振荡每一周期约 8 s，每周振幅加大 1 倍。这时操控员采取应急"免控处理程序"，放宽空速控制，但为时已晚。随后"太阳神"机头急剧下俯，速度很快达到设计允许最大速度的 2.5 倍，远超过强度极限。于是机翼前缘在右翼尖附近折断，太阳能电池摔出，上翼面蒙皮撕裂，全机瓦解。

事后分析，原因是多方面的。其中之一是 10 台电动机带动的螺旋桨分布在全翼展(原型用 14 台，改装后减少 4 台)，大上反角状态会使外翼段螺旋桨的拉力产生很大的下俯力矩，而上反角减少后，下俯力矩又迅速减小。上反角振荡同时引起俯仰力矩变化，结果产生强烈长周期振荡。另外，机翼扭转中心在气动压力中心之后，上反角上下摆动引起的机翼扭转是加强摆动的，所以一旦振动形成即会发散。而所有预定的其他应急程序，包括长周期振荡自动处理程序，当时没有使用，估计对这种振荡也都不起作用，因为事前没有人预料到会产生这种振荡。

图 6 - 57　"太阳神"无人机正常飞行状态

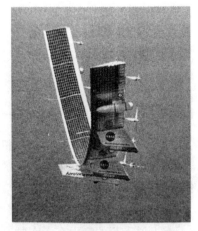

图 6 - 58　"太阳神"无人机出事前
机翼极度上弯情况

（2）产生波状飞行的原因

① 无人机没有平衡好，如机头轻；

② 无人机没调整到平衡位置，在动力飞行阶段就波状飞行，动力很足的无人机不平衡时，不会出现波状飞行而是翻筋斗；

③ 本来调整好的无人机，机翼或尾翼挪动了位置，影响重心相对位置，变成了不平衡；

④ 原来调整好做稳定盘旋飞行的飞机，盘旋半径突然加大或改为直线飞行；

⑤ 无人机遇到突风或进入湍流和强烈上升气流之中。

根据以上可能产生波状飞行的情况来分析，原因有三个：一是无人机本身没有调整好，始终平衡不了，如上述情况①、②项；二是由于无人机状态或本身飞行条件改变引起的，如上述情况③、④项；三是无人机动稳定性不够好，受外界的影响后，在恢复到原来正常飞行状态的过程中，摆动次数太多，甚至摆动越来越大，即上述情况的第⑤项。

后　记

人生的飞行——致在 2021 年毕业的清华航院同学

同学们好,我是陈老师,教飞机的陈老师。

坐在这里的一些同学选过我的课。在这样一个荣耀的讲台上,请允许我和大家重温一些飞行的原理。

简单地说,飞机是靠动力克服空气阻力获得速度,以速度获得升力达到想要的高度。

有人说飞行的魅力在于它的高度。如果人生是一场飞行,每个人都希望能飞得更高。想象一下,当你具有了足够的高度,你的飞行可以更为从容。你可以更好地享受美丽的景色,也可以放心大胆地机动,让你的人生更为精彩和有趣。

高度的获取有不同的方式,有些人宛如 F-15 战斗机,旱地拔葱一般,以接近声速的瞬时爬升率引来众人瞩目。但 U2 这样"又笨又慢"的飞机,通过持续的积累,却可以获得吊打一切战斗机的升限。

提升高度的过程总是要付出努力的。躺平肯定不行,你需要昂起头,保持一定的迎角才能得到所需的升力。很多人认为你气势越足,迎角越大,爬升也越快。我想提醒的是,迎角越大,你需要克服的阻力也更大,你得更加努力。而且,迎角过大的话,你得小心失速,那样会让你身心俱疲,却升力顿失。作为教飞机的老师,我悄悄告诉你,失速也不用过于担心,不妨降低姿态,减小迎角,暂时停止爬升甚至来点俯冲。等你恢复了速度,积蓄了动能,只要能及时拉起,就能重新向上。

有人说高空飞行阻力小。这其实是一个误解。高空和低空需要的升力是一样的,而升阻比与高度关系不大。随着高度的上升,支撑你的各种资源,犹如空气,越来越稀薄。为了维持飞行,你只有提高你的速度,这显然需要你付出更多的努力。想阻力小一些?轻松一些?与其寄希望于阻碍你的东西少或者弱,不如去优化自己,提升你的升阻比。

有人说飞得高就可以不受风雷雨电的干扰,也许是这样。但高处不胜寒,声速的降低会使你的飞行马赫数更高。一方面是速度慢了升力会不够,另一方面是速度快了你将面临激波带来的阻力发散和抖振。其实人的一生,这种进退两难很多,事业和家庭的掣肘,拼搏和身体的矛盾……如果改变环境很难,你至少可以提高自己的宽容度和鲁棒性,它们能够帮助你实现更大的升限。

学校和老师给你们提供了跑道,同学们都已经滑跑多年。这些年有的同学马力全开,有的同学闲庭信步,但我很高兴地看到,你们都已经达到了离地速度,马上就能腾空而起。你们有些同伴或是因为动力不足、或是因为负担太重、或是因为过早拉起出现了失速,导致暂时还不能离地。没关系,跑道还可以有所延长。但请记住,跑道能支撑大家,但是,它存在的意义是为了让大家更好地离开它。

有些同学将来事业有成,还希望回到学校深造。没问题,我们乐于提供空中加油。老师们会努力提高自己的能力，争取能在更高的高度为你们加油。但"空中加油"永远是为了让"受油机"飞得比"加油机"更高更远。

我相信大家都能为祖国健康飞行至少 50 年。到那时候，后人仰望着你问："哇，您是怎么飞到那么高的?"而你可以轻松而自豪地回答："我已为国家为人民完成了所有的飞行任务，在人生漫长的飞行中，我一直不断地优化自己，使自己的升阻比始终处于最大。即便动力逐渐减弱，我也可以滑翔更长时间，飞到更远的地方。"

祝大家高飞远航!

毕业生导师代表:陈海昕老师
2021 年 6 月 25 日

附录 A 常用符号对照表

符 号	名 称	符 号	名 称
A_i	诱导阻力因子	$C_{n\beta}$	航向静稳定度
ASDA	可用中断起飞滑跑长度	$C_{n\delta_a}$	偏航操纵力矩交叉导数
b	翼展长度	$C_{n\delta_r}$	航向操纵导数,方向舵效能
c	声速,翼弦(桨弦)长度	D	阻力
C	燃料消耗率	D_0	零升阻力
c_A	平均空气动力弦长	D_i	诱导阻力
C_C	侧力系数	D_t	盘旋阻力
C_D	阻力系数	F	力,摩擦力
C_{D0}	零升阻力系数	f	摩擦因数
C_{Di}	诱导阻力系数	G	飞行重力
C_{e0}	额定耗油率	g	重力加速度
C_h	小时燃料消耗量	H	飞行高度
C_k	千米燃料消耗量	H_{ac}	理论升限
C_L	升力系数	H_{dc}	动升限
C_{Lbf}	抖动升力系数	H_p	压力高度
C_{Lc}	升限处升力系数	H_{saf}	安全(越障)高度
C_{Lmax}	最大升力系数	H_{sc}	静升限,实用升限
C_{Lopt}	最大升阻比时的升力系数	H_ρ	密度高度
C_{lp}	横向操纵力矩导数	I_x, I_y, I_z	无人机绕 Ox, Oy, Oz 轴的转动惯量(惯
C_{lr}	滚转阻尼力矩交叉导数		性矩)
C_{Ls}	失速升力系数	I_{xy}, I_{yz}, I_{zx}	无人机对相应轴的惯性积
$C_{L\alpha}$	升力系数对迎角的导数(升力系数曲线斜率)	K	升阻比
$C_{l\beta}$	横向静稳定度	K_c	升限处的升阻比
$C_{l\delta_a}$	副翼效能	K_s	停车时的升阻比,停车滑翔比
$C_{l\delta_r}$	方向舵操纵力矩交叉导数	L	机翼翼展,升力,航程,距离
clearway	净空道长度	$\bar{L}$	横向(滚转)力矩,不与升力区别可用 L
$C_{mC_L}, C_{m\alpha}$	俯仰静稳定度	L_{AS}	中断起飞距离
C_{mf}	焦点力矩系数	L_{ASA}	中断起飞可用距离
C_{mq}	俯仰力矩系数对俯仰角速度的偏导数	L_c	上升距离
$C_{m\delta_e}$	升降舵效能	$\bar{L}_c$	横向操纵力矩
C_{np}	偏航阻尼力矩交叉动导数	L_{CTO}	继续起飞距离
C_{nr}	航向阻尼力矩导数	L_{CTOA}	继续起飞可用距离

续表

符　号	名　　称	符　号	名　　称
L_d	下滑距离	P	功率
$\bar{L}_d$	横向阻尼力矩	P_0	型阻功率,额定功率
$\bar{L}_{dr}$	偏航角速度 r 引起的滚转阻尼力矩	P_a	可用功率
L_L	着陆距离	P_b	螺旋桨有效功率
L_{LA}	着陆空中段距离	P_c	势能改变所需上升功率
L_{LR}	着陆滑跑距离	P_e	发动机的有效功率
$\bar{L}_r$	方向舵偏转的滚转力矩	P_h	悬停所需功率
$\bar{L}_s$	横向稳定力矩	P_i	诱阻功率
L_t	盘旋升力	P_p	废阻功率
L_{TO}	起飞距离	P_r	需用功率
L_{TOA}	起飞空中段距离	P_{rd}	下滑所需功率
L_{TOR}	起飞滑跑距离	P_{rh}	悬停所需功率
m	无人机质量(重量),kg	P_{rl}	平飞所需功率
M	力矩,纵向(俯仰)力矩	P_{rp}	发动机额定功率
M_0	焦点力矩	P_{rv}	垂直飞行所需功率
Ma	马赫数	q	俯仰角速度
Ma_{cr}	临界马赫数	Q	旋转阻力
Ma_d	阻力发散马赫数	R	总空气动力,转弯(盘旋)半径,航程
m_c	上升所用燃油量	r	偏航角速度,桨叶半径
M_c	俯仰操纵力矩	R_{cru}	平飞航程
m_d	下滑所用燃油量	R_w	有风时的航程
M_d	俯仰阻尼力矩	S	机翼面积
m_l	平飞可用燃油量	stopway	安全道长度
M_s	俯仰稳定力矩	t	航时,盘旋时间
m_t	燃油总量	T	周期,时间常数,发动机推力,螺旋桨(旋翼)拉力
n	过载,发动机转速		
N	航向(偏转)力矩,地面反作用力	T_1	旋翼拉力 T 在铅垂方向的第一分力
$N_{1/2},N_2$	半衰期,倍幅时间内的振荡次数	$t_{1/2},t_2$	半衰期,倍幅时间
N_c	航向操纵力矩	T_2	旋翼拉力 T 在飞行速度方向的第二分力
N_d	航向阻尼力矩	T_3	旋翼拉力 T 的侧向分力
N_{dp}	滚转角速度 p 引起的偏航阻尼力矩	T_a	可用推力
N_s	航向稳定力矩	t_l	平飞航时
n_x	纵向过载	t_{me}	久航时间
n_y	侧向过载	TODA	可用起飞长度
n_z	法向过载	TORA	可用起飞滑跑长度
p	大气压强(压力),滚转角速度	t_p	峰值时间

符　号	名　称	符　号	名　称
T_r	平飞需用推力	V_s	失速速度
t_s	调节时间	V_{s0}	着陆状态下的失速速度或最小稳定飞行速度
T_{tr}	尾桨拉力		
u	切向速度	V_{s1}	特定构型(如襟翼放下)下的失速速度或最小稳定飞行速度
U	风速		
v	侧向速度,旋翼下洗速度	V_{sl}	平飞失速速度
V	飞行速度,空速	V_t	盘旋速度
V_1,V_{TOD}	起飞决断速度	V_T	真速,主轮接地速度
V_2	起飞安全速度	V_{TOD}	继续起飞速度
V_{app}	进近速度	$V_{\theta max}$	陡升速度
V_{ASD}	中断起飞速度	w	法向速度,旋翼合速度
V_c	上升速度	W	地速
V_{ch}	上升率(爬升率)	x_{cg}	重心到平均气动弦前缘点的距离
$V_{c max}$	快升速度	$\bar{x}_{cg}$	重心相对位置
V_{cru}	巡航速度	x_f	焦点到平均气动弦前缘点的距离
V_d	下滑速度	$\bar{x}_f$	焦点相对位置
V_{dh}	下降率	α	迎角
V_{dhs}	停车下降率	α_{bf}	抖动迎角
$V_{D min}$	有利速度或最小阻力速度	α_S	失速迎角
V_{FE}	襟翼可放下的最大速度	β	侧滑角
V_{fs}	远滑速度	δ_a	副翼差动偏转角
V_{fw}	故障告警时无人机速度	δ_e	升降舵偏转角
V_h	升降速率	δ_r	方向舵偏转角
V_I	表速	δ_T	油门控制量
V_l	平飞速度	ΔP	剩余功率
V_{LE}	起落架可放下的最大速度	ΔT	剩余推力
V_{LOF}	起飞离地速度	ε	入流角,气流下洗角
V_{max}	最大平飞速度	ϕ	滚转角(倾斜角、坡度)
V_{me}	久航速度	$\phi_a(\mu_a)$	气流倾侧角
V_{min}	最小平飞速度	ϕ_e	直升机有效坡度
V_{mr}	远航速度	ϕ_0	直升机稳定平飞坡度
V_{MU}	最小离地速度	φ	桨距,发动机安装角
V_n	垂直分速	Γ_w	机翼上反角
V_{nd}	前轮接地速度	η	螺旋桨效率
$V_{P min}$	经济速度或最小功率速度	θ	俯仰角,性质角
V_R	起飞抬前轮速度	$\theta_a(\gamma_a)$	气流俯仰角

续表

符　号	名　称	符　号	名　称
θ_{app}	进近下滑角	σ_c	升限处的相对密度
θ_c	上升角	ω	角速度,振荡角频率
θ_d	下滑角	Ω	旋转角速度
$\theta_k(\gamma)$	航迹俯仰角(爬升角)	ξ	阻尼比
ρ	大气密度	ψ	偏航角(航向角、方向角)
ρ_0	海平面标准大气密度	$\psi_a(\chi_a)$	气流偏航角
ρ_H	所在高度大气密度	$\psi_k(\chi)$	航迹偏航角(方位角)
σ	大气相对密度,超调量		

附录 B 专业术语中英文对照表

中 文	英 文	中 文	英 文
A		沉浮模态 （长周期模态）	phugoid mode，long-period mode
安定面	stabilizer	垂直飞行	verticalflight
安全高度	safety height	垂直平移	vertical translation
安装角	angle of incidence	垂直起落飞机	vertical take-off and landing aircraft
B		垂直尾翼	vertical tail
半衰期	time to half amplitude	D	
倍幅时间	time to double amplitude	大坡度盘旋	steep turn
背鳍	dorsal fin	当量空速	equivalent airspeed
闭环控制	closed-loop control	倒飞	inverted flight
比例环节	parallel element	等待航线	holding pattern
变状态(偏离)	departure	地面效应	ground effect
表速	indicated airspeed	地面坐标系	earth axis system
伯德图	Bode diagram	地速	ground speed
不稳定运动	unsteady motion	电传操纵系统	fly-by-wire control system
C		动操纵性	dynamic controllability
超重	Overweight，overload	动导数	dynamic derivative
操纵力矩	control moment	动力高度	dynamic height
操纵性	controllability	动能	dynamic energy
操纵面	control surface，motivator	动升限	dynamic ceiling
侧风	cross wind	动态分析	dynamic analysis
侧滑	sideslip	动稳定性	dynamic stability
侧滑角	angel of sideslip	动压	dynamic pressure
侧力	side force，lateral force，cross	抖动	buffeting
侧向操纵性	lateral controllability	抖动迎角	buffeting angle of attack
侧向平移	lateral translation	陡升速度	steep-speed
侧向稳定性	lateral stability	短距起落飞机	short take-off and landing aircraft
侧向运动	lateral motion	短周期模态	short-period mode
差角副翼	differential aileron	多发动机飞机	multi-engine aircraft
传递函数	transfer function	E	
颤振模态控制	flutter mode control	额定功率	rated power
超调量	overshooting	额定推力	rated thrust

续表

中　文	英　文	中　文	英　文
F		边界层控制	boundary layer control
发动机停车	engine failure	腹鳍	ventral fin
反馈	feedback	副翼	aileron
反尾旋（倒飞尾旋）	inverted spin	G	
		高度保持	altitude hold
反推力装置	thrustreverser, reverse-thrust device	根轨迹	root lotus
放宽静稳定性	relaxed static stability	故障告警时的速度	fault warning speed
方向舵	rudder		
飞行安全	air safety	惯性积	products of inertia
飞行包线	flight envelope	惯性矩	moments of inertia
飞行动力学	flight dynamics	轨迹俯仰角	flight-path pitch angle
飞行轨迹稳定性	flight path stability	滚转角（倾斜角，坡度）	roll angle, bank angle
飞行模拟	flight simulator		
飞行品质	flying quality	滚转角速度	rate of roll
飞行品质等级	level of flying quality	滚转力矩	rolling moment
飞行品质规范	specification of flying quality	滚偏振荡（荷兰滚）	Dutch roll
飞行剖面	flight profile		
飞行性能	flight performance	滚转收敛模态	rolling convergence mode, roll subsidence
飞行员诱发振荡	pilot induced oscillation (PIO)	过失速	post-stall
		过失速机动	post-stall maneuvering
飞行状态	state of flight	过失速旋转	post-stall
飞行自动控制系统	automatic flight control system	过载（载荷因数）	load factor
飞行姿态	flight attitude	过载稳定性（迎角稳定性）	angle of attack stability
废阻功率	parasite drag power		
风车状态	windmill brake state	H	
风切变	wind shear	航程	range
峰值时间	peak time	航迹	track, fight path, trajectory
俯冲	dive, diving	航迹俯仰角	flight-path pitch angle
俯冲角	dive angle	航迹偏航角	flight-path azimuth angle
俯仰角	pitch angle	航迹坐标系	flight-path axis system
俯仰角速度	rate of pitch	航时	endurance
俯仰力矩	pitch moment	航向保持	heading hold
俯仰指向	pitching pointing	航向操纵性	directional controllability
俯仰阻尼力矩	pitch damping moment	航向稳定性	directional stability
复飞	wave-off, go-around	荷兰滚模态	Dutch roll mode

中　文	英　文	中　文	英　文
横滚	roll	桨距	blade pitch
横向操纵性	lateral controllability, roll controllability	焦点	focus
横向稳定性	lateral stability, roll stability	交叉导数	cross derivative
横轴	transverse axis	铰链力矩（枢轴力矩）	hinge moment
后掠角	sweptback angle, aft swept angle		
滑翔	glide	接地速度	touchdown speed
滑翔比	glide ratio	阶跃输入	step input
J		进场速度	approach speed
机场安全道长度	stopway	进气道	inlet
		襟副翼	flaperon
机场可用起飞滑跑长度	take-off run available	襟翼	flap
		静导数	static derivative
机场可用中断起飞滑跑长度	accelerate/stop distance available	经济速度（最小功率速度）	speed of minimum power
机场可用起飞长度	take-off distance available	静升限	staticceiling
		静稳定性	static stability
机场净空道长度	clearway	久航高度	altitude for maximum endurance
		久航速度	speed for maximum endurance
机动点	maneuver point	决策速度	decision speed
机动速度	maneuver speed	K	
机动性	maneuverability	开环控制	open-loop control
机动性能	maneuvering performance	可用功率	available power
机动载荷控制	maneuver load control	可用推力	available thrust
积分环节	integral element	可用油量	available fuel
机身	fuselage	快升速度	speed for maximum rate of climb
机体	body	L	
机体坐标系	body axis system	拉力（推力）	thrust
机翼	wing	拉平	leveling-off;round out
机翼自转	autorotation of wing	拉平机动	flare maneuver
急尾旋	steep spin	离地速度	lift-off speed
急盘旋下降	spiral dive	理论升限	absolute ceiling
急上升转弯	chandelle, combat turn	力矩	moment
继续起飞	accelerated-go-take-off	立轴（竖轴）	normal axis
继续起飞距离	distance of continuing take-off	零升力矩	moment of zero lift
继续起飞可用距离	available distance of continuing take-off	螺旋桨	propeller
		螺旋模态	spiral mode

续表

中　文	英　文	中　文	英　文
M		平均空气动力弦长	mean aerodynamic chord
脉冲输入	pulse input	平尾旋	flat spin
敏捷性	agility	平飘	float
模态	mode	迫降	forced landing
模态特性	characteristics of mode	Q	
模态抑制	modesuppression	气动补偿	aerodynamic compensation, aerodynamic balance
目测低	undershoot		
目测高	overshoot	气动导数	aerodynamic derivative
N		气动惯性旋转	air inertial gyration（AIG）
内侧滑	skid, sideslip inward	气流坐标轴系	air-path axis system
内封补偿	internal seal balance	气流俯仰角	air-path pitch angle
能量法	energy method	气流倾侧角	air-path bank angle
能量高度	energy height	气流偏航角	air-path azimuth angle
能量机动性	energy maneuverability	起飞	take-off
逆风	head wind	起飞安全速度	safety speed of take-off
O		起飞滑跑距离	take-off distance on runway
耦合	coupling	起飞距离	take-off distance
P		起飞决断速度	decision speed of take-off
盘旋	banking turn	起飞离地速度	lift-off speed
盘旋下降	spiral	起飞临界速度	take-off critical speed
配平	trim, trimming	起飞全重	all up weight
配重	balance weight, counter weight	起飞抬前轮速度	rotation speed
偏航角（方向角）	yaw angle(azimuth angle)		
偏转	yaw, yawing	起落航线飞行	traffic pattern flight
偏转力矩	yawing moment	千米燃料消耗量	fuel consumption per kilometer
偏航指向	yaw pointing	前掠翼	forward-swept wing
偏航角速度	rate of yaw	前缘吸力	leading-edge suction
偏角	deflection	前缘襟翼	leading-edge flap
偏流	drift	切向速度	tangential velocity
平飞	level flight	驱动区	driving region
平飞加减速性能	horizontal acceleration and deceleration capacity	全权限控制	full authority control
		R	
平飞速度	level speed	燃料消耗量	fuel consumption
平衡	equilibrium	扰动运动	disturbance motion
平衡速度	trim speed with trimmer neutral	扰流片	spoiler

中　文	英　文	中　文	英　文
S		尾桨	tail rotor
上反角	dihedral angle	尾流	wake
上升	climb	尾涡	trailing vortex
上升角	angle of climb	尾旋(螺旋)	spin
上升率	rate of climb	稳定力矩	stabilizing moment，restoring moment
上升时间	time of climb	稳定盘旋	steady banking turn
上仰力矩	nose up pitching moment	稳定性	stability
剩余功率	excess power	涡环状态	vortex ring state
剩余推力	excess thrust	无尾飞机	tailless aircraft
升降舵	elevator	X	
升降副翼	elevon	系统可靠性	system reliability
升限	ceiling	下反角	negative dihedral
失速	stall	下俯力矩	nose down pitching moment，diving moment
失速速度	stalling speed		
失速区	stall region	下滑	descend
失重	weightlessness	下滑角	descent angle
实用升限	service ceiling	下滑距离	descent distance
实用飞行包线	service flight envelope	下降率	descent rate
水平尾翼	horizontal tail	下洗角	down wash angle
水平稳定面	stabilizer	相对密度	relative density
顺风	tail wind	小坡度盘旋	gentle turn
速度范围	speed range	小扰动	small disturbance
速度稳定性	speed stability	小扰动运动方程	equation of small disturbance
随控布局飞机	control configured vehicle		
T		小时耗油量	fuel consumption per hour
抬前轮速度	rotation speed	型阻功率	blade form drag power
天地线	horizon	续航	endurance
调节时间	settling time	需用功率	power required
调整片	trim tab，trimmer	需用推力	thrust required
桶滚	barrel roll	悬停	hovering
湍敛流状态	turbulent wake state	旋翼	rotor wing
推力转向	thrust vectoring	旋转阻力	rotational drag
推重比	thrust-weight ratio	巡航高度	cruise altitude
W		巡航速度	cruise speed
外侧滑	slip，sideslip outward	Y	
微分环节	derivative element	翼载荷	wing loading

续表

中　文	英　文	中　文	英　文
迎角	angle of attack	中断起飞	accelerated-stop-take-off, rejected take-off
迎角传感器	angle of attack transducer	中断起飞可用距离	accelerated-stop-take-off distance available
右侧滑	right sideslip		
有利速度（最小阻力速度）	speed of minimum drag	中断起飞距离	accelerated-stop-take-off distance
		中断起飞决策速度	accelerated-stop-take-off decision speed
油门	throttle		
诱阻功率	induced drag power	着陆航线	traffic pattern
余度	redundancy	着陆航线一边	upwind leg
远航高度	altitude for maximum range	着陆航线二边	cross wind leg
远航速度	speed for maximum range	着陆航线三边	downwind leg
远滑速度	far slip speed	着陆航线四边	base leg
跃升	zoom	着陆滑跑距离	landing distance on runway
运动方程	equation of motion	着陆距离	landing distance
允许飞行包线	permissible flight envelope	自转状态	autorotation
Z		纵轴	longitudinal axis
载荷减缓	load alleviation	阻尼力矩	damping moment
增益	gain	最后进近定位点	final approach fix
主动控制技术	active control technology		
制动区	driven region	最小离地速度	minimum unstick speed
着陆滑跑距离	landing distance on runway	最终进近	final approach
着陆距离	landing distance	左侧滑	left sideslip

参考文献

[1] 贾忠湖. 飞行原理基础[M]. 北京:国防工业出版社,2016.

[2] 王永虎. 直升机飞行原理[M]. 成都:西南交通大学出版社,2017.

[3] 刘永学. 空气动力学[M]. 北京:航空工业出版社,2019.

[4] 刘永学. 飞机飞行力学[M]. 北京:航空工业出版社,2020.

[5] 朱宝鎏. 无人机空气动力学[M]. 北京:航空工业出版社,2006.

[6] 邢琳琳,高培新. 飞行原理[M]. 北京:北京航空航天大学出版社,2018.

[7] 朱一锟. 飞行原理[M]. 北京:北京航空航天大学出版社,2019.

[8] 刘星,司海青,蔡中长. 飞行原理[M]. 北京:科学出版社,2019.

[9] 方立涛. 无人机飞行原理[M]. 北京:航空工业出版社,2018.

[10] Swatton P J. 飞行性能理论与实践[M]. 2 版. 张子健,龚喜盈,杨会涛,译. 北京:航空工业出版社,2016.

[11] 王大海,杨俊,余江. 飞行原理[M]. 成都:西南交通大学出版社,2004.

[12] 陈廷楠. 飞机飞行性能品质与控制[M]. 北京:国防工业出版社,2007.

[13] Anderson D F, Eberhardt S. 认识飞行[M]. 2 版. 周尧明,译. 北京:北京联合出版公司,2019.

[14] 杨一栋. 直升机飞行控制[M]. 2 版. 北京:国防工业出版社,2011.

[15] 陈仁良,高正. 直升机飞行动力学[M]. 2 版. 北京:科学出版社,2019.

[16] 曹义华. 现代直升机旋翼空气动力学[M]. 北京:北京航空航天大学出版社,2015.

[17] 徐军. 飞机自动飞行控制系统[M]. 北京:北京理工大学出版社,2020.

[18] 魏瑞轩,王树磊. 先进无人机系统制导与控制[M]. 北京:国防工业出版社,2017.

[19] 王秉良,鲁嘉华,匡江红,等. 飞机空气动力学[M]. 北京:清华大学出版社,2013.

[20] 匡江红,王秉良,吕鸿雁,等. 飞机飞行力学[M]. 北京:清华大学出版社,2012.

[21] 中国国家标准化管理委员会. 空气动力学 概念、量和符号:GB/T 16638—2008[S]. 北京:中国标准出版社,2008.

[22] 中国国家标准化管理委员会. 飞行力学 概念、量和符号:GB/T 14410—2008[S]. 北京:中国标准出版社,2008.

[23] 田勇,万莉莉. 飞行性能工程学[M]. 北京:科学出版社,2017.

[24] 齐雁楠,戴福青. 飞行程序设计[M]. 2 版. 北京:清华大学出版社,2022.

[25] Barnard R H,Philpott D R. 飞机飞行原理——对飞机飞行物理原理的一种描述[M]. 4 版. 黄伟,颜力,张天天,等译. 北京:科学出版社,2021.

[26] 沈如松,陈芊月. 无人机空气动力学[M]. 北京:北京航空航天大学出版社,2022.

[27] 董朝阳,张文强. 无人机飞行与控制[M]. 北京:北京航空航天大学出版社,2020.

[28] 刘沛清,陆维爽. 无人机总体气动设计[M]. 北京:北京航空航天大学出版社,2020.

[29] 苏新兵. 飞机飞行动力学[M]. 北京:国防工业出版社,2002.

[30] Sadraey M H. 飞机飞行性能计算[M]. 王海涛,译. 北京:国防工业出版社,2022.